U0938467

港九大隊志

增訂版

劉智鵬　劉蜀永　主編

港九大隊志

增訂版

劉智鵬　劉蜀永　主編

商務印書館

責任編輯　韓心雨
裝幀設計　涂　慧
排　　版　周　榮
印　　務　龍寶祺

港九大隊志（增訂版）

主　　編　劉智鵬　劉蜀永
出　　版　商務印書館（香港）有限公司
香港筲箕灣耀興道 3 號東滙廣場 8 樓
http://www.commercialpress.com.hk
發　　行　香港聯合書刊物流有限公司
香港新界荃灣德士古道 220-248 號荃灣工業中心 16 樓
印　　刷　中華商務彩色印刷有限公司
香港新界大埔汀麗路 36 號中華商務印刷大廈 14 樓
版　　次　2025 年 8 月第 1 版第 2 次印刷

ISBN 978 962 07 0678 3
Printed in Hong Kong

目錄

凡　例

一　總　述

二　政治軍事志

三　遺址及紀念設施志

四　人物志

凡例

一、東江縱隊港九獨立大隊是中國共產黨領導的抗日游擊隊，是日佔時期香港唯一一支成建制、始終堅持抗戰的武裝力量。本志書按照新編地方志的體例，盡可能全面和系統地記述港九大隊的發展歷史、抗戰史跡和歷史遺跡，為讀者認識和研究這一抗日隊伍提供最基礎的史實和線索。

二、本志書記述時限，從 1941 年 12 月作為港九大隊前身的幾支武工隊進入香港開始，到 1945 年 9 月 28 日港九大隊宣佈撤出港九新界為止。此後發生的與港九大隊有關的重要史事亦會適當記述。

三、本志書記述範圍，以港九大隊活動的香港地區為主。香港之外，與本志書有關的重要事務亦做適當記述。

四、本志書體裁包括述、記、志、傳、圖、表、錄，以志為主。

五、人物志遵循「生不立傳」原則，立傳人物按生年先後排序。

六、為方便讀者徵引查考，本志書對有關部分的主要資料來源加以註釋。

七、中共領導的的東江流域抗日游擊隊並非一開始就叫東江縱隊，港九大隊也並非一直叫港九獨立大隊。除了強調其歸屬時，或說明特定時期名稱的變化時，一般不用「東江縱隊港九獨立大隊」的名稱，而用「港九大隊」。

一 總述

中國共產黨領導的華南抗日游擊隊中，東江縱隊是規模最大、戰果最顯赫的一支部隊。港九大隊則是其下屬最具特色的一支隊伍。它是香港淪陷三年零八個月期間唯一一支成建制、由始至終堅持抵抗的抗日武裝力量，是香港抗戰的中流砥柱。

1931 年 9 月 18 日，日軍侵略中國東北三省，揭開了侵華序幕。1937 年 7 月 7 日，日軍發動盧溝橋事變，中國全面抗戰爆發。1940 年 6 月，日軍已控制華南地區。英國參謀長委員會悲觀地認為 :「香港並非英國的切身利益所在，當地駐軍無法長期抵擋日軍的攻勢……從軍事角度看，捨棄對香港承擔的糟糕義務，英國在遠東的處境會更好」。1941 年 12 月 8 日，日軍越過深圳河進攻香港。經過 18 天的戰爭，英軍宣告投降。在香港抵抗日本侵略的重任，便落在中國共產黨領導的抗日游擊隊港九大隊身上。

早在日軍進攻香港前，中共領導的廣東人民抗日游擊隊已決定，當日軍開始進攻，便立即派出部隊進入香港，開闢一個新的敵後戰場。在日軍進攻香港初期，該部隊第三大隊、第五大隊先後派出八支武工隊進入新界。他們肅清當地土匪，撿拾英軍遺留的武器裝備，開展抗日宣傳，號召村民保衛家鄉，建立多個抗日游擊基地。

1942 年 1 月下旬，廣東人民抗日游擊隊改編為廣東人民抗日游擊總隊，並將派進香港開展游擊戰爭的幾支武工隊統一組成港九大隊。2 月 3 日，港九大隊在新界西貢黃毛應村成立；大隊長蔡國樑，政委陳達明，副大隊長魯風，政訓室主任黃高陽。大隊下面先後設有短槍隊、長槍隊、大嶼山中隊、沙頭角中隊、西貢中隊、海上中隊、市區中隊、元朗中隊、國際工作小組等。

1941 年 12 月底日軍佔領香港後，立即封鎖交通要道，實行宵禁，大肆搜捕抗日人士。抗戰以來轉移到香港的抗日文化人面臨重大危險。中共中央書記處和南方局書記周恩來多次發出指示，必須想盡一切辦法將他們搶救出來。

這場秘密大營救主要有三條路線。其中東線是從九龍市區，經牛池灣過九龍坳，到西貢企嶺下或深涌灣乘船渡大鵬灣，在沙魚涌等地登陸，最後轉入惠陽游擊根據地。廖承志、連貫、喬冠華等為秘密大營救開路而先行撤離的領導從東線撤離香港。西線是從九龍市區至荃灣大帽山、元朗、落馬洲，然後渡過深圳河，穿過梅林坳，最後到白石龍游擊根據地。新界元朗十八鄉楊家村「適廬」是其中一個重要的中轉站。茅盾、鄒韜奮等文化人曾在此停留。還有一條海上西線是水路經長洲至澳門回內地。

秘密大營救從 1941 年 12 月 25 日香港淪陷起，到 1942 年 11 月 22 日鄒韜奮到達蘇北抗日根據地為止，歷時 11 個月。中共地下黨組織和港九大隊前身的幾支武工隊先後救出知名抗日民主人士和文化人 300 多人，連同其他方面的人士共約 800 人。其中知名人士有何香凝、柳亞子、鄒韜奮、茅盾、夏衍、沈志遠、張友漁、胡繩、范長江、梁漱溟、黎澍等。營救隊伍亦營救了少數國民黨軍政官員及家屬。

營救行動中，中共地下黨組織和港九大隊前身的幾支武工隊均發揮重要作用。雖然過程困難重重，例如經費不足、敵情突然出現變化及與外省文化人語言不通，但他們仍用盡一切辦法解決。歷經千難萬險，他們終排除土匪的干擾，成功闖過日軍的崗哨和搜查，將大批抗日文化人及民主人士無一傷亡地護送到大後方。作家茅盾稱這場營救是「抗戰以來（簡直可以說是有史以來）最偉大的搶救工作」。1942 年 2 月 3 日港九大隊成立後，營救繼續進行，但大規模的營救工作已經過去。

香港戰略地位重要，是日軍在太平洋的轉運樞紐和海軍中繼站，亦是日軍北上侵略中國內地和南下侵略東南亞國家的重要據點。香港是彈丸之地，日軍的「香港佔領地總督部」卻直屬日本的大本營，並安排一名中將擔任總督，可見日軍對香港的重視。港九大隊以機動靈活的戰略戰術，在這戰略要地開展農村游擊戰、海島游擊戰、海上游擊戰和城市游擊戰，有效地干擾了日軍的戰略部署，亦使駐港日軍和漢奸走狗終日惶恐不安。

據不完全統計，港九大隊斃傷日軍 100 餘名，斃傷漢奸、偽警及間諜等 70 餘名，俘虜、受降日偽軍 600 餘名；炸毀日軍飛機 1 架，繳獲長短槍支

550 餘支、機槍 60 餘挺（包括英軍棄械）、炮 6 門，繳獲敵船至少 33 艘，擊沉 4 艘，並繳獲大批彈藥。

港九大隊大大小小的戰鬥有 60 多次，其中不少戰鬥驚心動魄。港九大隊主要轉戰在新界農村地區。黃冠芳、劉黑仔麾下的沙田短槍隊多次在獅子山下、茶果嶺、牛池灣、大灘海、窩塘等地襲擊日軍，又先後殺死日本特務東條正芝及多名漢奸密探。1944 年初，黃冠芳、劉黑仔率隊偷襲啟德機場告捷，炸毀油庫和飛機一架，迫使掃蕩西貢、沙田的日軍退回市區。

1944 年 4 月，為牽制日軍，粉碎其掃蕩行動，除全線出擊散發傳單進行「紙彈戰」外，市區中隊決定爆破九龍窩打老道四號火車橋。4 月 21 日，梁福等人將十四斤炸藥配製的定時炸彈安放在火車橋上，深夜 12 時火車橋爆破成功，一聲巨響震動全港，橋墩粉碎，橋身向上傾斜。爆破行動令原本開往新界和寶安掃蕩的日軍馬上撤回市區，大大打擊了其氣焰。

1944 年 10 月一個夜晚，大嶼山中隊 30 多名武裝人員進入大澳，先掃清周邊零散的敵人，然後在內線的配合下，打開警察局大門。衝上二樓宿舍。熟睡中的警察聽到「繳槍不殺」的喊話，紛紛舉手投降。游擊隊在沒有響槍的情況下，成功俘虜 30 多名偽警察，並繳獲 39 支槍和一批彈藥。

窩塘位於觀音山山腳下，駐有一個工兵班日軍，在那裏修築工事。1944 年冬，沙田短槍隊經過仔細偵察，於一天夜晚，派遣 13 名戰士潛入兵營，朝熟睡中的日軍開槍，將 12 名日軍全部擊斃，並繳獲輕機槍 1 挺、步槍 10 支、手槍 1 支，彈藥及糧食等。

1944 年冬，經過嚴密偵察，西貢中隊中隊長張興、指導員梁超率隊突襲駐守官坑七聖古廟的日軍，殲滅營房內全部日軍士兵，並繳獲一批槍支彈藥，成功粉碎了日軍在這一帶修築工事的企圖。

1945 年 5 月 6 日晚上，大嶼山中隊領導陳滿、王鳴帶領十多名隊員，衝入牛牯塱村日軍營房，果敢地開槍射擊。此役共擊斃 6 名日軍（包括一名中尉軍官），並繳獲 5 支步槍、1 支短槍、1 把劍和一批彈藥。

海上中隊和大嶼山中隊、元朗中隊的海上武裝把大海變成機動靈活的戰場，多次擊沉或俘獲敵船，破壞日軍的海上交通運輸線，並繳獲大批軍用物資支援大部隊。例如，1945 年 8 月一天夜晚，海上中隊中隊長王錦帶領三艘戰船在大浪口進攻一艘形跡可疑的日軍怪船。經過激烈的戰鬥，終於擊沉敵船，殲滅日軍 40 多名，俘虜 2 名，繳獲 6 支三八式步槍、九二式日本山炮 1 門，及無線電收發報機等軍用物資。戰士邱求、朱來壯烈犧牲。

港九大隊站在國際反法西斯鬥爭的前哨，港九大隊前身的幾支武工隊就曾參與營救英軍戰俘。港九大隊成立後，貫徹中共中央有關國際統一戰線的宗旨，繼續營救盟軍。東江縱隊共營救國際友人 89 人，其中大部分是港九大隊營救的。

1942 年 1 月 8 日，英軍賴廉士（Lindsay T. Ride）中校、兩名海軍軍官及華人秘書李耀標從深水埗近海邊的集中營逃走。日軍聞訊展開追捕。逃亡途中，賴廉士一行遇到廣東人民抗日游擊隊的武工隊，游擊隊協助他們先後轉移到山寮村、昂窩村，然後到西貢一所學校隱蔽。1 月 14 日，賴廉士等人經海上小隊隊長陳志賢護送，從企嶺下經大鵬灣到大後方，順利脫離險境。

賴廉士脫險後，英國軍事當局接受他的建議，成立一個專門營救戰俘和從事情報工作的機構英軍服務團。他還促成英軍服務團和廣東人民抗日游擊總隊（1943 年 12 月改稱東江縱隊）在援救盟軍人員和軍事情報工作方面的合作。抗戰時期東江縱隊與英方的合作，為戰後初期中共廣東區委「以香港為中心建立城市工作」創造了良好條件。

1942 年 11 月 23 日，英軍服務團派遣翻譯李耀標出發到西貢，30 日他在赤徑與大隊領導蔡國樑、陳達明討論合作收集情報問題。蔡國樑建議在沙魚涌、赤徑及九龍設立三個交通站，方便共同工作。英軍服務團同意建議，把沙魚涌交通站稱為「X 站」，西貢赤徑交通站稱為「Y 站」，而深水埗砵蘭街的一家雜貨店稱為「Z 站」。該雜貨店名為「廣恆」，由港九大隊國際工作小組組長黃作梅化名登記註冊，他的父親、妹妹、五弟也參加工作。Z 站運作了半年多時間，後因英方聯絡員被捕招供，才停止運作。日軍搗毀了該交通站，並抓走了黃作梅的親人。戰後英國國王授予黃作梅 M. B. E.（Member of the British Empire）勳章，以表彰他配合盟軍作戰的貢獻。

1942 年 11 月此行，李耀標等還請求港九大隊協助拍攝日軍在港重要軍事設施。一天凌晨，沙田短槍隊隊長黃冠芳掩護他們登山，藏匿在一座炮樓。待日出以後，他們連忙拍下啟德機場、軍火倉庫、炮台、兵營等重要軍事目標。半個月後，盟軍飛機來港。銅鑼灣軍火庫、啟德機場、鯉魚門炮台、太古船廠等均遭猛烈轟炸。

1944 年 2 月 11 日，中美空軍混合團空軍飛行員指揮兼教官克爾（Donald W. Kerr）中尉在為轟炸香港啟德機場的轟炸機護航時，戰機被日軍擊中，他跳傘逃生，降落在機場北面的觀音山一帶。日軍派出千餘人搜捕克爾。港九大隊以「圍魏救趙」之計，通過槍殺漢奸、偷襲啟德機場、在市中心散發抗日傳單等行動，分散日軍的注意力。1944 年 2 月 18 日，劉黑仔等護送克爾轉移，安排陳勳等六名游擊隊員陪同克爾在石壟仔村的山洞藏匿了兩個星期。日軍搜捕行動放緩之後，大隊再次協助克爾轉移到大浪村大隊部。3 月初，海上中隊派兩艘船，護送克爾渡海到坪山東江縱隊司令部。克爾中尉獲救後，在桂林向中美聯合航空隊領導人陳納德（Claire Lee Chennault）將軍提出建議，促成美軍和東江縱隊合作。

東江縱隊向美軍提供的情報多由港九大隊的隊員負責收集。大隊情報幹事蔡仲敏到西貢、沙頭角、沙田、大埔測繪地圖，每天整理各中隊上報的資料，向東縱司令部滙報，轉給盟軍參考。大隊長黃冠芳派出兩名隊員混入機場，測定飛機停放點和軍火庫的位置；市區中隊通過滲入敵人各要害部門的隊員，收集情報。某些重要情報指定專人負責，系統整理，將敵人的軍事機關、油庫、船塢、軍艦進出港口的情況等，繪製成圖，上報司令部轉交盟軍。

港九大隊在香港的活動亦為中國共產黨在廣東的抗日軍事鬥爭提供過有利條件，是中共利用香港特殊地位開展工作的又一珍貴歷史記憶。

1943 年 2 月下旬，為貫徹執行中共中央南方局和周恩來的指示，總結東江和珠江三角洲敵後抗日游擊戰的經驗教訓，並部署今後的工作，中共廣東省臨時委員會和東江軍政委員會曾在新界沙頭角烏蛟騰附近上下苗田一帶的山坡召開會議，省臨委書記林平（尹林平）主持會議，史稱「烏蛟騰會議」。港九大隊負責會議的後勤和保衛工作。

會議傳達中共中央、南方局、周恩來的指示，由東江軍政委員會統一領導東江、珠江三角洲及中區的抗日鬥爭，更重新調整了廣東人民抗日游擊總隊領導幹部的架構，以配合新的抗戰形勢。會議決定堅決執行「長期打算，埋頭苦幹，積蓄力量，等待時機」的方針，在日偽軍和頑軍的夾擊下堅持抗爭，借助羣眾的力量，適時開展反擊，以求突破。「烏蛟騰會議」使東江人民抗日游擊戰爭擺脫了被動地位，為開創新的鬥爭局面奠定了基礎，準備了條件。

1942 年 4 月至 1943 年 3 月，廣東人民抗日游擊總隊的電台設在烏蛟騰附近的石水澗村。當時中共在廣東的地下電台全遭破壞，只有石水澗的電台仍能正常運作。這是其時中共廣東黨組織和抗日游擊隊與延安中共中央聯繫的唯一一部電台。港九大隊承擔了電台的選址和保衛工作。

在軍民關係方面，港九大隊打土匪，抗日軍，保護羣眾利益，他們的實際行動和宣傳工作深入人心。軍民之間魚水情深的許多故事流傳至今。

在共產黨的影響之下，許多香港市民爭先恐後投入抗日軍事鬥爭，有的更是一家多人參加游擊隊，例如蔡國樑一家、葉文秋一家、黃作梅一家、林展一家、林傳一家和有「香港抗日一家人」之稱的沙頭角南涌羅家等。羅氏家族曾有 11 人參加港九大隊。

新界鄉民誓死保護港九大隊的史事甚多，烏蛟騰的故事只是其中之一。1942 年 9 月 25 日（農曆八月十六日）日軍掃蕩烏蛟騰村，將村民趕到曬穀場上，逼迫他們供出駐村游擊隊員下落。村長李世藩、李源培挺身而出維護村民，慘遭日軍施以「吊飛機」、「老虎凳」、灌水等酷刑，但他們始終不為所動。最終，李世藩被活活折磨而死，壯烈犧牲，李源培則被拷問至休克。

市區中隊中隊長方蘭的母親馮芝很支持女兒參與抗戰工作，並主動擔任義務交通員，時常冒生命危險傳送情報。1944 年 3 月她在運送情報路途中不幸被捕。她在獄中多番遭酷刑折磨，卻始終守口如瓶，最終從容就義。2020 年 9 月 2 日，國家退役軍人事務部將馮芝烈士列入第三批 185 名著名抗日英烈英雄羣體名錄。

在西貢，昂窩村村民凌娘則常像母親一樣無微不至地照顧游擊隊員，因而有「游擊隊的母親」之稱。她借出自家房屋給軍需處辦公，又動員兩個兒子參加港九大隊的工作。1943 年初，民運員梁雪英患上大熱症，病情嚴重得連醫師也不敢貿然開藥。凌娘得悉後馬上到屋後把芭蕉樹砍掉，搾汁救治她，使其得以康復，繼續進行抗日工作。

1944 年日軍掃蕩大嶼山時期，港九大隊副大隊長魯風正在寶蓮寺養病。面對日軍架在脖子上的屠刀，寺廟住持筏可大師臨危不懼，被打得遍體鱗傷也不暴露游擊隊長的行蹤，魯風得以脫險。

1943 年 5 月，大嶼山中隊中隊長劉春祥帶領 6 名班排骨幹，乘坐帆船準備到大嶼山對岸的龍鼓灘一帶開展工作。在沙洲、龍鼓洲一帶海域突然遭遇兩艘日軍炮艇伏擊。經過激烈的戰鬥，木船被擊沉，劉春祥等指戰員和船家梁克一家五口壯烈犧牲。梁克一家動用全家賴以維生的木船冒險支持部隊抗戰的行動，是軍民魚水情深的生動體現。2020 年，國家退役軍人事務部將劉春祥等 12 名龍鼓洲犧牲英烈，列入第三批 185 名著名抗日英烈英雄羣體名錄。

港九大隊為新中國培養了一批優秀幹部，不少老戰士在黨政軍各個部門擔任要職，為國家的經濟建設、國防建設和外交建設做出過重要貢獻。

在中央駐港重要機構新華社香港分社，黃作梅曾任社長，陳達明曾任副社長，楊聲曾任統戰部長和副秘書長。

在省市領導機關中，何文曾任廣東省人大常委會秘書長，羅汝澄曾任中共佛山市委第一書記，鄧振南曾任佛山市市長，曾發曾任江門市市長，李峰曾任天津市僑務辦公室主任，方蘭曾任廣東省婦聯主任，何傑曾任廣東省物價局局長，黃雲鵬曾任廣東省機械工業廳副廳長，莊岐洲曾任廣東省石油化學工業廳副廳長，羅歐峰曾任廣東省水產廳副廳長，莫浩波曾任廣東省地質局副局長，王江濤曾任廣東省高等教育局副局長，許智明曾任蛇口工業區副總指揮。

在軍隊系統，蔡國樑曾任廣東軍區東江軍分區司令員，江水曾任海軍修理及後勤部副部長，王錦曾任海軍廣州基地後勤部部長，魯風曾任空七軍副軍長，李貴仁曾任濟南軍區裝甲技術部部長。

林展、游揚、陳亮、何卓雲等成為外交官或高級翻譯。此外，還有更多的老戰士在各自平凡的崗位上默默工作，無私奉獻。

綜上所述，港九大隊對中國人民抗日戰爭和世界反法西斯戰爭的貢獻是多方面的。香港淪陷期間，港九大隊堅持抗日的英雄事跡體現出中國共產黨在反抗外來侵略和民族復興方面的歷史擔當。港九大隊成員絕大部分是香港居民，包括原居民和青年學生；他們冒着生命危險投入抗日的行動之中，體現出港人的傳統愛國精神。隨着抗日戰的勝利，港九大隊的歷史任務光榮完成，但這批抗日志士守土衛國的高尚情操卻永垂永朽，為香港留下珍貴的歷史文化遺產。

二　政治軍事志

1、大隊成立篇

1931 年 9 月 18 日，日軍侵略中國東北三省，揭開了侵華序幕。1937 年 7 月 7 日，日軍發動盧溝橋事變，中國全面抗戰爆發。此後，上海、南京、武漢等大城市相繼失守。同年 12 月，日軍佔領南京進行大屠殺，中國 30 萬軍民慘遭殺害。翌年 10 月，日本南支派遣軍在大亞灣登陸，燃起華南地區戰火。10 月 21 日，廣州被佔領，東江下游盡被日軍控制。日軍大肆燒殺姦掠，據不完全統計，在整個戰爭期間，造成中國軍民傷亡 3,500 多萬人。

日軍佔領廣州以後，切斷中國政府經港澳往內地的物資輸送路線，並為擴大侵略建立基地，香港自此處於日軍直接進攻的威脅之下。1940 年 6 月，日軍已控制華南地區。英國參謀長委員會悲觀地認為：「香港並非英國的切身利益所在，當地駐軍無法長期抵擋日軍的攻勢……從軍事角度看，捨棄對香港承擔的糟糕義務，英國在遠東的處境會更好」。1940 年 12 月樸芳空軍中將（Air Chief Marshal Robert Brooke-Popham）出任英國遠東三軍司令，曾主張對日本採取強硬態度。不過，當樸芳向倫敦要求增兵香港時，首相邱吉爾（Winston Churchill）直言這個想法大錯特錯，重申英國必須避免將有限的資源浪費在守不住的地方。但是，為了大英帝國的面子，為了減輕英國在新加坡的壓力，面臨日軍進攻時，英國不能馬上放棄香港。

1941 年 12 月 8 日，日軍越過深圳河進攻新界。佔據海陸空優勢的日軍，經過 18 天的戰爭，先後攻佔新界、九龍及香港島。12 月 25 日，香港總督楊慕琦（Mark Aitchison Young）宣告投降，香港自此進入三年零八個月被日軍侵佔的悲慘歲月。

武工隊進入香港

1938年10月12日侵華日軍在廣東省惠陽大亞灣登陸前後，中國共產黨已在東江流域發動羣眾，組織抗日游擊隊。1938年7月，中共東莞中心縣委派一批共產黨員參與組建東莞壯丁常備隊。1938年10月15日，王作堯領導的模範壯丁隊在東莞莞城成立。12月2日，曾生、周伯明領導的惠寶人民抗日游擊總隊在惠陽縣成立。1940年9月，中共黨組織決定將部隊番號改稱廣東人民抗日游擊隊，整編為第三大隊和第五大隊。曾生、王作堯分任兩大隊大隊長，林平（尹林平）任兩大隊政治委員，梁鴻鈞任軍事指揮。

早在1941年12月日軍進入香港前，廣東人民抗日游擊隊負責人梁鴻鈞、曾生、王作堯等在寶安開會分析局勢。他們認為日軍已完成進攻港九的戰略部署，只要敵軍總部一聲令下，隨時開始進攻。他們決定，當日軍開始進攻，便立即派出部隊進入香港新界，開闢一個新的敵後戰場。他們還確定了進入的路線和人選。

日軍進攻香港初期，廣東人民抗日游擊隊第三大隊、第五大隊合共派出八支武工隊進入新界。武工隊肅清當地土匪，撿拾及運輸英軍遺留的武器裝備，開展抗日宣傳工作，號召村民保衞家鄉，建立抗日游擊基地。

最先進入新界的，是由廣東人民抗日游擊隊第五大隊派遣的武工隊，由林沖率領，在日軍進攻當天即奉命前往新界。整支隊伍約有15至16人，包括莫浩波、盧耀康、鄧華、李生、葉楚南、黃雲生、羅汝澄、劉養、何文貫、黃思明、小陳、譚某及番仔等。隊伍由原籍新界的羅汝澄擔任嚮導，他們進入港界沙頭角，在1941年12月10日凌晨1時到達羅汝澄的家鄉南涌羅屋。

南涌羅屋是一個有20多戶人家的村莊。羅汝澄與哥哥羅雨中、弟弟羅歐鋒生於華僑商人家庭，他們在抗戰初期已參加抗日救亡運動，其後羅雨中留在地方進行秘密工作，羅汝澄和羅歐鋒則到內地參加游擊隊。戰火延至家鄉後，羅汝澄帶同武工隊返回家鄉，羅雨中也從鎮上回家，兄弟倆把家裏防匪用的步槍、獵槍、信號槍各一枝獻出，然後動員南涌、鹿頸等村莊的鄉親，有錢出錢，有槍出槍，組織羣眾自衛武裝；村上的父老還同意從祖嘗中撥款購買武器。不到十天，就組織了一支 50 多人的聯防自衛隊，並配備武器，由羅雨中擔任領導。羣眾的自衛武裝成立後，土匪再不敢進村騷擾。這是林沖領導的武工隊進入沙頭角地區後，建立起來的第一支有組織、有領導的人民武裝自衛隊。南涌也成為這支武工隊進入新界後的第一個據點。

日軍進攻香港的翌日晚上，第五大隊的曾鴻文和鍾清也出發往新界。他們經過梅林坳、沙頭村，乘坐漁民借出的小艇渡過深圳河，進入新界西北的元朗。曾鴻文、鍾清曾在元朗十八鄉活動，較熟悉當地羣眾，未幾即組織了一支 40 多人的隊伍。

另一方面，廣東人民抗日游擊隊第三大隊亦派出三支武工隊進入新界，於 1941 年 12 月 11 日到達新界東北的吉澳島。隊伍包括：由曾芳領導的一個排，共 20 多人，配有機槍一挺；由劉春祥、葉鳳生、蕭華奎、劉黑仔等領導的隊伍，共 10 多人；以及江水領導的西坑民兵，隊員包括賴連、賴章等，也有 10 多人。此外，第三大隊的黃冠芳原先已領導運輸小組駐於吉澳島，負責把物資運往游擊區。三支武工隊加上黃冠芳的部隊合共 60 多人，他們聯合起來，建立臨時黨支部，並由黃冠芳指揮隊伍。

在日軍進攻新界三五天後，第五大隊副大隊長周伯明帶領一支短槍隊，從沙頭角進至西貢。13 日，他在三椏村會見黃冠芳，傳達領導的命令指出：敵人尚未進入西貢，武工隊應掌握時機插進去，開闢工作。

其後，部隊按上級指示，乘船經黃竹角、赤門海峽進入西貢，在企嶺下登陸，然後駐紮在山寮村。他們在西貢地區協助村民打擊土匪，到各村宣傳抗日，組織抗日武裝，並建立了赤徑、嶂上等戰略據點。

除了上述六支武工隊，廣東人民抗日游擊隊其後繼續派遣部隊進入香港，開展抗日工作。例如隸屬第三大隊的蔡國樑，於 1942 年 1 月率領一支 10 多人的武工隊經塔門入赤徑，在北潭涌、黃毛應一帶與黃冠芳的武工隊會合。同年 2 月初，譚鐵流領導的短槍隊也進入元朗，與曾鴻文的部隊配合作戰。

至此，廣東人民抗日游擊隊進入香港的部隊共有 8 支武工隊，接近 100 人。他們除了在南涌建立聯防自衛隊，分別在元朗、沙田等地組織兩支抗日自衛隊和一支農民常備隊，又在沙頭角的烏蛟騰、三椏，以及大埔的沙螺洞、船灣、九龍坑一帶建立農民自衛隊和新兵訓練隊。

武工隊進入新界後，其中一項重要工作是通過各種途徑收集英軍遺棄的武器彈藥。據不完全統計，共收集到輕重機槍 30 多挺，步槍數百枝，還有衝鋒槍、英式步槍（俗稱紅毛十）、駁殼、左輪、手榴彈等上繳廣東人民抗日游擊隊，解決部分補給問題。武工隊又在漁民協助下，從海上拖回水雷，從中拆出 TNT 炸藥，這種炸藥在爆破攻堅中發揮了很大的威力。

資料來源：

1. 《東江縱隊志》編輯委員會：《東江縱隊志》（北京：解放軍出版社，2003），頁 91–92、420–421、429。
2. 《港九獨立大隊史》編寫組：《港九獨立大隊史》（廣州：廣東人民出版社，1989），頁 9–17。
3. 陳達明：〈港九大隊概況〉，載廣東青運史研究委員會研究室、東縱港九大隊史徵編組：《回顧港九大隊（上集）》（廣東：廣東省委辦公廳勞動服務公司印刷廠，1987），頁 1–8。
4. 黃雲鵬：〈港九大隊在抗戰中的地位和作用〉，載廣東青運史研究委員會研究室、東縱港九大隊史徵編組：《回顧港九大隊（上集）》（廣東：廣東省委辦公廳勞動服務公司印刷廠，1987），頁 9–23。
5. S. Woodburn Kirby, *The War Against Japan*, Volume I, London: HMS Office, 2004, p.34.
6. W.S. Churchill, *The Second World War*, Volume III, London: Cassell, 1971, p.157.

港九大隊的成立

1942 年 1 月 10 日，中共南方工委副書記張文彬致電中共中央，提出在新界地區開展游擊戰的建議。1 月下旬，張文彬在寶安縣羊台山（陽台山）的白石龍村主持會議，決定加強和統一東江地區和珠江三角洲敵後游擊隊的領導。由此，廣東人民抗日游擊隊改編為廣東人民抗日游擊總隊，總隊下設 1 個主力大隊和 4 個地方大隊。其中，決定原先由第三大隊和第五大隊分別派駐新界的幾支武工隊，統一組成「港九大隊」，成為廣東人民抗日游擊總隊 4 個地方大隊之一。

1942 年 2 月 3 日，陳達明帶着廣東人民抗日游擊總隊政委林平、總隊長梁鴻鈞、副總隊長曾生的命令來到西貢，港九大隊在新界西貢黃毛應村宣告成立，[1] 由蔡國樑擔任大隊長，陳達明擔任政委，黃高陽擔任政訓室主任。蔡國樑原是香港淘化大同罐頭廠工人，抗戰初期曾在工廠組織工人讀書會，1938 年加入中國共產黨，同年參加東江人民抗日游擊隊。陳達明原來在香港讀書，是香港學運的領導人之一。黃高陽是廣東台山人，1937 年到延安抗日軍政大學學習，同年加入中國共產黨，1938 年被派回廣東工作。

港九大隊的名稱和隸屬關係經歷數次演變。最初，港九大隊是廣東人民抗日游擊總隊轄下五個大隊之一。1943 年 12 月，廣東人民抗日游擊隊東江縱隊成立，並於 1944 年秋成立數個支隊，因港九大隊有着歷史及地理上的特殊性，改稱「港九獨立大隊」，歸東江縱隊司令部領導。1944 年冬，部隊整編，改為隸屬於東江縱隊第二支隊，並恢復「港九大隊」名稱。江南指揮部成立後，港九大隊一度由其領導。到了日本投降前後，港九大隊又改稱為「港九獨立大隊」，再次歸東江縱隊司令部領導。

---

1 《港九獨立大隊史》提及，1942 年 2 月港九大隊在西貢黃毛應村教堂宣告成立。但 2015 年 8 月 3 日，劉蜀永教授在廣州香江園進行口述歷史訪問時，陳達明說，他和蔡國樑、黃高陽等三人在黃毛應村的山坡開了個小會，港九大隊就成立了。訪問時，在場的還有楊奇、王玉珍。

港九大隊成立後需要充實幹部，除了從內地游擊隊派來的幹部外，香港地方黨動員青年工人和學生參加工作。洋務工會、餘閒樂社、虹虹歌詠團、惠陽青年會、寶安青年會、海豐同鄉會、中華書局、東華三院等社團都有青年秘密到「新界」參加游擊隊。港九地區不少共產黨員和愛國羣眾在香港被日軍侵佔後，通過封鎖線到根據地去。他們受過短期的訓練後，又返回港九地區參加游擊戰爭。也有一些地下黨員因為戰爭的突然爆發與組織失去聯繫，政委陳達明與何文、梁華（梁超）等通過各種關係與這些同志接上關係，為部隊增加了一批骨幹。此外，游擊隊在地方的鄉民中發展新黨員，如沙頭角南涌的羅雨中、鹿頸的陳亮等，後來都成為游擊隊的骨幹。1942 年 5 、6 月間，粵北省委被破壞，一批共產黨員，包括黃雲鵬、楊慶、吳江（莊歧洲）、游揚等撤退到香港，港九大隊又增添了一批骨幹。

大隊成立後按照實際需要，逐步建立辦事機構，配備了幹部。大隊部有大隊長蔡國樑，政委陳達明，副大隊長魯風，下面有教官翟信、陳加田、謝陽光，軍需袁大昌、歐連，情報幹事蔡仲敏，翻譯譚天，衛生工作麥雅貞，交通站李坤。大隊政訓室主任黃高陽，下面有組織幹事何傑，保衛幹事黃雲鵬，民運幹事王月娥，宣傳幹事陳冠時（後由梁布克擔任），統戰幹事方覺魂。後來又增加了國際幹事黃作梅，敵偽幹事梁華，漁民幹事林伍（吳展）和蕭春等。

港九大隊參與抗日的數年間，各個機關和武工隊都使用代號，以加強保密。大隊曾用代號「鎮南」，大隊部代號為「長白山」，政訓室代號為「五台山」，情報站稱為「天文台」或「晴雨」。各武工隊也曾數度變換代號，初期有「鋼鐵隊」、「飛龍隊」、「飛虎隊」、「順風隊」，後改稱「光華」、「明華」、「新華」、「大華」、「中華」，之後改為「紅鷹」、「藍鷹」、「綠鷹」、「羣鷹」、「神鷹」、「海鷹」，再改為「巴黎」、「華沙」、「英倫」、「羅馬」、「柏林」等。

港九大隊成立初期採取「分片領導」方式，大隊部設在西貢，主要領導西貢各單位、海上隊、鋼鐵中隊、市區等地工作。大隊政訓室則設在沙頭角，主要領導沙頭角各單位、上水、元朗、大嶼山等工作。直至 1943 年 3 月「三三事件」後，因應當時形勢調整組織形式，才取消分片領導，把大隊部和大隊政訓室集中到西貢地區。這個時期，大隊在各地區建有不同的武裝部隊，包括西貢地區的沙田短槍隊、坑口短槍隊、護路隊，沙頭角地區的長槍隊、短槍隊，上水地區的短槍隊等。

資料來源：

1. 《東江縱隊志》編輯委員會：《東江縱隊志》（北京：解放軍出版社，2003），頁 92–94、353。
2. 《港九獨立大隊史》編寫組：《港九獨立大隊史》（廣州：廣東人民出版社，1989），頁 24–28。
3. 陳達明：〈港九大隊概況〉，載廣東青運史研究委員會研究室、東縱港九大隊史徵編組：《回顧港九大隊（上集）》（廣東：廣東省委辦公廳勞動服務公司印刷廠，1987），頁 1–8。
4. 黃雲鵬：〈港九大隊在抗戰中的地位和作用〉，載廣東青運史研究委員會研究室、東縱港九大隊史徵編組：《回顧港九大隊（上集）》（廣東：廣東省委辦公廳勞動服務公司印刷廠，1987），頁 9–23。

各中隊的成立

隨着抗日形勢的發展，港九大隊的武裝力量不斷壯大，各地區的武裝部隊先後建立起中隊編制，包括大嶼山中隊、沙頭角中隊、西貢中隊、海上中隊、市區中隊、元朗中隊、中華中隊、卓覺民中隊。其中前六個中隊一直在港九新界活動，以下按成立次序分述其成立背景及沿革。

大嶼山中隊，源於港九大隊派往大嶼山地區開展游擊戰的武工隊。港九大隊成立後不久，已按形勢發展，決定建立大嶼山游擊基地。大隊先派陳亮明到大嶼山開展工作，及後又派出蘇光、陳滿、邱球、曾可送、林容及陳漢平等六人組成武工隊前往大嶼山。武工隊初期以「保鄉隊」的名義在大嶼山活動，並在水口、塘福等村肅清土匪。1942 年 9 月，大隊部派劉春祥率領 10 多人的武裝部隊前往大嶼山增援。1942 年 12 月，大嶼山中隊在塘福村成立，劉春祥任中隊長，蘇光任副中隊長，陳亮明任政治指導員。1943 年 7 月，大嶼山中隊由廣東人民抗日游擊總隊直接領導，至1944年7月後，重歸港九大隊領導。

沙頭角中隊成立前，沙頭角地區曾有數支隊伍活動，包括由盧進喜領導的長槍隊（後因沙頭角較適宜手槍隊活動，長槍隊於1943年5月撤出，盧進喜改為帶領短槍隊）、林沖領導的手槍武工隊，以及派到各村的民運工作人員。1943年3月日軍掃蕩沙頭角後（即三三事件後），港九大隊為了發揮各地區獨立靈活作戰的作用，以林沖的手槍武工隊和盧進喜的短槍隊為基礎，成立沙頭角中隊，由林沖擔任中隊長，何傑任指導員，陳海（羅廣志）任民運區委。此後擔任中隊長的先後有莫浩波、羅汝澄及鄧華。中隊的代號為「明華中隊」，其活動範圍包括沙頭角、上水、粉嶺、大埔、元朗、荃灣、新田等地區。

西貢中隊，源於廣東人民抗日游擊隊派往西貢的武工隊，包括黃冠芳、江水等領導的50多人的部隊。1942年下半年，大隊部為了把西貢建設為游擊隊根據地，以長期與日軍作戰，於是籌建常備隊，又稱「護路隊」。1943年春夏之間，正式整編為西貢中隊，由羅汝澄擔任中隊長，張興任副中隊長，劉志明任指導員，李兆華任民運區委。羅汝澄調任後由張興接任中隊長。中隊初時的代號為「紅鷹隊」，後改為「華沙隊」。西貢中隊得到港九大隊直接領導，活動範圍由西貢高塘村、赤徑村、大浪村，逐步擴展至沙田、坑口，以至整個西貢半島。

海上中隊，前身是「秘密大營救」時期的護航小隊。林平、曾生、王作堯等按上級指示，派遣部隊分海、陸兩路開展營救工作。海路方面，由陸上部隊抽調有航海經驗的指戰員，組成一支19人的護航小隊，成員包括陳志賢、王錦、黃康、賴連、吳傳、何錦祥、鄭水、陳植棠、羅興、黃全等。護航小隊主要活動於北潭涌、企嶺下，負責護送文化人士及運載槍支彈藥等。1942年3月，隨着營救工作告一段落，大隊決定把護航小隊擴大為海上游擊隊，在海上開展游擊戰爭，切斷敵軍海上運輸線。海上小隊代號為「順風隊」，以龍船灣（糧船灣）為海上基地。1943年6月間，已增加至近百人的海上小隊發展成海上中隊，代號為「大華隊」，由陳志賢任中隊長，林伍任指導員。中隊活動範圍由龍船灣擴展至大鵬半島。後來擔任中隊長的包括羅歐鋒和王錦。

市區中隊於 1943 年 12 月，根據當時抗日形勢發展的需要而成立，主要活動於香港、九龍市區，任務包括：展開政治攻勢，揭露敵人暴行；發動羣眾展開多種形式的鬥爭；利用各種關係收集情報，這是市區中隊的中心任務；另外也動員青年參軍。中隊由方蘭任中隊長兼指導員，另有陳佩雯、黃揚聲（楊聲）、宋洛川等幾名骨幹，港九大隊亦把在市區活動的十多名同志調往中隊。中隊部設在西貢清水灣的檳榔灣，聯絡站在坑口。市區中隊又被稱為「不帶槍的游擊隊」，隊員們深入日軍統治中心，以較特別的方式開展抗日活動，例如透過「紙彈戰」發放傳單宣傳抗日，又以「地雷戰」通過爆破干擾日軍的部署。

元朗中隊，由在元朗地區活動的武工隊演變而成。日軍進攻香港後，曾鴻文帶領武裝人員進入元朗，譚鐵流亦帶領手槍隊前往，與曾鴻文部隊配合，護送文化人、民主人士，對付當地土匪，並收集武器槍支。1942 年 4 月、5 月間，部隊以港九人民抗日游擊大隊武工隊名義活動，後來又以港九大隊元朗地區武工隊名義，組織羣眾抗日。武工隊以八鄉的大窩村為大本營，十八鄉黃泥墩村的楊屋為基地，也在大埔區的林村洞、上洞、梧桐寨、水窩村等地建立據點。1944 年初，元朗地區的武裝部隊整編為小隊，由民運區委領導。同年 9 月，正式成立元朗中隊，楊江任指導員，何國良任副中隊長，陳瑞任民運區委。後由何錦祥接任副中隊長。中隊下轄三個小隊，共有 60 多人，是一支長短槍混合組成的隊伍。

資料來源：

1. 《東江縱隊志》編輯委員會：《東江縱隊志》（北京：解放軍出版社，2003），頁 94。
2. 《港九獨立大隊史》編寫組：《港九獨立大隊史》（廣州：廣東人民出版社，1989），頁 29–37、58–61、73–76、88–91。
3. 中共深圳市委黨史辦公室東縱港九大隊隊史徵編組：《東江縱隊港九大隊六個中隊隊史》（深圳：深圳市印刷廠，1986），頁 1–5、33–41、58–60、73–75、92–93、116–118。

2、秘密大營救篇

營救工作源起

1941 年 12 月底日軍佔領香港後，中國抗戰初期轉移到香港的抗日文化人面臨重大危機。香港總督投降後，日軍立即封鎖交通要道，實行宵禁，大肆搜捕抗日人士，並貼出告示，限令旅港文化人前往「大日本軍報道部」或「地方行政部」報到，否則格殺勿論。

隨後，日本特務機關「大東亞共榮圈事務所」又在報上刊出「請鄒韜奮、茅盾先生參加大東亞共榮圈建設」的啟事；文化特務和久田幸助也在各個戲院打出幻燈：「請梅蘭芳、蔡楚生、司徒慧敏等先生到九龍半島酒店會晤」。當時滯留在港的抗日文化人和民主人士大多來自廣東以北，既不懂廣府話，又無甚麼社會關係，長期隱蔽有困難，隨時有可能被捕殺，處境相當危險。

1941 年 12 月 8 日，中共中央書記處向周恩來、廖承志、潘漢年、劉少文發出電報，指示香港文化人、黨的人員、交通人員向南洋及東江撤退。隨後，中共中央南方局書記周恩來又向廖承志、潘漢年發出幾次加急電報，指出被困在港的文化人是我國文化界的精英，必須想盡一切辦法將他們搶救出來。12 月 12 日九龍半島失守後，周恩來又幾次發電詢問：「港中文化界朋友如何處置？尤其九龍朋友已否退出？」「與曾生部及海南島能否聯繫？」

按照中共中央、南方局和周恩來的指示，張文彬、廖承志、尹林平等先後在香港、寶安和惠陽召集香港黨組織、廣東黨組織和東江抗日游擊隊領導人會議，部署大營救工作。港九方面的營救工作由劉少文、梁廣負責。從九龍到惠陽、寶安、東莞，再到惠州的護送工作，由東江抗日游擊隊負責。從惠州到老隆的轉送工作，由後東特委負責。到達韶關以後，由南委和粵北省委負責。廖承志、連貫分別前往韶關、老隆，佈置國民黨統治區的掩蔽地點和秘密護送工作。

秘密大營救路線及過程

當時秘密大營救主要有東西兩條路線：

★ 東　線

東線是從九龍市區，經牛池灣過九龍坳，到西貢企嶺下或深涌灣乘船渡大鵬灣，在大梅沙、小梅沙、上洞或沙魚涌等地登陸，最後轉入惠陽游擊根據地。此路線由蔡國樑負責，黃冠芳、劉黑仔、江水、蕭華奎、劉春祥、陳志賢等領導的武工隊參與護送工作。由於水陸兼程，蔡國樑按上級指示，抽調第三大隊和第五大隊十數名富航海經驗的隊員，組建護航小隊隨行。蕭華奎任護航小隊隊長，後由陳志賢接任，王錦任副隊長。

東線不時途經偏僻的山區，盤踞山區的土匪常對行人攔路搶劫，對營救任務構成一定威脅。1941 年 12 月下旬一天，黃冠芳、劉春祥、劉黑仔、葉鳳生等一行六人化裝進九龍城，執行護送任務。途經黃麖仔山坳時忽然遇上一股土匪攔劫。由於沒有攜帶武器，他們只好無奈地讓土匪搜身，結果黃冠芳身上唯一的 5 元港幣也被搜去。為確保護送工作順利開展，黃冠芳當晚即命令劉黑仔率領短槍隊消滅那股土匪，解除了潛在的威脅。

廖承志、連貫、喬冠華等為秘密大營救開路而先行撤離的領導，便是從東線撤離香港。1942 年元旦，他們一行人等經李健行護送，避開日軍巡邏艇的搜查，抵達九龍市區。他們在旺角上海街一幢樓房與中共中央南方工作委員會（簡稱南委）副書記張文彬、中共廣東省委常委兼省委軍事委員會書記林平（尹林平）會面，共同研究及部署營救行動，決定由黃冠芳領導的武工隊負責護送他們從九龍到西貢，經沙魚涌到惠陽游擊根據地。

翌日清晨，黃冠芳打扮成商人，按事前約定的時間，到九龍城與李健行接頭。他拿着一把帶鈎的黑雨傘作為接頭記號。當時他還未知道要護送的就是廖承志、連貫、喬冠華等人。他在回憶錄中提及此事時寫道：「我一一把他們仔細打量了一番。其中一個中等身材，着黑上衣，頭帶鴨舌帽；一個矮個子，穿了一件大棉衣；還有一個瘦高個子和一個婦女，共四人……事後，我才知道，這次護送的幾位，就是廖承志、連貫和喬冠華等重要人物。」交接清楚後，黃冠芳買來一些香燭、貢品，讓廖承志等人各拿一份，扮作香客，混入難民堆中逃出城外。[2]

到牛池灣與短槍隊隊長江水接頭後，他們一行人等隨即向西貢進發。為防意外，江水等人分成幾組行動，其中兩人在前方偵察開路，兩人在後方警戒，江水和其餘三名隊員則居中掩護。從九龍坳到西貢原本有大路可走，但為避開日軍巡邏隊，他們改走近海的一條小路。英軍曾於那一帶埋下地雷以防日軍登陸。為免誤觸地雷，江水派人到附近的南圍村，請來兩位丘姓老鄉帶路，安全通過佈雷區。他們馬不停蹄地趕路，經北圍、打蠔墩、沙角尾，走了整整五個小時，終在下午三時到達山寮村。

當時武工隊隊部設於山寮村。由於武工隊早作安排，江水等人抵達山寮村後即獲村長王亞元熱情招待。他們在王亞元家稍息及用膳後，便繼續趕路到大環村，準備在夜間偷渡大鵬灣。在蔡國樑護送下，廖承志一行人等安全抵達企嶺下海灣，與護航隊長蕭華奎接頭。[3]

2　關於護送廖承志等人的過程，李健行在他的回憶錄有不同的說法，可參考李健行：〈成功搶救香港文化界人士〉，載何小琳、郭際編：《勝利大營救》（北京：解放軍出版社，1999），頁 70–79。

3　王亞元的名字在《港九獨立大隊史》中被誤記為黃亞元。2019 年 3 月 24 日本書編者到山寮村實地考察，見到其兒子王世昌和王道生後，才糾正過來。

蕭華奎一早已領着隊員黃友、賴連、黃康等人及兩艘武裝船在該處等候，準備隨時起行。其中一艘武裝船配有一挺磨盤機作掩護，另一艘則作前衛導航，以提防日軍海上巡邏隊緝捕及匪徒搶劫。開船前，蔡國樑還特意叮囑蕭華奎小心行事：「這次護送的都是重要人物，在任何情況下都要保證他們的安全」。凌晨3時，廖承志一行人等安全抵達沙魚涌，5時，惠陽大隊副大隊長高健等十多人前來迎接，首次護送任務順利完成。

廖承志一行人稍事休息後，繼續向惠州進發。連貫在回憶錄中提到：「作為大營救組織者又是第一批『被搶救者』，我們終於到達惠陽大隊所在地田心村……我同廖承志、喬冠華等從惠陽游擊區經坪山、茶園、淡水等敵、偽、匪、頑佔據的犬牙交錯的複雜地區，先後又碰到過幾番『險情』才到惠州。因為有了這段實踐經驗，我們更確切地知道，由於廣九和粵漢鐵路南段均被日軍控制，要把從香港搶救出來的脫險者繼續向內地更安全的地方轉移，則非經惠州北上老隆不可」。

他們的脫險經歷令其受到啟發，為後來的營救工作作出更妥善的安排：「為了盡快地在韶關安排好一個向後方轉送的『聯絡站』，及時向南方局匯報情況，廖承志與張文彬、尹林平和我研究了建立聯絡站等轉送工作，並確定由游擊區到內地沿途的負責人：由前東特委（在惠陽）到後東特委（在老隆）一段，水陸兩條線，由惠陽縣委負責人盧偉如負責；在老隆協調前東特委、後東特委、潮海特委之間的工作，由我負責；韶關到桂林一段，由廖承志負責；桂林到重慶一段由喬冠華負責」，每段路都加派了人手守衛，抗日文化人的安全自是更受保障。

★ 西 線

西線是從九龍市區至荃灣大帽山、元朗、落馬洲，然後渡過深圳河，穿過梅林坳，到白石龍游擊根據地。此路線由黃高陽負責，林沖、高平生領導的武工隊參加護送，曾鴻文作指揮。中共在荃灣、元朗及落馬洲等主要地區都設立了秘密接待站，提供嚮導和通信員。日軍攻佔香港後糧食、燃料供應短缺，日佔政府下令驅逐 100 萬居民離港，難民可經元朗到深圳回鄉，令營救抗日文化人的地下工作者和游擊隊可利用西線救人離境。

西線途經多處都是土匪勢力範圍，特別是荃灣大山坳、大帽山一帶，山路迂迴曲折，人煙稀少，土匪橫行無忌，攔路搶劫，行人深受其害。為確保營救任務順利執行，曾鴻文、林沖等人率隊驅逐這些土匪，包括大帽山一帶以黃慕容、蕭天來為首，達數百人的土匪羣。[4] 荃灣大山坳一條羊腸小道也常有土匪攔路搶劫。一天清晨，約 40 多名土匪來犯，林沖派出三名武工隊隊員悄悄地繞到山坳後的制高點發動突襲，成功傷、斃數名土匪，其餘的土匪四散逃命。這股土匪懾於游擊隊的聲威，自此不敢再來犯。

此後，游擊隊完全控制了大帽山和部分其他山區，並打開從荃灣到元朗之間護送文化人和民主人士的通道。為確保護送工作順利進行，游擊隊派出武裝人員分段進行警戒，從九龍至荃灣由黃高陽的短槍隊負責，山區一帶由林沖負責，元朗至落馬洲則由曾鴻文和鍾清負責，過深圳河後則由總隊派出的武裝人員負責。此外，游擊隊還成功爭取沿途的憲查、偽鄉長為游擊隊辦事。據曾鴻文回憶，每次執行護送任務前，他都會親自聯繫沿途的憲查、偽鄉長，叮囑他們替那些文化人和民主人士辦理通行證，確保他們一路上安全無阻：「我有一批同我做生意的人（抗日文化人），要經過這裏到內地，你們要同日本人打好交道，給他們出證明，保證他們的安全，如果少了一人，我就追究你們。」這些憲查、維持會長，都是本地人，本不是願為日本賣命的。他們都按照游擊隊的要求辦了。因此，後來從這裏經過的被護送的文化人，沒有一人發生意外。

與此同時，游擊隊在新界元朗十八鄉楊家村「適廬」設置秘密中轉站。適廬由楊氏兩兄弟楊衞南及楊竹南於 1933 年建成。當時不少著名的抗日文化人和民主人士都曾在該處留宿。秘密大營救的見證者楊奇在回憶營救行動時曾

4　當時黃慕容佔據大帽山的東側地帶，蕭天來則常在大帽山西側、上水、粉嶺、坪洋、蓮麻坑一帶活動。

多次提到元朗有一個交通站，茅盾、鄒韜奮等文化人獲營救時曾途經此地；[5]文化人胡耐秋在回憶文章裏亦提到她曾於元朗一個宅院留宿。該宅院實際上是游擊隊的活動據點，他們提到的交通站和宅院很可能就是適廬。港九大隊老戰士參與編寫的《港九獨立大隊史》明確寫道：適廬是「元朗中隊活動據點之一，秘密大營救時的接待站」。

其中從西線撤離香港的有鄒韜奮、茅盾等文化人。1942 年 1 月 10 日，他們一行二三十人（包括戈寶權、葉以羣、胡繩、于伶、惲逸羣、章泯、張鐵生、楊剛、沈志遠、徐伯昕、胡耐秋、袁水拍、丁聰、舒強、鳳子、吳在東、葉籟士等）從香港突破封鎖線來到九龍市區，分別住進幾個秘密聯絡點，準備從西線入寶安游擊根據地。為確保安全，王作堯派出富經驗的交通員謝愚照、麥容、趙林等參與護送。

當時香港已開始大批疏散難民，鄒韜奮、茅盾等人在九龍市區稍息一晚後，翌日清晨身穿唐裝，背着行李，化裝成難民，分成幾組，穿過上海街，混入疏散的人羣之中。他們沿青山道過九華徑到荃灣。離開荃灣後，他們走上山間小路，在途中一個接待站用膳後便繼續上路，攀登大帽山。

山路迂迴曲折，雜草叢生，武工隊前後警戒，以防土匪搶劫。翻山越嶺，長途跋涉，有些人體力不支，直接將身上一些大型包袱丟棄在路旁。負責護送的隊員見狀後立即將它們撿起並背到自己身上，幫忙分擔。有的隊員一連背負了好幾個包袱，沒半點怨言；有的隊員甚至幫忙背起走不動的文化人及他們的家屬。王作堯的回憶錄也有相關記載，當時「文化人為了減輕負擔，往往把行李一件一件地丟掉，戰士就一件一件拾起來自己背着，一直送到目的地。他們的一舉一動，使許多文化人都為之感動」。

鄒韜奮、茅盾等文化人攀越大帽山後抵達元朗十八鄉，在楊家村「適廬」留宿一晚。翌日清晨，他們穿過元朗墟，踏上青山公路，然後向北走了大概

5　此處提及元朗歐屋村有一個交通站，但經反覆考證，元朗並無歐屋村，似有誤。

兩三個小時，終抵達深圳河。深圳河南北兩岸都設有日軍崗哨，須持有通行證才能通過。武工隊經一名「白皮紅心」的鄉長弄來出境的通行證，順利通過崗哨，進入梅林坳，不久便到達白石龍游擊根據地，順利脫險。

★ 其他路線

東西兩線以外，還有少數人經其他路線脫險。有些年老體弱，不宜攀山涉水，經不起陸路長途跋涉，或長期逗留在港，身份易暴露的人士均安排從海路撤離。海上西線是從香港島，經長洲島過澳門，並在台山登陸，最後進入肇慶、梧州等地，再向北延伸至桂林、重慶。長洲島是一個重要的中轉站。

自 1942 年 1 月起，三十餘名文化人獲安排到長洲島，並在秘密中轉站內暫歇及留宿，再經伶仃洋到澳門，進入內地脫險。1942 年 1 月 9 日，夏衍、司徒慧敏、蔡楚生、陳曼雲、金山、王瑩、郁風、謝和賡、金仲華與張雲喬等人分批自香港西環出發，經長洲停留一晚，隨即前往澳門，21 日到達台山都斛。同年 1 月 11 日，謝加恩、華嘉等人自西營盤出發，抵達長洲並停留三日，隨後於 14 日抵達澳門。1 月 18 日，他們離開澳門，繼續前往中山岐關。華嘉〈香港脫險記〉中提及獲營救人士被安排在長洲一家魚欄樓下的貨棧留宿。同年 1 月 25 日起，李少石、廖夢醒夫婦在長洲逗留超過二十日，期間住在生隆泰製香廠，直至 2 月 14 日才抵達澳門。[6]

柳亞子、何香凝（廖承志母親）先住在長洲一間教堂，然後坐船出海，轉移到海豐縣馬宮港。出海後因無風助力，船在海上漂流近七天才漂到牛尾海海面，但糧食及食水一早已耗盡，路途倍加艱難。何香凝感慨之下吟詠了一首七言絕句：「水盡糧空渡海豐，敢將勇氣抗時窮。時窮見節吾儕責，即死還留後世風」；柳亞子亦寫下〈流亡雜詩〉六首，其中一首提到：「自長洲島乘

6 據東縱後人陳凱倫、王玉珍、黎詩雅考察，該魚欄中轉站很大機會是長洲「鄺記鮮鹹魚舖」，該舖已拆卸重建，而「生隆泰製香廠」現址則為長洲公園。詳見〈關於香港大營救行動長洲中轉站生隆泰製香廠及鄺記鮮鹹魚欄的遺址考察報告〉，2024 年 8 月。

帆船渡海豐之馬宮，七晝夜未達……無糧無水百驚憂，中道逢迎舴艋舟。稍惜江湖遊俠子，只知何遜是名流。」幸而他們遇上游擊隊的巡邏船，獲贈糧食接濟，終在第八天順利抵達馬宮港。

大營救的結果與意義

1942 年 1 月底至 2 月初，是香港的營救工作最緊張的時刻。每隔一兩天，就有一批人從港島偷渡到九龍。每批少的十來人，多的二三十人。各武工隊全力以赴，做好護送工作。

秘密大營救從 1941 年 12 月 25 日香港淪陷起，到 1942 年 11 月 22 日鄒韜奮到達蘇北抗日根據地為止，歷時 11 個月。中共地下黨組織和作為港九大隊前身的幾支武工隊，先後救出知名抗日民主人士和文化人 300 多人，連同其他方面的人士共約 800 人。其中知名人士有何香凝、柳亞子、鄒韜奮、茅盾、夏衍、沈志遠、張友漁、胡繩、范長江、于毅夫、劉清揚、梁漱溟、李伯球、陳汝棠、張鐵生、張明養、羊棗、千家駒、黎澍、戈寶權、胡仲持、韓幽桐、孔德沚、沈粹縝、吳全衡、惲逸羣、廖沫沙、金仲華、楊剛、徐伯昕、胡耐秋、梁若塵、黃藥眠、胡風、沙千里、周鋼鳴、高士其、葉以羣、端木蕻良、蔡楚生、司徒慧敏、司馬文森、袁水拍、華嘉、楊東蓴、張文、沙蒙、金山、王瑩、章泯、宋之的、于伶、許幸之、趙樹泰、李楓、藍馬、鳳子、盛家倫、郁風、葉淺予、特偉、胡考、丁聰、成慶生、葉方、王顯章、鄧文田、鄧文釗、殷國秀、俞頌華等。營救隊伍亦營救了少數國民黨的軍政官員及家屬，計有國軍第七戰區司令長官余漢謀夫人上官賢德和參議劉璟、南京市市長馬超俊的夫人和妹妹，以及影星胡蝶。

營救行動中，中共地下黨組織和作為港九大隊前身的幾支武工隊均發揮重要作用。雖然過程困難重重，如經費不足、敵情突然出現變化及與外省文化人語言不通，但他們仍盡一切辦法解決。歷經千難萬險，他們終排除土匪的干擾，成功闖過日軍的崗哨和搜查，將大批抗日文化人及民主人士無一傷亡地平安護送到大後方。1942 年 2 月 3 日港九大隊成立後，營救繼續進行，但大規模的營救工作已經過去。

作家茅盾稱這場營救是「抗戰以來（簡直可以說是有史以來）最偉大的搶救工作」，胡風亦稱之「奇蹟般的大勝利」，因為營救行動從沒一次出事故，沒有任何人遇險犧牲。曾生亦讚揚游擊隊員勇敢機智，出色地完成任務：「在敵人的嚴密控制下，從香港這個孤島，安全地營救出如此眾多的、在國內外有影響的人物，這是歷史上的奇蹟。在這場偉大的秘密大營救中，香港地方黨員、我們港九短槍隊員和交通員、接待站的工作人員們，勇敢機智，全力以赴，出色地完成了黨交給的重大任務」。1942 年 1 月 20 日，鄒韜奮曾題寫「保衛祖國　為民先鋒」八個大字贈予曾生，並附言道：「曾生大隊長以名士奮起，領導愛國青年組成游擊隊，保衛祖國，駐軍東江。韜於文化游擊隊，自港轉移陣地，承蒙衛護，不勝感奮。敬書此奉贈，藉誌謝忱。」

部分獲救抗日文化人

姓名	身份	新中國成立後曾擔任的職位
何香凝	政治活動家	全國人大常委會副委員長、全國政協副主席
柳亞子	詩人	中央人民政府委員、中央文史館副館長
茅盾	作家、文學評論家	中央人民政府文化部部長、全國政協副主席
夏衍	劇作家	國家文化部副部長、中國文聯副主席、中顧委委員
沈志遠	經濟學家	中央人民政府文化教育委員會委員、中國科學院哲學社會科學部學部委員
張友漁	法學家	全國政協常委、中國文化書院院務委員會主席
胡繩	哲學家、近代史專家	中共中央黨史研究室主任、全國政協副主席兼中國社會科學院院長
范長江	記者、社會活動家	《人民日報》社社長
于毅夫	民主人士	中共中央統戰部副部長、中共吉林省委書記處書記

姓名	身份	新中國成立後曾擔任的職位
劉清揚	民主人士	全國政協常委、全國婦聯副主席
梁漱溟	哲學家	全國政協常委
李伯球	民主人士	第一屆全國人民代表大會代表
陳汝棠	民主人士	廣東省副省長兼人民政府委員
張鐵生	傳媒人士	對外文委副秘書長、西亞非研究所副所長
張明養	國際問題研究專家	華東軍政委員會文教委員會委員
千家駒	經濟學家	中央工商行政管理局副局長
黎澍	歷史學家	《中國社會科學》雜誌總編輯、近代史研究所副所長
戈寶權	文學翻譯家	中華人民共和國駐蘇聯大使館參事兼臨時代辦、中國社科院文學所研究員
胡仲持	記者、作家	上海《解放日報》編委兼國際組長、北京《人民日報》國際部資料室主任
韓幽桐	法學家	寧夏自治區高級法院院長、中國社科院法學所副所長
吳全衡	記者、編輯	新華社全國婦聯分社社長、全國婦聯國際聯絡部代部長
葉籟士	語言學家	人民出版社第一副社長兼第一副總編輯
惲逸羣	記者	上海《解放日報》社長
廖沫沙	作家	中共北京市委宣傳部副部長、教育工作部、統戰部部長
金仲華	國際問題專家、新聞工作者	中華全國新聞工作者協會副會長、上海市副市長
徐伯昕	出版家	中央人民政府出版總署辦公廳副主任、發行管理局長兼新華書店總經理
胡耐秋	政治家	全國婦聯宣教部副部長兼國際宣傳部部長
梁若塵	記者、編輯	廣州市文化局副局長
黃藥眠	文學家、詩人	北京師範大學教授、全國政協常委、民盟中央常委、宣傳部長
胡風	文藝理論家	中國文學藝術界聯合會委員、中國作家協會理事
沙千里	民主人士	國家輕工業部部長、糧食部部長、全國政協副主席
周鋼鳴	作家、文藝理論家	廣西自治區文化局局長、華南文學藝術聯合會副主席

姓名	身份	新中國成立後曾擔任的職位
高士其	科學家	中央人民政府文化部科學普及局顧問
葉以羣	文藝理論家	上海文學研究所副所長、上海文聯兼作協副主席
端木蕻良	作家	北京市作家協會副主席、中國作家協會理事
蔡楚生	導演	中國電影工作者聯誼會和中國電影工作者協會主席、中國文聯副主席
司徒慧敏	導演	文化部副部長
司馬文森	作家	駐法國大使館文化參贊、對外文委三司司長
袁水拍	作家、詩人	中共中央宣傳部文藝處處長
楊東蓴	歷史學家	國務院副秘書長、中南軍政委員會委員
沙蒙	導演	電影局藝術委員會委員、電影工作者聯誼會副主席
金山	演員	中央戲劇學院院長
章泯	劇作家	中華全國文學藝術界聯合會和電影工作者協會理事、中央電影局藝委會主任
宋之的	劇作家	中國人民解放軍總政治部文化部處處長兼《解放軍文藝》總編輯
于伶	劇作家	上海文化局局長
許幸之	藝術家	蘇州市第一屆人大代表、文聯主席
藍馬	演員	中國人民解放軍總政治部文工團話劇團副團長、藝術指導
鳳子	演員、戲劇評論家	北京人民藝術劇院藝術處副處長兼文學組組長、中國劇協常務理事兼書記處書記
盛家倫	作曲家	中央音樂學院民族音樂研究所研究員、中國音樂協會第一屆理事
郁風	散文家、畫家	中國美術家協會副秘書長、書記處書記、美術館展覽部主任
葉淺予	畫家	中央美術學院中國畫系主任、教授
特偉	漫畫家	上海美術電影製片廠廠長
胡考	漫畫家	《人民畫報》副總編輯
丁聰	漫畫家	《人民畫報》副總編輯、全國政協委員
沈粹縝	鄒韜奮夫人	上海市婦聯福利部部長、市婦聯副主任

資料來源：

1. 《東江縱隊史》編寫組：《東江縱隊史》（廣州：廣東人民出版社，1985），頁61–62。
2. 《東江縱隊志》編輯委員會：《東江縱隊志》（北京：解放軍出版社，2003），頁58–60、131–141。
3. 《港九獨立大隊史》編寫組：《港九獨立大隊史》（廣州：廣東人民出版社，1989），頁18–23。
4. 中共中央文獻研究室：《周恩來年譜（1898–1949）》（北京：中央文獻出版社，1998），頁521–523、534–535。
5. 中共惠陽地委黨史辦公室：《東江黨史資料匯編：內部資料》。
6. 王作堯：〈緊急搶救〉，載何小林、郭際編：《勝利大營救》（北京：解放軍出版社，1999），頁46–52。
7. 江水：〈短槍隊的光榮使命〉，載原東江縱隊港九獨立大隊老游擊戰士聯誼會：《永誌難忘的一頁》（香港：原東江縱隊港九獨立大隊老游擊戰士聯誼會編輯組，2004），頁53–55。
8. 江水：〈護送何香凝、廖承志母子倆的經過〉，載廣東青運史研究委員會研究室、東縱港九大隊史徵編組：《回顧港九大隊（上集）》（廣東：廣東省委辦公廳勞動服務公司印刷廠，1987），頁62–66。
9. 李健行：〈成功搶救香港文化界人士〉，載何小林、郭際編：《勝利大營救》（北京：解放軍出版社，1999），頁70–79。
10. 胡風：〈我的回憶〉，載何小林、郭際編：《勝利大營救》（北京：解放軍出版社，1999），頁307–309。
11. 茅盾：〈脫險雜記〉，載何小林、郭際編：《勝利大營救》（北京：解放軍出版社，1999），頁238–255。
12. 夏衍：〈走險記〉，載夏衍：《夏衍雜文隨筆集》（北京：生活・圖書・新知三聯書店，1980）。
13. 連貫：〈秘密大營救〉，載原東江縱隊港九獨立大隊老游擊戰士聯誼會：《永誌難忘的一頁》（香港：原東江縱隊港九獨立大隊老游擊戰士聯誼會編輯組，2004），頁34–42。
14. 陳志賢：〈大鵬灣護航〉，載原東江縱隊港九獨立大隊老游擊戰士聯誼會：《永誌難忘的一頁》（香港：原東江縱隊港九獨立大隊老游擊戰士聯誼會編輯組，2004），56–58。
15. 陳達明：《香港抗日游擊隊》（香港：環球〔國際〕出版有限公司，2000），頁33–34。
16. 曾生：〈全力以赴開展一場秘密大營救〉，載何小林、郭際編：《勝利大營救》（北京：解放軍出版社，1999），頁39–45。
17. 曾鴻文：〈打開大帽山通道〉，載何小林、郭際編：《勝利大營救》（北京：解放軍出版社，1999），頁133–136。
18. 黃冠芳：〈挺進港九秘密大營救〉，載何小林、郭際編：《勝利大營救》（北京：解放軍出版社，1999），頁86–90。
19. 黃冠芳：〈戰鬥在九龍交通線上〉，載原東江縱隊港九獨立大隊老游擊戰士聯誼會：《永誌難忘的一頁》（香港：原東江縱隊港九獨立大隊老游擊戰士聯誼會編輯組，2004），49–51。

20. 楊奇：《虎穴搶救：日本攻佔香港後中共營救文化羣英始末》（香港：香港各界紀念抗戰活動籌委會有限公司、香港各界文化促進會有限公司，2005），頁 24。
21. 楊奇：《香港淪陷大營救》（香港：三聯書店〔香港〕有限公司，2014），頁 74－78。
22. 廖承志：〈勝利完成黨中央賦予的任務〉，載原東江縱隊港九獨立大隊老游擊戰士聯誼會：《永誌難忘的一頁》（香港：原東江縱隊港九獨立大隊老游擊戰士聯誼會編輯組，2004），頁 33。
23. 廖夢醒：〈海上脱險〉，載何小林、郭際編：《勝利大營救》（北京：解放軍出版社，1999），頁 217－219。
24. 中共廣東省委研究室著：《中國共產黨廣東歷史》第一卷（1921－1949）（北京：中共黨史出版社，2021），頁 428－432。
25. 陳凱倫、王玉珍、黎詩雅：〈關於香港大營救行動長洲中轉站生隆泰製香廠及鄺記鮮鹹魚欄的遺址考察報告〉，2024 年 8 月。

3、陸地作戰篇（上）　戰鬥

獅子山山腳突襲日軍

1942 年 7 至 8 月間一天，沙田短槍隊黃冠芳、劉黑仔帶領黃青、鄧賢、陳金伯等原本計劃經獅子山山腳下的引水渠到沙田水塘突襲日軍，結果剛到山腳便遇上日軍。隊員果斷地跳到引水渠掩蔽，待日軍走近立即開槍攻擊，成功將其全數殲滅。是次突襲行動中，共擊斃日本軍官一名、士兵兩名及印度兵一名，並繳獲短槍一支、長槍兩支、軍刀一把、軍大衣一件。

資料來源：

1. 《港九獨立大隊史》編寫組：《港九獨立大隊史》（廣州：廣東人民出版社，1989），頁 42。

劉黑仔活捉日軍密探

1942 年 8 至 9 月間，沙田短槍隊劉黑仔帶領鄧賢、陳金伯、黃青、曾福等人到茶果嶺一間冰室與負責經濟工作的邱連接頭，商討運送一批貨物回大隊部。劉黑仔等人進入冰室後，機警地面朝門口坐下。兩名密探隨後而來，喝令室內的人舉手讓他們檢查。劉黑仔隨即先發制人開槍，兩名密探受傷後拼死放槍頑抗，用光子彈後才慌忙逃竄。

1943 年夏秋間，劉黑仔在茶果嶺執行任務期間，得悉兩名日軍密探剛乘船離開，便與曾九等人僱了一艘小艇，在太古船塢海面追上他們。當時，曾九本欲以手榴彈炸毀敵船，但劉黑仔擔心會驚動附近的日軍，便予以制止。當小艇迫近密探所乘坐的小船時，劉黑仔與其他隊員一躍過去，乘其不備，迅速將兩名密探捉拿，並連夜押送回赤徑大隊部進行審訊。

資料來源：

1. 《港九獨立大隊史》編寫組：《港九獨立大隊史》（廣東人民出版社，1989），頁 42。
2. 〈活動於西貢、沙田坑口的手槍隊〉，載廣東青運史研究委員會研究室、東縱港九大隊史徵編組：《回顧港九大隊（上集）》（廣東：廣東省委辦公廳勞動服務公司印刷廠，1987），頁 158、160－161。

老龍田晏台山遭遇戰

1943 年 3 月 3 日下午，日軍出動近百人到沙頭角一帶突擊掃蕩，包圍港九大隊政訓室在老龍田晏台山的駐地，游擊隊與其展開激戰，多位戰士犧牲，史稱「三三事件」。

1943 年 1 月起，日軍已數度包圍游擊隊活動地區和機構，如沙螺洞、烏蛟騰、游擊隊稅站等，也派出特務化裝貨客深入游擊隊心臟地區活動，又通過收買當地居民來獲取情報，例如鹿頸村長黃某及其妻就在被收買的名單上。當時，港九大隊政訓室已有一段時間沒有轉換駐地，事發前已接情報敵人日內有行動。部隊計劃於 3 月 3 日晚撤離，警衛班大部分擔行李先行出發。至當日正午，只有政訓室主任黃高陽、事務長曾福、宣傳幹事陳冠時、幾個工作人員及小鬼，以及暫留政訓室的學員彭泰農、陳坤賢、章平、邱國璋等 11 名非武裝人員尚未離開，武器裝備則餘下四枝紅毛十，兩枝十三響，手提機槍及左輪各一枝。

日軍兵分三路，其中粉嶺警備隊 32 人，配備輕機槍二挺，由馬尾下經龜頭嶺前進，並捉了一名鄉民在前頭帶路。另外，沙頭角警備隊及憲兵隊共 50 多人，配備輕機槍一挺，手提機一挺，由沙頭角出發後分為兩支，一支由谷埔經鹿頸、七木橋，迂迴在游擊隊根據地之後，一支由南涌直上。由於事出突然，負責站崗的隊員沒注意到日軍來犯，加上其他隊員又在用膳，疏於防範，日軍前進至距離駐地 50 米方才發覺，游擊隊完全處於被動挨打的地位。儘管敵我勢力懸殊，隊員仍奮力與日軍搏鬥。其中，曾福立即拿起手提機槍掃射日軍，掩護其他隊員突圍，當場擊斃兩名日軍。炊事員鄭生拿起一支英式步槍迎擊日軍。年僅 13 歲的交通員「鐵沙梨」(溫觀友)勇奪日軍的步槍，身受重傷。黃高陽與日軍搏鬥、衝出重圍期間從山上滾下，沿着山坑向南涌方向突圍。事後羅歐鋒入村把他救出，掩蔽在村民家中。敵人臨走時，放火燒山。

此次遭遇戰擊斃日軍少尉 1 人、士兵 1 人，印警 1 人，傷 2 人，但游擊隊方面多位戰士壯烈犧牲。曾福、邱國璋、符志光三人在激戰之中以身殉國；陳冠時、彭泰農、陳坤賢受傷後被俘，後均被殺害，慘烈犧牲。當日傍晚，日軍進入鹿頸村搜索。民運員陳永有、陳揚芳被日軍逮捕，二人最終被殺害。除了人員傷亡外，游擊隊亦損失了一批武器及重要文件，包括一挺手提機槍、三支紅毛十、兩支十三響，以及子彈數百發。由於日軍搜出敵偽機關的空白信封和信箋，潛伏在敵區役所的地下工作者歐堅身份暴露，幸而她能及時撤離。

2015 年 8 月 24 日，國家民政部公佈將彭泰農列入第二批 600 名著名抗日英烈英雄羣體名錄。2020 年 9 月 2 日，國家退役軍人事務部公佈將曾福列入第三批 185 名著名抗日英烈英雄羣體名錄。

資料來源：

1. 南山：《一九四三年軍事工作總結(附一九四四軍事工作建議書)》，頁 14。
2. 鎮南：《(一九四三年)軍事補充報告》，頁 1–9。
3. 《港九獨立大隊史》編寫組：《港九獨立大隊史》(廣州：廣東人民出版社，1989)，頁 174–176。
4. 2nd Witness for Defence: Sgt. Nakajima, WO 235/1106, sheet no. 304.

界咸村活捉特務

1943 年秋，沙田短槍隊進駐於西貢界咸村。一天上午，村民向部隊報告蠔涌停泊了一輛可疑的軍用汽車。車上有三個人，其中一人為日軍，正荷槍警衛；另外兩人離車步行到界咸村，雖似在視察礦山，但又不見有儀器工具。

劉黑仔接報後，懷疑是日軍對游擊隊的窺探行動，於是立即率領鄧賢、詹雲飛、黃青、吳壽、丘勝等人前往界咸村查探追蹤。當日軍出現時，鄧賢立即喝令他們舉手投降，經審問後發現其中的日本人是華南派遣軍司令部的高級特務東條正芝，也是汪精衛的高級顧問，能操一口流利粵語；中國人則是香港日偽的特務份子、東條正芝的助手。當晚，劉黑仔等將二人押送到十四鄉，翌日清晨押往大隊部處理。經審訊後，部隊將東條正芝處決。

東條正芝被處決的消息傳開後，日軍驚恐萬分。

資料來源：

1. 《港九獨立大隊史》編寫組：《港九獨立大隊史》（廣州：廣東人民出版社，1989），頁 43。
2. 陳家亮：〈劉黑仔與東江縱隊〉（載陳敬堂、邱小金、陳家亮等編：《香港抗戰：東江縱隊港九獨立大隊論文集》，香港：康樂及文化事務署，2004），頁 322–323。
3. 廣東青運史研究委員會研究室、東縱港九大隊史徵編組：《回顧港九大隊（上集）》（廣東：廣東省委辦公廳勞動服務公司印刷廠，1987），頁 161。

偷襲啟德機場

1944 年 2 月，日軍在搜捕美國飛行員克爾中尉的同時，對沙田、西貢一帶進行大掃蕩，企圖消滅游擊隊。為了牽制日軍，港九大隊展開外線作戰，在市區製造混亂，偷襲啟德機場是計劃之一。

為實現這個計劃，黃冠芳、劉黑仔派交通員調查機場情況，發現機場內守軍不多，除了通往牛池灣的門樓有加派守軍外，朝鑽石山一方的大門僅由兩名印度兵守衛，並有一輛裝有機槍的摩托車經常繞着機場巡邏。

在一個細雨濛濛的晚上，黃冠芳、劉黑仔於夜裏率隊出發，潛伏在鑽石山上的雜草叢中近一個小時。待守衛稍微鬆懈時，他們飛身下山，穿過公路，到達朝鑽石山一方的大門，成功避開了日軍的巡邏摩托車和機場瞭望台的探射燈。該處僅有兩個守門的印度兵，黃冠芳等繞到他們背後偷襲，迅速將他們制服。

制服守門的印度兵後，黃冠芳等隨即脫下他們的雨衣穿上，偽裝成守門兵。劉黑仔則帶着鄧賢、陳金伯、詹雲飛潛入機場，找到油庫。當他們正打算在內安裝定時炸彈時，巡邏兵忽然來了，劉黑仔機警地握着兩枝駁殼準備作戰。巡邏兵過後，陳金伯等迅速安裝好定時炸彈。

接着，劉黑仔往前方繼續跑，發現一座飛機庫。飛機庫內停泊了一架飛機，值班的日軍剛好倚着機身睡了。劉黑仔用尖刀將他刺死後，將定時炸彈放在機艙內，然後飛快地逃離機場，到九龍山與其他隊員會合。12 時正，炸彈爆炸，機場陷入一片火海，日軍亂作一團。這期間，市區中隊也在港島和九龍散發傳單。日軍把包圍沙田、西貢的兵力撤回市區。游擊隊取得反掃蕩的勝利，隱蔽在山洞的克爾中尉也得以安全轉移。

資料來源：

1. 《港九獨立大隊史》編寫組：《港九獨立大隊史》（廣州：廣東人民出版社，1989），頁 44–46。
2. 中共深圳市委黨史研究委員會辦公室：《廣九烈燄：廣東人民抗日游擊隊東江縱隊成立四十周年紀念專輯》（深圳：中共深圳市委黨史研究委員會，1983），頁 159。
3. 陳家亮：〈劉黑仔與東江縱隊〉（載陳敬堂、邱小金、陳家亮等編：《香港抗戰：東江縱隊港九獨立大隊論文集》，香港：康樂及文化事務署，2004），頁 323。
4. 陳達明：《香港抗日游擊隊》（香港：環球〔國際〕出版有限公司，2000），頁 67–68。
5. 廣東青運史研究委員會研究室、東縱港九大隊史徵編組：《回顧港九大隊（上）》（廣東：廣東省委辦公廳勞動服務公司印刷廠，1987），頁 163–164。

粉碎日偽軍海、陸、空聯合大掃蕩

1944年5月28日至6月5日期間，日軍及偽軍約1,500人（偽軍佔據小數）及戰艦炮艇12艘，以及飛機四架，從海上嚴密封鎖大嶼山中隊，進行全面大掃蕩，歷時九天。[7] 日軍從海上嚴密封鎖大嶼山後，出動飛機轟炸東涌、石門甲、地塘仔等游擊隊常到的駐防地，又接連炮轟東涌、上嶺皮村一帶。在海、空兩軍掩護下，日軍在東涌、梅窩、大澳、貝澳等登陸，然後分兵駐於海島沿岸的村莊，形成陸上的包圍圈，又派兵登上各個山峰以監視全島。在海上陸上層層包圍後，日軍每天攜帶十多隻狼犬逐條山溝上下搜索，企圖將游擊隊一網打盡。

大掃蕩前，日軍曾在佛誕派出特務化裝上山，假意參禪；或喬裝柴商到各村收購木柴，暗中偵察游擊隊的活動情況。潛伏在垃圾尾島偽軍莫合部內的秘密隊員曾福及時送來日軍準備出動大軍掃蕩大嶼山的緊急情報。由於敵我力量懸殊，部隊領導迅速作出化整為零、全面掩蔽的決定。隊員將不便攜帶的重武器埋藏後，便分成小組分散活動和掩蔽，採取「敵下我上，敵上我下」的策略，使日軍在大掃蕩中頻頻撲空。

在敵人的圍剿中，游擊隊分散掩蔽在深山密林、山坑洞穴，如塘福村後鳳凰山的山坑、昂坪寺附近的密林、石壁村和水口村邊海角的石洞、沙螺灣村後的七姐洞等。山坑岩洞裏有許多蛇鼠蚊蟲，時刻威脅着游擊隊的安全。為避免暴露行蹤，在日軍包圍搜索之初，游擊隊在掩蔽地只能以乾糧充飢，乾糧耗盡時則在附近採摘野生植物如酸味葉、假菠蘿等作為糧食，以泉水解渴。同時，羣眾假借上山砍柴，將食物帶到山上，放在事前跟游擊隊約好的地方，讓隊員入夜後取走。有的參隊的青年，家就在山腳下，如鄧惠興、鄧

7 《港九獨立大隊史》記日軍掃蕩歷時二十一天，本書編者根據鎮南：《一九四四上半年軍事總結》和魯風的回憶文章，斷定掃蕩歷時九天。大隊史在時間記載上亦與這兩份資料有差異，相信是陰陽曆轉換的問題。

容根等，他們按「一長兩短」的暗號到居住在山邊的村民鄧福興、鄧來寶等家中求助，獲羣眾慷慨贈予糧食、藥品、鹽，並取得可靠情報。

掩蔽期間，領導與羣眾同甘共苦。當時糧食不足，有時即便米飯已變酸，難以下嚥，但他們仍不介意，甚至還帶頭吃着那些飯。入夜後天氣變冷，領導幹部更會在半夜起來巡查，為戰士蓋衣蓋氈。同時，領導亦注意辦好思想工作。日軍遍尋游擊隊未果時，曾揚言放火燒山，將游擊隊一舉殲滅，引起隊員思想波動。陳亮明主動找隊員談話，撫慰其情緒；王鳴（王江濤）則主持故事會，鼓勵隊員克服困難。

除掃蕩大嶼山外，日軍還對大小丫洲島進行掃蕩。尋找游擊隊未果，日軍便放火焚燒游擊隊與漁商合辦的魚欄，殺害一名店員和老人家，並搗毀了游擊隊的交通船，掌舵的隊員朱發亦因此犧牲。此外，民運工作者吳華權、負責後勤工作的溫佩珍、金彪和七八名羣眾均慘遭殺害。

日軍出動海陸空三軍包圍大嶼山長達 9 日，卻未能發現游擊隊蹤跡，游擊隊得以保存實力，與日軍持久作戰。

資料來源：

1. 鎮南：《一九四四上半年軍事總結》，頁 33。
2. 《港九獨立大隊史》編寫組：《港九獨立大隊史》（廣州：廣東人民出版社，1989），頁 80–82。
3. 中共深圳市委黨史辦公室東縱港九大隊隊史徵編組：《東江縱隊港九大隊六個中隊隊史》（深圳：深圳市印刷廠，1986），頁 13–17。
4. 陳達明：《香港大嶼山抗日游擊隊》（廣州：廣州出版社，2015），頁 17–20。
5. 陳達明：《香港抗日游擊隊》（香港：環球〔國際〕出版有限公司，2000），頁 118–121。

突襲牛池灣日軍哨所

1944 年 4 月 13 日，劉黑仔率隊突襲牛池灣維記牛房附近的日軍哨所。該哨所把守着從九龍市區到西貢的交通線，對游擊隊的活動及羣眾的生活造成一定影響，民眾進城都必須通過檢查，婦女更往往遭到凌辱，羣眾恨之入骨。

劉黑仔、鄧賢、黃青、黃庚福、劉連等喬裝打扮成趕墟的農民，丘貴更戴上涼帽，化裝成客家婦女，漸漸走近崗哨，假裝接受檢查。當他們走近崗哨時，日軍伍長正從崗樓下來，想要調戲丘貴，劉黑仔隨即朝其身上開槍，伍長應聲倒斃，其餘幾名憲查跪地求饒，經教育後獲釋放。

此役成功拔除了日軍崗哨，斃敵伍長一名、憲查兩名，並繳獲短槍一支、中正步槍一支及英式步槍四支。消息傳出後，羣眾均拍手稱快，高呼「中國勝利！」。

資料來源：

1. 鎮南：《一九四四上半年軍事總結》，頁 60–61。
2. 《港九獨立大隊史》編寫組：《港九獨立大隊史》（廣州：廣東人民出版社，1989），頁 46。
3. 〈活動於西貢、沙田坑口的手槍隊〉（載廣東青運史研究委員會研究室、東縱港九大隊史徵編組：《回顧港九大隊（上集）》，廣東：廣東省委辦公廳勞動服務公司印刷廠，1987），頁 159–160。
4. 陳達明：《香港抗日游擊隊》（香港：環球〔國際〕出版有限公司，2000），頁 64–65。

夜襲吉澳島[8]

吉澳島位於新界東北部。駐吉澳島的日偽軍經常化裝成游擊隊，在沙頭角海面搶劫羣眾的財物，破壞游擊隊的威信，沙頭角中隊決定予以嚴懲。

1944 年 4 月 13 日夜晚，中隊長林沖親自率領莫浩波、張立青、林傳等從石水澗出發，到三椏村海邊乘船過海。駐吉澳島從事羣眾工作的曾奇沖一早已在岸邊等候接應。上岸後，林沖指揮隊員悄悄迫近敵人。張立青奉命先

8 《港九獨立大隊史》記載的夜襲吉澳島時間是 1943 年秋天的一個晚上，估計是根據口述歷史。現根據鎮南（港九大隊大隊部）的《一九四四上半年軍事總結》檔案資料，更正為 1944 年 4 月 13 日夜晚。

行前往偵察敵方情況。他發現日偽軍駐地未有崗哨，在場的人戒心不重，只顧打麻將，便直衝入內，呼喊日偽軍舉槍投降。日偽軍見張立青孤身一人，便將麻將枱推翻。枱上的油燈倒地後，雙方於一片漆黑中搏鬥，混亂之中，張立青不幸中槍，受傷倒地，其他隊員趕來後立即上前開槍掃射敵軍。

此役持續近一小時，中隊最終成功拔除日軍在吉澳島的據點，擊斃偽匪二名，其中一人是曾任番禺第二區聯防分局特務中隊長的黎拱北，並繳獲兩支土製左輪手槍，其餘敵人均落荒而逃。隊員張立青受傷後感染破傷風菌，不治而犧牲，終年 35 歲。他被葬於石水澗附近的小山上，隊員為他舉辦了一場追悼會。

資料來源：

1. 鎮南：《一九四四上半年軍事總結》，頁 61–62。
2. 《港九獨立大隊史》編寫組：《港九獨立大隊史》（廣州：廣東人民出版社，1989），頁 50。
3. *2nd Witness for Defence*, Sgt. Nakajima Tokuzo, WO 235/1106, sheet no. 305.

爆破窩打老道火車橋

1944 年 4 月，為牽制日軍，粉碎其掃蕩行動，除全線出擊進行「紙彈戰」外，市區中隊決定實施重點爆破，目標為九龍窩打老道四號火車橋。

四號火車橋位於市中心，距離九龍憲兵隊隊部僅有 100 米。為免行人遭受牽連，中隊選擇在深夜時引爆炸彈，任務由中隊領導骨幹黃揚聲（楊聲）組織，隊員梁福執行。梁福在中隊部學成爆破技術後，便與幾名戰友（包括陸志強、屈星、屈伯等）開始籌備爆破行動。一方面，他與妻子合力將家裏的煙囪改建成炸藥的藏匿之所；另一方面，他聯同幾位戰友實地考察，為行動作好準備。

經兩天考察後，他們正式開展行動，但並未取得成功。炸彈並沒依時爆破，疑因鎢絲與導火藥失效所致，於是梁福請部隊設法運來新一批雷管及子彈粉。當時日軍戒嚴甚密，水陸通道均遭到層層封鎖，要輸送物資到市區有一定的困難。中隊長方蘭急中生智，想到可將子彈粉和雷管藏於竹竿，讓小鬼何慶通過趕牛送出物資。接過任務後，何慶拿着特製的「趕牛棒」上路，成功避開日軍耳目，將物資送抵市區，使爆破行動得以再度開展。

同月21日，梁福等人依計劃將十四斤炸藥配製的定時炸彈安放在火車橋上，深夜12時火車橋爆破成功，一聲巨響震動全港，結果橋墩粉碎，橋身向上傾斜。爆破行動令原本開往新界和寶安掃蕩的日軍馬上撤回市區，大大打擊了其氣焰。翌日，日軍全面戒嚴，逐家逐戶進行檢查，卻一無所獲。

最初有些市民聽到炸火車橋以為是英國人做的，後來卻了解這是游擊隊的手段，而且更有傳出「三千紅軍到港反攻」的傳言。港九大隊大隊部在《一九四四上半年軍事總結》中寫到：「以前民眾只看到老英的力量，然而現在曉得將來首先拯救他們於水火之中的是紅軍了」。

1944年5月11日，東江縱隊機關報《前進報》以〈我隊全面出擾港九　敵寇空前驚慌〉為題，詳細報導這次爆破成功的情況。1946年2月13日，重慶《解放日報》刊登的〈華南抗日游擊隊的戰績〉一文，也特別提到這次九龍市區炸鐵橋之役。

1944年6月21日，周恩來致電尹林平：為了避免引起敵人過多注意和保全城市地下工作，目前在香港、九龍市區散發大量宣傳品和採取所謂軍事攻勢都不合適，這些作法會「引起敵對我之嚴重掃蕩」。「依目前情勢，尚不應採取此過份的暴露行動」。

資料來源：

1. 鎮南：《一九四四上半年軍事總結》，頁80–81、82–83。
2. 《港九獨立大隊史》編寫組：《港九獨立大隊史》（廣州：廣東人民出版社，1989），頁93–95。

3. 中共深圳市委黨史辦公室東縱港九大隊隊史徵編組：《東江縱隊港九大隊六個中隊隊史》（深圳：深圳市印刷廠，1986），頁 101－102。
4. 梁福口述、紀文整理：〈四月春雷〉（載廣東青運史研究委員會研究室、東縱港九大隊史徵編組：《回顧港九大隊（下集）》，廣東：廣東省委辦公廳勞動服務公司印刷廠，1987），頁 18－27。
5. 楊聲：〈城市游擊戰〉（載陳敬堂、邱小金、陳家亮等編：《香港抗戰：東江縱隊港九獨立大隊論文集》，香港：康樂及文化事務署，2004），頁 230－233。
6. 楊聲：〈關於 1944 年炸九龍鐵路橋地點之説明〉，2016 年 10 月 27 日。
7. 中共中央文獻研究室編：《周恩來年譜（1898－1949）》，北京：中央文獻出版社，1998，頁 590。
8. Unsworn Statement of D.W.no.1-Omura Kiyoshi, W.O.235/1112,p.282.

夜襲元洲仔碼頭日偽軍哨所

元洲仔是大埔墟南邊不遠的一個小島，日憲兵部在該處設有一個哨所，專門監視大埔海往來的漁船，檢查過往的貨物，妨礙游擊隊的活動。長期以來，該哨所的憲兵隊小隊長和憲查恃勢凌人，欺壓羣眾，羣眾恨之入骨。

1944 年 4 月 26 日，[9] 大隊部命沙頭角中隊拔除該哨所。行動前，中隊預先通過潛伏在哨所的內應葉生，取得哨所駐地及周圍的地形圖，並摸清哨所人員夜間放哨的位置和交班時間，作出嚴密部署後始行動。

入夜，副中隊長鄧華帶領七八名隊員前往執行任務。他們化裝成漁民，在內應葉生的配合下，順利接近碼頭，迅速完成戰鬥，成功斃、傷敵各一人，俘敵三人，並繳獲紅毛十步槍五支、子彈六十餘發、自行車兩部，替往來商旅及漁民除了大害。

事後，民兵隊長曾春（三椏村人）奉命與曾發、海上交通員林六到大埔龍尾村海邊，將中隊從日偽軍哨所繳獲的武器，以及一位打入敵人內部後撤出的隊員送到駐鹽田的東江縱隊司令部。5 月 1 日凌晨，他們回程時經三椏村海面發現村內異常平靜，恐有敵情，便轉往三椏涌停泊。天亮後，曾春獨

9 有日本戰犯口供指是次戰鬥發生在 1944 年 5 月，可能是陰陽曆之差異。

自一人上岸了解情況，卻不幸遇上日軍掃蕩。他孤身奮戰，但因子彈用盡，最後拉開手榴彈，與日軍同歸於盡，壯烈犧牲。

資料來源：

1. 《港九獨立大隊史》編寫組：《港九獨立大隊史》（廣州：廣東人民出版社，1989），頁51。
2. 中共深圳市委黨史研究委員會辦公室：《廣九烈燄：廣東人民抗日游擊隊東江縱隊成立四十周年紀念專輯》（深圳：中共深圳市委黨史研究委員會，1983），頁154。
3. 陳達明：《香港抗日游擊隊》（香港：環球〔國際〕出版有限公司，2000），頁63。
4. 黃榮、曾發、何集慶：〈沙頭角區的游擊戰爭〉（載陳敬堂、邱小金、陳家亮等編：《香港抗戰：東江縱隊港九獨立大隊論文集》，香港：康樂及文化事務署，2004），頁194。
5. Examination of DW no.2, Sgt.-Maj. Kawazumi Jun, WO 235/1112, p.289.

初次攻打大澳

1944年5月下旬，大嶼山中隊開始部署出擊。大澳鎮人口約有一萬，既是日軍組織進攻的據點，也是大嶼山的政治、經濟、文化中心，對部隊了解敵情和經濟收入均有重要作用。為迅速擴大影響力，部隊決定先攻打大澳。

5月底，黃高陽指示陳亮明、何國良帶領精幹的武裝隊伍於清晨佔領大澳外圍獅子山腳下寶珠潭村的制高點，以備隨時向日軍駐地發動攻擊。廟會神誕當天，全鎮居民都聚集在一起觀賞神功戲。當羣眾正全神貫注地看戲時，部隊突然用輕機槍向日軍駐地掃射。

成功達到軍事騷擾的目的後，游擊隊隨即停止攻擊，以免誤傷羣眾。游擊隊只派人入鎮內派發抗日傳單後便撤退。這次行動不單成功打擊日軍的氣焰，更擴大了部隊的政治影響。此後，漢奸、特務的活動有所收斂。

資料來源：

1. 《港九獨立大隊史》編寫組：《港九獨立大隊史》（廣州：廣東人民出版社，1989），頁83–84。

2. 陳達明：《香港大嶼山抗日游擊隊》（廣州：廣州出版社，2015），頁 24。

突襲塘福村、石壁村日偽軍駐地

日軍掃蕩後，分別在塘福村和石壁村進駐日偽軍，對部隊的活動和鄉民的生活都產生莫大影響。塘福村和石壁村是大嶼山南區的交通要道。日軍駐紮後強徵糧食，加重了村民的負擔，羣眾苦不堪言。

1944 年 6 月中一個夜晚，為解除日偽軍的威脅，黃高陽、陳亮明及蘇光決定率隊突襲塘福村日偽軍駐地。在黃高陽指揮下，部隊佔領偽軍營房對面的山頭制高點，掩護突擊隊行動。正當突擊隊接近營房時，班長汪權的駁殼槍突然走火，驚醒了敵軍，引起還擊。埋伏於山頭的隊員陳威即開槍橫掃敵營，掩護突擊隊撤離。隨後，部隊派專門小組每晚到敵營附近的山頭放冷槍，滋擾敵軍，待其陷於疲乏時再找時機將其一舉殲滅，嚇得敵軍幾天後落荒而逃。

1944 年 7 月一個夜晚，陳亮明及蘇光緊接率隊突襲石壁村日偽軍駐地。20 多名日偽軍據守於碉堡裏，部隊先佔領面對碉堡的山頭，然後派出突擊隊到碉堡附近埋伏，掩護邱球、溫煌的地雷組進行爆破，待炸毀碉堡外的鐵絲網和障礙物後便發起衝鋒。只可惜雷管響了，地雷卻沒有爆炸，反而驚動日偽軍，引起猛烈還擊。情勢危急之際，埋伏於山頭的隊員陳威遂以機槍掃射敵軍，掩護地面的部隊撤離。是次行動雖沒取得成功，但敵軍卻如驚弓之鳥，翌日即撤離石壁村。

資料來源：

1. 《港九獨立大隊史》編寫組：《港九獨立大隊史》（廣州：廣東人民出版社，1989），頁 84。
2. 中共深圳市委黨史辦公室東縱港九大隊隊史徵編組：《東江縱隊港九大隊六個中隊隊史》（深圳：深圳市印刷廠，1986），頁 20–21。
3. 陳達明：《香港大嶼山抗日游擊隊》（廣州：廣州出版社，2015），頁 24–25。

夜襲大澳偽警察局

大澳偽警察局約有 30 多名偽警察。偽警察常恃勢凌人，欺壓羣眾，羣眾恨之入骨。游擊隊響應羣眾呼聲，暗中派遣隊員到警察局做情報工作，偵查情況。分析偽警察局的戰鬥力和駐地地形圖後，游擊隊決定採取裏應外合的作戰方案。

大澳鎮與大嶼山島被一條小海涌分隔，平時要有渡船才能進入。1944 年 10 月一個夜晚，30 多名武裝人員輕裝到大澳近郊的梁屋村集合，摸準潮退的時間，涉水渡過小海涌，在岸邊集結待命。按照預定部署，副班長李友帶領一個小組直撲偽警察局局長的家，剪斷他家的電話線並收繳電話機，切斷了偽警與總部的聯繫；王鳴、邱球率隊襲擊各個偽警派出所，收繳槍支彈藥；陳其昌則帶領一個小組，偽裝成賭客從賭場往渡口走，收繳在渡口站崗警察的槍支。

掃清周邊後，部隊派一個小分隊直奔偽警察局駐地，主力部隊隨後跟着。潛伏在警察局的情報人員根據暗號，在小分隊到達警察局門口後打開大門。游擊隊隨即衝上二樓宿舍，當時大部分警員還在熟睡，聽到「繳槍不殺」的喊話，紛紛舉手投降，令游擊隊在沒有響槍的情況下成功俘虜 30 多名偽警察，並繳獲 39 支槍和一批彈藥。

大嶼山中隊指導員王江濤於其文集記載此事寫道：

嶼山重鎮名大澳，日寇軍警戒備嚴。
海涌阻隔多哨警，電話靈通易察探。
內應警察夜帶路，切斷話線把哨殲。
集中兵力掃警局，全部俘虜鎖軍監。

被俘的警察都是大澳人，立即將其釋放會惹起麻煩，押送到游擊隊營地又會暴露軍事秘密。於是，潛伏做內應的游擊隊員建議將他們押到附近的監獄，天亮後再釋放。游擊隊對被俘的警察訓話，要他們不得再欺凌鄉里，並限令他們天亮後才能取下牆上掛的鑰匙離開，到日本人那裏報告。此外，王鳴帶隊在大澳鎮上張貼標語、漫畫、傳單，擴大政治影響。行動成功後，游擊隊背着繳獲的槍支彈藥離開大澳。消息傳開後，大澳鎮的羣眾皆十分高興，游擊隊聲威大振，被羣眾稱譽為「神兵天降」。

事後偵察了解到，當晚日本憲兵隊隊長正在大澳鎮嫖妓，知道游擊隊突襲偽警察局後不敢單獨回去。憲兵隊的駐地雖然離大澳鬧市不到一公里，但因為聯絡不上警察局，情況不明，不敢主動部署支援，令游擊隊在日本憲兵隊眼皮下一舉俘虜全體偽警察局成員。

資料來源：

1. 《港九獨立大隊史》編寫組：《港九獨立大隊史》（廣州：廣東人民出版社，1989），頁84–85。
2. 中共深圳市委黨史辦公室東縱港九大隊隊史徵編組：《東江縱隊港九大隊六個中隊隊史》（深圳：深圳市印刷廠，1986），頁21–22。
3. 王江濤：〈大嶼山風雲錄——憶在大嶼山獨立中隊抗日九首〉（載王江濤：《江濤詩文集》，非賣品，2001），頁150。
4. 王江濤：〈憶大嶼山中隊的戰鬥片段〉（載廣東青運史研究委員會研究室、東縱港九大隊史徵編組：《回顧港九大隊（下集）》，廣東：廣東省委辦公廳勞動服務公司印刷廠，1987），頁179–181。
5. 陳達明：〈大嶼山島的游擊戰爭〉（載陳敬堂、邱小金、陳家亮等編：《香港抗戰：東江縱隊港九獨立大隊論文集》，香港：康樂及文化事務署，2004），頁222–223。
6. 陳達明：《香港大嶼山抗日游擊隊》（廣州：廣州出版社，2015），頁26–29。

擊斃日軍小隊長「油炸蟹」

青山礦場駐有一小隊日軍，對礦工十分殘暴。該隊的小隊長綽號為「油炸蟹」，礦工皆對其恨之入骨。

1944 年 10 月一個夜晚，元朗中隊副中隊長何國良率領小隊長李生和七八名戰士突襲青山礦場日軍駐地。部隊衝入礦場後，日軍從夢中驚醒，慌忙熄滅電燈，企圖頑抗，雙方於黑暗中展開搏鬥。部隊成功擊斃小隊長「油炸蟹」，並繳獲數支槍和一批彈藥。因小隊長李生在戰鬥中身負重傷，部隊迅速撤退。

資料來源：

1. 中共深圳市委黨史辦公室東縱港九大隊隊史徵編組：《東江縱隊港九大隊六個中隊隊史》（深圳：深圳市印刷廠，1986），頁 127。
2. 《港九獨立大隊史》編寫組：《港九獨立大隊史》（廣州：廣東人民出版社，1989），頁 55。

突襲九廣鐵路四號隧道日軍營房

日佔時期，日軍加緊修建九廣鐵路四號隧道，港九大隊奉命予以牽制。四號隧道位於沙田到大埔之間（今大學站附近），由山本隊長率領日軍和 10 多名印度籍憲查防守。隧道旁有三間小屋，為印度兵的住處，屋旁有一個車廂，山本和幾名日軍住在裏頭。由於游擊隊頻頻出擊，日軍防守甚嚴，即便睡覺時也將槍放在身旁。

1944 年 9 月 28 日，劉黑仔帶領鄧賢、詹雲飛、黃青、吳壽、丘勝、丘貴等出發。抵達目的地時，兩名敵軍從屋內走出，新隊員曾文光擅自開槍，驚動了敵人，劉黑仔見勢不妙，迅即撤退。

過了一段時間，劉黑仔再次組織突襲行動。劉黑仔一行人等到沙田九肚村留宿一晚後，清晨出發，利用大霧接近營房。依照計劃，黃青、鄧賢、吳壽負責壓制小屋內的印度兵，劉黑仔、詹雲飛、丘勝等對付車廂裏的日軍。

劉黑仔率隊扮作民工接近隧道，乘敵軍不備開火，率先制服了屋裏的敵人。只是山本及車廂裏的日軍一早已外出巡視。日軍聞槍聲迅即返回營房增援，雙方相遇後陷入激戰，兩名日軍被擊斃。由於白天作戰，形勢不利，加上日軍有機會派出援兵，劉黑仔命隊員迅速乘船從水路撤退。此役游擊隊擊斃兩名敵人，繳獲英式步槍 10 支、刺刀 9 把及子彈 90 發。

撤離期間，日軍不斷從山上射擊，劉黑仔、吳壽中槍受傷，船到了大水坑村，傷員被送往東江縱隊司令部醫院治療。

資料來源：

1. 《港九獨立大隊史》編寫組：《港九獨立大隊史》（廣州：廣東人民出版社，1989），頁 46－47。
2. 陳家亮：〈劉黑仔與東江縱隊〉（載陳敬堂、邱小金、陳家亮等編：《香港抗戰：東江縱隊港九獨立大隊論文集》，香港：康樂及文化事務署，2004），頁 323。
3. 廣東青運史研究委員會研究室、東縱港九大隊史徵編組：《回顧港九大隊（上集）》（廣東：廣東省委辦公廳勞動服務公司印刷廠，1987），頁 165－167。
4. Unsworn Statement of D.W.no.1-Omura Kiyoshi, W.O.235/1112,p.282.

夜襲官坑廟

1944 年冬，日軍在太平洋作戰節節失利，盟國海、陸、空三軍逐步向日本本土推進。為保住在港地位，日軍在沿海地區着意加強軍事建設。新界十四鄉的官坑廟（七聖古廟）位於馬鞍山附近，是日軍保衛九龍市區的戰略要地。駐守該廟的 20 多名日軍到處拉伕挖戰壕，還到處搶掠財物，調戲婦女，羣眾恨之入骨。

為將其一舉殲滅，西貢中隊派出偵查員化裝成當地居民，深入日軍駐地。偵查員帶着幾隻雞到日軍駐地販賣，到達後刻意將雞放走，藉捉雞的機會在日軍的營房內亂跑，暗中偵察日軍槍支配備、兵力部署等情況。

了解其內部情況後，中隊長張興、指導員梁超於一天深夜率隊出發，展開突襲行動。他們每人臂上纏上白毛巾做標誌，乘小木船悄悄靠近官坑廟附近岸邊。等到天蒙蒙亮，敵人工兵上山的時候，先頭部隊迅速解決了敵人哨兵，其餘戰士隨即衝進日軍營房，與敵軍開戰。有的日軍還來不及起床，就被游擊隊擊斃，有的舉手求饒，少數逃出的日軍拼命還擊，企圖作垂死掙扎。

經歷十幾分鐘的戰鬥，游擊戰士殲滅現場全數日軍，並繳獲一批槍支彈藥，然後分水陸兩路撤退。官坑廟一戰成功粉碎了日軍在這一帶修築工事的企圖。戰鬥中，隊員吳壽壯烈犧牲。

資料來源：

1. 中共深圳市委黨史辦公室東縱港九大隊隊史徵編組：《東江縱隊港九大隊六個中隊隊史》（深圳：深圳市印刷廠，1986），頁 63–64。
2. 《港九獨立大隊史》編寫組：《港九獨立大隊史》（廣州：廣東人民出版社，1989），頁 49。
3. 曾生：《曾生回憶錄》（北京：解放軍出版社，1991），頁 348。
4. 鄧振南：〈西貢區的游擊戰爭〉（載陳敬堂、邱小金、陳家亮等編：《香港抗戰：東江縱隊港九獨立大隊論文集》，香港：康樂及文化事務署，2004），頁 183–184。
5. 梁超：《今生無悔 —— 回憶我過去的七十五年》（廣州：廣州出版社，1996），頁 26–27。

夜襲簕塘日軍兵營

簕塘位於觀音山山腳下，[10] 駐有一個工兵班日軍，在那裏修築工事。1944 年冬，沙田短槍隊決定前往突襲。黃冠芳當時雖已任大隊的領導，但仍舊關心短槍隊的事情。經與鄧賢研究後，二人決定派出當地人、「游擊之友」鄭容生前往偵察。

鄭容生裝成探親的模樣，手提竹籃，裏頭放了一隻雞和一些雞蛋。經過敵營時，他故意將雞放出，藉捉雞的機會，偵察日軍人數、槍支數量和進出路線等，得知此兵營有 12 人，其中 1 人是軍官。

摸清情況後，黃冠芳及鄧華部署突襲行動。黃冠芳有意培養當地民兵，

10 據 2022 年 6 月 11 日茅笪村代表鄭己棠說，簕塘其實是「鵝塘」，以前村民在該處養鵝。現址為童軍基維爾營地。

建議授權民兵小隊長謝稱指揮戰鬥。一天夜晚，謝稱帶領 12 名戰士潛入兵營。當時日軍正在熟睡，短槍隊員各朝一名日軍開槍，將 12 名日軍全部擊斃，並繳獲輕機槍一挺、步槍十支、手槍一支、彈藥及糧食等。

資料來源：

1. 〈活動於西貢、沙田坑口的手槍隊〉（載廣東青運史研究委員會研究室、東縱港九大隊史徵編組：《回顧港九大隊（上集）》，廣東：廣東省委辦公廳勞動服務公司印刷廠，1987），頁 167。
2. 《港九獨立大隊史》編寫組：《港九獨立大隊史》（廣州：廣東人民出版社，1989），頁 47－48。
3. 廣東婦女運動歷史資料編輯委員會：《香港婦女運動資料匯 1937－1949》（廣州：廣東婦女運動歷史資料編輯委員會，1994），頁 106。

突襲新田牛潭尾農場

1945 年 2 月 14 日（春節初二）夜晚，元朗中隊突襲新田牛潭尾農場（實際上是日本南支派遣特務機關的外圍組織）。副中隊長何國良作指揮，小隊長趙庚長負責率隊行動。

行動前，部隊已預先動員 10 個民兵在目的地附近埋伏。晚上約 9 時，一聲暗號，趙庚長帶隊制服守門的印籍哨兵後，旋即蜂擁入內，發起攻勢。據原有的情報顯示，場內應該只有兩名日軍，但此時卻有七名日軍。幸而那些日軍正在對酒唱歌，共慶新春，絲毫沒有防備，因而被當場擊斃。

繳獲大量物資後，游擊隊指揮民兵、民工幫忙搬運，包括化肥、糧食、活雞、活兔、耕牛等。天亮後，大批日軍包圍新田各村進行搜捕，但游擊隊早已返回十八鄉楊屋休息了。日軍一無所獲，只好撤退。

資料來源：

1. 《港九獨立大隊史》編寫組：《港九獨立大隊史》（廣州：廣東人民出版社，1989），頁 55–56。
2. 中共深圳市委黨史辦公室東縱港九大隊隊史徵編組：《東江縱隊港九大隊六個中隊隊史》（深圳：深圳市印刷廠，1986），頁 127。

智殲龍骨頭檢查站日軍

日軍在粉嶺龍骨頭（龍躍頭）附近公路設有一個檢查站，監視及檢查往來行人。該檢查站距離粉嶺日軍駐地約 1,500 米。站內的日軍惡名昭彰，經常藉檢查搶劫羣眾財物，還調戲、姦淫婦女，羣眾恨之入骨。

為了拔除該檢查站，1945 年 2 至 3 月間一天，沙頭角中隊派出六位隊員化裝成農村青年、婦女，擔着青菜等農作物前往上水，裝作趕墟。當日軍準備前來調戲化裝成農村婦女的隊員時，游擊隊員機警地奪去敵人的槍，並對準其開槍，不到五分鐘就結束戰鬥。

此役中，游擊隊共擊斃日軍兩名，擊傷日軍一名，並繳獲三八式步槍三枝、刺刀三把及子彈百餘發。消息傳開後，羣眾齊讚游擊隊員打得好。不久，駐粉嶺日軍派出騎兵、摩托車隊趕赴現場，但中隊隊員已安全撤離，日軍一無所獲，只好撤退。

資料來源：

1. 中共深圳市委黨史辦公室東縱港九大隊隊史徵編組：《東江縱隊港九大隊六個中隊隊史》（深圳：深圳市印刷廠，1986），頁 51。
2. 《港九獨立大隊史》編寫組：《港九獨立大隊史》（廣州：廣東人民出版社，1989），頁 52–53。

鏟除日本憲兵隊軍官小貞

元朗日本憲兵隊軍官小貞性格兇殘、狡猾、槍法好，又會講中國話，經常四處打探游擊隊的活動情況。1945 年春一天，他精心化裝，穿上唐裝，頭戴竹帽，單人匹馬深入大埔田村進行偵察。

當時，小貞正在曬穀場旁等人。曾發、李友、林士蘊幾位隊員原本在田間幫助農民插秧，得知小貞到來後隨即悄悄地繞到他身後。在李友、林士蘊的掩護下，曾發馬上衝上前將槍口對準小貞，並喊令其舉高雙手。小貞不從，於是曾發朝他身上開了幾槍，小貞應聲倒地，當場喪命。擊斃小貞後，游擊隊繳獲日式白朗手槍一支、手榴彈一個、金錶一隻及子彈十餘發。

事後，在當地民兵的協助下，曾發幾人將小貞的屍體搬移至寶安縣梧桐山附近的山坑掩埋。駐粉嶺日軍一連兩天出動大隊人馬，帶着軍犬搜查大埔田一帶的村落、山頭，但一無所獲。

資料來源：

1. 中共深圳市委黨史辦公室東縱港九大隊隊史徵編組：《東江縱隊港九大隊六個中隊隊史》（深圳：深圳市印刷廠，1986），頁 51－52。
2. 《港九獨立大隊史》編寫組：《港九獨立大隊史》（廣州：廣東人民出版社，1989），頁 53。

坪洋伏擊日偽軍巡邏隊

1945 年 5 月，沙頭角中隊在上水坪洋附近伏擊日偽軍（憲查）巡邏隊，成功擊斃敵軍兩名，擊傷敵軍數名。戰鬥中，隊員林容生、張才壯烈犧牲。這與事前對敵情沒有充分調查研究有關，致使游擊隊作戰時打得被動，是一次血的教訓。

資料來源：

1. 中共深圳市委黨史辦公室東縱港九大隊隊史徵編組：《東江縱隊港九大隊六個中隊隊史》（深圳：深圳市印刷廠，1986），頁 52。
2. 《港九獨立大隊史》編寫組：《港九獨立大隊史》（廣州：廣東人民出版社，1989），頁 54。

夜襲馬灣涌偽警察所

1945 年 5 月間，大嶼山中隊到東涌一帶活動。東涌位於大嶼山主峰鳳凰山北邊山腳下，既是大嶼山的重鎮，也是敵人掃蕩、佔領的前沿陣地。東涌城內駐有日憲兵隊；距城約一華里的馬灣涌駐有一隊憲查，共 12 人。

事前，散頭村的骨幹謝彩向部隊反映：駐馬灣涌的憲查、特務常到李榮仔的茅棚聚賭。核實情況後，大嶼山中隊指導員陳亮明部署作戰。他先佈置李榮仔引誘駐馬灣涌所有的憲查、特務參與聚賭，並給予謝彩 3,000 元軍票賭博，拖延賭博時間，以便部隊行動；再派陳其昌、邱球、歐偉雄、李友等六人組成短槍隊作戰。

部隊從散頭村出發，晚上 10 時許到達目的地。陳亮明和李友等負責茅棚賭場附近的警戒；陳其昌、歐偉雄、邱球等則負責突擊任務。陳其昌等潛入茅棚，發現敵人正聚精會神玩牌，遂乘其不備衝入賭場，以槍口對準敵人，喊令「繳槍不殺」。其中一名憲查蹲下準備反抗，陳其昌即開槍將其擊斃，其餘的敵人則舉手求饒。雖然聽到槍聲，但駐守於東涌城內的敵軍並不敢貿然出兵支援，令部隊行動大獲成功。

此役中，部隊共繳獲 12 支新的短槍和一批彈藥。消息傳出後，羣眾非常高興。自此，駐守東涌一帶的敵偽軍警再不敢肆意敲詐勒索老百姓。

資料來源：

1. 《港九獨立大隊史》編寫組：《港九獨立大隊史》（廣州：廣東人民出版社，1989），頁 85－86。

2. 中共深圳市委黨史辦公室東縱港九大隊隊史徵編組：《東江縱隊港九大隊六個中隊隊史》（深圳：深圳市印刷廠，1986），頁 22–23。
3. 陳達明：《香港大嶼山抗日游擊隊》（廣州：廣州出版社，2015），頁 30–31。
4. 王江濤：〈憶大嶼山中隊的戰鬥片段〉（載廣東青運史研究委員會研究室、東縱港九大隊史徵編組：《回顧港九大隊（下集）》，廣東：廣東省委辦公廳勞動服務公司印刷廠，1987，頁 181–182）。

夜襲牛牯塱日軍駐地

1945 年 5 月間，盟軍已在太平洋地區反攻，節節勝利。為防止盟軍進攻，日軍加緊在大嶼山建立灘頭堡壘。牛牯塱村骨幹分子周容發向部隊報告，駐梅窩的日軍強徵鄉民到牛牯塱高山上挖地洞，鄉民苦不堪言。鄉民黃昏完工後歸家，只剩日軍在山上過夜看守。

進行調查後，陳滿、王鳴於 5 月 6 日晚上帶領十多名武裝隊員出發，進行突襲。[11] 陳滿負責指揮行動，帶領邱球、廖錦年、孔燦等組成短槍隊突擊，王鳴、溫煌、蔡學儒等則負責掩護、後衛和勸降日軍。

到達目的地後，王鳴、溫煌等埋伏在敵營開闊地的戰壕，掩護突擊隊行動。當陳滿等人接近敵軍營房時，一道黑影忽然從門裏閃過，拿電筒一照才發現是日軍。該名日軍迅即往室內逃竄，陳滿、邱球、廖錦年等隨後追上，驚醒了室內的日軍。邱球、廖錦年等果敢地開槍射擊，當場擊斃兩名日軍。陳滿迅速衝入內室，擊斃日本軍官佐藤（Sato）中尉。其餘日軍亦相繼被邱球、廖錦年等擊斃。日軍在 5 月 7 日早上找到他們的屍體，發現佐藤中尉身中六槍，位置集中在頭部及上半身，其餘士兵約各中四槍。

此役中，部隊共擊斃六名日軍（包括一名中尉軍官），並繳獲五支步槍、一支短槍、一把劍和一批彈藥。[12]

---

11 王江濤在《回顧港九大隊》詳細地記載了大嶼山中隊在牛牯塱附近殲滅五名日軍的戰鬥。由於是多年後的回憶，他將戰鬥發生的時間誤記為 1945 年 6 月。據戰後日本戰犯審判紀錄的口供，日軍在 1945 年 5 月 7 日早上找到屍體，事發日期應為 1945 年 5 月 6 日晚上。

12 王江濤的版本是擊斃五個人，日軍口供是六個人。

資料來源：

1. 《港九獨立大隊史》編寫組：《港九獨立大隊史》（廣州：廣東人民出版社，1989），頁86。
2. Examination of D.W.No.4-Capt.Yasuhara Toshio, W.O. 235/993, p.349。
3. 中共深圳市委黨史辦公室東縱港九大隊隊史徵編組：《東江縱隊港九大隊六個中隊隊史》（深圳：深圳市印刷廠，1986），頁23－24。
4. 陳達明：《香港大嶼山抗日游擊隊》（廣州：廣州出版社，2015），頁32。
5. 陳達明：〈大嶼山島的游擊戰爭〉（載陳敬堂、邱小金、陳家亮等編：《香港抗戰：東江縱隊港九獨立大隊論文集》，香港：康樂及文化事務署，2004），頁224。
6. 王江濤：〈憶大嶼山中隊的戰鬥片段〉（載廣東青運史研究委員會研究室、東縱港九大隊史徵編組：《回顧港九大隊（下集）》，廣東：廣東省委辦公廳勞動服務公司印刷廠，1987），頁182－184。

萊洞馬頸凹活捉軍曹竹尾

1945年3月，三名日軍乘單車由粉嶺至沙頭角，在馬尾下店仔被沙頭角中隊發現，溫平、劉石福等搭乘陳更、鄧紀才、陳水發等人的單車尾，一直追到萊洞馬頸凹處，將兩名日軍擊斃，活捉軍曹竹尾，並繳獲三八式步槍兩支、三號駁殼一支。

資料來源：

1. 中共深圳市委黨史辦公室東縱港九大隊隊史徵編組：《東江縱隊港九大隊六個中隊隊史》（深圳：深圳市印刷廠，1986），頁51。
2. 《港九獨立大隊史》編寫組：《港九獨立大隊史》（廣州：廣東人民出版社，1989），頁53。
3. 9th Witness for Defence: Lt. Col. Kanazawa Masao, WO 235/1073, p.516.

迫降駐西貢墟日軍

1945年8月15日，日本宣佈無條件投降，但盤踞在西貢墟內的日軍仍沒有向游擊隊投降的跡象。

港九大隊大隊長黃冠芳、政委黃雲鵬接到東江縱隊司令部發來延安總部朱德總司令「為日寇投降事向各解放區所有武裝力量發佈命令」的通知，指示各部隊開赴附近敵佔據點解除日偽武裝。大約八月下旬，黃冠芳、黃雲鵬二人在西貢地區黃宜洲召開西貢中隊幹部會議，到會的有張興、梁超、張婉華、鄧振南等。會議上，黃冠芳傳達了東江縱隊的命令，並商討如何敦促西貢日軍投降。經討論後，決定派出鄧振南為港九大隊代表，前往西貢墟與日軍談判。

當晚9時，鄧振南、梁超二人帶着港九大隊簽署的〈敦促西貢墟日軍投降書〉，從黃宜洲出發，乘搭小船前往沙角尾村。抵達後，他們找來地下工作者劉錦文，由其介紹駐西貢墟日軍的情況。經反覆研究，他們決定通過何通譯及西貢偽商會會長駱九向日軍發出通牒，並提出與日方會談的時間、地點。接到通知後，日軍表示願意按照既定的時間、地點舉行談判。

翌日下午約3時，雙方在西貢墟中央茶樓二樓大廳開始談判。進入西貢墟的同時，中隊派出手槍隊在西貢墟邊接應，以防不測。鄧振南講述朱總司令的命令後，敦促日軍投降，但日軍卻以沒有正式接到九龍總部的命令為由，不作正面回答。有鑒於此，部隊作最後聲明，敦促日軍於第三天上午8時前投降，否則將以武力解決。鄧振南隨即將談判情況報告黃冠芳。

接獲談判報告後，大隊部命西貢中隊在8月20日天亮前包圍西貢墟，準備隨時以武力解放西貢。鄰近鄉村的民兵、青年會、婦女會等羣眾組織也在墟邊待命。中隊長張興、指導員梁超和談判代表鄧振南則在重機槍陣地等候日軍回覆。8時過後，日軍仍然沒有任何回覆。為免駐九龍日軍增援，游擊隊先將大涌口的橋炸掉，然後出動兵力約50人，向日軍連環開火，日軍頓時亂作一團。

在密集槍砲掩護下，游擊隊爆破組帶着炸藥包奔向日軍營房，準備爆破之際，隊員李火勝不幸被擊中頭部，搶救無效後犧牲。爆破組無法接近日軍，加上缺乏攻堅武器，游擊隊只得停火。此役雖沒將日軍殲滅，卻給予其沉重打擊，使其倉皇逃往九龍總部。

日軍撤離後，西貢中隊接管西貢墟，積極發動羣眾組織青年會、婦女會、商會等，維護社會治安。經過軍民共同協作，社會秩序迅速恢復，人心安定，出現一片繁榮景象。在此期間，部隊亦曾派張興、梁超率隊到九龍市區鋤奸，並利用各方關係搜集槍支彈藥和物資，以加強防備，改善生活。

資料來源：

1. 《港九獨立大隊史》編寫組：《港九獨立大隊史》（廣州：廣東人民出版社，1989），頁183。
2. 中共深圳市委黨史辦公室東縱港九大隊隊史徵編組：《東江縱隊港九大隊六個中隊隊史》（深圳：深圳市印刷廠，1986），頁65－68。
3. 鄧振南：〈西貢區的游擊戰爭〉（載陳敬堂、邱小金、陳家亮等編：《香港抗戰：東江縱隊港九獨立大隊論文集》，香港：康樂及文化事務署，2004），頁184－186。
4. 〈第23軍香港地區善後處理要報 / 第1・接収事務開始前に於ける我方部隊の態勢の概要及一般治安状況〉，JACAR，ref: C15010534000。

迫降駐梅窩日軍

1945年8月19日清晨，[13] 大嶼山中隊陳亮明、陳滿及王鳴帶領部隊迫降駐梅窩日軍。部隊先佔領敵軍營對面山頭的制高點，以重機槍封鎖敵營部；再由邱球帶領一支隊伍佔領日軍背後的山頭制高點，掩護鍾謙良、曾觀勝一組送信給日軍，下通牒迫其投降；另有十多名短槍隊員埋伏，掩護鍾謙良、曾觀勝一組接近敵營。

鍾謙良、曾觀勝接近營地時，剛好在菜園地碰上一名日軍挑水，示意要其帶路，但他不理會並試圖反抗，於是二人就地開槍，並衝到敵營前扔了一顆手榴彈。日軍以機槍掃射還擊的同時，有大批日軍衝向沙灘。位處山頭的邱球、陳友隨即開槍射擊，陳友成功擊斃三名日軍，但在裝彈時不幸被日軍

13 游擊隊老戰士回憶為8月18日，但據戰後審判多名日本戰犯口供，游擊隊在8月19日下午2時許發起攻擊，亦有日軍報告記錄事件發生在8月20日。

擊中，壯烈犧牲。機槍手陳威則以重機槍密集掃射還擊，成功擊斃沙灘上九名日軍。[14] 日軍兩次企圖往山上進攻，都被部隊擊退。雙方激戰約 40 分鐘，部隊組織撤退。

過後，日軍被迫往九龍市區撤退。幾天後一個早晨，軍曹長尾帶同兩名日軍，並攜帶三支步槍、一支短槍從梅窩搭乘橡皮艇到貝澳海岸，向游擊隊投降。副小隊長邱球帶班巡邏發現他們。日軍主動交出武器，由邱球帶到中隊部。陳滿、王鳴接見並講明政策後，派出專門小組將軍曹長尾三人帶到港九大隊部，由主管部門接收。

資料來源：

1. 《港九獨立大隊史》編寫組：《港九獨立大隊史》（廣州：廣東人民出版社，1989），頁 182－183。
2. 中共深圳市委黨史辦公室東縱港九大隊隊史徵編組：《東江縱隊港九大隊六個中隊隊史》（深圳：深圳市印刷廠，1986），頁 27－28。
3. 王江濤：〈積極開展受降鬥爭 奪取最後的勝利〉（載廣東青運史研究委員會研究室、東縱港九大隊史徵編組：《回顧港九大隊（下集）》，廣東：廣東省委辦公廳勞動服務公司印刷廠，1987），頁 186－187。
4. Examination of DW No. 5, 6, 7, WO 235/993, pp.355, 365, 368, 381, 384－385.
5. 〈第 23 軍香港地區善後處理要報 / 第 1 ・接收事務開始前に於ける我方部隊の態勢の概要及一般治安狀況〉，JACAR，ref: C15010534000。

迫降東涌城日本憲兵隊

1945 年 8 月 18 日，[15] 政治服務員歐偉雄、副小隊長李友帶領廖錦年、孔燦、汪權、小林、梁燭成等前往東涌城逼降日憲兵隊。

此前，部隊已通過羣眾李記生的母親「陳皮媽」開展敵偽工作。「陳皮媽」經常出入日憲兵隊的駐營，為憲查（中國人）洗衣服。部隊成功爭取「陳皮媽」

14 戰後日本戰犯口供指只有一名日軍受傷，另外日軍報告指是次戰鬥日方一死一傷。

15 據戰後審判日軍口供，游擊隊在 8 月 19 日下午 2 時半發起攻擊。

支持，令其主動為游擊隊服務。她不單幫忙將勸降的宣傳品帶入敵營，更幫忙游說憲查，勸他們投降。

部隊了解到日本憲兵隊已準備了快艇停泊在東涌海岸邊，準備撤退。東涌城內只有四名憲兵及 20 多名憲查。考慮到憲查軍心已浮動，便決定在 19 日上午出擊。部隊分成兩組，一組由孔燦、汪葵領導，負責封鎖哨兵及控制槍房，另一組則由歐偉雄、李友領導，負責控制所有敵軍。

孔燦、汪葵一組沿大東山邊繞達東涌城牆，俘虜了一名哨兵，並迫令其為部隊帶路，衝入敵營，擊斃、俘虜憲兵各一名，其餘兩名憲兵逃到梅窩向日軍報告。歐偉雄、李友一組亦成功制服 20 多名憲查。部隊繳獲 20 多枝步槍、數枝短槍、一批彈藥、手榴彈及其他軍用物資。戰鬥中，隊員小林、莫慶友壯烈犧牲。

資料來源：

1. 中共深圳市委黨史辦公室東縱港九大隊隊史徵編組：《東江縱隊港九大隊六個中隊隊史》（深圳：深圳市印刷廠，1986），頁 28－29。
2. 《港九獨立大隊史》編寫組：《港九獨立大隊史》（廣州：廣東人民出版社，1989），頁 183。
3. Examination of DW No. 7 — Matsumoto Chosaburo, WO 235/993, p.382.
4. 〈石門甲村民羅潤來訪談錄〉，2022 年 5 月 25 日於石門甲村。訪問員：嚴柔媛。

進駐長洲島

日本於 1945 年 8 月 15 日宣佈投降後，大嶼山中隊與長洲島偽警察內部的地下工作人員文鑒芬、何福威等聯繫，由他們做政治工作，敦促偽警察早日投降。之後，陳亮明、陳滿、王鳴率隊進駐長洲島，接受全體偽警察投降，收繳了 20 多支步槍和一批彈藥，並將這些偽警察解散，給予出路。

同月 25 日下午，部隊在島上召開幾千人的羣眾大會，根據各界人士要求，組織長洲居民協會，協助解決地方問題。為維護治安，部隊派出武裝巡邏，組織漁民武裝自衛，並吸納當地的抗日積極份子，參與清查敵偽、漢奸活動和沒收他們的財產。

駐長洲期間，部隊還派蕭春帶領民運工作組開展漁民的羣眾工作，成功在短時間內籌辦漁民協會，恢復漁民子弟學校。

駐長洲後期，香港英軍派海軍到長洲與部隊談判，由長洲居民協會接待。駐長洲部隊值班的負責人歐偉雄、邱球出面，在天主教堂與英軍談判。英軍代表急頓艦長稱讚部隊管理得當，要求部隊繼續協助維持治安，直到接到英方通知時才撤出。部隊答應要求，十多天後接到英方通知，部隊奉命提前撤出，長洲交由當地居民協會管理。在此期間，部隊還派遣武裝隊伍接管坪洲。該島只有用宋子文的官僚資本開辦的火柴廠和工人羣眾，部隊按有關政策辦理，沒作出干預，僅維持治安。

受降鬥爭中，大嶼山中隊共接受 28 名日偽軍警投降，俘虜日偽軍、憲查 29 名，擊斃日軍 14 名，並繳獲長短槍 59 支、手榴彈幾大籮、彈藥一批、軍用物資一大批及橡皮艇一艘。

除大澳有國民黨軍隊進駐外，大嶼山中隊成功解放大嶼山全島及附近島嶼，包括長洲、坪洲、大小丫洲、內伶仃等。進駐東涌、梅窩、長洲等城鎮後，部隊積極開展鎮壓漢奸、特務及土匪的行動，在長洲鎮壓漢奸、高級特務各一名，並捉拿一名土匪交予長洲居民協會處理。大嶼山中隊和抗日鄉村政府、民兵共同協作，加強治安工作，保護民眾生命及財產安全。

1945 年 9 月 28 日，港九大隊公開發表撤退宣言，撤出港九、新界。同年 10 月上旬，大嶼山中隊從大嶼山區撤出。

資料來源：

1. 中共深圳市委黨史辦公室東縱港九大隊隊史徵編組：《東江縱隊港九大隊六個中隊隊史》（深圳：深圳市印刷廠，1986），頁 29–31。
2. 《港九獨立大隊史》編寫組：《港九獨立大隊史》（廣州：廣東人民出版社，1989），頁 183。

4、陸地作戰篇（下）　除奸

鏟除林姓日軍翻譯

日軍翻譯林台宜橫行於西貢一帶，經常胡作非為，羣眾恨之入骨。他為人兇殘，熟悉中國拳術，並通曉西洋拳，身上常佩備短槍出行。

1944 年 9 月 18 日，有羣眾報告，林通譯正與兩名憲查從西貢出發，經北圍到蠔涌。沙田短槍隊劉黑仔於是馬上派出黃青、鄧賢、吳壽、丘勝、詹雲飛等前往截擊。當隊員走近山邊公路時，敵人已經出現，便分頭行動。詹雲飛出奇不意地從公路上閃出，喝令他們投降，其餘的隊員則繞路到前方包抄，繳了林通譯的手槍和子彈，將其活捉。

黃青負責押送林通譯前往大隊部。行至蠔涌附近的公路時，林通譯十分狡猾，假裝問路將黃青擊倒並逃跑。逃跑期間，他被石頭絆倒，跌倒在地上。黃青連忙追上並朝他開了兩槍，當場將其擊斃。混亂之際，其餘兩名憲查藉機逃跑，均被游擊隊追回。

資料來源：

1. Unsworn Statement of D.W. no. 1 — Omura Kiyoshi, W.O. 235/1112, p.276.
2. 《港九獨立大隊史》編寫組：《港九獨立大隊史》（廣州：廣東人民出版社，1989），42–43。
3. 林婉明、唐華、蔡華整理：〈活動於西貢、沙田坑口的手槍隊〉（載廣東青運史研究委員會研究室、東縱港九大隊史徵編組：《回顧港九大隊（上集）》，廣東：廣東省委辦公廳勞動服務公司印刷廠，1987），頁 158－159。

鏟除漢奸程熾昌

十八鄉水蕉村村長程熾昌甘心附敵，多次指引日軍捉拿游擊隊。1942 年夏秋間一天夜晚，元朗地區武工隊潛入程熾昌的書房，將他捉拿，當眾宣佈其罪行後將他槍決。

資料來源：

1. 《港九獨立大隊史》編寫組：《港九獨立大隊史》（廣州：廣東人民出版社，1989），頁 54。
2. 中共深圳市委黨史辦公室東縱港九大隊隊史徵編組：《東江縱隊港九大隊六個中隊隊史》（深圳：深圳市印刷廠，1986），頁 124。

鏟除沙頭角偽區長溫二

溫二為沙頭角人，投靠日軍後當上了沙頭角偽區長，時常欺壓、敲詐勒索羣眾，特別是剋扣老百姓的配給口糧，無視民生狀況，大發不義之財，羣眾更是恨之入骨。羣眾忍無可忍，遂請求游擊隊將其鏟除。

1943 年 10 月，[16] 情報傳來，指溫二將要到大埔新界地區事務所開會。林沖指示短槍隊隊長莫浩波和民運工作人員張達（現名黃義中）在萊洞坳的公路上埋伏。行動前，他們已預先與當地羣眾、游擊小組成員唐包聯絡，弄清溫二的相貌特徵及行動規律，並與他約定以騎牛背作暗號，通知游擊隊溫二到達。

當天下午，溫二偕同沙頭角區役所衛生系主任李奕福（又稱李石福）等，

16 日期據英國審判日本戰犯口供修訂，大隊史的說法是 1943 年 11 月。

從大埔新界地區事務所搭單車尾回沙頭角區役所，同路的還有幾名憲查。途經萊洞坳時，莫浩波突然閃出，喝令停車，敵人下車後慌慌張張地跪在地上。驗明溫二的身份後，莫浩波隨即將其當場擊斃，為民除害。同路的幾名憲查和李奕福見狀馬上懇求饒命，莫浩波對他們進行教育、訓話後便將其釋放。

溫二被懲治的消息傳開後，區內羣眾無不歡欣沸騰，有的編寫山歌唱誦，[17]有的喝酒慶祝，有的動員對部隊進行慰勞，感激游擊隊為民除害。鋤奸行動的成功，大大提高了羣眾的抗日熱情和信心。

資料來源：

1. 《港九獨立大隊史》編寫組：《港九獨立大隊史》（廣州：廣東人民出版社，1989），頁50–51。
2. 2nd Witness for Defence: Sgt. Nakajima Tokuzo, WO 235/1106, p.317
3. 中共深圳市委黨史辦公室東縱港九大隊隊史徵編組：《東江縱隊港九大隊六個中隊隊史》（深圳：深圳市印刷廠，1986），頁49–50。
4. 張達（黃義中）：〈懲治偽區長溫二記〉（載廣東青運史研究委員會研究室、東縱港九大隊史徵編組：《回顧港九大隊（下集）》，廣東：廣東省委辦公廳勞動服務公司印刷廠，1987），頁162–164。
5. 陳達明：《香港抗日游擊隊》（香港：環球〔國際〕出版有限公司，2000），頁60–61。

截獲漢奸陳石燕的牛羣

1944年春夏間，漢奸陳石燕從深圳驅趕七八十頭水牛，至禾合石（和合石）處，被沙頭角中隊羅汝澄、溫平、鄧茂、曾山、陳金來等十餘人截獲。後來那些水牛由紅石門裝船運往內地坪山出售，解決了部隊的經濟困難。

資料來源：

1. 中共深圳市委黨史辦公室東縱港九大隊隊史徵編組：《東江縱隊港九大隊六個中隊隊史》（深圳：深圳市印刷廠，1986），頁50。

17　溫二被擊斃的消息傳開後，老百姓編了一首山歌唱誦慶祝，歌詞內容如下：「溫二是個毒心奸，殺他無人不喜歡，感謝中國共產黨，除了壞人心自安」。

鏟除日寇走狗陳穩勝

日軍掃蕩大嶼山期間，特務、漢奸活動猖狂，對部隊的安全構成極大威脅。石壁村村民陳穩勝（人稱「陳大頭」）平日偽裝進步，主動接近游擊隊，暗中為日軍搜集其活動情報。日軍進行掃蕩時，他更主動為日軍帶路圍剿游擊隊，提供村內抗日積極份子的名單，致使他們慘遭殺害。

為消除隱患，中隊派出由陳滿、邱球、廖錦年等人組成的鋤奸組，在民兵協助下，摸清了他的行動規律，1944 年 5 月上旬一天，在石壁村去大澳公路的羌山村附近埋伏。待陳穩勝出現時便將其擊斃，並繳獲左輪短槍一把。

資料來源：

1. 中共深圳市委黨史辦公室東縱港九大隊隊史徵編組：《東江縱隊港九大隊六個中隊隊史》（深圳：深圳市印刷廠，1986），頁 18。
2. 陳達明：〈大嶼山島的游擊戰爭〉（載陳敬堂、邱小金、陳家亮等編：《香港抗戰：東江縱隊港九獨立大隊論文集》，香港：康樂及文化事務署，2004），頁 221。

秘潛東涌鄉鏟除漢奸

1944 年 5 月中旬一天夜晚，大嶼山中隊小隊長何國良帶領四名短槍隊隊員秘潛東涌鄉，進行鋤奸任務。

該名漢奸在東涌街以開設商店為掩飾，常協助日軍偵查游擊隊的情報。何國良等人潛入東涌街後，為免老百姓受牽連，選擇先在漢奸住所旁的廁所掩蔽一天。到了翌日晚上 8 時許，他們才到漢奸住所偵察。漢奸一回家，他們迅速進入室內，將他及其妻子擊斃。消息傳出後，羣眾拍手稱快。

資料來源：

1. 中共深圳市委黨史辦公室東縱港九大隊隊史徵編組：《東江縱隊港九大隊六個中隊隊史》（深圳：深圳市印刷廠，1986），頁 18–19。
2. 《港九獨立大隊史》編寫組：《港九獨立大隊史》（廣州：廣東人民出版社，1989），頁 83。

鏟除長洲特工科特務

1944 年 5 月中旬一天早上，中隊決定由王鳴、邱球、羅發組成鋤奸組，處決長洲日本憲兵隊特工科一名特務。

這名特務作惡多端，常乘船到貝澳村，後經陸路到大澳。游擊隊摸清該名特務的活動情況後，在石壁到水口村的山坳埋伏，將其活捉，審訊後處決。

資料來源：

1. 中共深圳市委黨史辦公室東縱港九大隊隊史徵編組：《東江縱隊港九大隊六個中隊隊史》（深圳：深圳市印刷廠，1986），頁 18−19。
2. 陳達明：《香港大嶼山抗日游擊隊》（廣州：廣州出版社，2015），頁 22。

鏟除「大舊通」等漢奸、特務

1944 年 5 月下旬一個夜晚，大嶼山中隊隊員李友、廖錦年、謝耀輝等組成鋤奸組，深入大澳街區抓捕「大舊通」等三名漢奸、特務，當晚審訊後處決。

一連串的鋤奸行動令日軍失去重要耳目，陷於孤立，羣眾不再因特務、漢奸告密而遭殃，游擊隊的基地得以鞏固。

資料來源：

1. 中共深圳市委黨史辦公室東縱港九大隊隊史徵編組：《東江縱隊港九大隊六個中隊隊史》（深圳：深圳市印刷廠，1986），頁 19。

生擒貝澳鄉正副鄉長

貝澳鄉是通往長洲、梅窩和游擊基地大浪村的海陸交通要地，日軍在該處扶持了偽鄉長支持敵偽軍、特務活動，對部隊的活動形成制肘。部隊曾多次與他們聯繫，爭取他們棄暗投明，但遭到拒絕。

1944 年 6 月初一天早上，黃高陽、陳亮明及蘇光親自率隊包圍貝澳鄉，生擒正副鄉長，並繳獲偽武裝自衛隊步槍十八支。游擊隊將二人押回部隊駐地後，對其進行教育，終爭取到他們棄暗投明，為游擊隊工作。這不單打擊了日軍勢力，更擴大了部隊的活動空間。

資料來源：

1. 《港九獨立大隊史》編寫組：《港九獨立大隊史》（廣州：廣東人民出版社，1989），頁 83。
2. 中共深圳市委黨史辦公室東縱港九大隊隊史徵編組：《東江縱隊港九大隊六個中隊隊史》（深圳：深圳市印刷廠，1986），頁 19。
3. 深圳市委黨史研究委員會辦公室：《廣九烈燄：廣東人民抗日游擊隊東江縱隊成立四十周年紀念專輯》（深圳：中共深圳市委黨史研究委員會，1986），頁 157。
4. 陳達明：《香港大嶼山抗日游擊隊》，（廣州：廣州出版社，2015），頁 22–23。

鏟除漢奸黎七容

1944 年上半年，元朗區的武裝力量整編為一個小隊，李生任隊長，經常深入元朗墟張貼傳單標語。這時，敵人的密探頻繁出動。

八鄉上村偽村長黎厚仔的女兒黎七容是日本憲兵隊長「屎坑板」的姘婦。她經常到鄉村打聽游擊隊的活動情況，並帶領日軍入村搜捕游擊隊。由於她時常在山下村過夜，對游擊隊開展山下村的工作構成很大的影響。

黎七容常在黃昏時刻到山下村，小隊長李生於是預先在半路埋伏。待其出現時，李生立即將她捉拿，第三天夜晚押到錦田飛機場路邊，由吳江宣佈其罪狀後槍斃。游擊隊在黎七容的屍體上放下傳單，警告那些為虎作倀的漢奸。

資料來源：

1. 中共深圳市委黨史辦公室東縱港九大隊隊史徵編組：《東江縱隊港九大隊六個中隊隊史》（深圳：深圳市印刷廠，1986），頁 124。
2. 《港九獨立大隊史》編寫組：《港九獨立大隊史》（廣州：廣東人民出版社，1989），頁 54–55。

鏟除叛徒楊九仔

楊九仔是西貢區新寮村人，曾在大隊部擔任炊事員，對游擊隊的情況了解甚深，後來因牽涉貪污，被拘留審查。禁閉審查期間，他乘看守不備逃跑。為免被游擊隊追捕，他躲在西貢墟內，投靠日本憲兵隊長園外，為其提供游擊隊活動的情報，對游擊隊的安全構成莫大威脅。特別是楊九仔帶領日軍掃蕩黃毛應村，殺死鄧德安，燒傷鄧福、鄧戊奎，洗劫全村之後，當地鄉民要求嚴懲這個叛徒。

為解決此一隱憂，1944 年秋末的一天，中隊長張興、指導員劉志明和手槍隊員在北潭涌的中隊部就剷除楊九仔的行動計劃進行研究，決定由劉志明率領十多名手槍隊員行動。

劉志明等人於深夜裏乘船秘潛西貢墟，與西貢墟附近的秘密工作人員接頭。在秘密工作人員的引領下，隊員分赴各自的崗位，準備作戰。劉志明帶着幾名隊員扼守在「亞媽廟」轉角處，距離日憲兵隊只有約 50 米，是日軍進入墟場的必經之路；另一組在碼頭附近警戒，以防備日軍的巡邏隊；第三組則直奔楊九仔的家，但其家門緊鎖着，無法打開。後來，隊員發現可從相連的房屋攀登，便急中生智，疊起人梯爬上天台，轉落二樓，撬開楊九仔的房門。成功擊斃楊九仔後，隊員迅速到達指定地點集合，全體隊員安全返航。

翌日早上，得知楊九仔在日軍鼻子下被擊斃的消息後，憲兵隊長園外非常震驚。日軍在西貢墟戒嚴，禁止一切船隻離開西貢，亦不准羣眾上岸或上船。他們在西貢墟挨家挨戶搜查七天，卻沒發現任何游擊隊的蹤影。日軍又出動四百多人到各鄉掃蕩，仍然一無所獲。

資料來源：

1. 中共深圳市委黨史辦公室東縱港九大隊隊史徵編組：《東江縱隊港九大隊六個中隊隊史》（深圳：深圳市印刷廠，1986），頁 61–63。
2. 《港九獨立大隊史》編寫組：《港九獨立大隊史》（廣州：廣東人民出版社，1989），頁 48–49。
3. 鄧振南：〈西貢區的游擊戰爭〉（載陳敬堂、邱小金、陳家亮等編：《香港抗戰：東江縱隊港九獨立大隊論文集》，香港：康樂及文化事務署，2004），頁 182–183。

公審處決沙頭角憲兵隊林通譯

1944 年秋冬間，沙頭角中隊溫平、鄧茂、鄧偉存、李乙等在萊洞坳磚窰伏擊，抓獲沙頭角憲兵隊林通譯。審訊中得知，回鹿頸村養病的游擊隊員陳金，就是他派人抓走的。他引起了極大民憤，遂在烏蛟騰村開大會公審後被處決。

資料來源：

1. 《港九獨立大隊史》編寫組：《港九獨立大隊史》（廣州：廣東人民出版社，1989），頁 51–52。
2. 中共深圳市委黨史辦公室東縱港九大隊隊史徵編組：《東江縱隊港九大隊六個中隊隊史》（深圳：深圳市印刷廠，1986），頁 50。
3. Unsworn Statement of D.W.no.1-Omura Kiyoshi, W.O.235/1112,p.282.

鏟除大埔日寇憲兵隊林通譯

1944 年冬，沙頭角中隊三入大埔墟，展開鋤奸行動。10 月 13 日，鄧華帶領林傳、李友、張包、張才、張勝等手槍隊戰士出發，鏟除大埔日寇憲兵隊林通譯（林戒重）。此人是台灣人後裔，日軍的忠實走狗，在大埔墟奸淫、勒索、抓人，無惡不作，羣眾都叫他「林老虎」。

隊員化裝成農民向大埔墟走去，與負責監視林通譯的地下聯絡員接頭，但聯絡員表示一整天都不見林通譯的蹤影。鄧華指示隊員先找個地方潛藏起來，翌日再追蹤林通譯。他們一行人等走到富善街一家豬肉店藏身，名曰「寶利豬肉店」，店主沈夫婦二人積極支持游擊隊，一見是武工隊便熱情地將隊員迎進家中，安排他們在樓下一間小房子入住，並為隊員燒水煮飯、到門口望風及接送聯絡員等。

翌日清晨，漢奸陳福突然來到豬肉店，幸得沈夫婦幫忙，游擊隊並沒被發現。陳福坐了一會兒便離開。當天，聯絡員一直沒有任何林通譯的消息，隊員心裏都很焦急。到晚上 9 時，消息傳來指林通譯正在富善街 X 號二樓賭博，打麻將耍樂，離豬肉店只有約百多米。鄧華隨即指示隊員作好準備，潛入目的地，但林通譯等人絲毫沒有察覺有人上來。待他們弄清甚麼回事後，游擊隊已先發制人。林通譯被當場擊斃。不到五分鐘，人去樓空，林通譯的屍體仍在微微顫動。為保險起見，鄧華上前再補了兩槍，並將一張傳單放在他的屍體上。

撤離現場後，鄧華帶同隊員走到大街上散發傳單。林通譯被擊斃的消息傳開後，羣眾皆拍手稱好，第二天即殺豬宰羊慰勞游擊隊。不久，日軍包圍大埔墟及附近的村落進行搜索，宵禁、戒嚴近一星期但卻始終沒能找到游擊隊的蹤影，只好收兵而還。

資料來源：

1. 中共深圳市委黨史辦公室東縱港九大隊隊史徵編組：《東江縱隊港九大隊六個中隊隊史》（深圳：深圳市印刷廠，1986），頁 50。
2. 《港九獨立大隊史》編寫組：《港九獨立大隊史》（廣州：廣東人民出版社，1989），頁 52。
3. 鄧華、林傳：〈深入大埔，虎穴除奸〉（載陳敬堂、邱小金、陳家亮等編：《香港抗戰：東江縱隊港九獨立大隊論文集》，香港：康樂及文化事務署，2004），頁 202–204。
4. 廣東青運史研究委員會研究室、東縱港九大隊史徵編組：《回顧港九大隊（下集）》（廣東：廣東省委辦公廳勞動服務公司印刷廠，1987），頁 143。
5. Unsworn Statement of D.W.no.1-Omura Kiyoshi, W.O.235/1112,p.282.

鏟除便衣密探陳福

1944 年冬一天夜晚，鏟除大埔日寇憲兵隊翻譯林通譯一個月後，鄧華奉命帶領李友等四位戰士再度深入大埔墟，伏擊便衣密探陳福。陳福經常暗中偵查游擊隊和羣眾組織的活動情況，向日軍匯報，又常依仗日軍的威勢作威作福，敲詐勒索平民百姓，羣眾恨之入骨。

當晚 8 時剛過，消息傳來指陳福正在張明記茶樓一樓喝茶。得此消息後，鄧華隨即帶隊到茶樓外面，兩人在樓外負責把風，其餘三人則進入茶樓執行除奸任務。8 時 15 分，一聲暗號，陳福還沒搞清楚甚麼回事已被綑住雙手，動彈不得。鄧華當場向茶客宣讀了陳福幾項罪狀後，即下令將其處決。三聲槍響後，陳福當場倒斃，游擊隊迅即撤離大埔，到凌晨 3 時，全組人員安全返回駐地沙螺洞。

資料來源：

1. 《港九獨立大隊史》編寫組：《港九獨立大隊史》（廣州：廣東人民出版社，1989），頁 52。
2. 中共深圳市委黨史辦公室東縱港九大隊隊史徵編組：《東江縱隊港九大隊六個中隊隊史》（深圳：深圳市印刷廠，1986），頁 50–51。
3. 鄧華、林傳：〈深入大埔，虎穴除奸〉（載陳敬堂、邱小金、陳家亮等編：《香港抗戰：東江縱隊港九獨立大隊論文集》，香港：康樂及文化事務署，2004），頁 204。

智擒日偽大埔漁業會會長林偉成

日偽大埔漁業會會長林偉成（一作林惠成）依仗日軍的勢力，控制漁民的生產，強行購銷海鮮，漁民飽受剝削和壓迫，要求游擊隊予以嚴懲。

大埔日寇憲兵隊林通譯及密探陳福相繼被擊斃的消息傳出後，林偉成頓成驚弓之鳥，改變了平日的活動規律，白天少出門，晚上更是不出門。為保障自身安全，他更在樓梯間加裝了一道電動開關的鐵門和厚木門。

針對敵情變化，鄧華與隊員反覆研究，最終決定化裝成日軍行動，瞞騙林偉成，讓其自行出門或開門。曾九體型壯健，裝扮成軍官；李友裝扮成日軍；鄧華和其他戰士則裝扮成翻譯、偽軍及便衣特務。

1944 年冬一天夜晚，沙頭角中隊一行六人向大埔進發。為安全起見，中隊並沒走以往的路線，改行大埔火車站西南角一座小山上的羊腸小道，從泮涌村前的鐵路橋底穿過去。不久，游擊隊遇上一名姓馬的憲兵稽查。該名稽查見游擊隊一身日軍裝扮並沒起疑心，到其表明身份後才恍然大悟，但游擊隊成功爭取其棄暗投明，為游擊隊帶路到林偉成家。

抵達林偉成家時，偽稽查按游擊隊的要求拍了幾下門，佯稱日軍長官欲跟他會面，請他到茶樓，但林偉成拒不外出。過了幾分鐘，全體人員再來到林偉成家門前，林偉成怕得罪日軍，便按下開關，打開鐵門、木門，讓其入內。鄧華和曾九率先步入屋內，林偉成夫婦上前以日語打招呼，但二人都不會日語，亂作回應，馬上便被識破。

林偉成夫婦見勢不妙，迅速轉身向陽台跑去。隊員以最快的速度撲上去，擒拿二人。林偉成的妻子不停叫喊，為免引起日軍注意，前功盡棄，游擊隊將其當場處決，林偉成見此情景只好無奈地跟隨游擊隊離開。隨後，游擊隊將印有「生擒日偽大埔漁業會長林偉成」等文字的傳單散發到林偉成的家及街道。林偉成被擒的消息傳開後，漁民均拍手稱好。

資料來源：

1. 中共深圳市委黨史辦公室東縱港九大隊隊史徵編組：《東江縱隊港九大隊六個中隊隊史》（深圳：深圳市印刷廠，1986），頁 51。
2. 《港九獨立大隊史》編寫組：《港九獨立大隊史》（廣州：廣東人民出版社，1989），頁 52。
3. 鄧華、林傳：〈深入大埔，虎穴除奸〉（載陳敬堂、邱小金、陳家亮等編：《香港抗戰：東江縱隊港九獨立大隊論文集》，香港：康樂及文化事務署，2004），頁 204–206。

鏟除密探長蘇安

元朗密探長蘇安通過敲詐勒索人民斂財，羣眾恨之入骨。1944 年某月，他利用勒索所得的錢財在元朗大馬路五和園冰室旁開店做生意，並於開業當晚請戲班唱戲、大排筵席慶祝。

為鏟除蘇安，民運區委吳江和小隊長李生帶領陳福、李富等人，化裝成看戲的羣眾，由山下村游擊之友的成員張榮樂引路，入夜潛入元朗墟。他們按照預定計劃，混入人羣之中，隊長李生作主打，陳副班長予以協助；吳江、李富則負責警戒。

張榮樂認出蘇安後，用事前約好的暗號通知李生。李生鎖定目標後即對準蘇安開槍，蘇安應聲倒地，李生藉機取去他身上的左輪手槍。武工隊隨即當眾宣佈：「我們是游擊隊，嚴懲密探蘇安。」羣眾聞槍聲四散，部隊亦在混亂中從容撤走。

不久，日憲兵隊出動摩托車四處尋找游擊隊，元朗墟一片混亂，但由於部隊早已撤離，憲兵隊一無所獲，只好收兵。蘇安身負重傷，午夜不治。

資料來源：

1. 《港九獨立大隊史》編寫組：《港九獨立大隊史》（廣州：廣東人民出版社，1989），頁 55。
2. 中共深圳市委黨史辦公室東縱港九大隊隊史徵編組：《東江縱隊港九大隊六個中隊隊史》（深圳：深圳市印刷廠，1986），頁 125。
3. 陳瑞璋：《東江縱隊：抗戰前後的香港游擊隊》（香港：香港大學出版社，2012），頁 73。

鏟除「飛龍隊」隊長孫富順

「飛龍隊」是日軍特別成立的密探隊，頭目是孫富順，經常在日軍憲兵隊長生田帶領下入村掃蕩，搜集游擊隊情報，又作威作福，殘殺羣眾，羣眾恨之入骨。它的據點設於元朗大馬路金城旅店，旅店不輕易租予外人。為鏟除飛龍隊，游擊隊先佈置一名線眼潛入旅店，摸清其活動規律後才開展行動。

1945 年，消息指飛龍隊將於端午節前後幾天在旅店開會。小隊長李生遂率領班長李富、鄧某及民兵隊長張福全等十多人，帶同機槍、手榴彈等武裝前往旅店埋伏，準備戰鬥。但到達的時間過早，敵人尚未齊集，李生只好將計就計，讓掩護小組守住旅店門口，自己率隊直衝上樓突襲。

樓上值班的店務員見此情景頓時驚叫起來，隊員李子英一時情急，朝他開了一槍，槍聲即時驚動了旅店內的敵人。李生沉着應變，率隊朝孫富順的房間開槍，成功將他、密探何隆及一隻軍犬擊斃，並繳獲手槍兩支。翌日清晨，羣眾看見從金城旅店抬出三副棺材，均拍手稱快。

資料來源：

1. 《港九獨立大隊史》編寫組：《港九獨立大隊史》（廣州：廣東人民出版社，1989），頁 56。
2. 中共深圳市委黨史辦公室東縱港九大隊隊史徵編組：《東江縱隊港九大隊六個中隊隊史》（深圳：深圳市印刷廠，1986），頁 125－126。

鏟除漢奸單眼仔

1945 年夏，因內奸告密，為游擊隊提供落腳點的大窩頭村村民張某到元朗趁墟期間被密探逮捕，不久後在未經審理下即被殺害，慘烈犧牲。據可靠情報，指舉報張某者為八鄉上村人單眼仔。

單眼仔在元朗墟谷亭街開設麵食小食檔，與密探相熟，常往來鄉村偵察游擊隊的活動情況。日本宣佈投降前一兩個月，單眼仔回到上村的消息傳來，班長鄧明華即率領隊員文某、張清、駱南到他家將其捉拿。經上報大隊部後，部隊於一天夜晚將單眼仔押到河背村天主教堂前的廣場上進行公審，公審由指導員楊江主持，單眼仔經審理後被處決。

資料來源：

1. 中共深圳市委黨史辦公室東縱港九大隊隊史徵編組：《東江縱隊港九大隊六個中隊隊史》（深圳：深圳市印刷廠，1986），頁 124—125。

鏟除日寇走狗馬耀庭

1945 年 8 月某一天，沙頭角中隊在大埔將日寇走狗、地霸馬耀庭擊斃，替人民除害。

資料來源：

1. 中共深圳市委黨史辦公室東縱港九大隊隊史徵編組：《東江縱隊港九大隊六個中隊隊史》（深圳：深圳市印刷廠，1986），頁 53。

5、宣傳篇

首發「紙彈戰」

1944 年 2 月 11 日，中美空軍混合團空軍飛行員指揮兼教官克爾中尉為轟炸香港啟德機場的轟炸機護航時，座駕被擊中起火，跳傘降落在觀音山，獲游擊隊協助掩蔽。日軍出動千餘人在沙田、西貢一帶搜索掃蕩，游擊隊採取「圍魏救趙」的策略展開外線作戰，牽制敵人，以解沙田、西貢之圍。

當時市區中隊成立只有兩個多月。在大隊長蔡國樑的指示下，市區中隊決定於二月底全員出動，在市區散發《東江縱隊成立宣言》(《宣言》)，透過「紙彈」向敵人發出政治攻勢，以配合營救盟軍飛行員。

計劃確定後，隊員分頭行動。2 月 18 日，游擊隊員張洪波的妻子梁容妹(人稱張嫂)[18] 從中隊領導手上接獲三包傳單後，負責將傳單從檳榔灣送到香港和九龍市區。檳榔灣本可從陸路經坑口、井欄樹到達九龍市區，但當時日軍正包圍附近地區搜捕飛行員，故只能先將傳單運到香港，再轉運至其他地區。她小心翼翼地將傳單藏匿於小艇艙底，上面則蓋着一塊木板及堆放髒腥的鹹魚，掩人耳目，然後划着小艇出發。到筲箕灣後，她將一包傳單交給丈夫張洪波，另一包交給灣仔交通站的伍惠珍，剩下一包則交給中隊領導轉

18　梁容妹是筲箕灣的漁民，有一隻小艇，來往於坑口和鯉魚門之間，經常協助游擊隊傳遞文件及情報。

到九龍市區。

隊員陳佩雯（又名陳敏）[19] 主動請纓，將傳單轉送到尖沙咀。經中隊長方蘭同意，陳佩雯於 2 月 22 日清晨出發執行任務。她略加裝扮，穿上一身紅格大衣，將傳單放進手提包內，上面蓋着一件尚未完工的毛線衣和一些毛線。她見佐敦道碼頭過海的人較多，檢查較嚴謹，便繞道到人流較少的天星碼頭。該碼頭檢查較鬆懈，對帶包過海的人並沒有仔細檢查，於是陳佩雯逕直進入碼頭。

等候上船期間，一名憲查忽然進行搜查，並從陳佩雯的手提包裏找到一卷紙，翻開一看便見一行醒目的紅字「東江縱隊成立宣言」，嚇得他慌亂起來，連忙將紙塞回袋裏，讓陳佩雯過去。陳佩雯獲放行後快步走上船。上岸後，為免被跟蹤，她先乘自行車到彌敦道，後又轉車到深水埗。確保安全後，她才到表姐的家換衣服和提包，再將《宣言》送到以廢品收購站為掩護的聯絡點。事後有消息傳來，該名憲查原來是一名游擊隊員的兄長，所以才沒有揭穿陳佩雯。

2 月 24 日，中隊全體成員投入戰鬥，以筲箕灣的力量最強。日軍佔領香港後，當地羣眾受「餘閒樂社」等進步社團影響，覺悟較高，又有張洪波領導的游擊小組、太古船塢的進步工人等，人多勢眾，熟悉地形，很快就把《宣言》貼到工廠、街道、公廁等地方。有幾名隊員將《宣言》貼到中環街市日軍的佈告板及偽區長曾某的家裏。隊員張詠賢還勇敢地在電車上公開散發。

市區中隊首發「紙彈戰」成果顯著，傳單貼出後引起日軍恐慌。2 月 26 日，日軍包圍搜索沙田、西貢長達 17 天，一無所獲後撤離。

資料來源：

1. 《香港婦女運動資料匯編 1937－1949》（廣州：廣東婦女運動歷史資料編輯委員會，1994），頁 87。
2. 《港九獨立大隊史》編寫組：《港九獨立大隊史》（廣州：廣東人民出版社，1989），頁 91－93。

19　陳佩雯是土生土長的香港姑娘，熟悉本地情況，外表文弱，不易引起懷疑，是比較合適的人選。

3. 中共深圳市委黨史辦公室東縱港九大隊隊史徵編組：《東江縱隊港九大隊六個中隊隊史》（深圳：深圳市印刷廠，1986），頁 93–94。
4. 陳達明：《香港抗日游擊隊》（香港：環球〔國際〕出版有限公司，2000），頁 133–134。
5. 陳敏：〈二月行動 —— 記市區中隊第一次向日寇進攻〉（載廣東青運史研究委員會研究室、東縱港九大隊史徵編組：《回顧港九大隊（下集）》，廣東：廣東省委辦公廳勞動服務公司印刷廠，1987），頁 1–10。

三場「紙彈戰」

為配合反掃蕩，除了策劃爆破窩打老道四號橋外，市區中隊更在 1944 年 4 月前後組織了三場「紙彈戰」，通過散發宣傳品展開政治攻勢，擾亂日軍的軍心。

第一次在 4 月 13 日。當時日軍實施燈火管制，隊員藉機在夜裏四出行動，到香港筲箕灣、太古船廠、九龍柯士甸道至欽州街一帶的各條街道散發傳單，合計 3,000 份。其中香港佔 1,000 份，九龍佔 2,000 份，有三分之一派予住戶及商店。散發的是告同胞書。

第二次在同月 15 日，除了在中環街市門口張貼十張抗戰告示外，隊員更在荷李活道與上環街市散發《告港九同胞書》。中環街市門口向來是敵偽張貼告示的地方，因此所產生的震撼力也最大。港九大隊後來於工作總結描述其時的情景曾寫道：「（上午）九時許，行人一多，就有人駐足來看。最初以為是羅白頭（指日軍）的東西，後來愈看愈奇，愈看愈興奮。原來是游擊隊的告同胞書。圍觀的人擁擠街市的門口，至十一時敵才發覺，把人打走，派人把傳單用水撥濕鏟去，聽說叫通譯譯成日文研究。這事已是眾所周知了。民眾皆說：『老游是神出鬼沒的』」。

第三次在同月 21 日。隊員在土瓜灣、紅磡、油麻地、深水埗一帶散發上千份傳單，內容是有關沙田短槍隊突襲牛池灣維記牛房的日軍哨所告捷一事。

前後三次累計散發的傳單達 4,000 多份，引起日軍恐慌，出動憲兵毆打、驅散圍觀的羣眾。

1944 年 5 月 11 日，東江縱隊的《前進報》一版頭條新聞，以〈敵寇空前驚慌，我隊全面出擊港九〉為題，報導了市區中隊的大行動。

資料來源：

1. 鎮南：《一九四四上半年軍事總結》，頁 79–80、頁 82。
2. 《港九獨立大隊史》編寫組：《港九獨立大隊史》（廣州：廣東人民出版社，1989），頁 94–95。
3. 中共深圳市委黨史辦公室東縱港九大隊隊史徵編組：《東江縱隊港九大隊六個中隊隊史》（深圳：深圳市印刷廠，1986），頁 94。

油印宣傳品

經過幾次大行動，市區中隊積累了一些經驗。中隊認為散發傳單，發動政治攻勢是城市游擊戰有效的鬥爭方式，但是要經常進行，就要解決「紙彈」來源問題。過去靠大隊發來的資料，不僅數量有限，而且輾轉運輸，十分危險。中隊決定建立自己的油印室，由女隊員梁佩雲負責。

梁佩雲（梁芸）在日本橫濱正金銀行當職員，住在香港砵甸乍街一個小閣樓上，每天下班就躲進小樓刻印宣傳品。那時入夜宵禁，不能有一點火光。梁佩雲用紅黑兩色的窗簾或毛毯把窗戶封得嚴嚴密密，每到夏天汗流浹背。她使用的工具十分簡陋，用留聲機舊唱針作鋼筆，以屐皮代替滾筒。她掌握了刻寫技術，又能寫幾種字體，印出來的傳單字體美觀、清晰。以後由於形勢的發展，需要更多的傳單，於是又在九龍深水埗砵蘭街另建一個油印室，由女隊員黃靜儀負責。

建立油印室以後，宣傳品內容豐富了，式樣也多了。

內容方面以摘錄《前進報》、《尖兵報》上有關東江縱隊和港九大隊的戰鬥消息為主，也有市區情況，還經常編印富於戰鬥性的口號。當時印發的口號有：

「歡迎曾生司令員到香港，九龍！」

「同胞們，盟軍就要反攻了，希望你們協助！」

「工友們，你們三五成羣進行怠工吧！破壞敵人生產！」

「商人們，你們不要投機倒把，影響同胞生活！」

「警察們，隻眼開隻眼閉吧！不要敲詐勒索自己的同胞！反攻時協助我們作戰！」

在形式方面，除了傳單和標語外，1945 年初又出版了八開中隊油印小報《地下火》，內容主要是根據抗戰形勢的發展，宣傳中共的方針政策，報導游擊隊戰績，動員羣眾起來參加抗戰。曾經發表過〈牛池灣戰鬥〉、〈劉黑仔打特務〉、〈市區中隊炸車橋〉等，還出版過「七一」專刊，其中有摘錄毛澤東〈論聯合政府〉中關於國際形勢和國內形勢部分。《地下火》的版頭是一幅木刻畫，一支熊熊燃燒的紅色火焰，是游擊隊之友黃初俊設計刻製的。他是馮芝烈士的女婿。

市區中隊隊員在敵人的嚴密統治下，靈活運用各種方法散發傳單。通常使用的方法有如下幾種：

一、公開張貼。選擇當眾顯眼的地方張貼，如日敵機關的報告欄、鬧市中的牆壁、公共廁所、工廠的走廊等等。

二、在羣眾中有計劃地遞送和組織輪流閱讀。游擊隊員選定一些有民族氣節的人，把宣傳品送到他家裏，或裝作在路上撿來的傳單，送給他閱讀，聽其反應。

三、有計劃地把一些宣傳品送到偽職人員家裏或工作單位。主要是警告他們不要再做壞事，起分化瓦解的作用。

資料來源：

1. 《港九獨立大隊史》編寫組：《港九獨立大隊史》（廣州：廣東人民出版社，1989），頁 95–98。
2. 中共深圳市委黨史辦公室東縱港九大隊隊史徵編組：《東江縱隊港九大隊六個中隊隊史》（深圳：深圳市印刷廠，1986），頁 94–97。

6、海上作戰篇

雞公頭海面孤身迎敵

1942 年秋天的一個晚上，六艘滿載貨物和商客的運輸船隊準備開航了，港九大隊副官羅歐鋒因事要去小梅沙稅站聯繫工作，就隨船隊出發。他警惕性高，不搭先頭船，而乘搭第二艘船，就算前面的船發生情況，他還有應付的時間。

不覺船已駛至橫門海，有名的梅沙浪越來越大，前面快到雞公頭，這是個石頭小島，形似雞公的頭而得名。冷不提防面前突然間出現三、四支手電筒的強光對着射來，說時遲那時快，舵公一鬆舵，船身便橫擺着，敵人的船已泊近羅歐鋒這艘運輸船，船上乘坐着密密麻麻的好幾十人。在危急關頭，羅歐鋒投出一枚英式手榴彈，但沒有爆炸，敵人已開始登船，再遲就會當俘虜了。他馬上舉起英式左輪手槍，朝着要登船的敵人連開三槍，三個敵人應聲中彈跌落海。敵人急忙還火，朝着開槍的火光方向打來，子彈沒有射中羅歐鋒而射中舵公一雙腳。敵人弄不清船上有多少武裝，黑夜裏只見滿滿一船人，也可能以為一船都是游擊隊，沒有中槍的敵人，紛紛跳水逃命。羅歐鋒又舉槍點射二發，又打中兩個，敵人看勢不妙，拼命游水逃命。因事發地點與敵駐地相隔很近，且舵公巫生（紅石門人）傷重，羅歐鋒等也不戀戰，繼續揚帆緊握舵直駛向小梅沙。這次戰鬥，敵人傷亡五人，沒被打死的，游水到吉澳，從此不敢輕易出動了。

資料來源：

1. 徐月清：《戰鬥在香江》（香港：《新界鄉情系列》編輯委員會，1997），頁 116、118–119。

大灘海遭遇戰

為保護海上運輸和漁民生產，沙田短槍隊常到海邊巡邏。1943 年 1 月一天夜晚，指導員李唐值班，帶領三名隊員乘船出海巡邏。當晚天氣惡劣，伸手不見五指。船駛至何東樓的大灘海時，一艘木船迎面而來，李唐鎮定地命令隊員臥倒，準備作戰。

李唐發現敵船上除船家外，只有三名日軍，於是在敵我兩船交錯的一刻立即對準日軍連開數槍，成功擊斃一名警備隊長，傷漢奸一名。翌日清晨，日軍在謝屋村和圓洲山附近包圍搜索，但短槍隊早已撤離，日軍一無所獲。

資料來源：

1. 《港九獨立大隊史》編寫組：《港九獨立大隊史》（廣州：廣東人民出版社，1989），頁 43。
2. 〈活動於西貢、沙田坑口的手槍隊〉（載廣東青運史研究委員會研究室、東縱港九大隊史徵編組：《回顧港九大隊（上集）》，廣東：廣東省委辦公廳勞動服務公司印刷廠，1987），頁 160。

龍鼓洲和沙洲遭遇戰

1989 年出版的《港九獨立大隊史》對龍鼓洲和沙洲遭遇戰有以下記載：「1943 年 5 月的一個晚上，中隊長劉春祥帶領 11 名班排級骨幹從東涌出發，駕駛帆船向龍鼓灘進發，準備消滅出沒在那一帶的土匪武裝，控制龍鼓灘。夜黑沉沉的，船駛至龍鼓、沙洲兩個荒無人煙的小島附近的海面時，突然有密集的火力襲來。原來有兩艘日軍炮艇潛伏在那裏。劉春祥等英勇應戰，由於敵我力量過於懸殊，12 名指戰員在激烈的戰鬥中流盡了最後一滴血。最後船也被打沉了，只剩下掌舵的女船工泅水回來報信。」另外數本書籍也有記載該次事件，但記述的犧牲人數略有出入。

香港特區政府於 1998 年 10 月 28 日公佈的「為保衛香港而捐軀之東江縱隊港九獨立大隊陣亡戰士名單」中，載有劉春祥（中隊長）、曾可送（排長）、林容（班級）、汪送（班級）、譚金火（班級）、溫發（班級）、劉佳（班級）、船家梁克等與此次戰鬥有關的八人的名字。但有五名指戰員不知姓名，並且未被列入烈士名單，令人費解。

2021 年 3 月，港九大隊後人黃俊康先生通過網上拍賣，購得原大嶼山中隊指導員王江濤書信，其中有一份 1998 年由李有等老戰士查訪、王江濤整理的「東縱港九獨立大隊大嶼山獨立中隊烈士名單」，至此真相大白。名單明確記載此次戰鬥犧牲者包括劉春祥、曾可送、林容、汪送、譚金火、溫發、劉佳等指戰員，以及船家梁克夫婦和一子兩女全家，合計 12 人。

據此估計，《港九獨立大隊史》記述的女船工，應該是船家梁克的妻子，在泅水報信後不久去世了，因此被列入犧牲者名單。

《江濤詩文集》記載此事說：

戰略要地大嶼山，隊長抗倭海島間。
為毀日軍海運線，率隊開闢對海灘。
黑夜揚帆遭敵艦，殺敵激戰沉沒船。
壯士英勇全犧牲，為國捐軀萬古傳。

事故發生後，為了解出事情況，大嶼山中隊派出小隊長何國良化裝成漁民前往偵察，找不到任何戰友的遺體，還不幸碰上日軍檢查。日軍在審問過程中找不出任何可疑之處，何國良被驅趕到寶安南頭，扣押一星期後獲釋。同年 5 月下旬一天，大嶼山中隊在東涌的曬穀場上舉辦了一場追悼會，由副中隊長蘇光主持，悼念為抗日而犧牲的烈士。陳亮明、邱球等發表講話，矢志為犧牲的戰友報仇，進一步激發隊員堅持抗戰的決心。

2020 年 9 月 2 日，劉春祥等英烈被列入中華人民共和國退役軍人事務部所公佈的第三批 185 名著名抗日英烈英雄羣體名錄中的英雄羣體名單，被稱為「劉春祥等十二名龍鼓洲戰鬥犧牲英烈」。

2021 年 5 月 29 日，香港廣州社團總會主辦「劉春祥抗日英雄羣體祭奠活動」，100 餘人乘船前往沙洲、龍鼓洲海域祭奠，是香港人首次為列入國家級紀念名錄的抗日英烈舉辦紀念活動。2023 年 5 月，劉春祥抗日英雄羣體紀念碑落成。

資料來源：

1. 王江濤整理：〈東縱港九獨立大隊大嶼山獨立中隊烈士名單〉，1998 年 2 月 27 日。
2. 《東江縱隊志》編輯委員會：《東江縱隊志》（北京：解放軍出版社，2003），頁 96–97。
3. 《港九獨立大隊史》編寫組：《港九獨立大隊史》（廣州：廣東人民出版社，1989），頁 76–78。
4. 香港特區政府：〈為保衞香港而捐軀之東江縱隊港九獨立大隊陣亡戰士名單〉，1998 年 10 月 28 日。
5. 中共深圳市委黨史辦公室東縱港九大隊隊史徵編組：《東江縱隊港九大隊六個中隊隊史》（深圳：深圳市印刷廠，1986），頁 6。
6. 王江濤：〈海島風雲錄 —— 大嶼山抗日游擊戰紀實〉（載王江濤：《江濤詩文集》，非賣品，2001），頁 30–33、68–70。
7. 陳達明：《香港大嶼山抗日游擊隊》（廣州：廣州出版社，2015），頁 14。
8. 陳達明：〈大嶼山島的游擊戰爭〉（載陳敬堂、邱小金、陳家亮等編：《香港抗戰：東江縱隊港九獨立大隊論文集》，香港：康樂及文化事務署，2004），頁 218–219。

果洲外海之戰

1943 年 10 月，海上中隊小隊長羅歐鋒帶領兩艘武裝船從羊槽灣開航巡邏，到果洲外海時發現一艘由汕頭方向開來的日軍電扒，拖着一艘大眼雞木船，正朝香港方向駛去。

羅歐鋒利用望遠鏡觀察日軍船配備的火力、兵力、航速等，認為有把握打勝仗，即下令行動，指揮一號船作掩護，二號船出擊。二號船班長陳傳攔腰向敵船插去，用旗號通知敵船停航接受檢查，但敵船拒不停航之餘更加速前進，於是一號船順風斜插敵船，二號船繞向敵船左側截其後路，並集中火力向敵船掃射。

電扒上的日軍見勢不妙，急忙砍斷拖大眼雞木船的繩索，向香港方向逃去。二號船部分戰士則跳上木船，將木船拖回羊槽灣。這艘船滿載物資，包括高麗蔘、陶瓷器皿及 30 多噸白報紙等。除白報紙按林平指示交東江縱隊前進報報社，解決戰地報紙的印刷需要，其餘的物資均上呈大隊部軍需處。同時，船上約有 50 多名被日軍從潮汕捉來的苦工亦獲解救。那些苦工一再感謝游擊隊幫助他們脫離苦難。

資料來源：

1. 《港九獨立大隊史》編寫組：《港九獨立大隊史》（廣州：廣東人民出版社，1989），頁 63–64。
2. 中共深圳市委黨史辦公室東縱港九大隊隊史徵編組：《東江縱隊港九大隊六個中隊隊史》（深圳：深圳市印刷廠，1986），頁 79–80。
3. 陳達明：《香港抗日游擊隊》（香港：環球〔國際〕出版有限公司，2000），頁 92–93。

平洲海面粉碎日頑夾攻

1944 年 4 月 5 日（一說是 5 月 2 日）清晨，國民黨淡水守備區指揮官羅懋勳糾集獨立二十旅等部八百多人，分兩路進攻東江縱隊駐大鵬半島的部隊，一路由葵涌攻徑心坳，一路由壩崗攻大鵬坳。大鵬區政府常備隊扼守徑心坳，劉培、袁庚的護航大隊和自衛隊扼守大鵬坳。

日軍緊密配合頑軍，派出一艘機帆船進行夾攻。將至平洲海面時，日機帆船停機讓風帆鼓風航行，企圖突襲部隊。港九大隊海上中隊羅歐鋒遂奉命率領兩艘武裝船出海迎戰。

距離敵船百多公尺時，敵船向部隊的武裝船開炮，部隊於是用平射機、重機槍、機關槍和紅毛十等武器還擊，雙方陷入激戰。部隊的武裝船輕小，轉舵拐彎快，作戰多時均未有被敵人鋼炮擊中。兩艘武裝船緊密配合，左右兩面夾擊，將敵船打得團團轉。

不久，兩架日本軍機突然從港九方向飛來，在平洲海面低空盤旋掃射，掩護敵機帆船向三門島方向逃竄。羅懋勳率部退卻途中，在西鄉村和小桂遭東江縱隊陸上部隊截擊，營長以下多人被擊斃，狼狽逃回淡水。部隊的兩艘船安全返航，據守徑心坳、大鵬坳的軍民相繼擊退頑軍的進攻。

資料來源：

1. 《港九獨立大隊史》編寫組：《港九獨立大隊史》（廣州：廣東人民出版社，1989），頁 71－72。
2. 中共深圳市委黨史辦公室東縱港九大隊隊史徵編組：《東江縱隊港九大隊六個中隊隊史》（深圳：深圳市印刷廠，1986），頁 80－81。

大嶼山中隊海上隊勇俘日船

1944 年 7 月下旬，日軍一艘大電扒從香港方面駛來。大嶼山中隊海上隊陳其昌等駕駛漁船，接近敵船，用鐵錨將其勾住，隊員縱身跳過去，將船上的敵偽人員押進艙內。此時，另一艘電扒駛至，陳其昌等從第一艘電扒發出訊號，命令第二艘停航，在不費一槍一彈的情況下成功一舉俘獲兩艘電扒，一艘留下自用，一艘則送給兄弟部隊。

1944 年 8 月中旬，大嶼山中隊海上隊用望遠鏡發現了一艘日軍電扒，即派出武裝船在距敵船五六百米處，用機槍掃射，逼使其停航接受檢查，繳獲大量物資。

1944 年 5 月至 1945 年 8 月，在一年多時間裏，大嶼山中隊海上隊先後繳獲敵偽電扒 20 多艘，物資一大批。

資料來源：

1. 《港九獨立大隊史》編寫組：《港九獨立大隊史》（廣州：廣東人民出版社，1989），頁 87。

黃竹角海面殲滅「挺進隊」

1944 年 8 月 8 日，中隊長陳志賢、小隊長羅歐鋒到大鵬城東江縱隊軍政幹校學習，大華隊（海上中隊）縮為一個獨立小隊，由小隊長王錦、指導員林伍主持工作。同月 15 日晨，漁民向王錦報告黃竹角停泊了三艘敵偽木船，檢查、搶劫來往船隻。

港九大隊新任政委黃高陽剛好在南澳佈置工作。他通知王錦到南澳墟交通站二樓，並告知他沙頭角日軍組成海上「挺進隊」的消息。他指出「挺進隊」約有五六艘船、七八十名偽兵，由一名日本軍曹任隊長，其中三艘船在黃竹角海面活動，妄圖保護日軍的海上運輸線，並封鎖截斷游擊隊的海上運輸線。

他指示王錦率領兩艘武裝船到黃竹角海區，趁其立足未穩，進行突襲，以保護來往商旅、船隻和漁民安全。

16 日凌晨兩時，海上中隊兩艘戰船出發了。到紅石門海面時，在船頭瞭望的重機槍射手李泰報告，正前方黃竹角方向有一道手電筒光。王錦即命令隊員作好戰鬥準備，兩船加速前進，駛近時發現三艘木船並排停在一起，便按照預定的方案作戰。

王錦在一號船上指揮，直撲敵船右翼，陳傳的二號船則插向敵船左側。快將靠近敵船時，兩船全力開火射擊。日軍在睡夢中被槍聲驚醒，亂作一團。正當一號船欲乘混亂之際衝向敵船時，風力逐漸減弱，船速減慢，敵人趁機重新組織火力向一號船還擊。來伯、吳滿友等隊員見勢不妙，冒着彈雨奮力搖櫓、划槳，逼近敵船，化被動為主動。

當日軍集中火力阻止一號船前進時，二號船迅即接近左邊的敵船。距離敵船僅二十公尺時，曾佛犇、吳桂來二人一連投出兩顆魚炮，敵船燃燒起來，漸漸下沉。這時，一號船也接近右邊的敵船，石觀福投出魚炮，敵船爆炸。中間那艘船見形勢不妙，欲起帆逃跑。李太、邱求即拿起一條長竹篙鉤住船的帆繩，用力一拉後便躍過去，擒拿敵人，日軍急忙降帆求饒，戰鬥至此勝利結束。清查俘虜時，不見日本軍曹蹤影，王錦便下令進一步在屍體中尋找，但仍是未能尋獲，經審問俘虜後才發現該名日本軍曹早在部隊放魚炮時便跳海逃命。此役中，部隊共擊沉敵船 3 艘，斃敵 25 人，傷敵 13 人，並繳獲機槍兩挺、衝鋒槍 4 支、步槍 21 支及手槍 4 支。

資料來源：

1. 《東江縱隊志》編輯委員會：《東江縱隊志》（北京：解放軍出版社，2003），頁 98–99。
2. 《港九獨立大隊史》編寫組：《港九獨立大隊史》（廣州：廣東人民出版社，1989），頁 67–69。
3. 中共深圳市委黨史委員會辦公室：《廣九烈燄：廣東人民抗日游擊隊東江縱隊成立四十周年紀念專集》（深圳：中共深圳市委、黨史研究委員會，1986），頁 172–175。

4. 中共深圳市委黨史辦公室東縱港九大隊隊史徵編組：《東江縱隊港九大隊六個中隊隊史》(深圳：深圳市印刷廠，1986)，頁81—83。
5. 陳敬堂：〈海上蛟龍—王錦：從海上游擊戰到八・六海戰〉(載陳敬堂、邱小金、陳家亮等編：《香港抗戰：東江縱隊港九獨立大隊論文集》，香港：康樂及文化事務署，2004)，頁279—280。
6. 陳達明：《香港抗日游擊隊》(香港：環球〔國際〕出版有限公司，2000)，頁98—101。
7. 曾生：《東江星火：革命回憶錄》(廣州：廣東人民出版社，1983)，頁85—86。
8. 曾生：《曾生回憶錄》(北京：解放軍出版社，1991)，頁355—356。

大鵬灣外海之戰

1944年夏，大鵬灣外海運輸線上有幾艘滿載的蝦艚船，排成一線往港九方向航行，疑為漢奸的走私船。為試探虛實，羅歐鋒率領三艘武裝船向敵偽船尾部駛去，兩船作掩護，一船負責突擊。

接近敵偽船時，武裝船打出停航檢查旗號，但敵船拒不停航，羅歐鋒於是下令開火。敵尾船開槍還擊，火力甚弱，而前頭的敵船只顧往前航駛，無力增援尾船。

探明敵情的虛實後，突擊船全速前進，迫近敵船，幾名戰士跳到船上解除船員的武裝。經盤問後發現，那幾艘蝦艚船都是由平海大洲駛至的走私船，載滿生鹽運往香港資敵。中隊於是繼續從後往前追擊，逐船解決，成功繳獲全部船隻，拖回南澳。

不久，部隊又繳獲幾艘走私的蝦艚船，前後兩次共繳獲九艘蝦艚船、生鹽幾百噸。船隻沒收後，所繳得的物資均上呈大隊部軍需處，俘虜的走私犯於警告後獲釋，船隻沒收。

資料來源：

1. 《港九獨立大隊史》編寫組：《港九獨立大隊史》(廣州：廣東人民出版社，1989)，頁64—65。

2. 中共深圳市委黨史辦公室東縱港九大隊隊史徵編組：《東江縱隊港九大隊六個中隊隊史》（深圳：深圳市印刷廠，1986），頁 64–65。
3. 陳達明：《香港抗日游擊隊》（香港：環球〔國際〕出版有限公司，2000），頁 97–98。

海上勇抗頑軍進攻

1944 年 11 月 4 日，國名黨淡水守備區指揮官羅懋勳再次糾集獨立二十旅兩個團的兵力，從淡水的龍崗出發，兵分三路，向惠陽、寶安沿海及大鵬半島進攻。

當時，東縱司令部的無線電台和東江幹校的一個訓練班就設在南澳的牛草棚。為粉碎頑軍進攻，解除威脅，大亞灣劉培大隊和港九大隊中華隊（陸上中隊）結合民兵，分頭抗擊三路頑軍。海上中隊則從海上掩護；頑軍無海軍，沒法抄襲，戰鬥多時只得退卻。

資料來源：

1. 《港九獨立大隊史》編寫組：《港九獨立大隊史》（廣州：廣東人民出版社，1989），頁 72。
2. 中共深圳市委黨史辦公室東縱港九大隊隊史徵編組：《東江縱隊港九大隊六個中隊隊史》（深圳：深圳市印刷廠，1986），頁 81。

黑岩角之戰

1944 年 11 月 30 日，海上中隊中隊長羅歐鋒、黃康、王錦率領三艘武裝船在平洲附近海面巡邏。黑岩角的漁民前來報告，有一艘日軍電扒泊在黑岩角。經研究後，三人決定將船駛向黑岩角。敵船前頭有個包可住人，包底則是貨倉。日軍的電扒開動起來比部隊的船快，但部隊的艚仔船行動靈活，多角度包圍敵船也有機會取勝。

羅歐鋒、黃康、王錦三人各率一艘武裝船作戰。一號船率先攔頭插去，

二、三號船則插向敵船後邊，形成三角形，緊迫包圍敵軍電扒。王錦率二號船突擊，黃康率三號船掩護，二號船先接近敵船。班長曾佛新如猛虎跳牆，一躍而起，想要抓住欄杆跳上敵船，但手剛抓住纜索便不幸中彈，壯烈犧牲，年僅 23 歲。其弟曾佛彝親眼目睹此情景怒火沖天，緊接着衝上船，利用甲板作掩護，開槍掃射。二號船的戰士也一個接一個衝上船。過程中，王錦被擊中左腿受傷。

日軍在船尾豎起幾件恤衫當白旗，搖來擺去以作迷惑。小隊長陳傳從梯口衝入敵船的包底，腳一伸下去，便遭日軍開槍迎擊。戰士隨即向船艙投擲魚炮，並喊話勸降，但日軍毫無聲息。戰士機警地用爛布扭成一團，丟進船艙試探，卻仍有日軍開槍還擊。戰士接連投擲幾顆手榴彈後衝入艙底，活捉七名日軍及俘虜數名偽職人員。

此役令海上中隊士氣大振。中隊勝利返航南澳，繳獲一艘近 200 多噸的電扒、大量高級呂宋煙葉及其他物資，全部上繳大隊部軍需處。七名日軍俘虜全送東江縱隊司令部，偽職人員則經教育後釋放。

壯烈犧牲的曾佛新被葬於深圳南澳至水頭沙的路旁，並立有石碑紀念。碑上刻着：「抗日烈士曾班長佛新之墓。模範班長事跡：烈士新界人，於民國卅三年十一月卅日於三門海面戰鬥英勇突擊，壯烈殉國，是役繳獲電扒一艘，生擒日兵七名，物資大批。民國卅三年十二月一日立」。2020 年 9 月 2 日，曾佛新更被列入中華人民共和國退役軍人事務部所公佈的第三批 185 名著名抗日英烈英雄羣體名錄，以表彰其對抗戰作出的重要貢獻。

資料來源：

1. 《東江縱隊志》編輯委員會：《東江縱隊志》（北京：解放軍出版社，2003），頁 99。
2. 《港九獨立大隊史》編寫組：《港九獨立大隊史》（廣州：廣東人民出版社，1989），頁 65–66。
3. 中共深圳市委黨史辦公室東縱港九大隊隊史徵編組：《東江縱隊港九大隊六個中隊隊史》（深圳：深圳市印刷廠，1986），頁 83–85。

4. 陳敬堂：〈海上蛟龍──王錦：從海上游擊戰到八・六海戰〉（載陳敬堂、邱小金、陳家亮等編：《香港抗戰：東江縱隊港九獨立大隊論文集》，香港：康樂及文化事務署，2004），頁 280－281。
5. 陳達明：《香港抗日游擊隊》（香港：環球〔國際〕出版有限公司，2000），頁 95－96。
6. 曾生：《曾生回憶錄》（北京：解放軍出版社，1991），頁 355。

水頭沙灣之戰

1945 年 5 月一天夜晚，負責放哨的隊員報告指海上馬達響了一個夜晚，因霧大看不清楚是甚麼船。黎明時分，一位漁民報告水頭沙灣的岩石旁泊着一艘敵電船及兩艘大木船。為慎重起見，部隊派人前往偵察，先弄清狀況。

經偵察得知，那三艘船是由香港開往汕頭的，但因霧大迷航，開到水頭灣，白天怕盟軍飛機不敢航行，只好停靠在一邊，船艙面上並沒發現炮。三艘船平排地停泊在一起，大運輸船上有日軍，兩艘木船上有中國人，另外還有三名日軍在岸邊游水。

查明情況後，三位隊員化裝成漁民，腰間藏着槍，帶着魚炮，划着小艇靠近敵船，作為突擊組。船頭藏有重機槍，隊員隱蔽在船艙裏。部隊另有兩條小船則沿南澳海邊接近敵船，駛至離敵船約 200 米的岩石後面，準備接應突擊船。

隊員羅興、楊元、鍾國階搖着滿載鮮魚的小船，慢慢接近敵船。敵船上的日軍看見鮮魚都很高興，沒有半點防備就讓隊員上船。羅興、楊元將鮮魚遞給日軍，正當日軍伸手接魚時，鍾國階便將魚炮投入敵船，引起爆炸，日軍亂成一團。

此時躲在岩石後面的小船快速駛近敵船，集中火力射擊。幾名日軍急忙從艙內爬出，將輕機槍架在船頭，企圖抵抗。此時，羅興等飛快地躍登敵船，對準日軍投出魚炮，日軍慌忙丟下機槍逃命。部隊兩艘主力船靠近敵船，隊員衝上船擒拿日軍，日軍無法抵抗，全部被俘。在海裏游泳的三名日軍見勢不妙，欲上岸躲避，也被活捉。

是次戰鬥僅持續了數十分鐘，由於白天行動，加上附近的敵軍正在掃蕩，游擊隊不宜久留，須迅速撤離戰場。但因無人懂開機動船，只好放出一名日軍駕駛員和輪機員來開船。隊員羅耀輝、羅興、楊連、鍾國佳等負責看押。但日軍卻推說人手不夠，要求增派一人；發動機器後又說風浪太大，砍斷拖帶木船的繩索。游擊隊員見勢不妙，跟其打了起來，因手槍失靈，個子小的隊員羅耀輝被拋下海去，楊連等不敵日軍亦被相繼拋下海。船上只剩下羅興一人，敵船正全速往香港方向逃去，羅興所攜的手槍不聽使喚，他見再不跳船便會被帶到香港當俘虜，便立刻找來一塊木板跳到海裏，後來被漁民救起。其他隊員則將剩下的兩艘敵船押回南澳。

此役中，部隊共繳獲敵船兩艘，斃敵二人，俘虜 32 人（包括 20 多名中國員工），並繳獲機槍一挺、步槍六支、指揮刀一把、一大批醫藥器材、軍用毯子、罐頭等，有助緩解當時部隊的物資困難。

資料來源：

1. 《東江縱隊志》編輯委員會：《東江縱隊志》（北京：解放軍出版社，2003），頁 99–100。
2. 《港九獨立大隊史》編寫組：《港九獨立大隊史》（廣州：廣東人民出版社，1989），頁 66–67。
3. 中共深圳市委黨史辦公室東縱港九大隊隊史徵編組：《東江縱隊港九大隊六個中隊隊史》（深圳：深圳市印刷廠，1986），頁 85–86。
4. 陳敬堂：〈海上蛟龍—王錦：從海上游擊戰到八・六海戰〉（載陳敬堂、邱小金、陳家亮等編：《香港抗戰：東江縱隊港九獨立大隊論文集》，香港：康樂及文化事務署，2004），頁 282–283。
5. 陳達明：《香港抗日游擊隊》（香港：環球〔國際〕出版有限公司，2000），頁 101–103。
6. 曾生：《曾生回憶錄》（北京：解放軍出版社，1991），頁 356。

珠江口與盟軍配合作戰

1945 年 5 至 6 月間，元朗中隊海上小隊配合盟軍飛機在珠江口轟炸日軍貨船和小炮艇。

海上小隊建立後，日軍從廣州、中山等地運物資到香港經龍鼓灘海面時，常受其襲擊。日軍於是派小炮艇護航，但盟軍（美軍）飛機不斷出動，轟炸護航炮艇。

一次，盟軍飛機低空俯衝轟沉炮艇，但飛機碰山爆炸，遺下不少殘骸及機槍。海上小隊即發動羣眾搬運機槍。另一次，盟軍飛機用機槍掃射日軍貨船，海上小隊亦配合其行動，開木船襲擊日軍貨船，成功繳獲煙絲、砂糖、切粉等物資。

資料來源：

1. 中共深圳市委黨史辦公室東縱港九大隊隊史徵編組：《東江縱隊港九大隊六個中隊隊史》（深圳：深圳市印刷廠，1986），頁 127。

西涌口之戰

1945 年 8 月，海上中隊駐扎在鵝公村。月初王錦和陳傳帶領三艘戰船，從大鵬灣的鵝公灣啟航，到西貢龍船灣一帶巡邏，留下劉捷小隊。

一天，大鵬灣西涌口的漁民到鵝公村向小隊長劉捷報告，西涌口海灣外停泊着一艘日軍大帆船，離岸約 900 米。敵船有兩名日軍到岸上的商店喝酒。劉捷馬上召開會議研究，決定先捉拿岸上的日軍，然後再攻打大帆船。

劉捷率隊到西涌口包圍商店，活捉兩名日軍，並繳獲兩支三八式步槍。由於海隊出巡，沒有剩餘的戰船，劉捷向漁民借了一艘蝦艚船及舢板。班長李金福率領突擊組乘舢板，向敵船駛去，劉捷則率蝦艚船作掩護。

突擊組假裝打魚，慢慢地駛近敵船，出其不意地投出一顆魚炮。魚炮爆炸後，李金福試圖用竹篙鉤住船舷爬到敵船上，卻不幸被日軍擊中胸膛，跌落海中，英勇犧牲。劉捷跟着用竹鉤爬到敵船邊，但也被擊中，跌落舢板，壯烈犧牲。幸而危急之際，支援部隊及時趕到，在西涌口岸上架起重機槍猛烈掃射敵船，掩護兩船撤離，避免重大損失。敵船亦藉機逃往西海。

資料來源：

1. 《港九獨立大隊史》編寫組：《港九獨立大隊史》(廣州：廣東人民出版社，1989)，頁69–70。
2. 中共深圳市委黨史辦公室東縱港九大隊隊史徵編組：《東江縱隊港九大隊六個中隊隊史》(深圳：深圳市印刷廠，1986)，頁86–87。
3. 田川、林平芳、陳真：《尋找英雄：抗日戰爭之民間調查》(桂林：廣西師範大學出版社，2006)，頁171。

大浪口之戰

1945年8月一天夜晚，龍船灣東西村的漁民來報信，指大浪口有艘木船形跡可疑，除船頭、船尾外，船身都用油布蓋着，請海隊多加注意。

經連夜開會研究，王錦判斷為日軍船，讓隊員作好戰鬥準備。翌日，他帶領三艘戰船由火頭墳灣(伙頭墳灣)啟航，剛過觀門口海面就遇上怪船，即命令通訊員打旗號做好戰鬥準備。距怪船幾百公尺時，戰船排成三角形向前航進。怪船上的日軍開火，妄圖阻止船隻接近，王錦發出還擊信號，向怪船開火。

怪船船頭火力較弱，船尾火力較強，但無火炮等重武器。王錦命一、二號船集中火力向怪船尾部射擊，掩護三號船向其衝鋒。但因風浪太大，三號船被沖到怪船左側，未能接近船尾。吳滿友接連投出兩顆魚炮，都從油布上滾到海裏去。當他投擲第三顆魚炮時，不幸被日軍擊傷，倒卧船上。邱求點燃魚炮時亦被擊傷腿。

由於三號船火力減弱，處於不利位置，王錦遂命令一、二號船掩護三號船撤離。撤離期間，船的帆繩被日軍擊斷，帆跌了下來。緊急之際，「小老虎」邱求在戰鬥中受傷，他冒着彈雨，抱着桅桿往上爬，竭力將帆扯起，再次中彈受傷。負傷的吳滿友也強忍傷痛，一手把舵，一手起帆拉繩，二人合力終使三號船脫離險境。邱求失血過多，最終喪命。

及後，陳傳率二號船乘勢衝鋒，一號船的機槍手劉火煥不斷射擊敵船尾夾擊。三號船舵手石觀福胸部中彈受傷，老船工來伯接着把舵。撤到右後方的三號船包紮好傷員後，再度參與作戰。

敵船見二號船接近，集中火力阻止其前進。一號船即藉機接近敵船，鄒來一連向敵船投出兩顆魚炮，船篷、船板、桅帆都被炸成碎片，船尾開始下沉。船上的日軍有的撲向船頭，有的跳進海裏，打算逃命。隊員朱來即用日語呼敵投降，但他們仍拒不投降，打槍頑抗，期間朱來被擊中頭部，當場犧牲。一號船遂急速向敵船衝去。鄒來再投魚炮但並未成功，胸部卻被擊傷。另一戰士接過鄒來的魚炮後投出，其他戰士又接連投了幾顆魚炮，終擊沉敵船，成功殲滅 40 多名日軍，俘虜兩名日軍。

此次戰鬥繳獲六支三八式步槍。一台無線電收發報機、兩皮箱飛機製造圖紙和一批其他軍用物資。幾天後，三門島漁民從船上撈起來一門九二式日本山炮、九發炮彈。1946 年東江縱隊北撤時，那門日本山炮被帶到山東戰場。

資料來源：

1. 《東江縱隊志》編輯委員會：《東江縱隊志》（北京：解放軍出版社，2003），頁 100－101。
2. 《港九獨立大隊史》編寫組：《港九獨立大隊史》（廣州：廣東人民出版社，1989），頁 70－71。
3. 中共深圳市委黨史辦公室東縱港九大隊隊史徵編組：《東江縱隊港九大隊六個中隊隊史》（深圳：深圳市印刷廠，1986），頁 87－89。
4. 王錦：〈大浪口前赴後繼殲頑敵〉（載原東江縱隊港九獨立大隊老游擊戰士聯誼會：《永誌難忘的一頁》，原東江縱隊港九獨立大隊老游擊戰士聯誼會編輯組，2004），頁 107－108。
5. 陳敬堂：〈海上蛟龍—王錦：從海上游擊戰到八・六海戰〉（載陳敬堂、邱小金、陳家亮等編：《香港抗戰：東江縱隊港九獨立大隊論文集》，香港：康樂及文化事務署，2004），頁 284－285。

7、情報通訊工作篇

與英軍的情報合作

★ 情報合作源起

與港九大隊率先建立情報合作的是英軍。東江縱隊曾營救 89 名國際友人，其中大部份由港九大隊營救，包括英軍服務團成立發起人賴濂士中校和要員祁德尊（John Douglas Clague）。賴氏脫險返回內地後即建議英國軍事當局組織一個專門營救戰俘及從事情報工作的機構，促成英軍服務團的成立。英軍服務團於 1942 年 5 月在韶關曲江成立，總部數月後遷至桂林，賴氏任指揮官。前方辦事處設於惠州，祁德尊任辦事處主任。經雙方交涉後，東江縱隊與英方在援救盟軍人員以外，亦開展了互通軍事情報的工作，港九大隊參與其中不少工作。

★ 支援英軍服務團偵察戰俘營及拍攝日軍重要軍事設施

1942 年 8 月 4 日，英軍服務團的何禮文（David Ronald Holmes）、麥基雲（C. M. McEwan）、何魯樂（E. Maxwell-Holroyd）、李耀標和黃健鵬（Al Wong）從惠洲出發。他們於 8 月 14 日抵達游擊隊在北潭涌的營地，再轉移到坪墩、北潭凹、嶂上等地，路上由劉春祥、方覺魂、譚天等隊員護送及接待。8 月 23 日，何禮文與大隊長蔡國樑會面，委託港九大隊協助他們前往鶴藪、城門、獅子山偵察。9 月 7 日晚上，蔡國樑派遣江水護送何禮文、何魯樂、李耀彪從嶂上出發，經大水坑、黃竹山坳、打瀉油坳，到達茂草岩附近。英軍服務團團員獲黃冠芳、劉黑仔等人熱情接待。9 月 9 日晚上，劉黑仔和游擊隊員何式（音譯）帶領他們沿沙田坳的小徑轉移到獅子山北坡的機槍堡藏匿。10 日凌晨，何式掩護英軍服務團團員登上獅子山頂，偵察亞皆老街戰俘營及九龍排水道，至日落才回到機槍堡。

當晚，何禮文決定派遣何魯樂、李耀彪次日到畢架山偵察深水埗的情況，自己則前往城門一帶探察。劉黑仔認為如果遭遇日軍，自己有能力殺出重圍，於是自動請纓同行，何式則負責引路。9 月 11 日晚上，他們先護送何魯樂、李耀彪到畢架山腳，再潛入城門水塘主壩。他們經過一些亮了燈的採礦設施，確保沒人看守才繼續前進，再越過了一些繞着鐵絲網的木製障礙物，來到一間小棚屋的前面。他們看見屋內有三個人駐守，劉黑仔和何式判斷他們很大機會是日本人，貿然前進有危險，只好與何禮文折返。他們一行人在十二笏與何魯樂、李耀彪重聚。何禮文早前曾表示想到九龍塘進一步探察，但蔡國樑派人傳來口訊，指日軍在九龍塘有駐兵，前往該處太危險，請他重新考慮。前來會面的黃冠芳亦指約百名日軍在西貢出沒，九龍山脈範圍內沒有一條村能保證安全，何禮文最終決定撤銷計劃，返回嶂上的駐地，並於 9 月 18 日返回惠州。在事後報告中，何禮文肯定港九大隊的表現，讚揚他們士氣比任何一支他在中國遇見的軍隊都要高昂，雖然生活艱苦，但很了解政治軍事形勢，他認為港九大隊整體上「裝備充足、領導有方，雖稍為訓練不足，但可成為一支有用的游擊軍隊。」

1942 年 11 月 23 日，李耀標再被派往西貢，試圖與港九大隊建立更緊密的聯繫，隨行的還有楊信。他們請港九大隊協助拍攝日軍在港的重要軍事設施。為確保安全，交通站人員先讓他們掩蔽，派人了解周遭敵情，再由該處的交通員護送到沙田短槍隊的駐地。

抵達沙田短槍隊的駐地後，英軍服務團團員獲黃冠芳、劉黑仔等人熱情接待。經商討後，他們初步擬定以觀音山和獅子山為拍攝地點，計劃拍攝日軍啟德機場、銅鑼灣軍火倉庫、鯉魚門砲台和兵營、昂船洲砲台、急水門砲台及深水埗敵兵營等設施。但由於天已入黑，他們決定先領着團員借宿於羣眾家裏，伺機行事。凌晨 4 時，黃冠芳派出隊員沿指定路線登山偵察，沒有發現日軍蹤影，便用旗子從山上發出信號通報。黃冠芳接獲信號後隨即率隊出發，趁天仍未亮，暗地掩護英軍服務團團員登山，並藏匿在山上一座炮樓，等待天亮進行拍攝。待日出以後，他們連忙拍下啟德機場、軍火倉庫、炮台、兵營等重要軍事目標。[20]

半個月後，盟軍飛機來港進行轟炸行動。銅鑼灣軍火庫、啟德機場、鯉魚門炮台、太古船廠等均遭猛烈轟炸，日軍的軍事力量受沉重打擊。

★ 建立三個情報交通站

1942 年 11 月 23 日，祈德尊派遣李耀標出發到西貢，向港九大隊提出合作收集情報的請求。李耀標在 11 月 25 日凌晨抵達赤徑，並於 30 日與蔡國樑及陳達明討論。蔡國樑建議分別在沙魚涌、赤徑及九龍設立三個交通站，方便英軍服務團和港九大隊人員共同工作，把收集到的情報從香港送到英軍服務團的惠州前方辦事處。英軍服務團同意這個建議，把沙魚涌的交通站稱為 X 站（Post X），西貢赤徑的交通站稱為 Y 站（Post Y），而深水埗砵蘭街的一家雜貨店稱為 Z 站（Post Z）。

該雜貨店名為「廣恆」，由黃作梅化名登記註冊，以店主的身份作掩護；店員共四人，包括他的父親、妹妹（黃楚翹）、文堅及葉頌齊。英軍服務團指定華人陳養為聯絡人員，負責將送往惠州辦事處的情報及物品帶到雜貨店，轉交國際小組代送，其他人一律禁止進入雜貨店；英國總部給在港人員的經費、指令、文件等也送到雜貨店，等陳養提取。此外，黃作梅與英方指定的

20 資料綜合李耀標報告及黃冠芳的回憶寫成。另外，陳達明於《香港抗日游擊隊》記載了與此事相類似的事件，說 1942 年 10 月，港九大隊掩護美國空軍第十四航空隊的偵察隊在獅子山拍攝。比較兩個參考資料的撰寫年份，黃冠芳的回憶文章撰於 1985 年，而陳達明的書則於 2000 年編成。陳達明的說法，目前尚未找到其他資料印證。

聯繫人也常在雜貨店的閣樓接頭，協商工作。1943 年夏，陳養出事，被捕後供出了地下聯絡站位置。日軍搜查雜貨店。雖然未有任何發現，但抓走了黃作梅的父親，半天後才將他釋放。

因日軍對市區的控制極為嚴密，黃作梅等在極端困難和危險的情況下仍協助英軍服務團人員展開工作。據黃作梅回憶：「當時敵人在（香港）市區統治極嚴，秘密警員佈置得像天羅地網，東江縱隊工作人員在極困難和危險的情況下，英勇和沉着地幫助英團組織情報站、計劃營救國際友人的辦法、佈置秘密交通線，經常是一馬當先地擔當最危險的工作⋯⋯」

★ 情報工作評價

游擊隊的周密安排令英軍服務團能在日軍的嚴密控制下，攜同器材，登山拍下日軍重要軍事目標，合作行動獲高度評價。1946 年 2 月，賴氏曾發來一封函件致謝：「如果沒有你們的工作，我們是不會做出甚麼工作來的」，彰顯了港九大隊的重要性。為了表彰其對英軍軍事行動的協助，英皇喬治六世（King George VI）更於 1947 年初授予黃作梅 M. B. E.（Member of the British Empire）勳章。黃作梅是當時唯一獲得英皇授勳的中國共產黨黨人。

資料來源：

1. 袁庚：〈東江縱隊與盟軍的情報合作及港九大隊的撤出〉（載陳敬堂、邱小金、陳家亮等編：《香港抗戰：東江縱隊港九獨立大隊論文集》，香港：康樂及文化事務署，2004），頁 249－256。
2. 傅頤：〈黃作梅在香港〉（載陳敬堂、邱小金、陳家亮等編：《香港抗戰：東江縱隊港九獨立大隊論文集》，香港：康樂及文化事務署，2004），頁 327－347。
3. 《港九獨立大隊史》編寫組：《港九獨立大隊史》（廣州：廣東人民出版社，1989），頁 107－110。
4. 黃冠芳：〈配合英軍服務團拍攝九龍日軍目標回憶〉，1985。
5. 陳瑞璋：《東江縱隊：抗戰前後的香港遊擊隊》（香港：香港大學出版社，2012），頁 58－60。
6. "Holmes Report" "Holmes Diary", BAAG Series, Vol. 4, pp.31－80.
7. Reports from Francis Lee Yiu Piu on Saikung Reconnaissance, 7 December 1942.

與美軍的情報合作

★ 情報合作源起

東江縱隊與美軍情報合作起源於港九大隊在 1944 年 2 月營救克爾的行動。克爾中尉隸屬中美聯合空軍第 32 戰鬥機大隊第三中隊，獲救後，在桂林向中美聯合航空隊領導人陳納德將軍建議美軍和東江縱隊合作，陳納德請示華盛頓後決意與東江縱隊聯手行動。1944 年 10 月 7 日，以歐戴義（Merrills Ady）為首的美軍軍事情報組人員攜帶電台設備到東江縱隊司令部，謀求合作。10 月 9 日，東江縱隊請示中共中央，中共中央於同月 13 日覆電同意。雙方自此展開情報合作。

為此，東江縱隊成立了一個特別的情報工作部門，袁庚任處長，黃作梅為首席翻譯官及聯絡員，主管廣東沿岸及珠江三角洲敵佔區的情報工作，同時負責與歐戴義聯絡，交換日軍情報。部門成員逐漸擴展至 200 多名，情報站遍佈東江敵佔區，南起香港，北起廣州，東自海陸豐，西至珠江東岸，後來粵北西江淪陷，更擴展到西、北江。港九大隊也參與其事，做了大量的工作，為美國第十四航空隊及在華美軍司令部提供了大量精確的情報，其細緻部分甚至包括華南日軍戰場序列中隊以上的人員資料。

東江縱隊向美軍提供的重要情報一覽如下：

年份	具體內容	
1944 年	1.	日軍在廣州天河、香港啟德、西鄉南頭機場圖例及説明
	2.	日軍重要軍事目標圖片
	3.	香港船塢的圖例和材料，如太古船塢建造計劃圖例
	4.	虎門一帶日軍巡邏船隻報告
	5.	關於日本飛機場的材料

年份	具體內容
1945 年	1. 日華南艦隊密碼
	2. 日陸軍符號與命令
	3. 日 52 部隊情況
	4. 日波雷部隊 129 師團秘密南下及其佈防情況
	5. 廣九沿線日工事圖解
	6. 石龍以南、大亞灣海岸區、稔平半島、太平、虎門、新界等地日工事圖
	7. 廣州外圍龍眼洞區日工事圖
	8. 香港及廣州日防衛力量與意圖的詳情
	9. 日神風特攻隊 K2 飛機圖紙
	10. 日 K.1.48 飛機圖解
	11. 日 M 型運輸艦圖解與説明
	12. 香港日軍機關、油庫、船塢詳圖
	13. 香港啟德機場圖例
	14. 香港太古船塢圖例
	15. 香港海防詳圖
	16. 3 月份香港政府情報總結
	17. 香港政府第 36 號及 40 號情報
	18. 日華南司令部宣傳計劃
	19. 日廣州貨倉、船塢、工廠與政府機關的表冊
	20. 日廣東化學工廠與沙面目標圖樣
	21. 白雲機場圖樣
	22. 沿海機場電油樣本
	23. 稔平半島以東至惠來縣一帶的海岸與海灘圖
	24. 香港政府之檔案、報告概要
	25. 沿廣九鐵路之日軍工事圖解
	26. 港九地圖
	27. 傳染病圖表
	28. 日軍在香港、廣州之防衛力量及意圖之詳細報告
	29. 香港海傍、日軍在港之軍官、油倉、船塢等之詳細大幅圖樣

★　港九大隊的工作

東江縱隊向美軍提供的情報大多由港九大隊的隊員負責收集。大隊情報幹事蔡仲敏到西貢、沙頭角、沙田、大埔測繪地圖，每天整理各中隊上報的資料，向東縱司令部滙報，轉給盟軍參考。大隊長黃冠芳派出兩名隊員混入機場，測定飛機停放點和軍火庫的位置；市區中隊通過滲透敵人各要害部門的隊員，收集情報。某些重要情報指定專人負責，系統整理，將敵人的軍事機關、油庫、船塢、軍艦進出港口的情況等，繪製成圖，上報司令部轉交盟軍。

為盟軍收集情報的工作十分艱險，環境惡劣，港九大隊一些隊員更為此獻出了生命。市區中隊情報員單柱貞在潛伏船廠時不幸犧牲，交通員張詠賢因被查出傳遞日軍船艦維修情況等情報而被逮捕及處決。

★　支援盟軍對日軍的聯合轟炸

1944 年 12 月，尼米茲上校第四艦隊和陸軍第十四航空隊欲對香港日軍發動聯合轟炸。為確保行動成功又不傷及無辜，盟軍要求東江縱隊提供準確的轟炸目標資料，並在事後立即通報轟炸成效。東江縱隊進行資料搜集後，將有關的情報送出，內容涉及日軍在啟德機場的機庫、香港海面的艦艇型號及活動規律、鯉魚門炮台、九龍青山道軍火庫的方位圖，令轟炸的命中率有所提高。另一方面，為獲取轟炸成效的第一手情報，港九大隊派出一個小分隊預先到啟德機場後的鑽石山隱蔽起來，待取得相關情報後便馬上通傳，有力地支援了盟軍的轟炸行動，備受稱譽。

★　對情報工作的評價

東江縱隊出色的情報工作大獲美國駐華第十四航空隊司令陳納德將軍、在華美軍司令部和華盛頓的盛讚。東江縱隊聯絡處被視為「美軍在東南中國最重要之情報站」，所收集的情報無論是「在質與量都非常優越」。陳納德將軍亦多次來電，稱讚東縱的情報工作：「我們對你們近來關於敵軍及其活動、駐地和番號的報告特別感到喜悅，這些情報是重要的，實際上他是有生命活力的，因為他揭露了敵人的意圖和活動，幫助了我們的指揮當局取得更好的結論和計劃」(1945年5月20日);「總部(駐華美軍)及我們對您們的情報感到滿意」(1945年6月12日);「你們關於129師團的報告很優越,總部致以謝意……您們作了極優良的工作」(1945年7月26日)。

資料來源:

1. 《東江縱隊志》編輯委員會:《東江縱隊志》(北京:解放軍出版社,2004),頁148–149。
2. 中共廣東省委黨史研究室、廣州地區老游擊戰士聯誼會、廣州地區老游擊戰士聯誼會東江縱隊分會:《東江縱隊圖文集》(北京:中共黨史出版社;廣州:廣州出版社,2015),頁169。
3. 袁庚:〈東江縱隊與盟軍的情報合作及港九大隊的撤出〉(載陳敬堂、邱小金、陳家亮等編:《香港抗戰:東江縱隊港九獨立大隊論文集》,香港:康樂及文化事務署,2004),頁249–256。
4. 黃作梅:〈東江縱隊的國際地位〉、〈我們與美國的合作〉(載廣東省檔案館:《東江縱隊史料》,廣州:廣東人民出版社,1984),頁667–682、694–699。
5. 傳頤:〈黃作梅在香港〉(載陳敬堂、邱小金、陳家亮等編:《香港抗戰:東江縱隊港九獨立大隊論文集》,香港:康樂及文化事務署,2004),頁331–336。
6. 港九獨立大隊史編寫組:《港九獨立大隊史》(廣州:廣東人民出版社,1988),頁116–118。

中隊的情報工作

港九大隊屬下中隊的隊員通過各種方式,如潛入敵人內部工作、用其他職業作掩飾,暗中偵察及查探等,搜集了不少重要情報資料,既避免了不必要的損失,也令部隊的部署更為有效暢達,行動如虎添翼。其中部分情報供給盟軍,令其多次行動取得重大成果,包括聯合轟炸行動等。

★ 市區中隊

市區中隊活動在日軍的心臟地帶,利用各種關係搜集情報是其中心任務。市區中隊奉命廣泛搜集日軍的活動情報,如日軍艦艇、軍工產品工廠及倉庫、啟德機場、憲兵部、派遣隊及偽區役所的資料等。

中隊安排隊員偵察日軍艦艇的活動情況,並通過打入船廠做工的隊員,弄來了日軍各種艦隻的型號識別圖，以便情報人員對照識別。家住中環儒林臺八號的隊員文淑筠每天在家中以百葉窗作掩護，用望遠鏡觀察和記錄港內日軍艦艇的型號、進出和停泊情況等，然後將有關資料轉交交通員上報。為確保資料的準確性，家住堅道的隊員黃惠英（又名蘇平）則從另一個地點觀察，互相對照、補充。此等情報有助部隊掌握日軍艦艇的活動規律，有利其作出更有效的作戰部署。

日佔時期，香港船塢經常要為日軍維修艦艇，並製造小型船隻及軍用物資。不少隊員潛伏在船廠內做工，暗中收集有關日軍艦艇性能、用途、數量、往返地等資料及圖紙，送呈大隊。不少隊員在執行任務時遇險，壯烈犧牲，包括單柱貞和張詠賢。1944 年，盟軍飛機來港進行轟炸，單柱貞工作的紅磡船廠亦成為轟炸目標。單柱貞本是長跑好手，可以比其他人更快躲進防空洞，但因為他想藉機在混亂中偷取日軍艦艇的機密圖紙，沒及時離開，結果走避不及，壯烈犧牲，年僅 20 歲。張詠賢則是日立造船廠銅鑼灣分廠（即原敬記船廠）的繪圖員，藉工作之便暗中搜集日軍艦隊和憲兵隊的資料。有一次情報於傳遞過程中不幸落入日軍手中，日軍從字跡和內容查到張詠賢後將其逮捕，並於 1944 年 6 月 22 日將她與市區中隊中隊長方蘭的母親馮芝處決。[21] 張詠賢犧牲時年僅 19 歲。

中隊亦派員潛入日軍軍事用地搜集情報。啟德機場原是民用機場，日軍佔領後將其改作空軍基地。隊員黃尖奉命潛入啟德機場，打探敵情。他偷出機場的平面圖，上交司令部後轉送盟軍，令盟軍可作出有效的行動部署，深受稱譽。此外，日佔期間，九龍至廣州的鐵路是日軍重要的軍事運輸線。當時在火車站任職的李東海（尚進）暗中偵查鐵路運輸情況，記錄並供上級分析研究。

21　方蘭及眾姊妹於 1951 年 1 月 25 日為馮芝立的墓碑上鐫刻的卒日為 1944 年 6 月 15 日。1989 年出版的《港九獨立大隊史》、1997 方蘭寫的回憶文章〈我的母親〉上均記載馮芝於 1944 年 6 月 22 日就義。我們判斷可能是之前把日期弄錯，故後來作出了糾正。

中隊亦深入調查日軍的軍工產品工廠及倉庫，如子彈、手榴彈工廠。當時日軍將軍工產品工廠及倉庫分設在各個街區，以防避盟軍飛機轟炸。為全面掌握情況，中隊出動全體隊員分區行動，將這些工廠及倉庫的位置逐一記錄，並繪畫成簡單的圖紙，上交大隊部。

為了解日軍機密，中隊亦派員打入日軍內部搜集情報。鄭斌（化名「王民」，人稱「民仔」）在九龍日軍憲兵分部任雜役，藉職務之便暗中搜集情報，支援部隊行動。他入職不久便憑藉乖巧勤快的表現取得憲兵的信任，可以較隨意地進出辦公室、油印室和會議室。他多次藉打掃和送茶水的機會取得重要情報及資料，如憲兵隊的組織編制和人員名單。為方便工作，他更在九龍憲兵本部對面找了一間房子作為聯絡點。

通曉英語和日語的李榮全（別名黎成）則被安插在香港日軍憲兵隊總部特高課做情報工作。他膽大心細，多次及時傳遞重要情報，使中隊能免除不必要的損失。1945 年 7 月 13 日市區中隊一名隊員被捕，經不住日軍嚴刑而變節，牽連 20 多名隊員被捕。中午，黎成接獲通知，日軍準備進一少擴大搜索，將於午後帶隊到各交通要道、輪船碼頭緝捕市區中隊中隊長方蘭和其他隊員。得此消息後，他馬上冒着生命危險，在用膳時間直奔北角清風街的聯絡點報信，然後不露痕跡返回憲兵總部，使方蘭和其他隊員通過水路成功轉移，避免了更大損失，使日軍這次追捕一無所獲。另一次，他發現辦公室的檔櫃沒上鎖，便藉機拿走櫃內的香港九龍、新界軍用地圖，送往東江縱隊司令部，獲駐華美軍司令部大力稱許。

★ 西貢中隊

為及時掌握敵情，西貢中隊在坑口、沙田及北潭涌設立地下交通站，建立情報網，令各區的敵情都能迅速傳達中隊部。情報來源廣泛，有的是由部隊派員打探；有的是由地下游擊小組、民兵或青年會成員利用趕墟的機會打聽；有的是由西貢墟內地下工作人員收集；有的更是由敵偽人員提供。西貢憲兵隊的何通譯便是其中的顯例。何通譯與西貢大環村一名女子成婚後，游擊隊成功爭取其支持，使他主動為游擊隊提供情報，並通過傳達促降的信件、談判時間及地點，幫忙勸降駐西貢日軍。

從多方搜集的情報廣泛而精準，令中隊能及時採取應對措施，避免與日軍正面衝突，將損失減至最低，並適時主動出擊，大挫日軍氣焰。中隊不少行動都獲可靠情報支持而取得成功。1944 年秋，鏟除叛徒楊九仔的行動中，中隊秘潛西貢墟後，獲園洲角一處的秘密工作人員接應並幫忙引路，分隊奔赴各自的戰鬥崗位，成功當場擊斃楊九仔。同年冬，夜襲官坑廟的行動中，中隊預先派出偵查員化裝成當地居民，帶着雞隻到日軍駐地販賣。到達日軍駐地後，偵查員刻意將雞放走，藉捉雞的機會在營房亂跑，暗中偵察日軍槍支配備、兵力部署等情況。掌握內部情況後，中隊於夜裏率隊行動，凌晨一舉殲滅多名日軍，並繳獲一批槍支彈藥。

★ 沙頭角中隊

沙頭角區既是水陸交通樞紐，也是內地與港九新界來往的通道，沿海的農村山區則是沙頭角中隊的活動根據地。日軍在區內設置憲兵部、警備隊及大量崗哨，特務活動非常猖獗，在此等情況下進行游擊戰，情報工作更為重要。

當時中英街是游擊隊的前哨陣地。沙頭角中隊成立沙頭角游擊小組在中英街開展情報工作，領導者是中共地下黨員劉德謙、李吉芳。游擊小組通過中英街的佑生堂藥店掌櫃李玉先在藥店二樓開設俱樂部，引誘日軍警備隊隊長、軍曹、憲兵隊伍長、翻譯官等上層人物前去消遣。游擊小組打麻將時故意讓他們「吃糊」、贏錢，設法麻痺他們，以便刺探情報。有一次李吉芳和日軍軍官打麻將時，敵兵來找他們的軍官。這些軍官立即退場返回軍營。李吉芳看出敵人有緊急情況，馬上報告上級，提醒部隊加強警戒。

小組成員何集慶、何集蘭兄弟二人則利用學生和茂生堂藥店老闆兒子的雙重身份作掩飾，以沙頭角橋頭旁自家的藥店為據點，監察鎮內外日軍和密探來往的動態。何氏兄弟常到沙頭角橋頭日軍哨所與日軍聊天，藉機打探日軍人數、武器裝備、哨位、火力配置、關押犯人的地方等重要情報，然後上報大隊部領導機關。住在沙頭角鎮的黃雲生與別人合股開魚欄，以義興魚欄經理的身份，出入樂天俱樂部收集情報。少年交通員陳友家中在中英街華界開有均利漁欄。他常利用送魚的機會，到日軍碉堡查看兵力部署情況，然後將情報送到駐紮在鹿頸的沙頭角中隊。

抗戰後期，為防範盟軍反攻，日軍加緊在沙頭角周邊山頭修築碉堡和野外工事。游擊小組利用日軍強徵民工之機，參加修築工事，從中收集日軍工事結構、質量、位置等情報，及時報給港九大隊、東江縱隊，並由東江縱隊提供給盟軍。

中隊亦派員潛伏在敵人內部工作，暗中搜集情報。歐堅（原名朱韞貞）利用親屬關係，以「朱木蘭」之名打入沙頭角區役所工作。她任庶務系文書，負責文件收發，公文來往，傳遞文件及加蓋印章等工作。因工作之便，她每天都能從中了解許多日軍的動態，可伺機摘抄機密資料交給情報負責人陳亮；不能摘抄的資料則記在腦中，口頭向陳亮彙報。她又經常悄悄地拿走印有敵偽機關名稱和加蓋區役所印章的空白信封信紙給游擊區部隊使用，為部隊提供了有力的支援。

情報人員提供的情報有利中隊及早採取應變措施，減少損失。1942 年春某天，由於漢奸告密，日軍凌晨出兵包圍南涌羅屋和鄭屋，企圖將游擊隊一網打盡。幸得潛伏在日軍憲查隊工作的袁浩及時傳達日軍掃蕩的情報，短槍隊隊長盧進喜和民運幹部歐巾雄得以帶領武裝人員和交通員迅速轉移，最終日軍一無所獲。中隊亦通過搜集的情報肅清漢奸，為民除害。1943 年冬某天，中隊憑藉可靠情報，得悉沙頭角偽區長溫二將到大埔新界地區事務所開會，預先在路上埋伏。為鎖定伏擊目標，中隊通過民運工作人員張達（黃義中）及地下游擊小組成員唐包提供的資料，了解溫二的相貌特徵，待溫二出現時將其當場擊斃。

★ 海上中隊

1943 年 6 月海上中隊成立，林平（尹林平）曾到大鵬灣的活動基地作出指示：「要想完成好在海上打擊敵運輸線的任務，首先要團結好漁民，漁民是你們戰勝海洋的老師，又是你們在海上最好的偵察員和情報員……」，強調團結漁民對海上中隊的重要性。

當時大鵬灣多面受敵，東南面三門島、南面筲箕灣、西南面大埔墟及西面沙頭角墟同為敵佔區。日軍常出動軍船到糧船灣、塔門、吉澳、南澳、沙魚涌、鹽田、平洲等游擊隊活動的一帶巡查掃蕩。為支援游擊隊，海上的漁民攜手合作，設想了一個辦法，令消息可更快捷地傳達中隊，以便其作出應變。日軍一有任何行動，漁民便會按軍船去向，在船上的桅杆掛上一個麻包或魚籃作訊號。鄰近的漁船依樣葫蘆，一船接一船將消息傳遞下去，很快便會傳達到中隊。1944 年 4 月 5 日（一說是 5 月 2 日），國民黨淡水守備區指揮官羅懋勳糾集獨立二十旅等部八百多人，分兩路進攻大鵬半島。海上中隊從漁民船上的訊號及時獲悉敵情，立即派出兩艘武裝船出海迎戰，分東西兩側夾攻進犯的敵船，最後成功迫使敵船往三門島方向逃竄，解除危機。

與此同時，漁民時常出海打魚，熟悉附近一帶的情況，容易辨識有異樣的船隻。中隊多次在海上發現形跡可疑的船隻，主動出擊，將其驅逐或殲滅，也全賴漁民通風報信。黑岩角、西涌口、大浪口幾次戰役中，當地漁民也發揮了重要作用。他們適時通風報信，令中隊可及早進行分析、部署，先發制人出擊，殲滅日軍，並因此繳獲不少有用物資，有利部隊持久作戰。

當時海上中隊還特意成立漁民工作組[22]，專責組織、發動漁民的工作，成功培養不少人手替其辦事，包括何德、郭貴、周火容、李王勝、詹桂生、杜進來、石耀根、石稱發、張保、石滿就、鄭新志、袁容嬌、馬洪生等。這些人在地方上有一定威望，幫忙號召並帶領廣大漁民支持游擊隊的工作，令其

22 當時漁民工作組的組長由海上中隊指導員林伍兼任，組員有蕭春及譚文漢。

行動時更為便捷，有助打擊日軍勢力。每次接獲日軍進攻大鵬半島的消息後，何德即會帶領十多艘漁船轉移到大鵬半島、鵝公灣，協助部隊解決交通用船問題。中隊多次依靠他們的船隻接載駐半天雲、西涌、南社、鵝公等地的戰士轉移到大小梅沙或鹽田等地，繞到敵人後方進行突襲。另外，鄭新志、石稱發等人亦多次率領其他漁船在九龍半島沿岸偏僻處分散停泊，暗中接應中隊。海上中隊與漁民建立了合作關係，行動時自然助力更大。

★　大嶼山中隊

大嶼山是一個孤島，四面環海，日軍時常進行包圍掃蕩，企圖一舉殲滅島上活動的游擊隊，幸得潛伏在敵人內部工作的隊員通報，中隊及時作出應變，避免重大損失。1944 年 5 月，日軍出動海、陸、空三軍 1,500 多人包圍掃蕩大嶼山，歷時 9 天。幸得潛伏在垃圾尾島（即現在的桂山島）莫合偽軍部的隊員曾福及時送來緊急情報，中隊迅速作出化整為零、全面掩蔽的決定，分成小組活動和掩蔽，令日軍在掃蕩中頻頻撲空，方才得以保存實力，與其持久作戰。

中隊亦派員到敵人內部做內應，通過裏應外合，對敵人施展突襲。1944 年 10 月，中隊派員潛伏在大澳偽警察局偵察敵人的內部情況，掌握了偽警察局的地形圖和戰鬥力，行動時便如魚得水。當晚，中隊按照部署派出一個小分隊直奔偽警察局駐地，以預先約定的暗號，跟潛伏的情報人員聯繫，得其幫助直通入內，在沒有響槍的情況下一舉俘虜 30 多名偽警察，並繳獲 39 支槍和一批彈藥。

★　元朗中隊

元朗區的情報工作，有派員專線打入敵人內部的，也有利用社會關係及通過羣眾進行的。

奉命打入敵人內部的有張子燮、張漪娟（人稱大張、小張）。張子燮通過關係成功打入元朗偽區役所工作，暗中搜集情報，張漪娟則偽裝成張子燮之妹，進入所內工作。當時中隊內有專員與二人聯絡，負責取回情報的交通員一般也會將情報卷成幼紙筒，然後在外包上一層防水的紙，塞進魚肚裏，假裝剛從墟上買魚回來，以便通過崗哨的檢查。日軍投降前，張子燮、張漪娟一直在偽區役所內工作，搜出大量情報，對部隊助力很大。後期，張子燮被派往元朗中學當校長，社交關係進一步拓展，令他可從中獲取更多有用的情報。

荃灣市內的情報工作由梁培、葉文秋（又名葉恩和）、孫亮仁（又名孫強）和何珠等人負責。他們通過社會關係取得重要情報，支援部隊作戰。梁培在學校授課，利用教師的社交網絡，為游擊隊搜集了不少情報；葉文秋、孫亮仁則打入荃灣偽區役所工作，通過葉文秋大哥葉雅量[23]和梁培的關係取得情報，再交由交通員何觀養和何觀祥二人傳遞。

中隊亦成功爭取上層人士楊英秀的支持。當時楊英秀任元朗偽區役所副所長，利用職務之便，為游擊隊搜集不少珍貴情報，如敵軍調動情報。及後，楊英秀升任為區役所所長，仍一直與游擊隊保持緊密聯繫，為其提供情報，令游擊隊每次行動都如虎添翼。

中隊亦通過組織、發動羣眾，建立地下游擊小組搜集情報。當時中隊先後在山下村、大窩村、荃灣新村、河背村及梧桐寨領導羣眾成立五個地下游擊小組，成員多達 20 多人，當中發揮最大效用的是山下村的地下游擊小組，成員有張福金、張元吉、張榮樂、張思藹及張耀樞等。他們協助中隊搜集了許多可靠的情報，有利於開展除奸行動，如鏟除憲兵隊長的姘婦黎七容、密探長蘇安等。另外，當地的羣眾亦樂於支援游擊隊，通過趁墟或探親訪友的機會，打探敵情，令部隊取得不少可靠情報。

23　日佔時期，葉文秋的大哥葉雅量在荃灣偽區役所任衛生部部長。

資料來源：

1. 《東江縱隊志》編輯委員會：《東江縱隊志》（北京：解放軍出版社，2003），頁 269、271。
2. 《港九獨立大隊史》編寫組：《港九獨立大隊史》（廣州：廣東人民出版社，1989）頁 48、80、89、99–100、134–139。
3. 中共深圳市委黨史辦公室東縱港九大隊隊史徵編組：《東江縱隊港九大隊六個中隊隊史》（深圳：深圳市印刷廠，1986），頁 46–47、76、99–100。
4. 紀文：〈儒林臺八號—憶文淑筠同志與對敵觀察哨〉（載廣東青運史研究委員會研究室、東縱港九大隊史徵編組：《回顧港九大隊（下集）》，廣東：廣東省委辦公廳勞動服務公司印刷廠，1987），頁 28–34。
5. 香港地方志辦公室、深圳市史志辦公室：《中英街與沙頭角禁區》（香港：和平圖書有限公司，2011），頁 46–47。
6. 黃榮、曾發、何集慶：〈沙頭角區的游擊戰爭〉（載陳敬堂、邱小金、陳家亮等編：《香港抗戰：東江縱隊港九獨立大隊論文集》，香港：康樂及文化事務署，2004，頁 196）。
7. 楊聲：〈城市游擊戰〉（載陳敬堂、邱小金、陳家亮等編：《香港抗戰：東江縱隊港九獨立大隊論文集》，香港：康樂及文化事務署，2004，頁 234–237）。
8. 鄭斌：〈往事回顧〉（載廣東青運史研究委員會研究室、東縱港九大隊史徵編組：《回顧港九大隊（下集）》，廣東：廣東省委辦公廳勞動服務公司印刷廠，1987，頁 60–64）。
9. 鄧振南：〈西貢區的游擊戰爭〉（載陳敬堂、邱小金、陳家亮等編：《香港抗戰：東江縱隊港九獨立大隊論文集》，香港：康樂及文化事務署，2004，頁 183）。
10. 黎成：〈戰鬥在沒有槍聲的戰場〉（載廣東青運史研究委員會研究室、東縱港九大隊史徵編組：《回顧港九大隊（下集）》，廣東：廣東省委辦公廳勞動服務公司印刷廠，1987，頁 54–57）。
11. 譚文漢：〈漁民羣眾智送情報〉（載廣東青運史研究委員會研究室、東縱港九大隊史徵編組：《回顧港九大隊（上集）》，廣東：廣東省委辦公廳勞動服務公司印刷廠，1987，頁 132–133）。

石水澗電台

1942 年 4 月至 1943 年 3 月，廣東人民抗日游擊總隊的電台設在烏蛟騰附近的石水澗村。當時中共在廣東的地下電台全遭破壞，只有石水澗的電台仍能正常運作。這是其時中共廣東黨組織和抗日游擊隊與延安中共中央聯繫的唯一一部電台。

1941 年 12 月香港淪陷，中共中央撤離在香港的電台，並在東江游擊區重設電台。1942 年 1 月下旬的一個晚上，在寶安縣甘坑的一個山溝裏，參加過長征的紅軍幹部、電台專家劉澄清用他工作過的呼號，接通了同延安中共中央的聯絡，從而建立了廣東人民抗日游擊總隊的電台。1942 年 2 月 1 日，張文彬、林平（尹林平）、梁鴻鈞、劉澄清、戴機等開會，張文彬宣佈成立電台，劉澄清為機要科長，戴機為台長。

1942 年 3 月，國民黨軍隊兩個師進入寶安，企圖消滅中共領導的游擊隊。游擊隊作大運動轉移，張文彬要去粵北省委，將電台交林平直接掌管。在戰鬥頻繁、敵強我弱的環境下，電台跟着部隊是無法工作的。於是決定把電台安放在香港新界。新界是港九大隊的活動地區，香港日軍顧不上，國民黨軍隊又不敢去，如果保密工作做得好，就可以有個安定的工作環境。

沙頭角烏蛟騰附近的石水澗村地處山林，相距海邊約兩公里，位置偏僻隱蔽，不易被發現。村內只有一戶林姓人家，大小房屋合共五間。港九大隊蔡國樑大隊長建議將電台安置在該村。1942 年 4 月，總隊電台進駐石水澗，工作人員除了劉澄清、戴機，還有政委杜襟南和何太等，合計 20 多人。電台駐村後，村內林戊（人稱戊叔）、林傳叔姪成為港九大隊交通員，常划船為游擊隊傳送情報、接送人員往來，還承擔了不少後勤工作，如秘密採購糧食和日用品。港九大隊其他隊員則在外圍警戒，保衛電台安全。除工作人員外，其他人士一律不准進入電台範圍。

1942 年夏天粵北省委出了叛徒，南委等地方組織也受到破壞。抗戰初期中共在南方建立的六個電台不是被破壞，就是停止了工作，只有廣東人民抗日游擊總隊在石水澗的電台仍能正常運作。

1943 年 2 月下旬，中共廣東省委臨委和東江軍政委員會在烏蛟騰村附近的上下苗田村之間的山坡召開會議，史稱「烏蛟騰會議」。劉澄清、戴機等帶着輕裝的電台參加會議。

烏蛟騰會議前不久，日軍曾到烏蛟騰進行掃蕩，電台差點遭破壞。會議後一至二周，林平指示將電台撤離石水澗村，改為跟隨司令部行動。電台撤離後不久，日軍就找到石水澗村，並發現遺留的廢電池及電線。他們將村內的林生（林傳兄長）逮捕，嚴刑逼問，但林生守口如瓶，寧死不屈，最終被綁在樹上活活打死，壯烈犧牲。日軍查找不到電台及游擊隊的去向，撤離時放火燒村洩憤，村內五間房屋均遭焚燬。1998 年，香港特區政府將林生列入港九大隊 115 位抗日烈士名單，以紀念他為抗戰作出的貢獻。

資料來源：

1. 中共寶安縣委黨史辦公室編：《回顧東縱電台工作》（廣州：廣東人民出版社，1989），頁 10、22–25、33。
2. 《港九獨立大隊史》編寫組：《港九獨立大隊史》（廣州：廣東人民出版社，1989），頁 148。
3. 林傳：〈抗日戰爭中的石水澗村〉（載廣東青運史研究委員會研究室、東縱港九大隊史徵編組：《回顧港九大隊（下集）》，廣東：廣東省委辦公廳勞動服務公司印刷廠，1987），頁 161。
4. 尹素明：〈石水澗東江電台始末〉。
5. 王玉珍：〈劉澄清與石水澗電台〉（載劉蜀永：《香江史話》，香港：和平圖書有限公司，2020），頁 152–159。

8、營救盟軍篇

背　景

香港淪陷後，日軍將英軍戰俘分批囚禁於七姐妹、深水埗與亞皆老街多個集中營；香港政府的文員、僑民、婦孺等被囚禁於赤柱集中營；印籍官兵則被囚禁於馬頭圍集中營。

作為港九大隊前身的幾支武工隊就曾參與營救英軍戰俘。港九大隊成立後，貫徹中共中央有關國際統一戰線的宗旨，[24] 執行營救盟軍和國際友人。1942 年 3 月，港九大隊特意成立國際工作小組繼續營救盟軍和國際友人，黃作梅任組長。小組成員有譚天、譚幹、江羣好、鄭隆、林展、盧陵等，他們均通曉英語，並與英國等盟國人士有一定的社會關係，有利開展營救行動。

國際工作小組初期在成員盧陵的家設立秘密聯絡站，位置在九龍尖沙咀彌敦道八百多號，後期則轉移陣地至深水埗界限街某號二樓。小組成員冒生命危險，通過各種渠道，竭力尋找待營救的國際友人，如透過教會牧師、神父深入集中營，與英軍戰俘和政府官員秘密聯繫；通過救出的人提供情況，或動員他們以密信聯絡其他滯留在港的親友；派出地下工作人員以賣汽水、香煙作掩護，與參加戶外勞動的戰俘聯繫，協助他們隱蔽，伺機轉移等。

24　1941 年 6 月 23 日，中共中央發出《關於反法西斯的國際統一戰線》的指示，指出：「目前共產黨人在全世界的任務是動員各國人民組織國際統一戰線，為着反對法西斯而鬥爭」、「在外交上，同英美及其他國家一切反對德意日法西斯統治者的人們聯合起來，反對共同的敵人」。

資料來源：

1. 林展：〈港九大隊國際工作小組〉（載廣東青運史研究委員會研究室、東縱港九大隊史徵編組：《回顧港九大隊（上集）》，廣東：廣東省委辦公廳勞動服務公司印刷廠，1987），頁 72–77。
2. 傅頤：〈黃作梅在香港〉（載陳敬堂、邱小金、陳家亮等編：《香港抗戰：東江縱隊港九獨立大隊論文集》，香港：康樂及文化事務署，2004），頁 327–347。

營救英軍戰俘及港府官員

★ 營救英軍賴濂士中校等人

1941 年 12 月 25 日，駐港英軍宣佈投降，香港淪陷。日軍佔領香港初期，對於被囚或並未囚禁的外籍人士監視不是很嚴密，有些人因而得以逃離集中營。英軍戰俘被囚禁於深水埗近海邊的集中營，賴濂士中校、海軍中尉戴維斯（Davis）、海軍上尉摩利（Morley）及華人秘書李耀標也在其中。集中營附近未設立崗哨，守衛較鬆懈，他們一直伺機逃跑。

1942 年 1 月 8 日，李耀標買通一名漁民，搭乘他的舢舨率先逃走。翌日晚上，他到防波堤外接應賴濂士等人，利用同樣的辦法逃出集中營。賴濂士一行人等成功逃離集中營後向西貢進發，途經茅坪村。賴濂士在回憶錄中提及：「在去西貢的路上，經過茅坪村，村民非常友好熱情，在那裏我們吃了兩星期來第一頓可口飯菜。」他們從村民口中得悉幾日前汪偽支持者曾到該處，與土匪激戰。為躲避汪偽支持者搜捕，賴濂士、戴維斯及摩利三人藏身於密林，李耀標則設法到外面租船出大鵬灣到中國內地。

賴濂士等人逃亡的消息傳開後，日軍隨即展開追捕。幸而李耀標到外面租船期間剛好遇上廣東人民抗日游擊隊的武工隊，游擊隊協助他們先後轉移到山寮村及昂窩村，然後到西貢一所學校隱蔽，及時脫離險境。期間，賴濂士曾提出請求，派人送信給囚於深水埗集中營的莫德庇（C.M. Maltby）將軍，但行動並未成功，送信的小鬼在接近集中營時不幸被日軍擊斃，慘烈犧牲。

汪偽支持者得悉賴濂士等人跟游擊隊待在一起的消息後，馬上通報日軍，日軍窮追不捨，游擊隊於是馬上安排賴濂士等撤離西貢。賴濂士在夜裏行軍時傷了膝蓋，疼痛不堪，但仍一直堅持下去。他在回憶錄中談及這段經歷時寫道：「脫離險境，奔向自由，在此一舉，萬萬不可功虧一簣。僅僅是這個念頭才使我堅持下去」，痛楚雖然難忍，但逃走的念頭令他能一直堅持着。到了 1 月 14 日，賴濂士等人經海上小隊隊長陳志賢護送，從企嶺下經大鵬灣回到大後方，順利脫離險境。事後，賴濂士曾向游擊隊發來一封感謝信，直言自己與同伴「對周圍情況完全不了解，逃出來是抱着極大的冒險，如果沒有東江游擊隊的幫助，能否安全脫險是一個極大的疑問」，對廣東人民抗日游擊隊武工隊（港九大隊前身）的幫忙表示萬分感激。

賴濂士在脫險過程中曾與游擊隊相處一段時間，期間被其堅毅刻苦的戰鬥生活及精神打動。他獲救的經歷亦加強了跟游擊隊合作的信心，故返回內地後，他即建議英國軍事當局組織一個專門營救戰俘、辦情報工作的機構。1942 年 5 月，英軍服務團在韶關曲江成立，數月後遷至桂林，賴濂士任指揮官；前方辦事處設於惠州，祁德尊少校任辦事處主任。祁德尊致函廣東人民抗日游擊總隊，並派出何禮文上尉作為代表，商談合作事宜。經中共中央同意，廣東人民抗日游擊總隊（1943 年 12 月改稱廣東人民抗日游擊隊東江縱隊）自此與英軍服務團開展了並肩援救盟軍人員、互通軍事情報的工作，港九大隊參與了不少工作。

資料來源：

1. 《港九獨立大隊史》編寫組：《港九獨立大隊史》（廣州：廣東人民出版社，1989），頁 103–104、107。
2. Edwin Ride, *BAAG: Hong Kong Resistance 1942–1945* (Hong Kong: Oxford University Press, 1981), pp.21–42.
3. 陳達明：《香港抗日游擊隊》（香港：環球〔國際〕出版有限公司，2000），頁 43–45。

★ 營救波利斯特屈特夫人及湯姆生

英籍波利斯特屈特夫人（Gwen Priestwood）原在香港政府運輸署擔任要職，與宋美齡及重慶政府要員交往甚密。香港淪陷後，她和港府官員一起被關進赤柱集中營。1942 年 3 月 19 日，她和香港英籍警司湯姆生（W. P. Thompson）從集中營逃出，得港九大隊幫助，3 月 24 日順利脫險，到達中國內地。

臨別時，二人分別給游擊隊寫下鳴謝留言：「請求你們可貴的指導。我只能讚揚我們從游擊隊所得到高度和善意的幫助，同時希望有一天能給他們以同樣的幫助」（波利斯特屈特夫人親書）；「上面所敍述的我完全贊同，我們不可能得到比這更可貴的衷心的幫助」（湯姆生親書），可見他們非常感激游擊隊的幫忙。

資料來源：

1. 《港九獨立大隊史》編寫組：《港九獨立大隊史》（廣州：廣東人民出版社，1989），頁 104。
2. 莫世祥、陳紅：《日落香江 香港對日作戰紀實》（廣州：廣州出版社，1997），頁 185－186。
3. Gwen Priestwood, *Through Japanese Barbed Wire*, New York: D. Appleton-Century Co, 1943.
4. 中共惠州市委黨史辦公室：《東江黨史資料匯編》（惠州：中共惠州市委黨史辦公室，1983－1987），頁 250。

★ 啟德機場下水道營救英軍戰俘

1942 年 3 月，港九大隊了解到有一批英軍被關押在啟德機場，立即派江水率短槍隊前去營救。啟德機場是日軍軍事重地，加上囚禁了不少英軍，守衛森嚴。為確保行動順利，江水先派出曾在機場工作、熟悉地形的隊員廖添勝進行偵察，以便部署。

當時機場內有修築工事，常有民工進出，廖添勝化裝成販賣香煙的小販，與其他民工一同混入機場。成功潛入機場後，他以兜售香煙為掩護，四處行走偵察。期間，他發現機場南面有條下水道，洞口直徑達 80 公分，水並不深，可以輕易爬進去，出口處便是海邊。返回隊部後，他向江水報告情況，建議可利用下水道營救英軍。江水聽過後同意採納方案，翌日派廖添勝再潛入機場，暗中聯絡被囚的英軍，通知他們營救方案詳情，並約定在洞口接應。

成功與英軍戰俘接頭後，廖添勝返回隊部，準備行動。當晚，小隊長賴章、廖添勝帶同三名隊員出發，到下水道洞口接應，江水則帶着其他隊員在遠處守備。靜待了一陣子，只有兩名英軍從下水道爬出。賴章、廖添勝等人隨即領着那兩名英軍沿海邊經南圍、北圍到西貢「不夜天」地下交通站與江水會合，再從西貢搭乘小艇到北潭涌，翻過北潭坳到赤徑與大隊長蔡國樑會面。後來，他們才得悉其中一人為湯遜上尉。

湯遜上尉跟蔡國樑會面後談及脫險經過，大肆表揚游擊隊，稱廖添勝、江水為「自己的再生兄弟」。同日，江水帶領隊員趕回機場下水道洞口進行迎救，成功救出另外兩名英軍。但到第三天晚上，江水欲再沿用同一方式營救英軍戰俘時，便發覺日軍警覺性有所提高，開始派人在下水道出口處巡邏，營救方式已不再安全可行。

資料來源：

1. 《港九獨立大隊史》編寫組：《港九獨立大隊史》（廣州：廣東人民出版社，1989），頁104－105。
2. 江水：〈營救英國被俘軍官〉（載原東江縱隊港九獨立大隊老游擊戰士聯誼會：《永誌難忘的一頁》，香港：原東江縱隊港九獨立大隊老游擊戰士聯誼會編輯組，2004），頁59－63。
3. 江水口述，李招培整理：〈英國軍官營救記〉（載廣東青運史研究委員會研究室、東縱港九大隊史徵編組：《回顧港九大隊（上集）》（廣東：廣東省委辦公廳勞動服務公司印刷廠，1987），頁86－91。

★　營救英軍祁德尊中尉等人

香港淪陷後，英軍波生吉（D. I. Bosanquet）、比爾斯（J. L. C. Pearce）中尉、懷特（L. G. White）中尉及祁德尊中尉成為日軍俘虜，被囚禁於深水埗集中營。1942年4月10日，他們從下水道逃出，步行到西貢白沙灣、蠔涌一帶，向當地村民求援，被帶往與游擊隊員張明（Cheung Ming）見面。他們飽吃一頓，然後被轉移到西貢偏遠的游擊隊駐地，由譚姓翻譯（Henry Tam）接待。游擊隊帶他們乘船橫越吐露港，再步行到涌尾。同月 14 日，他們參與大隊部在橫山腳舉行的歡迎會，在會上與蔡國樑見面。在場人士高唱抗戰歌曲，歡慶他們脫險。

會上，四人談及對部隊的印象，評價都很正面。比爾斯直言：「他們從上至下的普遍熱情，他們的極大願意幫助我們，和他們對我同敵人的明確的認識，使我們堅信中、美、英、荷（A. B. C. D.）陣線過去是，現在是，將來也是敵人一塊嚴重的絆腳石」；波生吉指出：「在旅途的進程中，我感覺到戰爭將很快地就勝利結束，因為在游擊隊中的許多英雄們雖然不聞名於全世界，但他們負着打倒共同的敵人的主要責任」，強調游擊隊目標一致，頑強的意志將為抗戰打開勝利局面；祁德尊指：「給我印象很深的是隊員們的紀律，和他們全體共有的思想上的完全一致」，讚揚游擊隊嚴守紀律，團結一致。

隔天晚上，四人收拾行裝，夜行至三椏涌。經游擊隊的武裝船護送，他們終順利轉移到中國內地，脫離險境。

資料來源：

1. 《港九獨立大隊史》編寫組：《港九獨立大隊史》（廣州：廣東人民出版社，1989），頁105－106。
2. 《東江縱隊志》編輯委員會：《東江縱隊志》（北京：解放軍出版社，2003），頁 143。
3. 〈東江縱隊營救國際友人統計〉（載何小林、郭際編：《勝利大營救》，北京：解放軍出版社，1999），頁 379－380。
4. 陳達明：《香港抗日游擊隊》（香港：環球〔國際〕出版有限公司，2000），頁 46－47。
5. 陳瑞璋：《東江縱隊：抗戰前後的香港游擊隊》（香港：香港大學出版社，2012），頁51－52。
6. David Bosanquet, *Escape Through China*, Toronto: McClelland and Stewart Limited, 1982, pp.116－146.
7. Tony Banham, *We Shall Suffer There: Hong Kong's Defenders Imprisoned*, 1942–45, Hong Kong: Hong Kong University Press, 2009, p.40.

★ 與英軍服務團的聯合營救行動

英軍服務團於1942年5月成立，經英方出面交涉及中共中央同意後，與港九大隊達成合作，共同開展營救英軍俘虜及國際友人的工作。自1942年10月起，兩者多次合力救出不少英軍俘虜和國際友人。

1942年10月18日，兩者合力救出芬恩維克（T. J. J. Fenwick）和摩利遜（J. A. D. Morrison），後由港九大隊派員護送到中國內地。事後，芬恩維克和摩利遜曾發來一封信函表達謝意。同月28日，港九大隊協助受英軍服務團委託去破壞日軍在九龍的無線電台的陳偉泉先生安全從香港回到沙魚涌。

1943年2月12日，港九大隊與英軍服務團協力救出兩名挪威人和一名俄國人，分別為中華電力公司無線電工程師華德叔（Villain Vallessuk）、空尼侖船長（Capt. H. Kvanisa）和伯羅德遜（Ragnar Broderson）。事後，他們曾聯名寫信，表達對游擊隊的感激並發出祝福：「港九人民抗日游擊隊給我回到自由中國的援助表示真誠的感謝……衷心地希望你們的偉大事業得到成功」。同月19日，港九大隊與英軍服務團又聯合救出六名印度人，其中包括中尉、少尉各一名。

同年3月23日，兩者再度合作救出五名印度人，包括穆罕墨德伊伯拉謙（Mohammed Ibrahim）、穆罕墨德沙文（Mohammed Zaman）、穆罕墨德喇辛士（Mohammed Nawaz）、沙拉蒂士（Shah Nawaz）及沙德河利沙連（Sadiq Ali Shelin）。4月12日，他們又合力救出印度人和菲律賓人各一名，分別為卡連多星喬（Karrintor Singh Gill）和加士亞（Luis Garcia）。事後，加士亞特意寫下一封信鳴謝游擊隊，信中提到「港九人民抗日游擊隊非常友好和善地幫助我們回到中國內地」。

資料來源：

1. 《港九獨立大隊史》編寫組：《港九獨立大隊史》（廣州：廣東人民出版社，1989），頁108－109。
2. 黃作梅：〈東江縱隊營救國際友人統計〉（載廣東省檔案館：《東江縱隊史料》，廣州：廣東人民出版社，1984），頁689－690。

★ 營救英海軍中尉葛榮

日佔期間，英海軍中尉葛榮（R. B. Goodwin）被囚禁於深水埗集中營。1944 年 7 月 17 日，他獨自一人從集中營逃出。由於不熟悉地方情況，又要躲避日巡邏隊和憲兵隊的追捕，他接連走了 10 天半，不單糧食耗盡，雙腿受傷，連日大雨更令他全身濕透，筋疲力盡。幸而他走到一條山徑時剛好遇上三名外出執勤的港九大隊游擊隊員。游擊隊員上前了解情況後，將葛榮帶到梅沙村，為他提供食物、衣服、住處並治理傷口。及後，經游擊隊協助，葛榮終順利抵達惠州脫險。

1944 年 8 月 1 日，葛榮給游擊隊發來一封感謝信。他在信中提及脫險經歷，極言對游擊隊的感激：「從那時起，我所遇到的事情好像神奇似的，我所希望的每件東西都得到了，食物、衣服、卧室，還有看護替我治理傷口，小童對我的伺候……如果沒有你們的幫忙，我完全不能抵達安全地方，在這裏我希望再次對向我幫助這樣多的你們表示最深的感謝……你們的無畏的英勇，你們在敵人統治的地區中，冒着絕望的危險，進行了及進行着堅決的鬥爭，而獲得任何人的景仰，而他們會完全明白你們的英勇行為的，我在你們處所獲得偉大的仁慈與殷勤的款待，我的心充滿着真摯的、非文字所能形容的感謝」。返回英軍服務團惠州的駐地後，他撰寫了一份詳細報告，記載事件的來龍去脈，負責人顧爾伯少校（Major Cooper）閱覽後再去信致謝游擊隊，並為游擊隊送來一些應急藥物，包括一些消炎藥及治療瘧疾的藥。

資料來源：

1. 《港九獨立大隊史》編寫組：《港九獨立大隊史》（廣州：廣東人民出版社，1989），頁 106–107。
2. 《東江縱隊志》編輯委員會：《東江縱隊志》（北京：解放軍出版社，2003），頁 61–62。
3. 陳達明：《香港抗日游擊隊》（香港：環球〔國際〕出版有限公司，2000），頁 48–49。

營救美國飛行員

★ 營救美國飛行員克爾中尉[25]

1944 年 2 月 11 日，中美空軍混合團空軍飛行員指揮兼教官克爾中尉從廣西桂林基地起飛，率領 20 架戰鬥機，為 12 架轟炸香港啟德機場的轟炸機護航，在上空與攔截的日機激戰。戰鬥中，克爾的戰機被日軍擊中，他跳傘逃生，降落在機場北面的觀音山一帶。港九大隊年輕交通員李石送信途經此地，發現受傷的克爾。雖然語言不通，但李石臨危不亂，一直比手畫腳，引領克爾逃離日軍追捕，並下山向部隊報告。芙蓉別村村民將克爾隱藏在觀音山村與該村之間的一所炭窰。港九大隊派民運幹事李兆華前去安撫克爾。短槍隊隊長劉黑仔通過村民送去食品、衣物，並要求保證克爾安全。

當時日軍嚴密封鎖西貢、沙田一帶，派出千餘人搜捕克爾。1944 年 2 月 18 日，劉黑仔等護送克爾轉移，安排陳勳等六名游擊隊員陪同克爾在石壟仔村的山洞藏匿了兩個星期。

港九大隊以「圍魏救趙」之計，通過槍殺漢奸、偷襲啟德機場、在市中心散發抗日傳單等行動，分散日軍的注意力。為達到此目的，東江縱隊惠陽大隊亦於 2 月 21 日起連續三晚在沙頭角發動突襲，共斃傷日軍二十餘人。

等日軍的搜捕行動沒那麼頻繁，大隊領導部署力量，再次協助克爾轉移。劉黑仔率領詹雲飛等四名隊員保護克爾，艱難地穿越山間小路，然後乘船又步行，到大浪村大隊部會見大隊長蔡國樑，譚天充當翻譯。

3 月初，海上中隊派兩艘船，從米粉咀和蚺蛇灣之間的海灣出發，渡海護送克爾到坪山東江縱隊司令部，譚天同行。至此，港九大隊完成了營救美國飛行員克爾的工作。

---

25 營救克爾的過程主要依據《克爾日記：香港淪陷時期東江縱隊營救美國飛行員紀實》一書寫成。其他幾位當事人的回憶，在細節上有所不同。例如，譚天説他、克爾和陳勳三人在一個炭窰隱藏了二十多天。又如，李兆華説克爾是在深涌會見蔡國樑，並從那裏去坪山的。因當事人皆已過世，這些細節上的差異因何形成，較難考訂，只能在此説明、存疑。

克爾順利抵達坪山後，與司令員曾生會面，並接受《前進報》記者採訪。談及自己的脫險經歷時，他的感受仍然很深：「每一天都親眼看見敵人在山頭山腳，在附近的圍村、田野，走來走去呱呱地噪。這種場面，實在是一種難以想像的恐怖」。他對游擊隊的救援表示感激：「你們游擊隊的小同志與女同志給了我不少的勇氣與安慰，你們的面孔總是快樂的與勇敢的。供給我一切需要，還給我的灼傷敷藥」，並點名表揚幾位游擊隊員：「蔡大隊長是能幹的領導者，黃冠芳隊長是敵人心目中的『第一號公敵』，黑仔是我再生的爸爸。譚君是我精神上一刻不可少的朋友。那位女同志（李兆華）、小同志（李石）我願意用飛機載回美國去，把他們神奇的本領，親自介紹給美國人」。不久，克爾順利回到桂林，繼續他在中國的工作。

3 月 8 日，克爾從桂林給游擊隊寄來一封感謝信，信中提到：「從許多配備森嚴的日本人極嚴密的搜索下，我得到你們戰士搶救出來，因此使我能夠很快就回到桂林，繼續我自己在中國的小小工作……我曾親自見過你們中的一些人，也曾表示了我的敬意與佩服，可是我還知道你們的人還有許多許多是我所見不到的，他們為保護我的安全，在極大的危險與困苦工作着……感謝你們救了我的性命」。

克爾中尉隸屬中美聯合空軍第 32 戰鬥機大隊第三中隊，獲救後，在桂林向中美聯合航空隊領導人陳納德將軍提出建議，促成美軍和東江縱隊合作。

資料來源：

1. 唐納德・克爾著，李海明、韓邦凱譯，東江縱隊歷史研究會、深圳海德文化傳播有限公司合編：《克爾日記：香港淪陷時期東江縱隊營救美國飛行員紀實》（香港：香港科技大學華南研究中心，2015），頁 22－24、50、54、65－66、79、149。
2. 《東江縱隊志》編輯委員會：《東江縱隊志》（北京：解放軍出版社，2003），頁 143－146。
3. 《港九獨立大隊史》編寫組：《港九獨立大隊史》（廣州：廣東人民出版社，1989），頁 110－114。
4. 譚天：〈和克爾中尉隱蔽在一起的日子裏〉（載廣東青運史研究委員會研究室、東縱港九大隊史徵編組：《回顧港九大隊（上集）》，廣東：廣東省委辦公廳勞動服務公司印刷廠，1987），頁 82－85。

5. 李兆華：〈掩護克爾中尉脫險記〉（載廣東青運史研究委員會研究室、東縱港九大隊史徵編組：《回顧港九大隊（上集）》，廣東：廣東省委辦公廳勞動服務公司印刷廠，1987），頁 78–81。
6. 〈林平致中央恩來及軍委電——關於為救一美機師而擊退敵圍攻情況（1944 年 5 月 9）〉（載中央檔案館、廣東省檔案館編：《廣東革命歷史文件彙集（1941–1944）》，廣東：廣東省兵銷學校印刷廠，1988），頁 407。
7. 李兆華：〈營救美國飛行員〉（載原東江縱隊港九獨立大隊老游擊戰士聯誼會：《永誌難忘的一頁》，香港：原東江縱隊港九獨立大隊老游擊戰士聯誼會編輯組，2004），頁 68–75。
8. 陳達明：《香港抗日游擊隊》（香港：環球〔國際〕出版有限公司，2000），頁 49–52。
9. 黃作梅：〈我們與美國盟邦的合作〉（載原東江縱隊港九獨立大隊老游擊戰士聯誼會：《永誌難忘的一頁》，香港：原東江縱隊港九獨立大隊老游擊戰士聯誼會編輯組，2004），頁 82–83。

★ 營救美國飛行員伊根中尉

1945 年 1 月 16 日，美國第十四航空隊一羣飛機對日軍在港的軍事設施展開轟炸，期間一架飛機被日軍擊落。機上的飛行員伊根（J. Egan）中尉在混亂之際跳傘逃生，降落在新界海面，剛好被沿海活動的兩名游擊隊員發現。他們急忙駛船趕去營救，在附近一帶打魚的漁民周二伯兩父子也剛好見此情景，一同進行營救。

周二伯父子合力將伊根救起後，將他藏在船艙，並蓋上漁網、破被等掩飾，迅速駛往海上游擊隊鵝公灣的活動基地，但期間遭兩艘日軍巡邏艇攔截。危急之際，海上中隊派出兩艘武裝船救援，掩護漁船突圍，往鵝公灣方向逃離。成功擺脫日軍巡邏艇後，羅雨中、羅歐鋒、黃康、王錦等人即跳到伊根所在的船上，了解事情的由來，並由羅雨中任翻譯。

返抵中隊營地後，他們為伊根安排住處休息，其中一名隊員特意騰出自己的房間給伊根。安置妥當後，他們特意買來雞、雞蛋及用自家種植的青菜做飯招待伊根，並帶他參觀營地。伊根在參觀過程中了解到更多部隊的內部情況，對於隊員能在惡劣的條件下與日軍作戰感到衷心敬佩：「對你們游擊隊的情況，如果不是我今天親眼看到，誰告訴我也不會相信。你們真是傳奇式的軍隊，給我的印象確實太好太深刻了，我十分敬佩你們，請接受我衷心的致意」。

1 月 18 日，經游擊隊員護送，伊根順利抵達司令部駐地，跟曾生會面。當時日軍正對東江抗日根據地發動猛烈攻勢，出於安全考慮，曾生請伊根暫時留下。到了 3 月 31 日，伊根方才經游擊隊員護送，抵達國民黨軍控制區。

事後，伊根一再來信表達謝意。他直言：「和共產黨游擊隊住在一起是快樂和得到教育的，在和你們的可喜的短促的相聚中，我曾見過真正的中國人，並且增加了我對他們和他們國家的尊敬。如果這是可能的話，我希望我離開的朋友會記得我，並且誠懇希望我們將來能再見面」，可見他感念游擊隊的恩惠並對其抱有敬仰之情。

資料來源：

1. 《港九獨立大隊史》編寫組：《港九獨立大隊史》（廣州：廣東人民出版社，1989），頁 114－115。
2. 中共深圳市委黨史研究委員會辦公室：《廣九烈燄：廣東人民抗日游擊隊東江縱隊成立四十週年紀念專輯》（深圳：中共深圳市委黨史研究委員會辦公室，1986）。
3. 中共惠陽地委黨史辦公室：《東江黨史資料匯編：內部資料》。
4. 王庭岳：《營救美國兵 中國敵後抗日軍民救援美國飛行員紀實》（北京：中共黨史出版社，2005），頁 159－162。
5. 陳瑞璋：《東江縱隊：抗戰前後的香港游擊隊》（香港：香港大學出版社，2012），頁 77－78。
6. 黃作梅：〈我們與美國盟邦的合作〉（載原東江縱隊港九獨立大隊老游擊戰士聯誼會：《永誌難忘的一頁》，香港：原東江縱隊港九獨立大隊老游擊戰士聯誼會編輯組，2004），頁 85－89。
7. 廣東省檔案館：《東江縱隊史料》（廣州：廣東人民出版社，1984）。
8. 羅雨中：〈搶救美國飛行員伊根中尉〉（載何小林、郭際編：《勝利大營救》，北京：解放軍出版社，1999），頁 345－350。

營救工作評價

據不完全統計，日軍侵佔香港期間，有 89 名外籍人士獲救，國籍分佈如下：

獲救人士國籍統計

所屬國籍	數目(名)
英國	20
印度	54
丹麥	3
挪威	2
俄國	1
菲律賓	1
美國	8
合計	89

除了五名美國飛行員是由東江縱隊護航大隊在大亞灣營救脫險外，其餘的人士由於被囚禁於九龍或香港島，均由港九大隊負起營救任務。在港九大隊的營救、保護和幫助下，這些人順利抵達游擊區，再經東江縱隊幫助轉往中國內地。

營救工作上的成就令東江縱隊的國際聲譽日益提高。1944 年 7 月號《美亞雜誌》〈東江游擊隊與盟國在太平洋的戰略〉一文亦肯定了游擊隊的功績：「香港淪陷後，逃到大後方去的中國人與英美人士，應該感謝這些游擊隊員們，因為他們曾引導這些人經過他們控制下的道路安全到達大後方」，可見營救工作威震海外。抗戰勝利後，英國外交部代表英國政府作報告，對東江縱隊在香港幫助英軍安全逃出的珍貴援助表示高度讚揚，並授予國際工作小組組長黃作梅 M. B. E. 勳章，以表彰他「1945 年 9 月 2 日前，對盟軍東南亞軍事行動做出的貢獻」。

1984 年 4 月，美國總統列根（Ronald Wilson Reagan）來訪，在上海復旦大學進行演講時亦曾高度讚揚東江縱隊的功績：「40 年前，我們曾和你們並肩抗敵。有些飛行員在中國上空機毀人傷，你們救了他們很多人的命」。

9、後勤工作篇

軍需處

穩定的後勤供給是確保游擊隊能與日軍持久作戰的重要基礎。為統一管理後勤要務，港九大隊大隊部於 1942 年初成立軍需處，專責處理保管和分配物資、開闢財源、民運及傳遞情報等工作，確保游擊隊能有效抗擊日軍。當時袁大昌任軍需，歐偉明(又稱歐連)、賴全任副官，其餘的工作人員有袁卓峰、張傑、李順、許智明、何華、柳青、陳中和唐麗華。

港九大隊成立之初就設立了稅站徵稅，在保護來往客商安全的同時，徵收貨物過境稅。軍需處統一制定稅率，印發稅票，並每月核查各個稅站的稅票存根，確保稅率統一。稅率按照貨值總額的百分比徵收，過境稅一般是 5% 到 10%，漁稅則是 3% 到 5%。由於稅率合理，安全得以保障，往來商旅及漁民均反應良好，積極完稅。當時設立的稅站有：沙魚涌、南溪、平洲、西涌、紅石門、西貢、吉澳、上下涌、火頭墳、疊福、滘西、塔門、龍船灣、高塘、南石頭、坑口、元朗等。各稅站的收入每月達關金券[26]億元以上，低的也有幾千萬元，其中以坑口、西貢稅站收入最高。與此同時，軍需處實行罰沒收入。按規定，各隊伍從打日軍、土匪及緝私所得的一切繳獲都須以清單列明，

26 「關金券」是民國時期國民政府專供進口關稅所用而發行的一種貨幣，總稱為「海關金單位兌換券」，以值 0.601866 克純金為單位作標準計算，稱「海關金單位」，合 0.40 美元。

上交軍需處，徵用也須提交報告。這確保了部隊的物資供應，令其能與日軍持久作戰。

軍需處亦統一訂定供給標準，以確保資源用得其所。按規定，每名戰士每天獲發糧一斤、菜金五毛軍用券、生油五錢至一兩、生活補助費一元。海上中隊、稅站等則每人每天獲發糧一斤二兩。另外，每名戰士每年獲發服裝一至兩套、膠鞋一雙、汗衫一件、面巾一至兩條、軍毯一條。為確保收支平衡，各隊、組、站每月的收入、支出及結餘亦由軍需處統一核實，然後上報大隊部。

為打破日軍的經濟封鎖，軍需處通過建立秘密商店、漁欄、軍需工廠、倉庫等積極生產，發展經濟。為解決糧食給養問題，軍需處通過維持會、村長出面，虛報人口及糧食總數，或通過稅站多報人口，用多餘的糧食支援部隊，或經由商人、漁民到內地採購。幾年來，軍需處通過商人、漁民採購所得的物資甚豐，計有棉布一萬匹、軍毯五千條、鞋五千雙、藥品二萬元以上、武器彈藥五十噸以上、黃色炸藥近十噸、雷管近十萬條、毛巾、汗衫、牛皮等一大批物資等。這些物資除供應本大隊外，全部上調廣東人民抗日游擊總隊總部（後為東江縱隊總部），用作支援各部隊作戰，發揮了積極作用。

為應對日軍不時的掃蕩，軍需處特意修建岩洞倉庫，存放軍用物資。據歐偉明回憶，軍需處分別在西貢昂窩村及北潭村修建岩洞倉庫，用以收藏金銀珠寶、槍支彈藥等物資。最初軍需處設於昂窩村，岩洞倉庫建於該村村民凌娘居所後方。由於昂窩村離西貢市區較近，常有漢奸及特務出入。1942 年下半年，基於安全考慮，軍需處遷移到位置較偏僻的北潭村。

昂窩村的岩洞倉庫面積約 10 多平方米，門口有鐵門鎖住並有專人值班警衛；北潭村的岩洞倉庫面積約 20 平方米。據北潭村村民回憶，北潭村岩洞倉庫裏還藏有壞掉的槍械，游擊隊員曾帶他們入內。洞口有鐵門加鎖，並有專人管理及警衛值班。游擊隊還在村外建了車衣廠、鞋廠和修械廠。曾協助修建岩洞倉庫的包括客家婦女凌娘，以及專替游擊隊員造衣服的村民「跛腳貴」等。

為加強後援，軍需處亦積極在昂窩村及北潭村開展民運工作。除協助民運部門宣傳外，軍需處人員還通過組織民兵、婦女會、開辦夜校、識字班等途徑教育羣眾，團結抗日力量。羣眾熱心支持游擊隊，日軍掃蕩時協助隊員迅速隱蔽，游擊隊多次成功脫險。此外，軍需處還負責總部、大隊部及市區的情報傳送工作。軍需處內有三四名交通員專責送信到總部、大隊部及市區的聯絡點，多次出色完成任務。

軍需處人員通過多方面的工作，保障了收支平衡，令部隊收入有所增益，又確保了給養的穩定。與此同時，通過修設岩洞倉庫保存物資，確保物資的安全，令部隊能在多重封鎖的艱難環境下堅持與日軍抗衡到底，取得最終的勝利。

資料來源：

1. 《港九獨立大隊史》編寫組：《港九獨立大隊史》（廣州：廣東人民出版社，1989），頁165－168。
2. 廣東婦女運動歷史資料編輯委員會：《香港婦女運動資料彙編 1937－1949》（廣東：廣東婦女運動歷史資料編輯委員會，1994），頁 134－135。
3. 歐連：〈開闢財源 保障供給 —— 憶港九大隊軍需處〉（載廣東青運史研究委員會研究室、東縱港九大隊史徵編組：《回顧港九大隊》上集，廣東：廣東省委辦公廳勞動服務公司印刷廠，1987），頁 117－121。
4. 鄧振南：〈西貢區的游擊戰爭〉（載陳敬堂、邱小金、陳家亮等編：《香港抗戰：東江縱隊港九獨立大隊論文集》，香港：康樂及文化事務署，2004），頁 181。
5. 〈北潭村村民曾炳發訪談錄〉，2018 年 11 月 18 日於西貢北潭村。訪問員：嚴柔媛、吳端雯。
6. 〈黃竹灣原居民代表劉球訪談錄〉，2018 年 11 月 18 日於西貢北潭涌。訪問員：嚴柔媛、吳端雯。
7. 〈東縱港九大隊軍需處負責人歐偉明電話訪問記錄〉，2017 年 9 月 1 日、2018 年 11 月 20 日。訪問員：王玉珍。

戰地醫療所

戰地的醫療工作對於維護戰士健康、部隊長久作戰尤關重要。作戰時難免會有傷亡，為適應戰爭需要，港九大隊自行建立起醫療所，開展救死扶傷的工作。

港九大隊的衛生工作是分片管理的，沙頭角區由張惠文負責，西貢區則由麥雅貞、歐堅負責。由於戰爭的關係，當時部隊很難有一個固定的醫療所，只能隨作戰需要，因地制宜，在不同的地方設置臨時戰地醫療所。例如：大隊部曾在西貢鹿湖一條偏僻的山溝蓋了一些草棚，作為臨時戰地醫療所；赤徑村內的聖家小堂亦曾作為臨時戰地醫療所。各中隊均配備衛生員，隨軍隊活動，在前線搶救傷病員，以保障部隊的戰鬥力。一般的傷病都由中隊自行處理，較重型的則送大隊部醫療所治療。

由於日軍頻繁掃蕩，醫療所的工作很不安定，遇有敵情就須馬上隨部隊轉移。當時醫療所常駐於北潭涌、白沙坳、深坑、大浪村等地附近的深山密林，並得到當地羣眾配合和支持，安全得以保障。1944 年，因安全問題，大隊部從西貢遷移到大鵬半島，醫療所擴展為醫院，歐堅出任院長。醫院常流動於水頭沙、南澳、鵝公、西涌一帶。隨着形勢發展需要，港九大隊醫院於 1945 年與東江縱隊司令部醫院合併。

參與醫療工作的人只有個別受過訓練，如麥雅貞，她自幼隨任中醫的父親麥冠萍學醫，及後考進香港廣華醫院護士學校，接受專業訓練，1942 年 1 月到寶安白石龍參與游擊隊受訓，5 月被調到連隊任隨軍衛生員，同年冬到港九大隊衛生隊工作。其餘的人大多沒接受過專業的護士訓練，多半是一邊工作，一邊學習，如蔡冰如、陳瑞、林英、余綠波、張惠文、吳影子、劉可儀、梁若蓮、羅月英、陳光、李牛、高年歡、鄘如菊、崔莞、黃彪、崔玉明、盧政之、何蘭等。為掌握基本護理知識及技術，他們辛勤學習，甚至彼此借用對方的身體學打針、注射、包紮傷口。

此外，英軍服務團亦曾派員給港九大隊的醫務人員講課，黃作梅充當翻譯。當時英軍服務團在赤徑上圍「天水流芳」設立據點，協助港九大隊處理日常救護工作。被派駐當地的人員包括港大醫科生譚靄勵（Osler Thomas）。他於駐守期間曾教授港九大隊衛生員急救知識及幫忙治療傷員。

除了滿腔熱血、自願投身醫護行列者，游擊隊亦成功吸納一些駐院醫生參與戰地醫療工作，有的甚至來自敵偽陣營。1943 年，游擊隊鏟除沙頭角區役所區長溫二後，成功爭取所內的朱依羣醫生到大隊部醫院工作。1944 年，游擊隊又成功爭取香港瑪麗醫院孫育民醫生參與救護工作。孫育民在游擊區事事親力親為，替病人檢查、診病治療及清洗傷口，並為醫護人員講課。他的妻子也在院內做一些力所能及的事情，減輕醫護人員的工作負擔。

當時醫療所、醫院設備簡陋，日軍封鎖嚴密，藥物供應極其匱乏，有時衛生員冒險通過封鎖線才成功購入少量藥物，但都不敷應用。除供大隊部使用外，這些藥物還須供應內地的醫院。許多時醫療所、醫院缺乏西藥、藥棉及消毒藥水，只能以中草藥、經洗滌消毒的舊棉絮及鹽水代替。轉移傷病員也全賴羣眾幫忙，或利用擔架轉送，或以漁船運載，安全地將傷病員從一處轉移至別處。若沒有羣眾的幫忙，單靠衛生員的力量將難以完成工作。療養環境的情況也很惡劣，傷病員有時僅能借宿於老百姓的茅房、柴房，住進祠堂廟宇、山洞炭窰，或在山上搭建草棚作臨時安置，甚至直接在地上鋪上乾草而睡。

雖然工作繁重，但衛生員仍不辭勞苦工作，全心全意救死扶傷。除了治療工作，他們更須照顧傷病員的起居飲食，洗血衣、繃帶的工作全由他們一手包辦。遇上重傷員時，衛生員更須親自餵食，助其更衣、大小便。行軍時，除了藥箱和自己的包袱外，為減輕傷病員的負擔，他們也會主動幫忙背包袱和槍支，並牽扶傷病員走路。途中稍有休息，他們又忙於替傷病員檢查、送藥送水，或到山上採摘草藥，熬成清涼飲料，供戰士消暑防病，沒有片刻休息。當時糧食短缺，羣眾每次送來食物，他們便讓傷病員先食用，同時亦盡力找來其他食物，如到深山野林採摘野果、野菜、撿鳥蛋，或到河裏摸坑螺、捉石蛤、撈魚，好讓傷病員補充營養，早日回復健康。

麥雅貞在回憶錄曾寫道：「有時不夠吃，我們就讓傷員先吃飽，醫務工作人員再吃，為了怕傷員知道，我們商量好用吃得很慢的辦法，讓傷員多吃。

但傷員很快就發覺了，一定要大家一起吃，同甘共苦，戰勝困難」，可見衞生員捨己為人的崇高品格。歐堅在回憶錄亦提到：「當接到負傷送來的指戰員，我們心裏是多麼憎恨殘暴的日本侵略軍；當看到傷病員經過治療痊癒後，重返戰鬥崗位，我們又是多麼高興啊……在惡劣的環境中，有的同志傷重犧牲後，不能聲張，不能暴露部隊目標，在不能買到棺木的情況下，衞生人員含着眼淚親手把戰友的遺體用氈包好，向老鄉借用竹梯一步一步抬去埋葬」，同樣可見衞生員和戰士之間的深厚情誼。

冬天入夜份外寒冷，衞生員將自己的氈子、衣服、被單蓋在傷病員身上，以免他們着涼，自己則瑟縮在一角，挨着互相取暖。傷病員情況危急時，他們更日夜守候在旁，悉心照料並竭力搶救。行軍期間，他們經常置生死於度外，冒着槍林彈雨搶救傷員，有的為保護傷員還犧牲了寶貴的性命。[27] 老戰士陳一民及游揚均曾寫下篇章頌揚這些女衞生員：「雲罩丘陵雨壓江，熱腸女子氣盈腔。怒聞狼虎嗥原野，敢換戎衣祭國殤。足踏千山頻挫寇，身經百戰力扶傷。紅顏素裹無脂粉，惟有丹心一片香」；「白衣戰士氣如虹，救如扶傷珠海東。甘把青春獻祖國，揮戈殺敵女英雄。青山處處埋忠骨，碧血沙戰幟紅。偉績豐功昭日月，英風颯颯薄蒼穹」，可見衞生員不怕犧牲的崇高品格。

雖然條件惡劣，但衞生員緊守崗位，盡最大努力克服困難，竭力完成救死扶傷的使命，深受尊重及愛戴。1943 年至 1944 年間，衞生員曾協助拯救被地雷誤傷，雙目失明的藍天洪和曾九；護送在霞涌一役受重傷的護航大隊大隊長劉培到香港醫院進行手術治療，使他們早日康復，重返戰鬥崗位；1944 年 2 月和 5 月，港九大隊和護航大隊救助了多名在空襲中遇險降落逃生的美軍飛行員，港九大隊衞生人員為他們清洗及包紮傷口；對於日軍俘虜亦

27 張漪芝 1942 年參加港九大隊，1944 年初轉入東縱擔任衞生員和衞生隊長，她在 1944 年 9 月突襲窖下村反動據點的行動中，為搶救前線傷員不慎被日軍擊中，傷勢嚴重，最終不治，犧牲時年僅 18 歲。

一視同仁，悉心治療。戰士痊癒後都心存感激，有的人更唱歌向衛生員表達謝意。

資料來源：

1. 《東江縱隊志》編輯委員會：《東江縱隊志》（北京：解放軍出版社，2003），頁 263—268。
2. 《港九獨立大隊史》編寫組：《港九獨立大隊史》（廣州：廣東人民出版社，1989），頁 168—170。
3. 〈南征北戰 英姿颯想：記東縱女衛生戰士〉（載廣東省婦女運動歷史資料編纂委員會東江組：《南粵紅棉—東縱女戰士》，廣東黨史資料叢刊），頁 1—38。
4. 中共寶安縣委黨史辦公室編：《回顧東縱衛生工作》（廣州：廣東人民出版社，1987）。
5. 陳達明：《香港抗日游擊隊》（香港：環球〔國際〕出版有限公司，2000），頁 156—157。
6. 麥雅貞：〈在港九大隊衛生隊的日子裏〉（載廣東青運史研究委員會研究室、東縱港九大隊史徵編組：《回顧港九大隊（上集）》，廣東：廣東省委辦公廳勞動服務公司印刷廠，1987），頁 139—142。
7. 麥雅貞：〈港九大隊衛生工作散記〉（載中共寶安縣委黨史辦公室編：《回顧東縱衛生工作》，廣州：廣東人民出版社，1987），頁 88—90。
8. 黃嫣梨：〈東江女戰士訪問實錄〉（載陳敬堂、邱小金、陳家亮等編：《香港抗戰：東江縱隊港九獨立大隊論文集》，香港：康樂及文化事務署，2004），頁 367—369。
9. 廣東省地方史志編纂委員會：《廣東省志：衛生志》（廣州：廣東人民出版社，2003），頁 91。
10. 廣東婦女運動歷史資料編輯委員會：《香港婦女運動資料匯編 1937—1949》（廣州：廣東婦女運動歷史資料編輯委員會，1994），頁 122、146。
11. 歐堅：〈回憶港九大隊的衛生工作〉（載廣東青運史研究委員會研究室、東縱港九大隊史徵編組：《回顧港九大隊（上集）》，廣東：廣東省委辦公廳勞動服務公司印刷廠，1987），頁 134—142。

10、鄉民篇

抗戰時期，新界地區鄉民積極支持港九大隊的抗戰行動。除了提供物質上的支援外，有的鄉民直接投身游擊隊行列；有的鄉民冒着生命危險，為游擊隊傳遞信件、情報及物資，或借出住所，供游擊隊使用；有的鄉民為保護游擊隊甚至犧牲了寶貴的性命。

楊竹南高風亮節

愛國華僑楊竹南則曾將自己位處楊家村的房子「適廬」借予游擊隊使用，作為秘密大營救的中轉站，以及港九大隊元朗中隊的活動據點。著名文化人鄒韜奮、茅盾等曾在「適廬」停留、居住。

楊竹南深受游擊隊員尊重，被尊稱為「楊伯」。1942 年夏秋間，因走漏風聲，日軍曾前來掃蕩，游擊隊早已聞訊，迅速攜同槍械，撤離到屋後的擔柴山。日軍一無所獲，便將楊竹南帶走，囚禁於元朗市區憲兵隊近一個多月，吊打、灌水、不給食物，百般折磨。楊竹南雖年近六旬，但面對嚴刑拷問，始終堅貞不屈，守口如瓶，死死咬定自己是個華僑、外地人，在此種地，不知道有游擊隊。日軍抓不到證據，只得將他釋放。獲釋後，他依舊像往常一樣，熱情接待游擊隊員。

王亞元接待廖承志等

1942 年 1 月 1 日，江水的短槍隊護送廖承志、連貫、喬冠華等為秘密大營救開路而先行撤離的領導人到企嶺下轉船去沙魚涌，途經山寮村休息，打算弄清情況之後，轉往企嶺下經大埔海返回中國內地。江水事前告知村長王亞元，有客人經過，請他幫忙接待，並叮囑他時刻注意敵情，但未告訴他是甚麼客人經過。為確保安全，王亞元預先派人到遠處放哨，防範日軍突然來犯，其後又在家裏端出熱騰騰的米飯和白切雞款待客人。他的真誠和友情，使人深受感動。江水一時說不出話來，只是緊緊握住他的手表示感謝。

香港抗日一家人

日軍的侵略行徑和殘暴統治激起香港民眾的激烈反抗，愛國熱情高漲。許多市民爭先恐後地投入反抗日本侵略的軍事鬥爭，不少更是舉家參加游擊隊。有「香港抗日一家人」之稱的沙頭角南涌羅氏家族就是其中之一。羅氏家族曾有 11 人參加抗日游擊隊港九大隊，其中羅許月、羅雨中、羅汝澄、羅歐鋒四姊弟的表現尤為突出。

抗日戰爭爆發後，羅雨中、羅汝澄和羅歐鋒三兄弟就積極參加抗日救亡運動。1941 年 12 月 9 日，日軍剛開始進攻香港時，羅汝澄奉命帶領廣東人民抗日游擊隊的武工隊進入沙頭角南涌，以羅家祖屋為落腳點，開闢根據地。他與兄長羅雨中帶頭獻出自家防匪用的步槍、獵槍和信號槍各一枝，發動本村和附近幾條村莊的羣眾有錢出錢，有槍出槍，組成香港第一支抗日聯防自衞隊，由羅雨中任隊長。羅雨中曾被日軍逮捕。面對嚴刑拷打，他堅貞不屈，表現出高尚的民族氣節。

羅家成員曾在港九大隊擔任過重要職務：羅汝澄曾任沙頭角中隊和西貢中隊中隊長、港九大隊副大隊長。羅歐鋒曾任海上中隊中隊長。羅雨中曾任沿海稅站站長。羅許月曾任港九大隊大隊部交通站長。歐堅曾任港九大隊醫院院長，其他成員分別擔任過交通員、民運員和情報員等工作。羅氏一家為香港的敵後抗日游擊戰作出了重大貢獻。

香港抗戰模範村 —— 烏蛟騰

沙頭角烏蛟騰村是港九大隊的重要據點之一。在港九大隊的影響下，烏蛟騰村村民積極參與抗日救亡工作。當時全村約有 500 多人，90% 的村民都參加了抗日羣眾組織。村內有 39 位青年更直接參加游擊隊，其中男青年有李貴仁、李官盛、李天生、李志宏、李志羣、王志英等，女青年有李瑞薇（李靈）、李玉森（李源培女兒）等。

日軍為殲滅抗日游擊隊港九大隊，頻繁掃蕩新界村落，並捉拿當地的鄉民，嚴刑拷問，企圖找到突破口。為掩護游擊隊，不少鄉民堅毅無畏，不怕犧牲，即使遭受嚴刑折磨，也從不動搖，守口如瓶，最終被折磨至重傷，甚至死亡。其中的傑出代表有烏蛟騰村村長李世藩、李源培和李憲新。

1942 年 9 月 25 日（農曆八月十六日）日軍掃蕩烏蛟騰村，將村民趕到曬穀場上，逼迫他們交出自衛武器及供出駐村游擊隊員的下落。村長李世藩抱着寧願犧牲個人，也要保護村民和游擊隊的決心，堅決地說：「冇……我唔知……我唔知道我哋村裏有槍支，我亦唔知道有咩叫做游擊隊，噚大家咁多人喺曬呢度啦，你話邊個游擊隊你講啦。」日軍對他沒有辦法，對其灌水、毆打，還殘酷地用軍馬將其拖在地上奔跑。最終，李世藩被活活折磨而死，壯烈犧牲。

港九大隊經常在村內進行宣傳教育：「我哋有氣節、有骨氣，唔做漢奸呀。抗日一定能夠勝利。」這種思想深入人心。另一位村長李源培目睹李世藩甚麼都沒有說，又被日軍拉出去沒有回來，知道他凶多吉少，仍然大義凜然地對日軍說：「冇。」日軍殘暴地拷打李源培，將其左手打斷。幾個日軍士兵又幾十斤重的木梯和軍馬馬蹄，在李源培灌滿水脹鼓鼓的肚子上施壓，又用熟煙將其背部燒得皮開肉綻，流血不止，休克過去。日軍撤走，李源培被村民救治醒來後，馬上動員女兒李玉森及其他村民參加游擊隊抗日。

1943 年春，日軍再次包圍烏蛟騰村，繼任村長李憲新被逮捕，拘禁於大埔憲兵部，從此下落不明。

英勇不屈的黃毛應村民

抗戰時期，西貢黃毛應村是一條只有十多戶人家的小村莊，是港九大隊成立的地方。當時全村有青年 10 人，就有 5 人參加了抗日游擊隊。村內還有民兵、青年會、婦女會等羣眾組織。

在日軍的瘋狂掃蕩中，黃毛應村村民不顧自身安危，誓死保護游擊隊。1944 年 9 月 21 日，日軍掃蕩黃毛應村，因未能發現游擊隊員蹤跡，便將村民鄧福、鄧德安、鄧戊奎、鄧新奎、鄧三秀及鄧石水帶到天主教堂玫瑰小堂嚴刑逼供。為保障游擊隊員的安全，即使遭受嚴刑拷問，他們始終堅貞不屈，守口如瓶。日軍的酷刑令村民身心均留下不能磨滅的傷痕。鄧福遭日軍火焚，脊骨嚴重受傷，治癒後仍常感到背痛和腳步不穩。鄧德安遭日軍毒打，施以火焚、「吊飛機」等酷刑，被嚴重燒傷，搶救無效，不治離世，年僅 20 歲。鄧戊奎則遭日軍虐打及施以「吊飛機」、火焚的酷刑，腿部被嚴重燒傷，經治療三個月方才痊癒。日軍在搜捕游擊隊方面一無所獲，竟洗劫全村，將牲口財物掠奪一空，村民損失慘重。

抗日愛國的天主教村莊赤徑村

西貢赤徑村村民多數信仰天主教，但信仰並不影響他們抗日愛國。港九大隊大隊部曾駐扎在該村。村長趙丙喜一家熱心支持港九大隊的抗日行動。[28] 只要接到游擊隊的委託，趙丙喜每次都會迅速組織村民完成任務；他的兒媳李有娣是赤徑婦女會會長，曾多番動員婦女支援游擊隊，包括唱歌演戲宣傳抗日、收割柴草、協助運輸糧食、物資及傳遞情報、安排住宿場地、打掃衛生、幫戰士補衣服、照顧傷病員等；他的三名兒子趙天富、趙華、趙天福都曾參加港九大隊，其中趙華在大鵬灣患肺炎病逝。

赤徑是英軍服務團與港九大隊合作開設的三個交通站之一 Y 站（Post Y）所在地，設在「天水流芳」大宅。趙丙喜的兄弟趙新喜曾出洋打工，操流利英語。他與趙丙喜、趙連勝在英軍服務團成員駐守赤徑期間曾提供食宿，並照顧 20 多名從集中營逃脫的印籍英軍戰俘，為他們安排交通橫渡大鵬灣。戰爭結束後各獲頒發感謝狀，以作表揚。趙連勝是港九大隊成員，後來獲授權在沙魚涌收購食米，將部份食米以原價售予赤徑村村民，解其燃眉之急。為表揚村民對英軍服務團的援助，赤徑村在戰後獲理民府頒發港幣 1,200 元獎金。

山下村村民張金福為保護游擊隊幹部英勇犧牲

1945 年 1 月，元朗中隊與民兵配合，在山下村展開鏟除密探的行動。戰鬥期間不慎給密探逃脫。上百名憲兵隨即到山下村進行掃蕩，游擊隊撤到山上躲避。敵人窮追不捨，雙方陷入激烈槍戰。過程中，女民運區委陳瑞腿部不幸被敵人擊中受傷，幸得山下村村民幫忙，得以及時藏匿起來。

日軍對山下村圍村搜查，揚言不交出女游擊隊員即放火燒村。日軍查無所獲，便將七名村民押到憲兵部嚴刑迫問。七名村民中，張金福年紀最小，日軍想在他身上找到突破口。嚴刑拷打下，他只說一句話：「我是農民，只知

28 《港九獨立大隊史》將趙丙喜的名字誤記為趙庚喜。赤徑村民在接受本書編寫組訪問時，均表示從未聽過趙庚喜此人，並指抗戰時期村長為趙丙喜。記載新界鄉民抗日事跡的政府檔案上亦有趙丙喜的名字。

耕田種菜，別的什麼也不知道。」日軍不肯相信，把他打暈過去，醒來又再打。折磨七八天，最後死在獄中，年僅 20 歲。

山下村羣眾張耀樞等冒着生命危險，護送陳瑞通過敵人封鎖線，到西貢的大隊衞生所治療。

西徑村村民李觀妹拼死掩護游擊隊

抗戰時期，西貢十四鄉設有游擊隊的交通站和稅站。1943 年 5 月初，日軍包圍企嶺下村，將全村村民集中起來，逼問游擊隊的下落並要求他們交出稅站人員，村民沉默不語。日軍於是將西徑村李觀妹拖出審問。即使遭受灌水、抽打等酷刑，他始終拒絕透露有關游擊隊的半點消息。日軍將李觀妹綁到樹上，並用刀割下他的耳朵。面對直流的鮮血，李觀妹卻始終默不作聲，最終被折磨至重傷昏迷。日軍無計可施，只得灰溜溜撤走。

日軍一走，鄉親們立即上前解開繩索，將他抬回家救治。港九大隊短槍隊隊長蕭華奎聞訊，立即派人送來一些錢和藥物，慰問這位拼死掩護游擊隊的鄉親。

南華莆村長鄭保為掩護游擊隊壯烈犧牲

1944 年 12 月 28 日，日軍派出 150 多人到大埔南華莆、坑下莆、塘上村等多條村落進行大規模掃蕩。掃蕩行動中，包括南華莆村村長鄭保（又名鄭子宏）在內的 30 名村民被日軍拘捕，押回大埔憲兵部審問。拘押期間，鄭保被施以水刑、電刑等各種酷刑，並被山田規一郎用磚頭擊傷腿部，雙腳腫脹一直流血不止。儘管如此，他堅拒透露任何有關游擊隊的消息，最終被折磨至死，壯烈犧牲。他在囚室曾告訴其他村民：「不要承認是游擊隊員，否則全部都會被日軍殺害，如果能救其他人，我一個人死去也沒問題！」

「游擊隊的母親」凌娘

昂窩村村民凌娘常常像母親一樣無微不至地照顧游擊隊員，因而有「游擊隊的母親」之稱。1943 年初，民運員梁雪英患上大熱症，病情嚴重得連醫師也不敢貿然開藥。凌娘得悉後馬上到屋後把芭蕉樹砍掉，搾汁救治她，使其得以康復，繼續進行抗日工作。

她的居所曾是大隊部和軍需處的駐地，後山有一個岩洞倉庫，供軍需處人員收藏物資及躲避日軍的搜捕，凌娘曾參與修建倉庫。

凌娘一家上下都很支持港九大隊。長子劉己長常協助游擊隊刺探敵情，其妻是婦女會會長，每當游擊隊員進村時，便會動員每家送一擔草給隊員煮飯、燒水。次子劉茂華則參加游擊隊，任稅收員。

「游擊隊的好姐姐」李亞新

鯽魚湖村村民李亞新（人稱「新姐」）待游擊隊員親如手足，被稱為「游擊隊的好姐姐」。她的居所曾是大隊民運幹事劉志明的長駐地。她熱心款待駐村隊員，提供食宿、柴草並常協助運送物資。她對傷病員的照顧更是無微不至。她親自上山採摘草藥，熬藥給病至休克的女隊員倪珍美服用。抗戰結束後，兩名游擊隊員感念李亞新當年的恩情，曾重返鯽魚湖村探望她。

不是親人勝親人

北潭涌村曾是港九大隊西貢中隊中隊部駐地。村民李申嬌對駐村的游擊隊員關懷備至。她經常放下農活，親自上山採摘草藥替傷員治病。當時糧食供應緊張，她寧願自己吃雜糧，也將僅存的米糧給傷病員熬粥。她將自己釀造的黃酒給一位即將分娩的女游擊隊員服用，好讓她補養身體，早日重返戰鬥崗位；母雞生下來的蛋連兒子也不許食用，特意留給產婦調理身體。她對游擊隊的關懷和愛心，得到游擊隊員熱情稱讚：「不是親人勝親人」。

袁容嬌一家冒險支持游擊隊

西貢橋嘴村村民袁容嬌一家三口則時常冒生命危險支持游擊隊。袁容嬌的丈夫早已病故，她獨自一人帶着兒子石觀福和女兒石桂好，駕着小艇於西貢、坑口、滘西洲、北潭涌一帶，為游擊隊送達情報資料和補給物資，並送隊員外出執行任務。後來，她乾脆帶着船和孩子，一起參加了部隊。她送長子石觀福到海上隊，要他像岳飛那樣「精忠報國」。那年觀福才 13 歲。

1943 年七、八月間，港九大隊軍需處的歐連（歐偉明）乘坐容嬌母女的小船，從北潭涌出發到滘西檢查稅收工作。由於霧大未發現敵情，誰料船近滘西入口處，突然發現後面約 60 米處，一艘敵船駛來，已經無法躲避。容嬌鎮定地讓歐連下到水裏，掩蔽在船的另一邊。敵船開過來，未發現甚麼，便開走了。

有一次，日軍在海面進行大掃蕩，海上隊一個班在某處海島上鑽入岩洞掩蔽起來。敵人老是不退，乾糧都吃光了，只好以海草充飢。敵人一退，容嬌母女的船就送糧食來了。

老戰士梁雪英在〈憶戰友容嬌的一家〉的詩歌中曾寫道：

回憶戰友容嬌姐，全家革命將船獻。
子女帶來當水兵，容嬌班長領在先。
帶信護送同志們，連夜衝過封鎖線。
不論刮風和大雨，乘風破浪勇向前。

大嶼山僧尼掩護港九大隊副大隊長

大嶼山寶蓮寺住持筏可大師不但在港九佛界中有地位，在華南地區佛教界中也有影響力。筏可大師支持抗日，在筏可大師的影響下，當地和尚、尼姑都支持游擊隊，平時為游擊隊採藥治病。1943 年初夏，經陳亮明聯繫，了見尼姑收留了港九大隊副大隊長魯風暫住庵堂養病。1944 年 5 月，日軍到地塘仔展開包圍搜索。幸得了見尼姑幫忙，魯風及時躲進秘密石洞，避過日軍的搜查。了見尼姑隨後請人幫忙帶魯風到寶蓮寺請求住持筏可大師庇護。日軍前往寺內搜查魯風時，筏可大師安排魯風偽裝成僧人，隨數百名僧尼和居士在佛殿內聽其講經。日軍穿行於僧尼等聽眾間，逐排逐座檢查。魯風鎮靜如常，閉目合掌誦經，待講經結束、聽眾魚貫退場後，隨即繞過方丈室往後山匿藏。此時，日軍追趕到方丈室對筏可大師進行盤問。為掩護魯風，即使日軍以刀相逼及毒打他，他卻始終鎮定自如，沒有透露魯風的半點行蹤。

資料來源：

1. 《港九獨立大隊史》編寫組：《港九獨立大隊史》（廣州：廣東人民出版社，1989），頁 81、125、128–131、146–148、159–161。
2. 〈李亞新媳婦林帶娣訪談錄〉，2018 年 12 月 10 日於西貢鯽魚湖村。訪問員：嚴柔媛、吳端雯。
3. 〈楊竹南姪子楊永光及孫兒楊基輝訪談錄〉，2019 年 12 月 21 日於新界元朗十八鄉楊家村。訪問員：劉蜀永、吳端雯。
4. 〈赤徑村村民溫勤娣訪談錄〉，2018 年 10 月 4 日於西貢市中心。訪問員：嚴柔媛、吳端雯。
5. 〈鯽魚湖村居民代表李石容訪談錄〉，2018 年 11 月 18 日於西貢鯽魚湖村。訪問員：嚴柔媛、吳端雯。
6. 《黃毛應村原居民登記冊（族譜）》，2009。
7. 中共廣東省委黨史研究室、廣州地區老游擊戰士聯誼會、廣州地區老游擊戰士聯誼會東江縱隊分會、廣州市東江縱隊研究會：《東江縱隊英烈集》（廣州：廣州地區老游擊戰士聯誼會東江縱隊分會，2013），頁 60。
8. 江水：〈短槍隊的光榮使命〉（載原東江縱隊港九獨立大隊老游擊戰士聯誼會：《永誌難忘的一頁》，香港：原東江縱隊港九獨立大隊老游擊戰士聯誼會編輯組，2004），頁 53–55。
9. 林苑明：〈容嬌和申嬌〉（載廣東青運史研究委員會研究室、東縱港九大隊史徵編組：《回顧港九大隊（下集）》，廣東：廣東省委辦公廳勞動服務公司印刷廠，1987），頁 128－129。
10. 科大衞著、西貢理民府譯：〈日治時期的西貢〉（載趙雨樂、程美寶：《香港史研究論著選輯》，香港：香港公開大學出版社，1999），頁 244。
11. 張婉華、戴宗賢整理：〈回憶西貢區的民運工作〉（載廣東青運史研究委員會研究室、東縱港九大隊史徵編組：《回顧港九大隊（下集）》，廣東：廣東省委辦公廳勞動服務公司印刷廠，1987），頁 105－106。
12. 張黎明：《血脈中華 —— 羅氏人家抗日紀實》（深圳：深圳報業集團出版社，2016），頁 88、93－97。
13. 梁雪英：〈憶戰友容嬌的一家〉（載廣東青運史研究委員會研究室、東縱港九大隊史徵編組：《回顧港九大隊（下集）》，廣東：廣東省委辦公廳勞動服務公司印刷廠，1987），頁 137。
14. 陳志賢：〈大鵬灣的海燕〉（載原東江縱隊港九獨立大隊老游擊戰士聯誼會：《永誌難忘的一頁》，原東江縱隊港九獨立大隊老游擊戰士聯誼會編輯組，2004），頁 109－110。
15. 陳達明：《香港抗日游擊隊》（香港：環球〔國際〕出版有限公司，2000），頁 58－60。
16. 黃冠芳：〈戰鬥在九龍交通線上〉（載原東江縱隊港九獨立大隊老游擊戰士聯誼會：《永誌難忘的一頁》，原東江縱隊港九獨立大隊老游擊戰士聯誼會編輯組，2004），頁 49－51。
17. 劉智鵬、丁新豹主編：《日軍在港戰爭罪行：戰犯審判紀錄及其研究（上冊）》（香港：中華書局〔香港〕有限公司，2015），頁 56－57。
18. 廣東婦女運動歷史資料編輯委員會：《香港婦女運動資料彙編 1937－1949》（廣東：廣東婦女運動歷史資料編輯委員會，1994），頁 99。
19. 〈蔡松英訪談錄〉，香港大學亞洲研究中心，香港大學社會學系：香港口述歷史檔案 2001－2004，檔案編號 154。
20. 蔡華：〈烏蛟騰村人民的英勇抗日事跡〉（載廣東青運史研究委員會研究室、東縱港九大隊史徵編組：《回顧港九大隊（下集）》，廣東：廣東省委辦公廳勞動服務公司印刷廠，1987），頁 150－154。
21. 蔡華：〈烏蛟騰村民抗日留青史〉，頁 13－19。
22. 曾發、蔡華等編：〈香港抗戰時的模範村 —— 烏蛟騰〉，頁 1－2。
23. 鄧振南：〈不屈的黃毛應人〉（載原東江縱隊港九獨立大隊老游擊戰士聯誼會：《永誌難忘的一頁》，原東江縱隊港九獨立大隊老游擊戰士聯誼會編輯組，2004），頁 135。
24. 鄧振南：〈西貢區的游擊戰爭〉（載陳敬堂、邱小金、陳家亮等編：《香港抗戰：東江縱隊港九獨立大隊論文集》，香港：康樂及文化事務署，2004），頁 177、181
25. 鄧華：〈回憶抗戰時期羅汝澄革命的一家〉（載中共深圳市委黨史辦公室編：《深圳黨史資料通訊》，1986 年，總 16 期），頁 19－22。
26. Antiquities Advisory Board: Historic Building Appraisal, No. 509, Sik Lo, Yeung Ka Tsuen, Shap Pat Heung, Yuen Long, N. T.
27. Edwin Ride, *BAAG: Hong Kong Resistance 1942–1945*, Hong Kong: Oxford University Press, 1981, pp.215–216.
28. HKMS178-1-5 Papers by John Barrow, D, N.T. on the Services of New Territories Villagers and Boat People During the Japanese Occupation, 14.04.1947.
29. BAAG Series, vol. 4, p.211.

11、抗日民主政權及團體篇

抗戰後期，港九大隊開始在新界地區領導羣眾，通過民主選舉建立具有抗日民主政權雛形的地方政權，以作長期抗戰。當時主要的幾個抗日民主政權及團體包括有西貢聯防會、南鹿民主聯合鄉政府、沙頭角中南民主鄉政府、大嶼山東涌抗日民主鄉政權及元朗區人民協治會。

西貢聯防會

為進一步團結羣眾，游擊隊決定成立政權組織。但為免引起日軍注意，政權組織並沒採用政府名稱，只稱作聯防會。當時各中隊只有西貢中隊成立聯防會。

聯防會在 1944 年冬由西貢中隊領導羣眾成立，以保衞家鄉。中隊根據西貢的地理條件和戰鬥需要，將西貢控制的範圍劃分成三個區域。正式西貢範圍屬新一區，主任為鄧振南；坑口範圍屬新二區，主任為成連；沙田範圍屬新三區，主任為原港英學校的視學官許達章。

聯防會按照「三三制」的原則，設正、副會長三人（一名會長作領導，兩名副會長為輔），下設書記、軍事委員、經濟和民運委員各一人。聯防會按照團結各階層人士共同抗日的原則，由鄉村士紳、基層羣眾代表及游擊隊員聯合組成，積極推動基層的政權建設。正、副會長由羣眾大會民主投票產生，選舉的辦法簡單，各候選人背後分別放了一個碗，羣眾將手上的黃豆放到心儀候選人的碗內，最後獲得最多黃豆的候選人當選正會長，其次則任副會長。

聯防會成立時，羣眾都相當興高采烈，敲鑼打鼓，像過春節那樣歡天喜地，慶賀人民政權的誕生。聯防會成立後，在鄉村地區推行「二五減租」政策，將佃農繳納過高的地租改為跟地主對半分成，以減輕佃農的負擔。由於租息減免，農民的生產積極性提高，地主估計次年的實際收入不致減少，也欣然地接受這項改革，令改革能順利推行。與此同時，聯防會亦發動羣眾自力更生，種植雜糧、蕃薯，生產自救，以解決糧食供應困難的問題。

1945 年春，東江縱隊在惠陽痲溪村召開路東行政委員會成立大會，通知西貢聯防會派代表參加會議。鄧振南、成連及許達章分別代表自己所屬的地區前赴參加，就減租免息、團結各階層人士抗日等問題展開討論。同年 8 月 20 日，經解放西貢墟一役後，西貢中隊正式接管西貢墟，聯防會隨部隊進入西貢墟，組織成立商會、青年會、婦女會等團體，整頓治安，令社會秩序得以盡快恢復。

南鹿民主聯合鄉政府

1945 年初，在羅汝澄、陳海推動下，南鹿民主聯合鄉政府成立。這是新界首個抗日民主鄉政權，由沙頭角片的南涌、鹿頸共 12 條村聯合建成，合共 200 多戶人家，1,500 多人。黃馬發為鄉長，陳秉琅、張才為副鄉長，下設文書、財務、民政、文教、衞生、武裝等幹事，分管各部門工作。鄉政府設於鹿頸村上圍陳氏族人的家。

南鹿民主聯合鄉政府成立後，軍事上配合游擊隊做了大量工作。除了組織民兵站崗放哨，鄉政府亦建立了交通站和情報網，協助監視沙頭角日憲兵隊的行動，有利於游擊隊行動部署。與此同時，鄉政府亦參與不少後勤工作，如採購糧食、添置被服等，有助解決游擊隊的給養問題，令其可堅持與日軍持久作戰。鄉長黃馬發任內盡心盡力，積極宣傳中共的政策，並協助沙頭角中隊徵收公糧。他過於奔波勞碌，終積勞成疾，在 1945 年 10 月 20 日逝世。

沙頭角中南民主鄉政府

1945 年夏天，在民運幹部陳海、蔡華（蔡松英）推動下，沙頭角中南民主鄉政府成立，為新界第二個抗日民主鄉政權。鄉政府的管轄範圍包括烏蛟騰等 10 條村，200 多戶，共 1,000 多人。李源灌為鄉長，李源培為副鄉長。鄉政府成立後，共同推動減租免息的工作，以改善民生。

元朗區人民協治會

1944 年冬，元朗地區的游擊隊邀請元朗、荃灣地區士紳鄧伯裘、黃福州、楊英秀、楊麗生、陳永安等人參加國事座談會，共商國事，就建立鄉政權一事進行籌備工作。

1945 年 1 至 2 月間，元朗區人民協治會正式成立，會長為楊英秀，副會長為楊麗生、鄧偉廷，秘書長為孫強。人民協治會可說是解放區民主政權的雛形，除了宣傳抗日民族統一戰線的方針外，也兼負推動「二五減租」政策、發動及團結上層人士支持游擊隊，以及調解民事糾紛等工作。

1945 年春，元朗區人民協治會成員參與東江游擊隊在惠陽召開的路東行政委員代表會議。會後，他們積極宣揚東江解放區的抗日政策，加強了元朗區人民抗日的信心，令抗日力量更加一致團結，為游擊隊提供了有力的後援，行動起來自然更加如虎添翼。

大嶼山東涌抗日民主鄉政權

1945 年春，大嶼山地區的游擊隊在東涌地區也建立了抗日民主鄉政權，推選紳士蕭明照當鄉長，同時展開了「二五減租」，鼓舞了東涌鄉和整個大嶼山地區羣眾的抗日熱情。

資料來源：

1. 《東江縱隊志》編輯委員會：《東江縱隊志》（北京：解放軍出版社，2003），頁 227–228。
2. 《港九獨立大隊史》編寫組：《港九獨立大隊史》（廣州：廣東人民出版社，1989），頁 163–164。
3. 陳敬堂：《寫給香港人的中國現代史 —— 從西安事變到新中國成立》（香港：中華書局〔香港〕有限公司，2014），頁 206–207。
4. 陳達明：《香港抗日游擊隊》（香港：環球〔國際〕出版有限公司，2000），頁 150–153。
5. 鄧振南：〈西貢區的游擊戰爭〉（載陳敬堂、邱小金、陳家亮等編：《香港抗戰：東江縱隊港九獨立大隊論文集》，香港：康樂及文化事務署，2004），頁 184。

12、大隊撤離篇

1945 年 8 月日本宣佈投降後，英國重佔香港。9 月 28 日，港九大隊以大隊長黃冠芳、政治委員黃雲鵬的名義，發表《東江縱隊港九獨立大隊撤退港九新界宣言》。港九大隊將宣言印製成傳單在各區派發。各區民眾熱烈歡送。元朗商民在同樂戲院舉辦盛大的歡送會。各校師生聯合贈歡送詞，讚揚元朗區的治安秩序使三歲孩童也知道是游擊隊維持才有這樣的好成績。西貢和長洲的居民聯合登報，歌頌游擊隊的抗戰功績。港九大隊撤離時，民眾帶同慰勞品前來送行，有些人更因不捨其離去而淚灑當場。

英國重佔香港之初，兵力不足，派往香港的 1,000 名皇家海軍陸戰隊成員，有 550 人要處理行政、醫療和運輸等事宜，只有 450 人定期巡邏，不足以維持整個香港的治安。1945 年 9 月上旬，夏慤（H.J. Harcourt）少將派他的上尉參謀為代表，到沙頭角和港九大隊接上了頭，要求會見東江縱隊代表。東江縱隊請示中共中央同意，委任袁庚為上校首席代表來港，在九龍半島酒店七樓英軍總部與英方會談。夏慤少將坦誠相告，日本投降後英軍抵港兵力不足，希望港九大隊能協助維持治安，問部隊是否可以緩撤或返回原地。袁庚本着上級指令，坦率告訴對方：港九大隊已奉命撤出港九地區，目前已大致撤退完畢，改變港九大隊撤離的命令是不可能的。

這次會談，袁庚還談到東江縱隊的傷亡撫恤等善後事宜需要設一機構處理。後經雙方協商，東江縱隊駐港辦事處設在在九龍接近半島酒店的彌敦道

172 號二樓。1946 年 6 月，東江縱隊奉命北撤。10 月，喬冠華奉周恩來命令從上海到香港，將東江縱隊駐港辦事處改為新華社香港分社。1947 年 5 月 1 日，新華社香港分社成立，7 月掛牌，社長喬冠華，副社長蕭賢法。1949 年喬冠華調回北京外交部，由黃作梅繼任。

除正副社長外，前後總編輯楊奇、李沖都曾任原東江縱隊機關報《前進報》社長。管外事後又掛副總編輯銜的譚幹，負責新聞電台的黃作材和幾位報務員，管油印發行的李信等，無一不是從東江縱隊或港九大隊留下來的。就連炊事員姚帶及喬冠華的交通員黃明，也是原港九大隊戰士。

東江縱隊曾協助英方，組建鄉村自衛隊，港九大隊復員人員以個人名義參加。1945 年 10 月上旬，黃雲鵬、譚幹到元朗帶何發去見當時的英國皇家海軍陸戰隊（Royal Marine Commando）營長，向對方介紹何發是這個地方的負責人。因何發懂英語，能與對方直接對話。英方當時說明：按照中英雙方協議，將在新界的元朗、上水、沙頭角、西貢四個地區設立鄉村守衛員（Village Guards），每個地區設六個組，每組四人，裝備為每人一支步槍，二十發子彈，每月工資港幣 60 元。當時按照何發提供的元朗地區名單，開出持槍證明 24 張。槍證是油印件，內有步槍號碼，子彈數量，持槍人姓名。英方的意圖很清楚，每個地區的各組也是互不關聯的。港九大隊自己內部的做法，則是明確四個地區為四個隊。內部是統一由黨領導，每個隊設中共支部或黨小組，分別由隊長兼支部書記或小組長。當時元朗區自衛隊隊長為何發，西貢區為張興，上水區為鄧錫源，沙頭角區為黃冠玉。各區的自衛隊約有二三十人不等。

自衛隊在各自的地區做了不少工作。1946 年春節前，土匪蕭天來打劫沙頭角嶺仔村蔡有家，並把蔡有帶走。村民蔡沖向上水自衛隊報告，該隊立即派出隊員李乙、李有、袁武生、溫平等前往救援。追趕到同和嶺荔枝園附近，自衛隊以猛烈的火力射向土匪，土匪被逼放走蔡有，落荒而逃。事後村民們議論紛紛，認為如果不是自衛隊搭救，蔡有可能家破人亡。蔡有含淚說：

「你們真是好人，打完日本鬼子又打土匪，維持地方治安。」

新界居民雖然盼來了和平，生活上仍然困難。自衛隊在執行治安任務之餘，也想盡辦法為民紓困。例如知道港英當局搞「以工代賑」，居民參加做工，由政府發酬金，西貢自衛隊積極向英方反映民眾的困難，促使當局多撥賑款，增加羣眾的收入。

經東縱駐香港辦事處與港英協商，由港英當局負責在粉嶺至大埔之間的李福林果園（現大埔康樂園）創辦一家臨時醫院，把我方部隊的傷員轉移到此間醫院治療。自衛隊協助部分傷員的轉送和藥物採購等工作。

後來港英當局的統治結構逐步建立和完善，東江縱隊主力又北撤，政治形勢發生變化，新界地區的四個自衛隊在 1946 年 9 月相繼解散。

資料來源：

1. 《港九獨立大隊史》編寫組：《港九獨立大隊史》（廣州：廣東人民出版社，1989），頁 184－186。
2. 袁庚：〈東江縱隊與盟軍的情報合作及港九大隊的撤出〉（載陳敬堂、邱小金、陳家亮等編：《香港抗戰：東江縱隊港九獨立大隊論文集》，香港：康樂及文化事務署，2004），頁 256。
3. 何發、梁少達：〈日本投降後的香港新界自衛隊〉（載陳敬堂、邱小金、陳家亮等編：《香港抗戰：東江縱隊港九獨立大隊論文集》，香港：康樂及文化事務署，2004），頁 257－262。
4. 黃文莊、劉蜀永：〈新華社香港分社的由來和變遷〉，《今日中國》（香港出版）2021 年 6 月號。

三 遺址及紀念設施志

1、西貢篇

山寮村王氏家祠

山寮村位於西貢墟北邊，只有 10 多戶人家，村民均為王姓。1941 年 12 月 15 日，廣東人民抗日游擊隊黃冠芳率領武工隊挺進西貢，山寮村是他們在西貢的首個立足點。該村的地理位置和地形不但有利於游擊隊控制從西貢墟通往企嶺下的交通線，更有助於組織戰鬥。據村民王朝晃（人稱「牛叔公」）所說，村內的王氏家祠是當年游擊隊員聚集的地方，並曾在與家祠相連的房子留宿。

武工隊以山寮村為基地，派出隊員到九龍多處地區接應抗日文化人。1942 年 1 月 1 日，武工隊和山寮村村長王亞元曾在該村接待中共負責人廖承志、連貫、喬冠華等。然後，武工隊護送他們到企嶺下，乘船去沙魚涌。武工隊還曾營救英軍賴濂士中校一行人等，先後將他們轉移到山寮村及昂窩村，避開了日軍的追捕。

王氏家祠和鄰近的民居，廣東人民抗日游擊總隊武工隊曾在此處留宿。

資料來源：

1. 〈西貢鄉事委員會主席、山寮村村代表王水生訪談錄〉，2019 年 3 月 24 日於西貢。
2. 黃冠芳：〈戰鬥在九龍交通線上〉、江水：〈短槍隊的光榮使命〉，載原東江縱隊港九獨立大隊老游擊戰士聯誼會：《永誌難忘的一頁》（原東江縱隊港九獨立大隊老游擊戰士聯誼會編輯組，2004），頁 45－46 、 49－51 、 53－55 。
3. 鄧振南：〈西貢區的游擊戰爭〉，載陳敬堂、邱小金、陳家亮等編：《香港抗戰：東江縱隊港九獨立大隊論文集》（香港：康樂及文化事務署， 2004），頁 177 。
4. 《港九獨立大隊史》編寫組：《港九獨立大隊史》（廣州：廣東人民出版社，1989），頁 160 。
5. HKMS178-1-5 Papers by John Barrow, D, N.T. on the Services of New Territories Villagers and Boat People during the Japanese Occupation, 14.04.1947.

黃毛應村玫瑰小堂

黃毛應村位於西貢大網仔附近，是一條約有 10 多戶人家的客家村落，村民均為鄧姓。村內有一座天主教教堂名為「玫瑰小堂」，建於 1940 年。抗戰期間，教堂曾遭破壞，但隨後已復修，重新啟用。1970 年代，教堂隨村落人口下滑而廢棄。但到 1976 年，教堂又重新開放，作為香港天主教羣首個營地，及後則開放予黃大仙童軍第 117 旅，作訓練中心長達 20 年，現已廢棄。該教堂被古物諮詢委員會評為二級歷史建築。

《港九獨立大隊史》等書籍說，1942 年 2 月 3 日，陳達明帶着廣東人民抗日游擊總隊政委林平、總隊長梁鴻鈞、副總隊長曾生的命令來到西貢，在黃毛應村天主教堂內，和蔡國樑、黃高陽開了個三人會議，傳達上級指示，成立港九大隊。蔡國樑擔任大隊長，陳達明擔任政委，黃高陽擔任政訓室主任。但 2015 年 8 月 3 日，劉蜀永教授在廣州香江園進行口述歷史訪問時，陳達明說，他和蔡國樑、黃高陽等三人在黃毛應村的山坡開了個小會，港九大隊就成立了。訪問時，楊奇、王玉珍也在場。

黃毛應村是港九大隊的活動基地之一。當時全村青年 14 人，就有 6 人參加了抗日游擊隊。村內還有民兵、青年會、婦女會等羣眾組織。1944 年 9 月 21 日，日軍掃蕩黃毛應村，因未能發現游擊隊員蹤跡，便將村民鄧福、鄧德

黃毛應村玫瑰小堂

安、鄧戊奎、鄧新奎、鄧三秀及鄧石水帶到玫瑰小堂嚴刑逼供，施以火焚、「吊飛機」等酷刑。為保障游擊隊員的安全，即使遭受嚴刑拷問，村民始終守口如瓶。鄧德安遭日軍毒打，並被嚴重燒傷，不治離世，年僅 20 歲。鄧福、鄧戊奎身受重傷。玫瑰小堂見證了日軍的暴行和黃毛應人的堅貞不屈。

資料來源：

1. Antiquities Advisory Board: Historic Building Appraisal, No. 655, Rosary Mission Centre, No. 1 Wong Mo Ying, Sai Kung, New Territories.
2. 田英傑：〈丁味略神父在香港的傳教使命與貢獻〉，頁 39。http://catholic3.crs.cuhk.edu.hk/ch/wp-content/uploads/sites/3/2017/03/Journal_2017-4.pdf.
3. 《港九獨立大隊史》編寫組：《港九獨立大隊史》（廣州：廣東人民出版社，1989），頁 26。
4. 原港九大隊鄧振南：〈西貢區的游擊戰爭〉，載陳敬堂、邱小金、陳家亮等編：《香港抗戰：東江縱隊港九獨立大隊論文集》（香港：康樂及文化事務署，2004），頁 178。
5. 劉智鵬、丁新豹主編：《日軍在港戰爭罪行：戰犯審判紀錄及其研究（上冊）》（香港：中華書局〔香港〕有限公司，2015），頁 56–57。

赤徑村聖家小堂

赤徑村聖家小堂是西貢最早落成的教堂之一，1867 年由穆若瑟神父（Giuseppe Burghignoli, PIME）建立，曾遭雷暴嚴重破壞，並於 1874 年重建。該建築由教堂、神父住處及臨時校舍三部分組成。臨時校舍地下是課室，樓上是教師住處，1963 年學校遷到新建成的銘新學校校舍。聖家小堂曾是大浪堂區的傳教中心，但自 1980 年起，領導地位由大埔的聖母無玷之心堂區取代。直到1989年，仍有牧師為赤徑村村民每年舉辦兩次禮拜。此後，聖家小堂改建成青年旅舍。至1990年代，赤徑村村民全部遷離，聖家小堂亦隨着赤徑村的衰落停用而荒廢。

港九大隊大隊部駐地聖家小堂現狀

約於1942年中期，廣東人民抗日游擊總隊（後改稱東江縱隊）港九大隊大隊部進駐至赤徑村，並以聖家小堂為常駐地。大隊衞生所一度也設在聖家小堂，西貢中隊隊部也曾設在這裏。

據港九大隊老戰士黃觀保回憶，他在訓練期間曾留宿於聖家小堂，並指港九大隊大隊長蔡國樑曾在教堂內的神父樓居住一段時間。游擊隊除使用教堂作宿舍外，更不時在該處舉行會議及舉行宣誓儀式。

除曾作為港九大隊大隊部常駐地外，該教堂亦標誌着天主教傳教士19世紀至20世紀初的努力，以及他們對鄉村發展的影響。由於聖家小堂具有歷史、建築、社會、地區等多方面價值，它已被古物諮詢委員會列為二級歷史建築。

2018年10月4日，老戰士黃觀保在聖家小堂內回憶昔日游擊隊在此訓練的往事。（劉蜀永攝）

資料來源：

1. Antiquities Advisory Board: Historic Building Appraisal, No.400, Holy Family Chapel, Chek Keng, Tai Po, New Territories.
2. 〈西貢一村民守護教會傳教地 協助信徒朝聖認識傳教士足跡〉，《公教報》，2012 年 8 月 5 日，第 3572 期。
3. 古道行網頁，https://thyway.catholic.org.hk/%e8%b5%a4%e5%be%91-chek-keng/。
4. 田英傑：〈丁味略神父在香港的傳教使命與貢獻〉，載《天主教研究學報》第七期〈二十世紀香港天主教歷史〉，2016 年，頁 53。
5. 香港電台：〈西貢無戰事〉。http://archive.rthk.hk/mp4/tv/2014/201412181930_h.mp4。
6. 歐堅：〈回顧港九大隊的衛生工作〉（載廣東青運史研究委員會研究室、東縱港九大隊史徵編組：《回顧港九大隊（上集）》，廣東：廣東省委辦公廳勞動服務公司印刷廠，1987），頁 135。
7. 〈老戰士黃觀保訪談錄〉，2018 年 10 月 4 日於西貢赤徑村。訪問員：嚴柔媛、吳端雯。

「天水流芳」大屋

位於赤徑上圍的青磚大屋「天水流芳」日佔時期曾用作英軍服務團的情報站。大屋鄰近聖家小堂，相信為便利與駐紮在當地的港九大隊領導成員來往。大門上有題寫「天水流芳」的石額，建築採用傳統中國建築技藝。業主是趙氏族人。

日佔時期，英軍服務團曾在赤徑設立據點，使赤徑成為香港抗戰中一個獨特的中英合作交匯點。1942 年 11 月，英軍服務團惠州前方辦事處主任祈德尊派遣李耀標出發到赤徑，向港九大隊提出合作收集情報的請求。蔡國樑建議分別在沙魚涌、赤徑及九龍設立三個交通站，方便英軍服務團和港九大隊人員共同工作。英軍服務團同意這個建議，把西貢赤徑的交通站稱為 Y 站（Post Y）。這個 Y 站就設在「天水流芳」大屋之內。

Y 站是英軍服務團唯一一個設在日佔區域內的據點，當時赤徑在港九大隊的嚴密保護下相對安全。為掩人耳目，英軍服務團派往該地的人員全為華人或歐亞混血兒，包括李耀標和譚靄勵。譚靄勵是香港大學醫科生，駐守期間曾教授港九大隊衛生員急救知識，並幫忙治療傷員。

赤徑也是英軍服務團與港九大隊合作營救及運送英軍戰俘的重要中轉站，超過 20 名戰俘在港九大隊安排下從赤徑坐船橫越大鵬灣前往沙魚涌交通站（Post X）。另外，英軍服務團在九龍的情報小組在黃作梅的協助下，通過赤徑 Y 站把情報轉送惠州前方辦事處。至 1943 年 7 月，因國共關係惡化，英軍服務團在國民政府的壓力下中斷與港九大隊的合作，撤離赤徑。英軍服務團設在赤徑「天水流芳」大屋的 Y 站，前後運作不到一年時間。

「天水流芳」大屋住了趙氏一家，包括赤徑村村長趙丙喜及趙新喜。村長趙丙喜一家一直支援港九大隊的抗日行動，每次都能迅速組織村民完成任務；他兒媳李有娣是赤徑婦女會會長，曾多番動員村內婦女支援游擊隊，包括唱歌演戲宣傳抗日、收割柴草、協助運輸糧食及其他物資到山洞存放、安排住宿場地、打掃衞生、幫戰士補衣服、照顧傷病員及傳遞情報等；他三名兒子趙天富、趙華、趙天福都曾參加港九大隊，其中趙華在大鵬灣患肺炎病逝，是港九大隊 115 位烈士之一。趙丙喜的兄弟趙新喜曾出洋打工，操流利英語，與趙丙喜、趙連勝在英軍服務團成員駐守赤徑期間曾提供食宿，照顧 20 多名從集中營逃脫的印籍英軍戰俘，並為他們安排交通橫渡大鵬灣，在戰爭結束後各獲港府頒發感謝狀，以作表揚。趙連勝是港九大隊一員，獲授權在沙魚涌收購食米，將部分食米以原價售給赤徑村村民，以解其燃眉之急。為表揚村民曾協助英軍服務團，全村在戰後獲理民府頒發港幣 1,200 元獎金。

2018 年 10 月 4 日，赤徑村村民趙啟明（右一）向本書編寫組成員講述大屋的歷史。（劉蜀永攝）

據趙新喜孫子趙鶴年指，趙丙喜後來成家分房，因此大屋分劃為兩所房子，並以石屎建牆隔開。「天水流芳」則由趙新喜一家繼續居住。雖然兩房子建築相連，但各有獨立出入口。

2025 年 3 月，該建築被古物諮詢委員會評為二級歷史建築。

資料來源：

1. 《港九獨立大隊史》編寫組：《港九獨立大隊史》（廣州：廣東人民出版社，1989），頁 135–136。
2. Edwin Ride, *BAAG: Hong Kong Resistance 1942–1945*, Hong Kong: Oxford University Press, 1981, pp.215–216.
3. HKMS178-1-5 Papers by John Barrow, D, N.T. on the Services of New Territories Villagers and Boat People During the Japanese Occupation, 14.04.1947.
4. Lindsay Ride, "The Test of War (Part 2)", in Clifford Matthews and Oswald Cheung eds., *Dispersal and Renewal: Hong Kong University during the War Years*, Hong Kong: Hong Kong University Press, 1998, p.293.
5. BAAG series, vol. 4, p.211.
6. 科大衞著、西貢理民府譯：〈日治時期的西貢〉（載趙雨樂、程美寶：《香港史研究論著選輯》，香港：香港公開大學出版社，1999），頁 244。
7. 原東江縱隊粵贛湘邊縱隊香港老戰士聯誼會：《東縱・邊縱香港老戰士抗日戰場回憶》（香港：共融網絡，2013）。
8. 〈趙連勝訪談錄〉，1981 年 5 月 11 日，香港中文大學東亞研究中心：西貢口述歷史計劃，檔案編號 33。
9. 〈赤徑村村民溫勤娣訪談錄〉，2018 年 10 月 4 日於西貢，訪問員：嚴柔媛、吳端雯。
10. 〈港九大隊後人趙鶴年訪談錄〉，2024 年 3 月 12 日於西貢赤徑村，訪問員：嚴柔媛、曾曉琳。

大浪村聖母無原罪小堂和海蝕岩洞

大浪村位於西貢東部，面朝大浪灣。該區的其他鄉村還包括鹹田村、林屋圍、張屋圍和大灣村，後三者現已荒廢。

大浪村為複姓村落，住有溫、林、李、許、陳、張、湛、戴、黎、魏等 12 姓人，至今已有逾 250 年歷史。其中湛氏祖先湛繼明來自廣東省新塘市，約於清朝時期定居在大浪村。據嘉慶《新安縣志》記載，大浪村屬官富司轄地。村內人口最旺盛時有 1,300 多名村民。

100 多年前傳教士到大浪村傳教，幾乎 99% 的村民都受洗成為天主教徒。建於 1867 年的聖母無原罪小堂（Immaculate Conception Chapel）可算是該段歷史的見證。該教堂能容納好幾百人，最高峰時曾有 500 多名信徒參與週日彌撒。1970 年代末，颱風導致教堂內其中一個分隔間瓦解，因此其前沿部分曾進行重修。自 1988 年起，教堂不再運作。2012 年，古物諮詢委員會將該教堂評為三級歷史建築。

大浪村不少村民都投身抗日游擊隊港九大隊，有父子參軍的，如張興（曾任西貢中隊中隊長）、張庚福，有兄弟參軍的，如戴戍有（宗賢）、戴天生（齊賢）、湛才、湛安、張戍有、張任有等等。許多十一二歲的小孩也要求當小鬼，幫忙傳遞訊息、站崗放哨。據老戰士湛貴勝說，連同他在內，村內約有七、八人加入小鬼隊。

日佔時期，聖母無原罪小堂曾為日軍駐地。日軍曾於教堂內留宿，並強徵村民到毗鄰的山挖掘防空洞。日軍撤離後，港九大隊曾在該處留宿。據湛貴勝回憶，當時約有 30 多名游擊隊員入村。游擊隊離開後留下小鬼隊在村內站崗看守，以防日軍來犯。當時村民生活艱苦，糧食不足，有兩人曾因此飢餓至死，但為支持游擊隊，仍獻出僅有的米糧，支持抗戰，不遺餘力。

1943 年春天，日本侵略軍對游擊區進行大掃蕩，港九大隊的領導機關掩蔽在大浪村螺灣一個靠近海邊的海蝕岩洞裏，敵人的艦艇在海上巡邏，嚴

大浪村

聖母無原罪小堂（劉蜀永攝）

大浪村螺灣海蝕岩洞（大浪村村民湛貴勝提供，攝於 1970 年）

密封鎖交通要道，洞裏的游擊隊缺糧、缺水，時間一天天過去，敵人總不撤軍。大浪村的婦女黑夜中挑着擔子，在崎嶇曲折的山路上摸索行走，給游擊隊送去糧食。

該海蝕岩洞名為「獺岩」，位於大浪村東北，向東行約二小時。岩深約 40 米，高 10 多米，闊 2、3 米。洞口有 2 呎深水，由洞口至洞內約 10 分鐘。

抗戰期間，村民陳何丁嬌及陳勝曾為逗留在大浪村的英軍服務團團員提供食宿，戰爭結束後各獲頒發一張感謝狀。為表揚村民曾協助英軍服務團，全村亦獲理民府頒發港幣 1,200 元獎金。

資料來源：

1. 《港九獨立大隊史》編寫組：《港九獨立大隊史》（廣州：廣東人民出版社，1989），頁 127。
2. 中共深圳市委黨史辦公室東縱港九大隊隊史徵編組：《東江縱隊港九大隊六個中隊隊史》（深圳：深圳市印刷廠，1986），頁 70。
3. Antiquities Advisory Board: Historic Building Appraisal, No. 403, Tai Long Tsuen, Sai Kung, New Territories.
4. Antiquities Advisory Board: Historic Building Appraisal, No. 688, Immaculate Conception Chapel, Tai Long, Sai Kung, New Territories.
5. HKMS178-1-5 Papers by John Barrow, D, N.T. on the Services of New Territories Villagers and Boat People during the Japanese Occupation, 14.04.1947.
6. 〈大浪村前任村長湛貴勝訪談錄〉，2019 年 11 月 22 日於西貢，訪問員：吳端雯；2025 年 5 月 13 日，訪問員：嚴柔媛、曾曉琳。
7. 劉李林：《香港海岸洞穴圖鑑》（香港：香港自然探索學會，2007），頁 66。

昂窩村凌娘故居

「游擊隊的母親」凌娘的故居位於新界西貢昂窩村山坡之上，經劉氏宗祠後方右側的小路，穿越叢林，步行約百多米即可抵達。抗戰期間，昂窩村村民熱心支持港九大隊的抗戰行動。凌娘一家曾給予游擊隊有力的支持。她家是昂窩村的制高點，便於監測周遭環境，加上後方有一片茂密的叢林，日軍不敢貿然前往掃蕩，因而一度成為港九大隊軍需處的駐地。

昂窩村村民全為劉姓，開基祖先自寶安縣大艾山而來。據 1899 年駱克 (James Haldane Stewart Lockhart) 的新界報告，英國租借新界之初，村內僅有約 80 名居民。村內設有劉氏宗祠，祠堂前方有一大片空地及風水池。

約在 1976 年，全村村民已遷離昂窩村。目前村內只剩下劉氏宗祠，以及一些荒廢舊屋，包括凌娘與她兩名兒子的居所遺址。據 2018 年 12 月 10 日考察所見，凌娘與她兩名兒子的居所並連在一起，房子用磚石砌成，久經歲月，屋頂已經坍塌，但建築結構尚算完整。屋前長有不少具治療功效的草藥，如駁骨草。村民介紹說，這些草藥都是凌娘親手栽種，估計曾用來替游擊隊員療傷。

2018 年 12 月，在昂窩村凌娘舊居前，西貢鄉事委員會副主席劉球講述凌娘的故事。（劉蜀永攝）

「游擊隊的母親」凌娘。

資料來源：

1. 原港九大隊鄧振南：〈西貢區的游擊戰爭〉（載陳敬堂、邱小金、陳家亮等編：《香港抗戰：東江縱隊港九獨立大隊論文集》，香港：康樂及文化事務署，2004），頁 181。
2. 梁雪英：〈抗日游擊隊的母親 —— 凌娘〉（載於廣東青運史研究委員會研究室、東縱港九大隊史徵編組：《回顧港九大隊（下集）》，廣東：廣東省委辦公廳勞動服務公司印刷廠，1987），頁 134－136。
3. 〈黃竹灣原居民代表劉球訪談錄〉，2018 年 11 月 18 日於西貢。訪問員：嚴柔媛、吳端雯。
4. 〈凌娘孫女劉愛娣訪談錄〉，2024 年 3 月 12 日於西貢。訪問員：嚴柔媛、曾曉琳。

昂窩村軍需處岩洞倉庫

據港九大隊軍需處副官歐偉明回憶，游擊隊曾分別在昂窩村、北潭村修建岩洞倉庫，供軍需處收藏物資、存放武器彈藥、錢財等及藏身避難。

昂窩村的岩洞倉庫位於「游擊隊的母親」凌娘居所後山的叢林之中，地理位置為 22°24'10.5"N 114°17'11.1"E。該岩洞倉庫面積約 10 多平方米，是軍需處收藏物資及日軍掃蕩時的藏身之處。凌娘亦曾參與該岩洞倉庫的修建。

據本書工作團隊在 2018 年 12 月 10 日實地考察，岩洞倉庫外部由一些大石塊堆砌而成，入口清晰可見，惟因部分被滾落的石頭堵塞，準確面積和深度均難以估計。

昂窩村軍需處岩洞倉庫（劉蜀永攝）

資料來源：

1. 《港九獨立大隊史》編寫組：《港九獨立大隊史》（廣州：廣東人民出版社，1989），頁 168。
2. 〈港九大隊老戰士歐偉明電話訪問記錄〉，2017 年 9 月 1 日。訪問員：王玉珍。
3. 〈凌娘孫女劉愛娣訪談錄〉，2024 年 3 月 12 日於西貢。訪問員：嚴柔媛、曾曉琳。

北潭村軍需處岩洞倉庫

北潭村為複姓村，約有七至八戶人家，包括何、蕭、林、馬和曾等姓，其中蕭姓佔數最多。1942 年下半年，因昂窩村離市區較近，常有漢奸及特務出入，基於安全考慮，原設於昂窩村的港九大隊軍需處遷移至北潭村，一直至抗戰結束，都未曾被日軍發現。

當時軍需處人員在村後山坡的一個岩洞倉庫存放了大量物資，包括武器彈藥、金銀財寶等。該岩洞倉庫位處於山坡密林之中，經「大陂頭」水壩右側的山路，穿越叢林，步行約 20 分鐘即可抵達。其地理位置為 22°41'27.80"N 114°31'64.56"E 。岩洞位置隱蔽，構成相當堅固，可抵擋幾個約五六百磅炸彈轟炸，有時也成為軍需處人員的藏身和避難場所。

該岩洞面積約有 20 平方米，在上有一塊巨石淩空架起，底下則有一個隱蔽的洞穴。洞穴已被黃沙填平，無法得知內裏空間有多大。但依 2018 年 11 月 18 日考察所見，岩洞與老戰士歐偉明的描述基本相同，巨石剛好覆蓋了底下的洞穴，為軍需處人員提供了一個藏匿物資和藏身的絕佳場所。以所見體積和堅固程度估計，該巨石應能承受重型炸彈轟炸。

2018 年 11 月 18 日，本書編寫組成員和港九大隊後人到北潭村軍需處岩洞倉庫現場考察。

據村民曾炳發回憶，岩洞裏還藏有壞掉的槍械，游擊隊員曾帶他們入內。洞口有鐵門加鎖，並有專人管理及警衛值班。為統一處理後勤工作，游擊隊還在村外建了車衣廠、鞋廠和修械廠。當時專門替游擊隊員造衣服的何貴（人稱「跛腳貴」）便常在北潭村出現。游擊隊還在遠處搭建了三座房屋作藏身之所，面積約有一二百呎，游擊隊撤離後被拆掉。

資料來源：

1. 歐連：〈開辟財源 保障供給 —— 憶港九大隊軍需處〉（載廣東青運史研究委員會研究室、東縱港九大隊史徵編組：《回顧港九大隊》上集，廣東：廣東省委辦公廳勞動服務公司印刷廠，1987），頁 120。
2. 〈港九大隊老戰士歐偉明電話訪問記錄〉，2018 年 11 月 20 日。訪問員：王玉珍。
3. 〈北潭村村民曾炳發訪談錄〉，2018 年 11 月 18 日於北潭村。訪問員：嚴柔媛、吳端雯。

（深涌）李家大屋

1942－1944 年深涌李家大屋曾被用作港九大隊情報交通總站。港九大隊成立之初，大隊部曾分駐兩地，即大隊部大部分駐西貢區直接領導西貢、沙田、坑口一帶的武裝力量和海上中隊；政訓室駐於沙頭角地區，根據大隊部的整體部署，具體指揮沙頭角、上水、元朗與大嶼山武工隊。這樣，大隊部與廣東人民抗日游擊總隊司令部，大隊部與政訓室，大隊與各中隊之間，需要一個聯絡網以便隨時掌握敵情的變化，接受上級的領導，指揮下面的戰鬥，並溝通各中隊之間的聯擊，以協同作戰。為此，1942 年初，就在深涌設立了情報交通總站，作為各方面的聯絡中心。

深涌灣處於西貢與沙頭角之間，面對大埔海，穿過赤門海峽，通大鵬灣；西面是大埔、沙田，對上與沙頭角、紅石門等遙遙相對。深涌後方的嶂上村是大隊部的駐地及訓練基地；橫渡大埔海可到沙頭角涌尾交通站；向右可經南山洞、白沙澳、高塘、土瓜坪到赤徑村大隊部，向左可到榕樹澳、企嶺下據點，還可以乘船到大水坑、井頭或泥涌角上岸，與其他部隊聯繫，可

深涌交通總站舊址李家大屋（白色箭嘴示），約攝於 1960 年代。

深涌灣仔村李家部份成員合照，前二排左五及左四是李源棣、何石嬌夫婦。

說是佔盡地利，有利於加強大隊部與各中隊之間的聯繫，以便協同作戰。

情報交通總站的業務由大隊部情報幹事蔡仲敏領導。地點在深涌灣仔村李家大屋。[1] 交通站工作人員跟蕭華奎短槍隊同住在李家大屋，所以交通站的行政業務歸蕭華奎隊長負責。

深涌交通總站的站長初期是葉培，後來葉培被日軍俘虜，李坤於 1943 年接任站長，最後一任站長是羅許月。該交通站共有六條交通線，在傳送情報及物資方面均發揮重要作用：

第一條	從深涌經榕樹澳、企嶺下和十四鄉，到沙田梅子林交通站
第二條	用交通船橫渡吐露港海峽，與沙頭角區涌尾村交通站聯繫
第三條	從深涌與西貢嶂上村港九大隊大隊部聯繫
第四條	從深涌到榕樹澳、企嶺下、禾寮、大環到西貢墟周邊交通站
第五條	從深涌出發到西貢墟周邊交通站、北潭村交通站
第六條	從深涌經南山洞村、白沙澳、高塘、土瓜坪到赤徑交通站

1 港九大隊老戰士回憶中該村為「李大屋村」，但考察所見深涌並無李大屋村，交通站舊址所在地名為灣仔村，該村是一條單姓村，村民姓李，游擊隊員可能因此誤稱該村為李大屋村。

大屋現址為一家餐廳，名為「深涌農莊」，由李氏後人主理。（攝於 2022 年 1 月 13 日）

李家大屋的側門原通往兩間舊屋，游擊隊員曾從此通道逃走，躲避日軍掃蕩。

大批物資經此交通站轉送到內地抗戰前線，從各方搜集所得的情報亦經此傳遞到大隊部指揮機關，令大隊部可及時作出有效的作戰部署。

交通站舊址李家大屋是一座白牆大屋，屋上方標有建築年份「1936」四個數字。大屋由李源毓斥資於 1936 年建成，供其兄弟及家人居住，至今仍保存完好。據李家後人轉述，家中長輩及其他村民曾告訴他們該大屋及相連的兩間舊屋在日佔時期是游擊隊的駐地；大屋與兩間舊屋有通道相通，當有日本人前來掃蕩，村民會馬上通知，游擊隊就從通道走，跑上山匿藏；游擊隊曾在附近地方扣留和審訊漢奸。

李家在大埔經營魚檔，由李源棣出資，交由李華新[2]打理，家人曾為游擊隊四出搜購米票，解決部隊糧食困難；李源毓、李華新更曾因為幫助游擊隊，被日本人拘捕，並施以灌水等酷刑。李家的何娘[3]支持游擊隊工作，常為隊員供應茶水及做飯。1942 年 8 月 20 日，日軍到交通站搜查時，李華新和何娘曾機智、鎮定地掩護年輕的交通員張發脫險。

2　有老戰士回憶錄誤記為李華清，據其兒子李國良說，正確的名字應該是李華新；李華新又名「李秤」，家人習慣呼喚他為「阿秤」，「秤」與「清」發音相近，因此造成混淆。

3　老戰士回憶錄中記錄何娘是李家的工人，但據李家後人考證，何娘的身份未必是工人，較大可能是李源棣的太太何石嬌。

李源毓

李華新

資料來源：

1. 李坤：〈回憶港九獨立大隊情報交通站〉，載陳敬堂、邱小金、陳家亮等編：《香港抗戰：東江縱隊港九獨立大隊論文集》（香港：康樂及文化事務署，2004），頁243–248。
2. 徐月清：《東江縱隊港九獨立大隊抗戰遺址尋蹤及大營救路線》（香港：香港工會聯合會，2011），頁8。
3. 張發：〈懷念何娘〉，載徐月清：《活躍在香江 —— 港九大隊西貢地區抗日實錄》（香港：三聯書店〔香港〕有限公司，1993），頁179–183。
4. 〈深涌灣仔村村民李國良訪談錄〉，2022年1月13日於深涌，訪問員：嚴柔媛；〈深涌灣仔村村民李國良與村民李觀來、村代表李俊輝越洋通話記錄〉，2022年1月13、14日。
5. 〈深涌村代表李俊輝訪談錄〉，2024年10月27日於新界鄉議局大樓，訪問員：嚴柔媛、曾曉琳。

西貢官坑七聖古廟

七聖古廟位處西貢北十四鄉官坑村，始建年份不可考。廟內懸掛了一口銅鐘，鑄造於清乾隆二十七年（公元1762年）；殿聯「七姐善心存愷測，聖神仁術統陰陽」及堂前高腳牌「污穢勿近」則是清光緒三十二年（公元1908年）所立，可見古廟歷史悠久。

廟宇曾於1998年重修，供奉七仙姬及禡娘。據廟內重修後所立的碑文所載，七聖古廟始建於明末清初，但日佔時期，大量文獻遺失，已難以考證。

西貢官坑七聖古廟和廟前的老榕樹

碑文上記載：「十四鄉一帶原極荒蕪，人跡罕至，先祖為求發展，輾轉流徙至此……除草伐木，開山闢地，雖幾經艱辛，總得以居停。故為酬神恩，緣賜福地，遂聯合本鄉村民共同籌建此廟……自建以來此地民豐地阜，大地昇平，村民樂業安居共享太平」，可見該廟應由十四鄉鄉民合建。

日佔時期，官坑七聖古廟是日軍保衞九龍市區的戰略要地。1944 年冬，日軍在太平洋作戰節節失利，盟國海、陸、空三軍逐步向日本本島推進。為保住在港地位，日軍在沿海地區着意加強軍事建設。官坑廟在九龍郊區觀音山附近，是日軍保衞九龍市區的戰略要地。駐守該廟的 20 多名日軍到處拉伕挖戰壕，還到處搶掠財物，調戲婦女，羣眾恨之入骨。為將其一舉殲滅，西貢中隊夜襲七聖古廟。經歷十數分鐘的戰鬥，中隊成功殲滅全數日軍，並繳獲一批槍支彈藥。過程中，隊員吳壽壯烈犧牲，首級更被日軍殘酷砍下，掛在廟前的榕樹上。

該廟原被古物諮詢委員會評為二級歷史建築，後來因重建導致建築物原貌盡失，評級於 2010 年 2 月 4 日被撤回。常年古廟人煙罕至，但每到天后誕和七夕，原居民便會回來參拜，場面熱鬧。

資料來源：

1. 《港九獨立大隊史》編寫組：《港九獨立大隊史》（廣州：廣東人民出版社，1989），頁 49。
2. Antiquities Advisory Board, List of the 1,444 Historic Buildings with Assessment Results, p. 50.

3. 中共深圳市委黨史辦公室東縱港九大隊隊史徵編組：《東江縱隊港九大隊六個中隊隊史》（深圳：深圳市印刷廠，1986），頁 63－64。
4. 曾生：《曾生回憶錄》（北京：解放軍出版社，1991），頁 348。
5. 鄧振南：〈西貢區的游擊戰爭〉，載陳敬堂、邱小金、陳家亮等編：《香港抗戰：東江縱隊港九獨立大隊論文集》（香港：康樂及文化事務署，2004），頁 183－184。

西貢「不夜天」茶座

「不夜天」茶座原址位於西貢大街 18 號，往來方便。抗戰時期，它表面上是一間咖啡店，實際上卻是一個秘密交通站，在營救文化人和民主人士的行動中發揮重要作用，許多老戰士的回憶錄也有提及。

「不夜天」之名源自咖啡店日夜經營。咖啡店的空間不大，樓上住人，樓下則是茶座，只放得下四張桌子。咖啡店的店主是西貢中隊民運區委張婉華的姐夫胡友（人稱「肥佬胡」），剛開張時只有一名稱作「葉仔」的店員幫忙經營。張婉華奉命到咖啡店幫忙，以店員身份作掩飾，暗中搜集及轉送情報，配合部隊的行動，並協助接待及安排逃亡人士過境。

張婉華在她的回憶錄曾提及：「『不夜天』表面是我姐夫在做生意，招待四方來客，可是暗中卻掩護了我做地下情報工作，配合游擊隊接送過往的文化人和民主人士。至今我仍有深刻印象，經這條路線回內地的，多數

西貢「不夜天」茶座舊址[4]

4 《港九大隊志》初版曾將西貢正街 36 號錯誤當作「不夜天」茶座舊址。現根據 2005 年張婉華在亞洲電視的錄影資料加以訂正。

是知名人物，都由游擊隊員護送，在『不夜天』停歇片刻，吃頓便飯或喝點茶水，就繼續趕路。由於有工作紀律的約束，我只熱情接待，不問多事。究竟有哪些知名人士經過『不夜天』，只有負責護送的游擊隊才清楚」，可見不少知名人士在逃難時曾以「不夜天」茶座作為中途休憩站。

據史料所載，不少逃亡人士確曾到臨西貢「不夜天」茶座，以店內的咖啡、麵包及西餅補充體力，然後繼續趕路。舉例說，英軍賴濂士中校一行人等便曾在該處休息、補給糧食及食水。南京市市長馬超俊夫人及其妹亦曾到「不夜天」茶座，後經張婉華安排乘船離開香港。

資料來源：

1. 黃秋耘、廖沫沙：《秘密大營救》（北京：解放軍出版社，1986），頁 74–75。
2. 《港九獨立大隊史》編寫組：《港九獨立大隊史》（廣州：廣東人民出版社，1989），頁 41。
3. 西貢區議會：〈四、水深火熱出忠烈 —— 東江縱隊的足跡〉。
4. 陳瑞璋：《東江縱隊：抗戰前後的香港游擊隊》（香港：香港大學出版社，2012），頁 48。
5. 舒健：《中國革命戰爭紀實：抗日戰爭．華南抗日縱隊卷》（北京：人民出版社，2007），頁 175。
6. 張婉華：〈「不夜天」茶座〉，載何小林、郭際編：《勝利大營救》（北京：解放軍出版社，1999），頁 97–103。
7. 《三年零八個月》，亞洲電視，2005 年。
8. 〈港九大隊後人黃謹瑜訪談錄〉，2024 年 2 月 29 日於西貢，訪問員：嚴柔媛、曾曉琳。

沙角尾育賢書室

育賢書室位處新界西貢沙角尾村，建於 1928 年。沙角尾村為複姓村落，住有十姓人，其中韋、劉、謝三姓為大姓。不少村民都曾移居海外，歸鄉後共同籌措資金，在韋姓村民捐出的土地上興建書室，總成本約港幣一萬元。

書室合共兩層，是一棟具折衷主義風格（Eclecticism）的中式建築物，風格不拘一格，同時帶有西式建築物的特徵。這反映西方文化經歸鄉華僑傳入後的影響力。它座落於村的西北方，面朝東至東南面，有一個前院及後院，雖然內部結構已大部分被拆除，但外觀仍絕大程度不變。該建築物不單是村民的集體回憶，更是抗戰時期港九大隊的重要駐點，具建築、歷史、文化、社會等多方面價值，因而在 2014 年被古物諮詢委員會評為香港三級歷史建築。

戰前的育賢書室是一個「卜卜齋」，規模較小，內設孔子壇。日治時期，它曾被港九大隊用作抗日基地。當時駐村的游擊隊徵集年輕人參加游擊隊，共同抗日，村民劉錦文、韋木有、謝水興等都因此而加入。除了學習基本的軍事知識，新隊員還常在書室內唱誦《松花江上》、《八路軍進行曲》、《東江縱隊之歌》等愛國歌曲。

書室亦曾被日軍佔用。當時駐西貢的日軍嚴重缺乏燃料等物資，於是強迫許多體格健全的民眾到沙角尾山邊砍柴。日軍曾在書室留宿一段時間。當時一名游擊隊員剛好住在書室對面的房子，暗中進行偵查，令游擊隊得以時刻掌握日軍的部署及活動情況。

1945 年 8 月，游擊隊與沙角尾村及其他村落的村民（包括黃木發和謝就）聯合發動軍事行動，迫降駐西貢墟日軍，迫使日軍翌日隨即往九龍撤退。日軍潰敗而逃後遺下大量槍械武器。那些槍械武器曾被存放在書室一段時間，及後上呈東江縱隊駐港辦事處。戰後，任西貢支部書記的劉錦文奉命留守書室。1947 年，書室恢復運作，劉錦文遂離去。

抗戰結束後，書室得政府資助，重辦並命名為育賢小學，1966 年搬遷到新校舍。及後，育賢

育賢書室今貌（潘就福攝）

小學與四所村校合併為西貢中心李少欽紀念學校。1971 年至 1976 年間，校舍轉化成中業中學西貢分校，提供初中教育。1980 年代至 1990 年代間，校舍曾租借予三個家庭居住，近年則翻新成村民的活動中心，用作舉辦會議或音樂表演。

資料來源：

1. Antiquities Advisory Board: Historic Building Appraisal, No.97, Yuk Yin Study Hall, No. 1A Sha Kok Mei Second Lane, Sai Kung, N.T.

蠔涌車公古廟

西貢蠔涌車公古廟座落於蠔涌河堤傍。該廟年代久遠，至今已有 400 多年歷史，是本地兩間車公廟[5]中較古舊的一間。廟內供奉的車公以鎮壓災疫的力量而聞名。相傳他是宋朝的大將軍，南宋末年保護宋帝昺南下，駐守西貢，及後被道教尊為神明，立廟供奉。車公以外，廟內還供奉了洪聖、天后、財帛星君等神祇。

該廟具有很高的建築文物價值。建築形制上，廟宇屬三間二廊式的清朝民間風格建築，採用對軸式設計，主廳末端設有車公的祭壇。整個建築物以青磚建成，以牆壁作為斜頂木椽子、平行桁條、陶瓦的支撐。廟內有兩間貯物房，位於主廳左右兩側。貯物房之間有一個庭院。外部及內部的牆壁都抹上了灰泥，地板則以水泥抹平。廟宇的名稱被刻印在嵌壁式的過樑上。屋脊以一雙鰲魚作裝飾，正中有一粒珍珠。下行的屋脊則以日神、月神作裝飾。正立面的牆以花及鳥的模型作裝飾。庭院的山形牆則採用了貓爬行式設計。

抗戰時期，沙田短槍隊曾以該廟作為據點。當時短槍隊經常在蠔涌一帶的鄉村活動，着力肅清漢奸、特務，維持地區治安。短槍隊的隊員常在廟內

5　另一間車公廟位於沙田。

聚集，舉行會議，就行動作出部署。

蠔涌車公古廟分別於 1908 年、1994 年及 2002 年進行翻新，但原貌仍得以普遍保存下來。它具備建築、歷史、文化、社會等多方面價值，2009 年被古物諮詢委員會評為一級歷史建築。現時，每逢車公誕及太平清醮，村民都會齊集於廟宇慶祝。太平清醮期間，村民更會於廟外的空地上演神功戲酬神，長達三日四夜。

蠔涌車公古廟今貌（劉蜀永攝）

資料來源：

1. Antiquities Advisory Board: Historic Building Appraisal, No.37, Che Kung Temple, Ho Chung Road, Sai Kung.
2. 《港九獨立大隊史》編寫組：《港九獨立大隊史》（廣州：廣東人民出版社，1989），頁 43。
3. 陳家亮：〈劉黑仔與東江縱隊〉，載陳敬堂、邱小金、陳家亮等編：《香港抗戰：東江縱隊港九獨立大隊論文集》（香港：康樂及文化事務署，2004），頁 322–323。
4. 廣東青運史研究委員會研究室、東縱港九大隊史徵編組：《回顧港九大隊（上集）》（廣東：廣東省委辦公廳勞動服務公司印刷廠，1987），頁 161。

檳榔灣市區中隊隊部舊址

港九大隊市區中隊成立於 1943 年，主要在日軍的心臟地帶九龍和香港市區活動，展開政治攻勢、收集情報、搞爆破、破壞日軍生產線等。隊員分散於筲箕灣、灣仔、中環，以及九龍各處等。中隊部則設於西貢清水灣檳榔灣村五塊田通訊員劉炳安的家中。這是一座獨立的二層小樓房，離海岸不遠，至今保存完好。當時劉炳安一家住樓下，中隊長方蘭等住樓上。中隊部附近

檳榔灣市區中隊部舊址今貌（劉蜀永攝於 2021 年 6 月）

的坑口曾設有交通站，靠小船相互聯絡。

方蘭曾到大隊部學習爆破技術。為組織爆破窩打老道火車橋的行動，她曾輪流召集隊員，在中隊部辦學習班，傳授爆破技術。學員包括任下水道事務所工段長的隊員梁福。方蘭還多次找梁福談話，向他講述抗日戰爭形勢和中國共產黨的政策。後來，梁福一行成功爆破窩打老道火車橋。

1987 年，方蘭重訪西貢清水灣檳榔灣村，與當年的通訊員劉炳安見面。二人睽違四十多年後再重逢。

2025 年 3 月，該建築被古物諮詢委員會評為二級歷史建築。

資料來源：

1. 梁福口述、紀文整理：〈四月春雷〉，載廣東青運史研究委員會研究室、東縱港九大隊史徵編組：《回顧港九大隊（下集）》（廣東：廣東省委辦公廳勞動服務公司印刷廠，1987），頁 21–22。
2. 邱逸、葉德平：《戰鬥在香港——抗日老兵的口述故事》（香港：中華書局〔香港〕有限公司，2014），頁 142。
3. 〈老戰士劉炳安訪談錄〉，2024 年 3 月 13 日於清水灣檳榔灣。訪問員：嚴柔媛、曾曉琳。

斬竹灣抗日英烈紀念碑

抗日英烈紀念碑位處西貢斬竹灣。為紀念犧牲於西貢的抗戰烈士，港九大隊老戰士劉錦文在 1983 年的一次聚會上提出建碑建議，到會者均表示贊同。1984 年 9 月 3 日，港九大隊老戰士梁超、鄧振南、張興、劉錦文、張婉華等人聯合發出建碑倡議書，各界反應非常熱烈。1984 年 9 月中旬，前東江縱隊司令員曾生前往西貢訪問期間，獲悉西貢籌建紀念碑，表示大力支持，並為紀念碑題寫碑名。同年 12 月 30 日，抗日英烈紀念碑籌建委員會成立，並籌得 110 萬港元作為經費，正式籌備建碑工程。

斬竹灣抗日英烈紀念碑於 1988 年 3 月 29 日動工，1989 年 1 月 23 日落成。紀念建築還有牌樓、英烈紀念亭、石碑等。抗日英烈紀念碑高約 20 米，主體形似一支步槍，象徵抗日武裝力量。該紀念碑被一排弧形石欄環繞，石欄由 13 塊用火炬圖案構成的石雕欄杆組合而成，欄上有形態各異的小石獅 14 隻，氣勢雄渾。紀念碑的正立面還鑲有一塊用青石雕刻的碑文，碑文由港九

斬竹灣抗日英烈紀念碑

大隊老戰士張子燮起草，記載了三年零八個月，游擊隊抗擊日軍侵略的英勇事跡：「……三年八閱月之艱辛歲月中，游擊隊戰士活躍在崇山峻嶺、海港河灣，出沒於田疇村舍，郊野叢林，與人民羣眾血肉相連，如魚得水，肅匪鋤奸，克敵制勝，營救文化精英，支援盟軍作戰，豐功偉績，舉世稱頌……」。限於當時香港尚未回歸，碑文並未指明游擊隊就是港九大隊。紀念碑落成後，香港社會各界團體每年都會前往舉行謁碑儀式，以紀念為抗日捐軀的游擊隊烈士。

2020 年 9 月 1 日，斬竹灣抗日英烈紀念碑被列入國務院公佈的第三批 80 處國家級抗戰紀念設施遺址名錄。

資料來源：

1. 徐月清：《活躍在香江 —— 港九大隊西貢地區抗日實錄》（香港：三聯書店〔香港〕有限公司，1993），頁 11–13。
2. 深圳市寶安區檔案局：《寶安人民抗日戰爭紀實》（深圳：深圳市寶安區史志辦公室，2008），頁 258。
3. 〈附錄二：西貢抗日英烈紀念碑志〉，載於徐月清：《活躍在香江 —— 港九大隊西貢地區抗日實錄》（香港：三聯書店〔香港〕有限公司，1993），頁 231–232。

2、沙頭角篇

羅家祖屋

位於南涌羅屋村的羅家祖屋不單是「香港抗日一家人」羅氏族人的原居地，更是廣東人民抗日游擊隊林冲武工隊進入香港後的第一個落腳點，以及（南涌）聯防自衛隊的成立地。然而，目前羅家祖屋僅餘殘墻斷壁。

南涌羅屋村羅家祖屋

在日軍進攻香港的當天，廣東人民抗日游擊隊由林冲帶領的武工隊奉命插進新界。這支隊伍在羅汝澄引導下進入香港，於 10 日凌晨 1 時到達南涌羅屋村。羅家祖屋成為武工隊進入香港後的第一個落腳點。同月 10 日傍晚，羅汝澄、羅雨中等人邀請鄉親父老開會，商討自衛的辦法，並帶頭獻出家中防匪步槍和獵槍。在羅家兄弟動員下，鄉民紛紛響應，捐錢捐槍，不到十天便組成為數 40 多人的人民聯防隊（後改組成（南涌）聯防自衛隊）。羅雨中出任第一任隊長。這是由港人組成的首支抗日民兵隊伍。成立以後，聯防隊一直積極配合游擊隊的工作，維持地區治安，有力地牽制日軍及土匪的力量。

資料來源：

1. 《港九獨立大隊史》編寫組：《港九獨立大隊史》（廣州：廣東人民出版社，1989），頁 11–12。

香港沙頭角抗戰紀念館

香港沙頭角抗戰紀念館位於新界沙頭角石涌凹，由羅家大屋改建而成。羅家大屋是「香港抗日一家人」南涌羅氏族人的祖業，由巴拿馬華僑羅奕輝於 1930 年興建。

羅家大屋面積近 5,000 平方呎。特別之處是兩門五套間的設計，剛好分給羅家第四代的五個男丁：左門進入的三個套間，由左至右分別由羅歐鋒、羅雨中和羅汝澄使用，右門進入的由羅奕煌兩子使用。羅家大屋於 2010 年 1 月 22 日被確定為三級歷史建築物，名列古物諮詢委員會「1444 幢歷史建築物名單和評估結果」的第 907 號。

在多個愛國團體、專家學者建言獻策及羅氏族人的同意下，該大屋改建為「香港沙頭角抗戰紀念館」，並以每年 1 元的象徵式租金，把大屋永久借出予紀念館使用。香港廣州社團總會、原東江縱隊港九獨立大隊老戰士聯誼會、

1988 年的羅家大屋，其時屋前還是一個池塘。

羅家大屋，攝於 2017 年。

東江縱隊歷史研究會、新華文化交流有限公司等為主辦單位。嶺南大學香港與華南歷史研究部等為協辦單位。香港廣州社團總會為紀念館籌款和房屋整修重建做了大量工作。黃俊康（羅家後人）、霍震寰、呂耀華、王志峰、朱樹昌等50多人和企業共捐款2,400多萬港元用於修建、佈展和運營。嶺南大學香港與華南歷史研究部義務承擔撰寫展覽內容和版面設計工作。從籌辦到落成，耗時五年的紀念館於2022年9月啟用，成為香港首個抗戰紀念館。館內的常設展覽內容分兩部分，第一部分為東江縱隊與港九大隊的抗戰歷史，第二部分為「香港抗日一家人」羅家的抗日事跡。

香港沙頭角抗戰紀念館於2022年9月啟用（紀念館提供）

紀念館於2022年9月3日在香港新界沙頭角舉行隆重揭幕典禮。特首李家超連同一眾特區政府官員及立法會議員、中聯辦何靖副主任、外交部駐港方建明副特派員等逾百位嘉賓出席，陣容鼎盛，盛況空前。自開幕以來，截至2025年6月，紀念館接待了93,000多人次的學習參觀。

資料來源：

1. 鄧華：〈回憶抗戰時期羅汝澄革命的一家〉（載中共深圳市委黨史辦公室編：《深圳黨史資料通訊》，1986年，總16期），頁19。
2. 香港沙頭角抗戰紀念館編：《香港沙頭角抗戰紀念館展覽內容》（2024年9月修訂版）。
3. 嚴柔媛、曾曉琳：〈香港沙頭角抗戰紀念館：愛國主義教育的先鋒〉，《今日中國》，2023年12月號，頁43–47。
4. 香港沙頭角抗戰紀念館提供統計資料，2025年7月2日。

老龍田政訓室遺址

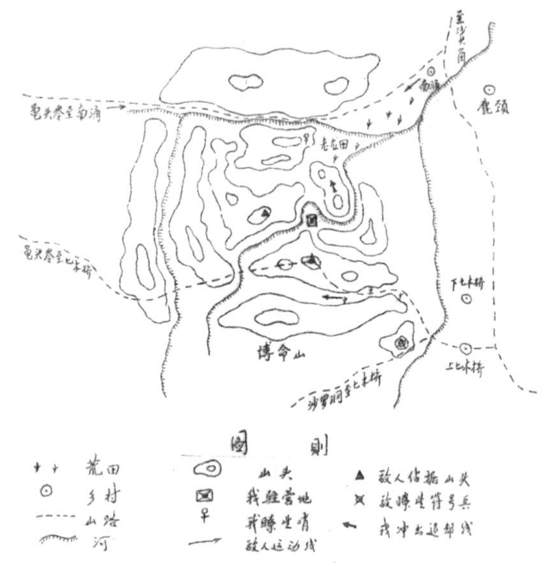

「三三事件」示意地圖（原載鎮南：《（一九四三年）軍事補充報告》）

沙頭角老龍田晏台山鄰近南涌，港九大隊政訓室曾設在該處。1943年3月3日下午，日軍出動兵力近百人分三路包圍該駐地，政訓室非武裝人員奮起迎擊，三位當場犧牲，三位被俘後犧牲。該事件史稱「三三事件」。

根據鎮南（港九大隊）《（一九四三年）軍事補充報告》的手繪地圖，政訓室位於河溪旁邊，在三座小山之間的山坑，東北面是南涌，東南面是上、下七木橋，南面是博命山，西面是龜頭嶺。

2021年3月20日及7月26日，東江縱隊歷史研究會黃文莊一行和茅笪村村長鄭己棠找到老龍田小溪旁一處平地，認為很有可能是政訓室的遺址。

2021年12月12日，歷史學者沈思、姜耀麟，記者馮學知，東縱歷史研究會成員黃文莊、鄧瑞常，加上鄭己棠、牛皮沙村前村長廖國球、蓮麻坑村民葉玉安等組成考察團，再度前往老龍田該處平地考察。他們一行人從南涌出發，走上南涌郊遊徑，經過C2502及C2503標柱距，到達一個分岔路口，左轉走上一段石砌步道，經過一些荒廢了的梯田，到達該片小平地。[6] 考察團走進平地範圍考察，平地前方遠處有一座小山，背後是一條溪流。對照地圖，

6　北緯：22.504659，東經：114.203449。

考察團成員黃文莊正指向政訓室遺址平地的位置，此圖可見遺址與河溪相當接近。

發現平地位置與軍事補充報告標示的政訓室位置基本吻合，初步估計該處是政訓室的遺址。

考察團成員於 2021 年 12 月 20 日訪問曾到政訓室送信的陳天送（右一）。

2021 年 12 月 20 日，經葉偉彰博士安排，考察人員在粉嶺訪問了橫山腳前村長陳天送。陳天送於 1933 年出生，曾經是小鬼隊成員，為游擊隊送信。三三事件事發當日，陳天送負責送信到政訓室，剛巧看見游擊隊員在河裏捕捉坑鰻魚。隊員邀請他留下來吃午飯，但他沒有答應，把紙條交給隊員後便離開。他步行回橫山腳村途中，經過七木橋附近時，忽然聽到老龍田傳來槍聲，後來才得知日軍正圍剿游擊隊。

陳天送曾到過老龍田政訓室的駐地，了解政訓室的情況和位置。據他憶述，老龍田政訓室駐地是一塊不足一畝田的「七分地」，[7] 與河溪相當接近。游擊隊員機動性高，住在臨時搭建的帳篷內，因此駐地遺址沒有留下任何房屋地基。這些描述與考察人員現場觀察所得吻合。位置方面，陳天送指若由南涌上山，沿山路直走，再轉左就能到達政訓室的遺址。現在的南涌郊遊徑是新建的路，舊路入口在南涌羅屋村左邊，以往游擊隊的民運人員走的就是這條舊路。雖然新舊路有分別，但方向是一致的。考察團與陳天送經過詳細交談和探討，認為該平地很大機會就是政訓室的遺址。

參考資料：

1. 《港九獨立大隊史》編寫組：《港九獨立大隊史》（廣州：廣東人民出版社，1989），頁 174–176。
2. 鎮南：《（一九四三年）軍事補充報告》。
3. 〈陳天送訪談錄〉，2021 年 12 月 20 日於粉嶺。訪問員：嚴柔媛、黃文莊、沈思。

南鹿民主鄉政府遺址

鹿頸村位於新界東北部，面朝沙頭角海，村民以陳、黃兩姓為主。該村是新界首個抗日民主鄉政權的成立地。抗戰後期，港九大隊開始在新界地區領導羣眾，通過民主選舉建立具有抗日民主政權雛形的地方政權，以作長期抗戰。1945 年初，在羅汝澄及陳海等人的推動下，沙頭

聯合鄉政府辦公處鹿頸上圍陳氏族人住宅今貌

7　一畝田為十分地，即 666.7 平方米。「七分地」的面積為一畝田的 70%，即大約 466.7 平方米。

角地區內南涌、鹿頸等 12 條村組成新界首個民主聯合鄉政府 —— 南鹿民主聯合鄉政府，並選出鹿頸村村長黃馬發為鄉長，紳士陳秉琅為副鄉長，下設文書、財務、民政、文教、衞生及武裝等幹事，分管各部門工作。鄉政府的辦事處設立在鹿頸村上圍村民陳氏族人的家。該房屋現已廢棄。

資料來源：

1. 《港九獨立大隊史》編寫組：《港九獨立大隊史》（廣州：廣東人民出版社，1989），頁 164。
2. 中共深圳市委黨史研究委員會辦公室：《廣九烈燄：廣東人民抗日游擊隊東江縱隊成立四十周年紀念專集》（深圳：中共深圳市委黨史研究委員會，1983），頁 198。

沙頭角區役所舊址

沙頭角區役所舊址位於沙頭角新樓街 22 號，是新樓街一列 22 幢兩層高樓房相連的排屋之一，是東和墟發展的一部分，於 1933 年至 1934 年間由葉標記和溫林記建成。地舖主要作商業用途，上層為住宅。

日佔時期，在佔領軍總督之下，設有民治部統轄行政機構。香港、九龍、新界各設立地區事務所，下面又分設若干個區役所，作為地方政府機構，以控制並管理當地的民生和行政事務。新界的地區事務所設於大埔，管轄元朗、上水、粉嶺、沙頭角等地區的區役所。各區役所的職員均由大埔事務所批准調配。1942 年春，在港九大隊政訓室主任黃高陽的領導下，把本地出生的幹部

沙頭角區役所舊址（曾玉安攝）

共20多人分別秘密安插進敵人的區役所、憲查隊、株式會社、糧食配給站等機構工作。這樣游擊隊的情報工作可以向敵人更高層更核心處發展，可以接觸到更多文件，指示、電話等。

其中陳亮、潘淑均、歐堅被安排潛伏在沙頭角區役所內工作。沙頭角區役所設有庶務課、戶口課（戶籍課）、治安課和衞生課等部門，有職員好幾十人。陳亮是鹿頸村人，曾當過教師，在文化界頗有威望，善於應付敵偽機關的上層人物，他在區役所擔任戶籍課課長。潘淑均又名潘雪飛，在區役所戶籍課任文員，辦理戶口工作，後來在東江縱隊司令部電台工作。歐堅則為大埔人，透過親屬關係進入沙頭角區役所工作，用化名「朱木蘭」在庶務課擔任文書，負責文件收發、公文來往、傳遞文件及加蓋印章的具體工作。她經常從中獲悉許多有關敵人的動態，秘密地把有關資料摘抄下來，交由陳亮轉送部隊，並暗中拿一些印有敵偽機關名稱的公文信紙給部隊使用。在區役所工作期間，她結識了負責接生的醫生朱依羣，發覺她有強烈的愛國心，因此經常鼓勵她到游擊區為羣眾接生治病。

在區役所內，游擊隊員每一項決策和行動，無論是抄寫文件還是接觸其他職員，都必須小心謹慎，避免引起懷疑。據歐堅回憶，沙頭角區役所與憲兵隊在工作上密切配合。沙頭角憲兵隊的中島伍長經常來區役所巡視，有時把社會上抓到的人帶到區役所問話、拷打。他與漢奸區長溫二狼狽為奸，對區役所每個職員的一舉一動都要過問，好幾次悄悄地站在歐堅背後暗中觀察她抄寫文件。

1943年三三事件中，日軍在政訓室駐地發現一些敵偽機關的便條信箋和通行證等，引起他們對區役所的注意。沙頭角憲兵部中島伍長和溫二對歐堅產生懷疑，並把這個想法透露了給陳亮。事後第三天，陳亮命令歐堅立即撤離區役所回到港九大隊部。

沙頭角區役所偽區長溫二，因時常欺壓羣眾，引起民憤，游擊隊於1943年成功把他剷除。港九大隊鎮壓了溫二以後，歐堅託人帶信到區役所，動員朱依羣醫生加入抗日部隊，成功爭取她到水頭沙的大隊醫院工作，她後來轉到司令部，並隨軍北上。朱醫生的兒子明仔曾擔任東縱交通員，1944 年在司令部看顧獲營救的美軍飛行員克爾中尉，他後來 1947 年在粵北戰鬥中犧牲。

該建築物在戰後回復原本用途。新樓街排屋是沙頭角內的地標建築，具有深厚的建築、歷史和社會價值。2012 年 6 月，該建築獲古物諮詢委員會評定為二級歷史建築。

資料來源：

1. 《港九獨立大隊史》編寫組著、劉蜀永等校訂：《港九獨立大隊史》（香港：中華書局〔香港〕有限公司，2022），頁 67 、 195–196 、 238 、 247 。
2. 歐堅：〈把尖刀插進敵人心臟〉，載廣東青運史研究委員會研究室、東縱港九大隊史徵編組：《回顧港九大隊（下集）》（廣東：廣東省委辦公廳勞動服務公司印刷廠，1987），頁 173–178 。
3. 歐堅：〈回憶港九大隊的衞生工作〉，載廣東青運史研究委員會研究室、東縱港九大隊史徵編組：《回顧港九大隊（上集）》（廣東：廣東省委辦公廳勞動服務公司印刷廠，1987），頁 138 。
4. Antiquities Advisory Board: Historic Building Appraisal, No.267, Nos. 20–22 San Lau Street, Sha Tau Kok, N.T.

烏蛟騰村游擊隊駐地舊址

抗日戰爭時期，烏蛟騰村第三段 25 號村屋是港九大隊在該村的其中一個駐地。這間小屋屬於烏蛟騰李氏家族嘗產，擁有上下兩層結構，其中上層曾設有獨立的入口，方便人員進出。港

烏蛟騰村游擊隊駐地舊址

九大隊民運人員在上層活動、分析情報及進行會議。游擊隊會按需要，邀請特定人員前來開會。

駐地的下層是合作社，由港九大隊民運人員推動鄉民成立，是以非牟利方式營運羣眾互助平台。據《港九獨立大隊史》記述，沙頭角的民運工作者下鄉組織羣眾互助，交換耕牛和種子，也鼓勵大家湊錢做小生意。他們從香港、九龍、大埔、上水等地購買棉紗、布匹、火水、火柴、西藥等物資，偷運到村裏，再轉運到寶安縣觀蘭墟等地出售，賺來的錢再用來購買生產物資和生活必需品，幫助農民及時種下莊稼。據曾任烏蛟騰兒童團團員的老村長王天球回憶，合作社內時有出售或轉贈餘糧給有需要的村民。例如在農地種米的鄉民，收成後會以低價轉售；另有種菜的家戶，由於收成量多，所以經常把家裏多出的菜分享給鄉民。由於不是每家每戶都有農地，合作社在抗日期間保障了窮困的鄉民免於捱餓致死。

王天球指出，港九大隊民運人員陳海、蔡松英（蔡華）因熟悉環境，所以長駐在這裏，和其他游擊隊成員進行會議、跟村民溝通，以及教兒童團唱抗日歌曲。其中蔡松英與村民熟絡，眼見糧食不夠，就找村內婦女去開荒土地。

資料來源：

1. 《港九獨立大隊史》編寫組：《港九獨立大隊史》（廣州：廣東人民出版社，1989），頁122。
2. 〈烏蛟騰抗日兒童團團員烏蛟騰村村長王天球訪談錄〉，2023 年 8 月 2 日於烏蛟騰，訪問員：嚴柔媛。

烏蛟騰抗日英烈紀念碑

香港淪陷期間，日本曾對烏蛟騰及鄰近的村莊發動十餘次掃蕩，不少村民為保障港九大隊的安全，遭受嚴刑，甚至犧牲寶貴的性命。1942 年 9 月 25 日（農曆八月十六日），日軍包圍烏蛟騰村，強迫村民交出自衛武器及供出游

烏蛟騰烈士紀念園入口（劉蜀永攝）

烏蛟騰抗日英烈紀念碑（劉蜀永攝）

擊隊員。村長李世藩、李源培二人在日軍的威迫利誘、嚴刑拷打下都不為所動，最終李世藩壯烈犧牲，李源培被拷問至休克。村內犧牲的烈士還有李天生、李志宏、李官盛、李偉文、王官保、王志英等。1943 年春，日軍再次包圍烏蛟騰，村長李憲新被拘禁在大埔憲兵部，從此下落不明。

為紀念這些抗日志士，1950 年代初，旅居南洋的烏蛟騰村村民李源動提議並出資建造一座烈士紀念碑，村民熱烈響應。原村內兒童團團長李漢與幾位從部隊復員的村民馬上開展籌建工作。全村出動義務勞動，經過半年的努力，抗日烈士紀念碑於 1951 年 10 月建成。每年農曆八月十六日舉行謁碑儀式，紀念抗戰犧牲的烈士。

1984 年，原東江縱隊司令員曾生訪港期間前來烏蛟騰拜訪，提議將紀念碑改為「抗日英烈紀念碑」，並即席揮毫書寫碑文。烏蛟騰旅居英國的華僑李祥等鑒於紀念碑年久失修，提議出資修繕。重修工程於同年年底開始，主要由李漢負責，1985 年 10 月竣工開幕。重修的「抗日英烈紀念碑」亮相後，引起日本駐香港領事關注，通過港英當局派警察到烏蛟騰質問李漢。李漢嚴正指出，警察無權過問，要日本領事前來請罪。日本領事不敢前來。

該紀念碑原位於烏蛟騰一處山坡下，出於安全考慮，村民向政府申請遷碑到山上公路旁的平地。2009 年，香港特區政府撥款 180 萬港元並成立委員會統籌搬遷等建設事宜，決定於新娘潭路與烏蛟騰交匯處重建一座大型的紀念碑，距離烏蛟騰村村口只有幾分鐘車程。新的「抗日英烈紀念碑」於 2009 年 12 月動工，2010 年 6 月竣工，9 月 23 日舉行隆重開幕典禮，時任民政事務局局長曾德成任主禮嘉賓。2015 年 8 月，國務院更將該紀念碑列入第二批 100 處國家級抗戰紀念設施遺址名錄。

紀念碑位於烏蛟騰烈士紀念園內。紀念園入口處有一座牌坊，刻有李源培撰寫的對聯：「紀昔賢滿腔熱血，念先烈瀰世功勞。」紀念園內有紀念碑聳立於高台之上，基座刻有「浩然正氣」四個大字，碑身有原東江縱隊司令員曾生題字：「抗日英烈紀念碑」。紀念碑旁另有中英文石碑各一塊，記述烏蛟騰村長李世藩及多位村民為抗日英勇犧牲的事跡，以及紀念碑修建及重修概況。

2023 年，北區民政事務處重修紀念園。新碑文經香港史專家劉智鵬教授、劉蜀永教授審定。2024 年 9 月 19 日，北區民政處為重修完成的紀念園舉行揭幕儀式，由民政及青年事務局局長麥美娟主持。儀式莊嚴肅穆，嘉賓同師生代表向抗日英烈致送花圈，默哀鞠躬。

資料來源：

1. 廣東青運史研究委員會研究室、東縱港九大隊史徵編組：《回顧港九大隊（下集）》（廣東：廣東省委辦公廳勞動服務公司印刷廠，1987），頁 153。
2. 烏蛟騰抗日英烈紀念碑管理委員會：〈烏蛟騰抗日英烈紀念碑源革〉。
3. 李漢：〈我一生只做好一件事 —— 抗日英烈紀念碑的建設和維護〉，2010 年 4 月。
4. 〈烏蛟騰烈士紀念園開幕　麥美娟勉勵學生學習先烈無私奉獻精神〉，2024 年 9 月 23 日。香港文匯網。

九擔租交通站及稅站遺址

位處新界東北的九擔租村是一條深山古村，位置偏僻，不通公路，亦無交通車直達，但可經毗鄰的烏蛟騰村沿山路步行而至，行程約 15 分鐘。

該村的始祖為李氏族人，本居於北方，及後移居江西，至南宋末年再南遷至廣東。當時李氏族人共分五房，經歷世代繁衍，族羣日漸壯大，遍佈廣東多個地區。約於清中葉年間，其中一族分支率先到香港新界東北烏蛟騰立村。傳至第四代，由於人丁興旺、農耕豐盛，李氏族人遂於九擔租田邊另立新村，即九擔租村。九擔租村之名，源自村民每年須向政府納穀九擔。村內住有李、劉兩姓族人，僅有十數間房屋。

九擔租港九大隊交通站和稅站遺址（劉蜀永攝）

1960 年代，村內共有 140 多名村民；但及後村民陸續遷離，到 1990 年代，全村只剩下兩戶人，共計 20 餘人。目前，村民已全部遷離九擔租村，人去樓空。李氏村民大都移居海外，劉姓村民則有半數遷往東莞、南頭定居。

據蔡松英、李漢回憶和指認，抗戰時期村內設有港九大隊交通站和稅站，廣東人民抗日游擊總隊負責人林平（尹林平）亦曾在此村居住。九擔租交通站站長為符志光，於 1943 年「三三事件」中犧牲。交通站和稅站遺址，至今猶存。

資料來源：

1. 司馬龍：《新界滄桑話鄉情》（香港：三聯書店〔香港〕有限公司，1990），頁 159–161。
2. 游揚：〈港九大隊沙頭角隊的成立和活動情況〉，載《惠東黨史 —— 紀念游揚誕辰 100 周年專刊》（2015）。

上下苗田烏蛟騰會議舊址

2013 年 3 月，東江縱隊政委尹林平之女尹素明（左）、尹小平（中）等在上下苗田尋找烏蛟騰會議遺址（劉蜀永攝）

上、下苗田村位於新界東北部，位置偏遠，不通公路。從烏蛟騰啟步，沿九擔租村可步行而至。上苗田村的房屋經已完全坍塌，埋沒於叢林之中，只有村前的溪水仍舊長流。若非有地名指示牌，村落的位置並不易辨識。下苗田村尚餘一排殘破的房屋。兩村村民都早已遷離，目前整片土地被納入郊野公園範圍。

1943 年 2 月下旬，為總結東江和珠江三角洲敵後抗日游擊戰的經驗教訓，並部署日後的工作，中共廣東省臨委和東江軍政委員會曾於烏蛟騰附近上下苗田一帶的山坡舉行會議，史稱「烏蛟騰會議」。這是東江縱隊發展史上一次重要的會議。

出席會議者包括林平（尹林平）、連貫、梁廣、梁鴻鈞、曾生、王作堯、楊康華、李東明、羅範羣等，由林平（尹林平）主持會議。

一些書上記載，說會議是在烏蛟騰村內舉行的，並不正確。關於這次會議，當時擔任警衛工作的老戰士李貴仁在回憶錄中曾寫道：「一天，大隊長來信指示，到茅（苗）田仔村去活動，部隊不准進村去住，到山上隱蔽的地方搭草棚，還要多搭幾間，說是大隊部要來。……當曾生司令、王作堯副司令及一些不認識的領導同志相繼到達後，我們才知道要在這裏舉行重要會議。我們執行的不是一般任務，而是一次重要的警衛工作。」港九大隊民運幹事蔡松英在其回憶錄中也說，烏蛟騰會議是在烏蛟騰村附近上下茅（苗）田山嶺地方搭「草寮」舉行的。她還對一些東縱後人說，她曾帶領烏蛟騰村四名婦女上山，割芒草，幫助搭建茅棚，用作會場和宿營地。

資料來源：

1. 曾生：《曾生回憶錄》（北京：解放軍出版社，1992），頁 280。
2. 《東江縱隊志》編輯委員會：《東江縱隊志》（北京：解放軍出版社，2003），頁 75–79。
3. 李貴仁：〈在烏蛟騰一帶的工作〉（載於廣東青運史研究委員會研究室、東縱港九大隊史徵編組：《回顧港九大隊（下集）》，廣東：廣東省委辦公廳勞動服務公司印刷廠，1987），頁 160。
4. 蔡松英：《無悔的道路—蔡松英 87 年人生路》（金鑰匙華文出版社，2012），頁 36。
5. 《東江縱隊歷史研究會成立五周年特刊》，頁 24。

石水澗村電台駐地遺址

石水澗村位於香港新界沙頭角烏蛟騰西南方向，隱蔽於山林之中，位置偏遠，人煙稀少，只住了林姓一家。1942 年 4 月至 1943 年 3 月，該村成為廣東人民抗日游擊總隊電台所在地，這部電台當時是中共廣東黨組織、游擊隊與延安黨中央之間保持聯繫的唯一一部電台。電台駐石水澗村期間，由港九大隊負責外圍警戒。電台工作人員最多時有 30 人，台長為劉澄清。村內林戊、林傳叔侄加入了游擊隊，承擔起交通、接應、情報傳遞及後勤補給等重任。沙頭角中隊曾在石水澗村辦過民運人員學習班，也得到林戊的幫助。

石水澗村遺址（東江縱隊歷史研究會提供）

1943 年初，日軍加強掃蕩，烏蛟騰會議前夕，敵人一度接近石水澗。為策安全，林平指示將電台撤離，改為隨部隊機動運作。電台撤走後不久，日軍突襲石水澗村，發現遺留的廢電池與電線，即認為此地曾為游擊隊通訊據點。他們逮捕村民林生（林傳之兄），施以酷刑，逼問游擊隊行蹤和電台下落，林生誓死不屈，最終被活活打死。敵人撤退前，縱火焚燒全村五間房屋。

2022 年 10 月 15 日，東江縱隊歷史研究會考察隊成員在石水澗村遺址前合照，左起：程前、鄧瑞常、鄭己棠、黃文莊、廖國球。

2007 年 10 月 28 日，原烏蛟騰兒童團團長李漢曾帶領東江縱隊後人尋找石水澗村遺址，未能成功。2022 年，東江縱隊歷史研究會黃文莊發現有行山人士在網絡分享成功找到石水澗村的經歷。2022 年 10 月 15 日，黃文莊等東江縱隊歷史研究會成員組成考察隊，前往沙頭角一帶尋找石水澗村遺址。考察隊自烏蛟騰出發，經九擔租路口右轉，沿溪澗步行進入山區，途中穿越茂密竹叢與名為「烏龜潭」的水潭，繞行至澗道上游，在一處隱蔽平地上發現多處殘牆與石砌地基遺跡，該處的定位座標為 22°29'45.2"N 114°15'18.3"E。雖因年代久遠，地基的邊界變得不太清晰，但仍可辨識出約有五座村屋，築於石砌牆之上，與《港九獨立大隊史》及老戰士描述的石水澗村情況大致相符。此外，村徑與通往山外的古道仍可辨認。綜合地理位置、遺址情況與歷史記載，考察隊確認該處即為石水澗村的原址。

資料來源：

1. 《港九獨立大隊史》編寫組：《港九獨立大隊史》（廣州：廣東人民出版社，1989），頁 131、148、177。
2. 中共寶安縣委黨史辦公室編：《回顧東縱電台工作》（廣州：廣東人民出版社，1989），頁 10、22–25、33。
3. 林傳：〈抗日戰爭中的石水澗村〉（載廣東青運史研究委員會研究室、東縱港九大隊史徵編組：《回顧港九大隊（下集）》，廣東：廣東省委辦公廳勞動服務公司印刷廠，1987），頁 161。
4. 尹素明：〈石水澗東江電台始末〉。
5. 王玉珍：〈劉澄清與石水澗電台〉（載劉蜀永：《香江史話》，香港：和平圖書有限公司，2020），頁 152–159。
6. 〈石水澗〉，「廢村的前世今生」網誌，2021 年 2 月 9 日。
7. 東江縱隊歷史研究會黃文莊於 2022 年 12 月 3 日、2025 年 5 月 2 日提供資料。

紅石門稅站

紅石門位於新界東北，是乾門咀與往灣洲之間的水道，以赤紅岩石著稱。該處的岩石鐵含量較高，鐵質被空氣氧化後成了紅色，因而形成一片火紅岩岸。紅石門位置偏僻，並無公共交通直達，須攀山涉水，穿越叢林，再經由一條條小道方能抵達。另一方法是乘船前往。

紅石門原有一條村落，住有約 40 名居民，現已荒廢。村民昔日曾以務農為生，但後來因為村內土地不多，人丁單薄，加上水源被截，遂棄耕養魚。抗戰時期，紅石門是港九大隊設有稅站的地方之一。當時許多商旅及漁民都須經紅石門乘船到大小梅沙、沙魚涌等地，但土匪肆無

紅石門今貌

忌憚，肆意攔截及掠奪民眾財產，令不少往來行人備受困擾。港九大隊於是在海邊的一條小村設立稅站，保障往來行人的安全，並令游擊隊稅收有所增益，確保游擊隊的長期給養。

稅站成立後，日軍經常進行掃蕩。1943 年 1 月 22 日晨，駐沙頭角日軍海陸兩路配合，突襲紅石門稅站。同日下午，沙頭角憲兵隊及憲查 40 餘人又再度掃蕩稅站。幸而游擊隊早有防備，避免了重大損失。

資料來源：

1. 《港九獨立大隊史》編寫組：《港九獨立大隊史》（廣州：廣東人民出版社，1989），頁 165–166、172。
2. 中共深圳市委黨史研究委員會辦公室：《廣九烈燄：廣東人民抗日游擊隊東江縱隊成立四十周年紀念專集》（深圳：中共深圳市委黨史研究委員會，1983），頁 191。
3. 陳達明：《香港抗日游擊隊》（香港：環球〔國際〕出版有限公司，2000），頁 69。

3、離島篇

石麟閣

石麟閣位處大澳吉慶後街 33 號，由富商曾榕[8]於 1934 年建成，現被列為三級歷史建築。它是大澳最矚目的住宅樓宇，當地人稱為「新樓」。房子原是曾榕與家人的渡假別墅。他們每年都會來大澳兩三趟，在石麟閣暫住。

石麟閣今貌（劉蜀永攝）

1980 年代，房子由黃氏家族購得，並命名為「石麟閣」，名字取自家族旗下商號名稱「石麟廢鐵」。黃氏家族曾在內居住一段時間，後來曾被租用為渡假別墅及警務主任非正式的渡假中心，現已空置，物業仍為黃氏家族所有。

8 曾榕（1886–1970）祖籍惠陽，於 1928 年創設金邊的士有限公司，1940 年任九龍總商會監察委員會的主席。日佔時期曾任大角區（旺角及大角咀）區役所區長，後避居大澳。戰後，他回到市區重建業務。

石麟閣最主要的建築特徵為一樓東面及北面外牆的典雅的柱廊陽台，展現了西方建築風格。自建成後，房子曾經多次整修，佈局有所變易，原有的窗戶亦被更替。然而，原有的結構沒有太大的變動，仍保留大部分原貌。

日佔時期，該建築曾被日軍徵用作指揮部。1944 年 10 月一天夜晚，港九大隊大嶼山中隊指導員陳亮明憑藉偽警察謝泉提供的情報，帶領武裝部隊突襲大澳偽警察局。他們首先到達曾榕大廳（即現石麟閣），[9] 剪斷敵軍通話內線及繳了電話，切斷了鎮內電話與敵軍總部的聯繫。又到了侯王廟附近的偽警署，最後集中火力衝向偽警察局。武裝部隊到達偽警察局的門口後隨即衝上二樓宿舍。在沒有響槍的情況下，大嶼山中隊成功俘虜 30 多名偽警察，並繳獲 39 支槍和一批彈藥。經此一役後，中隊聲威大振，被羣眾稱譽為「神兵天降」。

資料來源：

1. Antiquities Advisory Board: Historic Building Appraisal, No.1099, Shek Lun Kok, No.33 Kat Hing Back Street, Tai O, Lantau Island.
2. 《港九獨立大隊史》編寫組：《港九獨立大隊史》（廣州：廣東人民出版社，1989），頁 84–85。
3. 中共深圳市委黨史辦公室、東縱港九大隊史徵編組編：《東江縱隊港九大隊六個中隊隊史》（深圳：中共深圳市委黨史辦公室，1986），頁 21–22。

東涌羅漢寺羅漢巖

羅漢寺位處香港大嶼山東涌南部，從石門甲村步行約 300 米即可抵達。它的前身是一個天然岩洞。1926 年，暢緣和尚自粵西來港，選擇在此岩洞潛修，將其命名為「羅漢巖」。暢緣和尚本名姓曾，流傳他出家前曾是「大天二」，臉上有疤，人稱「崩口和尚」，在東涌無人不識。因他見多識廣，擅於風水，東涌鄉村不少青年追隨他，稱他為「契爺」。修行期間他在岩頂加築上蓋，

9　《港九大隊志》初版曾誤將石麟閣認定為大澳偽警察局舊址，經後續考證，發現此説有誤，該舊址位置尚待進一步考證。

擴建成「羅漢洞」，並建造了規模較小的舊大雄寶殿。羅漢洞設有樓梯可以通往舊大雄寶殿。

抗戰期間，暢緣大師務農為生，還有兩個徒弟跟他一起耕種。大嶼山中隊曾駐紮在「羅漢巖」，大約數十名隊員在此藏身。1943 年 5 月一天夜晚，叛變的交通員黃維為日軍帶路，日軍於夜裡包圍中隊的駐地，並在山上的一個小平地，架好重機槍和大炮，對準羅漢寺，準備拂曉發動進攻，將游擊隊一舉殲滅。幸而游擊隊早有所戒備，接獲情報後，馬上從羅漢寺跑到山下一條叫「甕仔潭」的山坑，及時撤出了日軍的包圍圈。日軍不敢落坑找游擊隊員，游擊隊員沿山坑走上地堂仔，才避過一劫。事件中，新隊員陳湘本已隨隊伍撤退，分散隱蔽，但後來誤以為日軍已撤退，離開掩蔽地而不幸被捕犧牲。1944 年，日軍為了抓捕游擊隊，出動飛機投擲炸彈轟炸羅漢寺，但炸彈誤落石門甲村，幸好無人傷亡。

戰後，暢緣和尚仍在羅漢洞修行。1960 年代中，李耀庭居士等信眾來至羅漢洞，發現該處的環境適合建佛寺，徵得暢緣和尚同意後，便於 1971 年動工興建，1974 年「羅漢寺」落成啟用。現時羅漢巖仍屹立在羅漢寺內，與

羅漢洞入口（攝於 2022 年 5 月）

羅漢洞現時用來供奉十八羅漢，右邊可見漆上米白色的天然石壁。（攝於 2022 年 5 月）

一棟兩層高的米黃色建築物融為一體。建築物底層其中一部分為羅漢洞，穿過鐵門可進入，洞內供奉着十八羅漢，岩洞的天然石壁仍存在，盡頭設有樓梯，估計可通往上層。

資料來源：

1. 王江濤：〈海島風雲錄 —— 大嶼山抗日游擊戰紀實〉（載王江濤：《江濤詩文集》，非賣品，2001），頁 31–32。
2. 陳達明：《香港抗日游擊隊》（香港：環球〔國際〕出版有限公司，2000），頁 116。
3. 〈石門甲村民羅潤來訪談錄〉，2022 年 5 月 25 日於石門甲村。訪問員：嚴柔媛。
4. 鄧家宙：《香港佛教史》（香港：中華書局〔香港〕有限公司，2015），頁 132–133。

七姐洞

沙螺灣村位於大嶼山西北部，三面環山，臨近東涌。清嘉慶二十四年（1819 年）編纂的《新安縣志》已有「沙螺灣村」的記錄。村內住有李、文、張、陳、劉、鄭和關等七姓人，其中李、文二姓為大姓。人口最旺盛時，村內曾有逾千名村民。他們昔日主要以務農和捕魚為生。該村古時是香港兩大香樹種植地之一。

村後有一個隱蔽的山洞，名為「七姐洞」，據稱很久前有七名少女在此被迫害致死。該處山高林密，很適合作為游擊隊的掩蔽地。1944 年 5 月 28 日至 6 月 5 日，日軍大掃蕩期間，部份游擊隊員曾在洞內匿藏。洞穴壁上有許多蜈蚣在爬行，威脅游擊隊員的安全。當時游擊隊員只能以乾糧充飢，乾糧耗盡時就只得在洞穴附近採摘野生植物（如酸味葉、假菠蘿等）作糧食，以泉水解渴。不少羣眾假借上山砍柴，帶糧食上山，放在事前跟游擊隊員約好的地方，令游擊隊能堅持與日軍抗爭。

港九大隊副大隊長魯風亦曾到該洞穴與黃高陽一同商量反掃蕩的戰略部署。經過十多天掃蕩，日軍已疲憊不堪，魯風認為游擊隊應利用此良機主動出擊。在日軍撤退之際，部隊的骨幹成員馬上在伯公坳召開會議，以總結粉碎日軍大掃蕩的經驗教訓，並部署日後的工作。他們據此達成一致意見後，隨即改變作戰策略，主動出擊。在羣眾的支持下，游擊隊集中兵力，出擊分散在各村落的日軍，成功殲滅敵偽軍及一批漢奸、特務，為日後的抗戰勝利奠下穩固的基礎。[10]

資料來源：

1. 《港九獨立大隊史》編寫組：《港九獨立大隊史》（廣州：廣東人民出版社，1989），頁81。
2. 王江濤：〈海島風雲錄 —— 大嶼山抗日游擊戰紀實〉，載王江濤：《江濤詩文集》（非賣品，2001），頁47、93。
3. 廣東省地方史志辦公室輯：《廣東歷代方志集成》廣州府部〔二十六〕【嘉慶】舒懋官修、王崇熙纂：《新安縣志》，卷二〈輿地略一・都里〉，廣州：嶺南美術出版社，2006年，第238頁。
4. 鎮南：《一九四四上半年軍事總結》，頁33。

藍輋村岩洞

藍輋村位於大嶼山東涌古城附近，鄰近稔園及石榴埔村。村民為李姓，十四世祖由內地遷往新安縣烏蛟騰開基立業，其後人後來遷至藍輋村定居繁衍至今。

抗戰時期藍輋村村民曾在藍輋村背後不遠的岩洞躲避土匪和日軍。1944年5月日軍大規模掃蕩大嶼山，大嶼山中隊民運人員陳紹明和交通員莫慶友得到村民的支持，隱蔽在該岩洞十多天。石榴埔村的阿牛嫂[11]和藍輋村的阿吉姑冒生命危險，送軍事情報、炒米飯或米飯給二人，使他們能一直堅持到日軍撤退，安全返回部隊。

10 研究團隊曾多方設法向當地村民打聽，但至今無人能夠提供七姐洞的確實位置。

11 陳紹明的回憶文章中記述牛嫂名為鄧發娣，牛嫂曾參加游擊隊辦的識字班，又曾用生草藥救治生病的陳紹明；但工作團隊查問石榴埔村一些年長村民，無人聽過此名字，村內亦無鄧姓婦女。村民所認識的牛嫂全名為李牛妹，李牛妹8歲從烏蛟騰移居到藍輋村，後嫁至石榴埔村，村內人稱她為牛妹嫂。李牛妹是村內罕見的識字婦女，擅用艾灸、山草藥幫村民治病，工作團隊判斷她很大機會就是牛嫂。

藍輋村岩洞入口（攝於 2022 年 5 月）

藍輋村村代表李業興（右二）講述藍輋村岩洞的歷史。（攝於 2022 年 5 月）

藍輋村的岩洞位於村後的叢林之中，進村後向左走約 3 分鐘可到達，地理位置為 22°16'24.4"N 113°55'34.8"E。據村代表李業興介紹，岩洞由兩塊巨型大石組成，中間有一條罅隙可以進去藏身，以往至少可容納 10 多人。據本書工作團隊 2022 年 5 月 22 日實地考察，石洞至少有 6 米高，外面長滿雜草，入口清晰可見，內裡被滾落的石頭填充了大部份空間。

資料來源：

1. 陳紹明：〈大嶼山島婦女二三事〉（載於廣東青運史研究委員會研究室、東縱港九大隊史徵編組：《回顧港九大隊（下集）》，廣東：廣東省委辦公廳勞動服務公司印刷廠，1987），頁 192–194。
2. 《港九獨立大隊史》編寫組：《港九獨立大隊史》（廣州：廣東人民出版社，1989），頁 127–128。
3. 〈藍輋村村代表李業興、前村代表李業葵訪談錄〉，2022 年 5 月 25 日於藍輋村。訪問員：嚴柔媛。
4. 〈石榴埔村村代表羅展權、羅禮詞、村民羅麗言、黃禮娥等訪談錄〉，2022 年 6 月 10 日於石榴埔村。訪問員：嚴柔媛。

寶蓮寺魯風養病石屋

寶蓮寺坐落於大嶼山的昂坪高原，位處鳳凰山和彌勒山之間，是香港著名的古剎之一，歷史悠久。該寺始建於清光緒三十二年（1906 年），最初的名字為「大茅蓬」，大悅、頓修及悅明三位禪師為其開山祖師，1924 年正式改名為「寶蓮禪寺」，一直沿用至今。

寶蓮寺山坡上魯風養病時居住的小石屋（劉蜀永攝）

寶蓮寺後山有一所石屋，為抗戰時期港九大隊副大隊長魯風的養病之所，從寺廟徒步走去約需 20 分鐘。地圖定位顯示，魯風養病石屋的位置為 22°15'27.9"N 113°54'31.9"E 。

魯風本在鳳凰山北麓地塘仔庵堂裏養病，後來因走漏風聲，日軍包圍庵堂進行搜索，遂輾轉來到寶蓮寺調養身體。1944 年，日軍掃蕩大嶼山期間，來到寺院搜查。寶蓮寺住持筏可大師安排魯風化裝成僧人，隨數百名僧人和居士在「大圓滿覺」殿內聽其講經。講經結束後，日軍將刀架在筏可大師脖子上，並毒打他，追問化名何先生的魯風的下落。筏可大師鎮定自如、守口如瓶，終令魯風得以脫險。

資料來源：

1. 王江濤：〈憶筏可大師〉，載王江濤：《江濤詩文集》（非賣品，2001），頁 153。
2. 王江濤：〈憶魯風同志〉，載廣東青運史研究委員會研究室、東縱港九大隊史徵編組：

《回顧港九大隊（上集）》（廣東：廣東省委辦公廳勞動服務公司印刷廠，1987），頁48–55。

3. 深圳市寶安區人民武裝部、深圳市寶安區檔案局（館）、深圳市寶安區史志辦公室：《寶安軍事人物》（北京：中國文史出版社，2007），頁81。
4. 陳達明：《香港大嶼山抗日游擊隊》（廣州：廣州出版社，2015），頁36–39。
5. 寶蓮禪寺：《福澤百年　寶蓮禪寺》（香港：知出版社，2014），頁22。

寶蓮寺大雄寶殿

寶蓮寺舊有的大雄寶殿「大圓滿覺」於1928年落成，供奉釋迦大佛及迦葉、阿難二尊者金像。1963年，由於往來參拜的信眾日多，舊有佛殿不敷應用，遂開始籌備擴建工程，至1970年大雄寶殿正式落成。經重修的大殿為七開間面寬、三開間進深，樓高二層，下層增設觀音殿和羅漢堂。大殿中央三開間供奉釋迦牟尼佛、藥師如來佛和阿彌陀佛，側左右兩間分別為弟子迦葉與阿難。大殿下方為羅漢堂，內供奉觀世音菩薩、文殊菩薩與普賢菩薩，並有五百個羅漢像。

建築形制上，大殿基本上以明清北京故宮式樣為藍本，如重簷歇山頂、黃色琉璃瓦屋面與屋脊的獸吻等皆是顯例，但在局部的立面細部與裝飾上亦表現出閩南式的地方建築風格，如不設簷柱，以前後八根八角形石柱作替代。

寶蓮寺舊大雄寶殿「大圓滿覺」

大雄寶殿今貌

1944 年日軍掃蕩大嶼山期間，港九大隊副大隊長魯風匿藏在寶蓮寺養病。日軍來寺院搜查時，寶蓮寺住持筏可大師安排魯風化裝成僧人，隨數百名僧人和居士在「大圓滿覺」殿內聽其講經。日軍進行搜查時，魯風鎮靜如常，閉目合掌誦經，待講經結束、聽眾魚貫離場後，隨即繞過方丈室往後山覓地掩蔽。此時，日軍追趕到方丈室對筏可大師進行盤問。為掩護魯風，即使日軍以刀相逼及毒打他，他卻始終鎮定自如，沒有透露其半點行蹤，令魯風得以脫險。

資料來源：

1. 王維仁：〈建築特色〉。https://www.plm.org.hk/architecture.php?mainnav=1
2. 陳達明：《香港大嶼山抗日游擊隊》（廣州：廣州出版社，2015），頁 37–38。
3. 王江濤：〈憶筏可大師〉，載王江濤：《江濤詩文集》（非賣品，2001），頁 153。

了見尼姑墓

了見尼姑墓位於寶蓮寺後山，地圖定位顯示的位置為 22°15'27.6"N 113°54'33.6"E，從寺廟徒步走去約需 15 分鐘。

了見尼姑原籍廣東省順德縣，生卒年份不詳。她在幼年開始接受教育，青年時曾跟隨資產階級民主革命派上層人士，為人通情達理，具有民族意識和愛國思想，及後時運不濟，命運多舛，削髮為尼。

抗戰期間，了見尼姑曾協助港九大隊副大隊長魯風匿藏，使其逃過日軍的追捕。1942 年，魯風任港九大隊副大隊長，與政訓室主任黃高陽分片領導指揮沙頭角、上水、大埔、粉嶺、元朗、荃灣、大嶼山的戰鬥，但在不久後便患上肺結核病。經治療後雖已痊癒，身體卻仍舊虛弱。為專心調養，他於 1943 年初夏離開大隊部，到大嶼山區地塘仔了見尼姑的庵堂療養。

地塘仔位於鳳凰山北麓的谷地，交通便利，北距東涌街六、七華里，西距僧尼聚居地昂坪三、四華里，距大澳鎮約十華里，同時又是通往水口、塘福、石壁、大浪的必經之路，加上到處林木蔽日，小徑縱橫，風景優美，環境雅靜安定，是休養的理想地方。

了見尼姑墓（劉蜀永攝）

了見尼姑俗姓何，為便於掩護，魯風易名為「何方來」，與其以姑姪相稱，外間的人則稱他為「何先生」。休養期間，他與了見尼姑融洽相處。即使了見尼姑發現他游擊隊員的身份後，也沒有將其逐離，反而更於言談之間表示支持和肯定：「國家興亡，匹夫有責」。

經半年休養後，魯風逐漸恢復健康，為減輕了見尼姑的負擔，遂搬離庵堂，到附近一所空置的房子居住。1944 年 4 月間，因走漏風聲，日本憲兵隊包圍搜索庵堂。幸得了見尼姑幫忙，魯風及時躲進秘密石洞，並在六姑的陪同下從小路撤至寶蓮寺，避過了日軍的搜查。

資料來源：

1. 王江濤：〈憶魯風同志〉，載廣東青運史研究委員會研究室、東縱港九大隊史徵編組：《回顧港九大隊（上集）》（廣東：廣東省委辦公廳勞動服務公司印刷廠，1987），頁 48–55。
2. 陳達明：《香港大嶼山抗日游擊隊》（廣州：廣州出版社，2015），頁 36。
3. 魯風：〈抗日戰爭時期的大嶼山島〉，《大公報》。
4. 王江濤：〈憶筏可大師〉，載陳達明：《香港大嶼山抗日游擊隊》（廣州：廣州出版社，2015），頁 36–39。

筏可大師墓園

筏可大師墓園（劉蜀永攝）

筏可大師墓園位於寶蓮禪寺萬佛寶殿後方。筏可大師於1893年出生，原名李寶生，廣東省南海縣人，20歲時在肇慶鼎湖山慶雲寺薙度出家，法名昌其，字印載，號筏可。他於1916年起四出遊學，1924年遊歷至香港，並在青山屯門建禪修靜室，名曰「如是居」。1930年，他出任寶蓮寺第二任住持，是任期最長的一位住持，長達42年。他出任住持後，着手籌建十方叢林，相繼興建禪堂、客堂、地藏殿、真香閣、指月堂、韋馱殿、彌勒殿、般若堂、清心堂、妙德樓、愛道堂等殿宇樓閣，寺廟日漸完備。1972年4月圓寂，世壽80歲。

筏可大師在香港及華南佛教界都有一定的影響力，抗戰期間，日軍成立華南佛教會，多次威迫利誘筏可大師出任副會長，企圖借助其名望來控制佛教界，均遭其嚴詞拒絕。當時游擊隊活躍於大嶼山區一帶，筏可大師暗中支持游擊隊的工作，掩護僧尼協助游擊隊，並捨命營救港九大隊副大隊長魯風。

資料來源：

1. 寶蓮禪寺：《福澤百年　寶蓮禪寺》（香港：知出版社，2014），頁47–56。
2. 陳達明：《香港大嶼山抗日游擊隊》（廣州：廣州出版社，2015），頁37–38。
3. 王江濤：〈憶筏可大師〉，載王江濤：《江濤詩文集》（非賣品，2001），頁153。

劉春祥抗日英雄羣體紀念碑

劉春祥抗日英雄羣體紀念碑位處屯門龍鼓灘，是香港第三座大型抗戰紀念碑。1943 年 5 月一天夜晚，大嶼山中隊中隊長劉春祥帶領六名班排骨幹，乘坐帆船準備到大嶼山對岸的龍鼓灘一帶開展工作。在沙洲、龍鼓洲一帶海域突然遭遇兩艘日軍炮艇伏擊。劉春祥等乘坐的帆船不論火力、航速皆處於劣勢。經過激烈的戰鬥，木船被擊沉，劉春祥、曾可送、林容、汪送、譚金火、溫發、劉佳等七位戰士和船家梁克一家五口壯烈犧牲。

1997 年 7 月 3 日，港九大隊老戰士來到龍鼓灘村海邊，遙望沙洲、龍鼓洲，憑弔犧牲的戰友，並希望能夠立碑紀念他們。

2020 年 9 月 2 日，經黨中央、國務院批准。國家退役軍人事務部將劉春祥等 12 名龍鼓洲犧牲英烈，列入第三批 185 名著名抗日英烈英雄羣體名錄。其後，新界鄉議局、東江縱隊歷史研究會、香港廣州社團總會和原東江縱隊港九獨立大隊老游擊戰士聯誼會等愛國團體，聯同嶺南大學香港與華南歷史研究部積極推動在屯門龍鼓灘興建劉春祥抗日英雄羣體紀念碑，先後得到時任香港中聯辦主任駱惠寧批示及屯門民政事務處大力支持。

2021 年 3 月，鄉議局組織有關愛國團體、學者和龍鼓灘村代表到龍鼓灘現場考察，並選擇龍鼓灘海旁小山上的中華白海豚瞭望台為立碑地點。選擇在龍鼓灘立碑，原因在於這裏是當年劉春祥抗日英雄羣體計劃登岸的地方，而龍鼓灘又是一個有愛國傳統的村莊，在抗戰時期劉治平、劉發仔等多位村民曾參加港九大隊抗戰。

2021 年 6 月初，屯門民政事務處鄉郊小工程計劃撥款 350 萬港元（後追加為 500 萬港元），用以興建劉春祥抗日英雄羣體紀念碑，並負責日後維修保養。屯門民政事務處與新界鄉議局等愛國團體和學者組成籌備小組，多次開會討論、修改紀念碑設計方案，邀請劉智鵬、劉蜀永兩位香港史專家撰寫碑

龍鼓洲、沙洲海面（劉春祥等烈士遇難處）

2021 年 5 月，香港廣州社團總會等愛國團體 100 餘人，出海祭奠劉春祥抗日英雄羣體。（香港廣州社團總會照片）

文，劉智鵬教授題寫碑名。紀念碑背面刻有港九大隊大嶼山中隊指導員王江濤在其《江濤詩文集》以詩記述劉春祥等 12 位英烈在龍鼓洲海上戰鬥的事跡。

2023 年 4 月底，紀念碑順利竣工落成。同年 5 月 9 日，劉春祥抗日英雄羣體紀念碑揭幕典禮在屯門龍鼓灘隆重舉行。

劉春祥抗日英雄羣體紀念碑

資料來源：

1. 《港九獨立大隊史》編寫組：《港九獨立大隊史》（廣州：廣東人民出版社，1989），頁 76–78。
2. 劉蜀永：〈劉春祥抗日英雄羣體的故事〉，原載《今日中國》（香港出版）2021 年 7 月號。
3. 新界鄉議局編：《劉春祥抗日英雄羣體紀念碑揭幕典禮紀念特刊》（2023）。
4. 漁農自然護理署：《沙洲及龍鼓洲》。

長洲醫院

長洲醫院位於長洲島東灣，1932 年由南洋華僑企業家胡文虎、胡文豹兄弟以聖約翰救傷會名義資助興建，因此又名「虎豹醫院」。醫院於 1934 年竣工，啟用以來，一直為長洲居民提供醫療服務，現由醫院管理局負責營運和管理。

長洲醫院

1937 年，中國共產黨在長洲島建立了基層組織，以組織青年文體活動名義，向香港政府登記註冊社團「新青體育會」。該體育會在黨的秘密領導下，成為重要羣眾組織，經常舉辦抗日救亡的宣傳活動，積極凝聚抗日力量。

1941 年 12 月，日軍進攻香港，駐守長洲的英軍隨即撤離。島上一位劉姓富商組織自衞團，自任大隊長，下設五個小隊，「新青體育會」為第二小隊，隊部設於長洲醫院。醫院靠近海邊，便於船艇進出，亦具隱蔽性。自衞團通過購買方式收集步槍 100 多支、手槍 30 多支，秘密存放於醫院內（醫院當時是育嬰院和兒童難民收容所）。武器由醫院外的海灘下海運送，先轉移至大嶼山大浪村，再由漁船偷運至元朗，人員則從陸路前往元朗集結。根據廣東人民抗日游擊隊的指示，該批人員在元朗組成了短槍隊及長槍隊，這批武器為人員在日後的抗戰行動中發揮了重要作用。

戰後，長洲醫院經政府重修作為郊區醫院和肺結核療養院，專門收治病況輕微或康復中的肺病患者。1974 年，長洲醫院側加建了新翼，以設辦門診部。2010 年 1 月 22 日，長洲醫院獲香港政府古物諮詢委員會列為三級歷史建築。

資料來源：

1. 陳亮明：〈香港抗日戰爭期間我在長洲、廣東抗日遊擊縱隊和港九大隊大嶼山中隊所經歷的一段鬥爭歷史〉，1983 年 5 月 21 日。
2. 王玉珍：〈香港長洲抗日遺址〉，2025 年 4 月 22 日。
3. Antiquities Advisory Board: Historic Building Appraisal, No. 611, St. John Hospital (Haw Par Hospital), Cheung Chau Hospital Road, Cheung Chau.

長洲浸信會堂

長洲浸信會堂位於長洲新興後街 97 號。1843 年，北美浸信會牧師粦為仁（William Dean）乘船來往泰國和汕頭途中，在長洲停泊。當時不少潮籍漁民在長洲東灣北部一帶聚居，因粦為仁通曉潮州話，遂展開宣教工作，並創立長洲浸信會。1872 年，陳時珍牧師獲委派管理該教會，並在任內興建會堂。1950 年冬天，長洲浸信會把原有會堂拆卸，原址重新修建新會堂。

重建前的長洲浸信會堂正門

重建後的長洲浸信會堂（王玉珍攝）

1942 年 1 月 15 日，中共地下黨員謝一超（海豐人）護送知名人士何香凝、柳亞子一行人，由香港海陸豐同鄉會出發，當日抵達長洲。據柳亞子回憶，謝一超與長洲教會有聯絡，因此安排何香凝、柳亞子等人暫住於長洲一個教會。翌日，眾人從長洲坐船出海，但出海後因無風助力，船在海上漂流近七天才漂到牛尾海海面，幸而他們後來遇上游擊隊的巡邏船，獲贈予糧食接濟，最終於海豐安全登陸。2025 年 4 月，港九大隊後人王玉珍等實地訪問長洲當地年長鄉紳，判斷何香凝、柳亞子當年住過的教堂是長洲浸信會堂。

資料來源：

1. 柳亞子：〈八年回憶〉，載《自傳・年譜・日記》（上海：人民出版社，1986），頁 235–236。
2. 王玉珍：〈香港長洲抗日遺址〉，2025 年 4 月 22 日。
3. 莫若夢：《長洲浸信會史略》（香港：長洲浸信會文安部，1972）。

長洲官立中學舊座

長洲官立中學（前身為長洲中英文學校）創立於 1908 年。1928 年，該學校於長洲學校路 5 號 B 的永久校舍落成，該建築樓高兩層，由紅磚建造，展現出愛德華時代的建築風格。

長洲官立中學舊座

日佔時期，日軍曾將長洲官立中學校舍用作軍事總部，校務中斷。1945 年 8 月 15 日，日本宣佈無條件投降。長洲島上日軍逐漸撤退，港九大隊大嶼山中隊與長洲偽警察團內部的地下工作者文鑒芬、何福威等聯絡，指派他們遊說偽警早日繳槍投降。8 月 25 日，港九大隊大嶼山中隊進駐長洲，駐紮於該校校舍內，期間接受島上全體偽警投降，成功解除他們的武裝，收繳 20 多支步槍及一批彈藥。此外，部隊還打擊漢奸、特務及土匪勢力，維持地方治安；同時，協助居民組織成立長洲居民協會及漁民協會，積極保護人民生命財產安全，贏得當地羣眾的熱烈歡迎與廣泛支持。同年 10 月，大嶼山中隊奉命撤出長洲。

戰後，學校重開復課，並於 1961 年正式命名為「長洲官立中學」。隨着兩座新校舍分別於 1968 年及 1998 年落成，舊座校舍改作教員室等用途。2009 年，長洲官立中學舊座被香港古物諮詢委員會列為二級歷史建築。

資料來源：

1. 《港九獨立大隊史》編寫組：《港九獨立大隊史》（廣州：廣東人民出版社，1989），頁 183－184。
2. 中共深圳市委黨史辦公室東縱港九大隊隊史徵編組：《東江縱隊港九大隊六個中隊隊史》（深圳：深圳市印刷廠，1986），頁 29－30。
3. Antiquities Advisory Board: Historic Building Appraisal, No. 536, Cheung Chau Government Secondary School - Old Block & Caretaker's Residence No. 5B School Road, Cheung Chau
4. 王江濤：〈海島風雲錄—大嶼山抗日游擊戰紀實〉（載王江濤：《江濤詩文集》，非賣品，2001），頁 76－78。
5. 王玉珍：〈香港長洲抗日遺址〉，2025 年 4 月 22 日。
6. 《長洲官立中學百周年校慶特刊》（香港：長洲官立中學，2008），頁 31。
7. 〈邱特輝訪談錄〉，香港大學亞洲研究中心，香港大學社會學系：香港口述歷史檔案 2001－2004，檔案編號 151。
8. 〈2024 年 11 月 25 日長洲考察記錄〉。

4、其他地區篇

楊家村適廬

適廬位處新界元朗十八鄉楊家村，由楊氏兩兄弟楊衞南及楊竹南[12]於1933年開始建造。二人祖籍廣東省梅縣，客家人，早年曾到印尼從商，其後回到香港覓地建屋。「適廬」之名，寓意安適：「適居仁里　廬境人羣」。當時楊家村是廣東省梅縣客家人的聚居地，他們大多曾僑居印尼，來港後以務農和畜牧為生，收成後一般到元朗舊墟販賣。

適廬由門樓、主樓及附屬建築物三部分組成，附屬建築物用作存放農具和飼養豬隻，合共兩個廳、十間房間及兩個廚房，空間闊大。建築形制上，它屬於客家圍龍屋，興建後恰逢日軍入侵，未能興建傳統客家屋的池塘和圍屋。正堂和前堂兩旁設有堂屋間，主廳兩側亦分別設有橫屋間，以天井作分隔，為雙堂雙橫的橫堂屋設計。佈局上，建築物採用了中軸線設計，左右對稱，由入口至祠堂呈明顯的中軸線，家祠「敦敬堂」為中心所在。祠內掛有「敦儉敦勤敦友敦恭敦禮儀，敬天敬地敬宗敬祖敬爹孃」的對聯，因未有正式舉行入伙儀式，故未有擺放牌位，但拜祭祖先的習慣依舊如常。

據楊竹南的姪兒楊永光及姪孫楊基輝所講，適廬基本上仿照梅縣楊家故

12　楊衞南及楊竹南二人為堂兄弟。1933年，二人在楊家村買入土地建屋，至1939年，房屋所有部分才完工。楊衞南於抗戰爆發前已離世。

適廬外景（蘇萬興攝）

楊竹南的房間，游擊隊曾留宿於此。

居的格局和設計而建。大屋的正門非正向，而是朝着家鄉梅縣；房屋內外掛上的門聯、對聯及畫作，都與梅縣有關，如對聯「時逢荊棘為後起遠懷東土室築於所，家住梅山想前人利逐南方萍蹤靡定」及祠堂內的畫作等，均反映出楊衞南及楊竹南二人對故鄉的思念。

祠堂外側的廂房，游擊隊曾留宿於此。

日佔時期，楊竹南曾將適廬借予游擊隊，作為秘密大營救的中轉站，以及港九大隊元朗中隊的據點。他深受隊員尊重，被尊稱為「楊伯」。當時約有一二百名游擊隊員來到適廬，職位較高的一般住在楊竹南的房間及祠堂外側的廂房。游擊隊將槍械存放在祠堂，因手槍走火曾在牆壁上留下彈痕，雖已用紅毛泥填平，仍舊清晰可見。不少著名的抗日文化和民主人士亦曾於該處留宿。秘密大營救的見證者楊奇在回憶營救行動時曾多次提到元朗有一個交通站，茅盾、鄒韜奮等文化人獲營救時曾途經此地；文化人胡耐秋在回憶文章裏，亦提到她曾於元朗一個宅院留宿。該宅院實際上是游擊隊的活動據點，他們提到的交通站和宅院很可能就是適廬。適廬房多地方寬、地形好，後面小山上放個瞭望哨可監視元朗來路。

1942 年夏秋間，因走漏風聲，日軍曾前來進行掃蕩，游擊隊早已聞訊，迅速攜同槍械撤離，往屋後的擔柴山藏匿起來。日軍尋找游擊隊不果後，便將楊竹南帶走問話，於元朗市區囚禁近一個多月。楊竹南當時已年近六旬，日軍對他施以吊打、餓肚、灌水等嚴刑，企圖逼他說出游擊隊的事。但楊竹南人老骨頭硬，氣節高，一口咬定自己是華僑、外地人在此定居、耕種，不知道游擊隊之事。日軍最後只得將他釋放。不久，譚鐵流指導員再帶武工隊來到楊屋，他慰問楊竹南，又向楊竹南了解被囚時的情況。雖然楊竹南受了不少苦，但仍然如以往般熱情地接待游擊隊。[13] 後來，楊竹南舉家重回印尼僑居，直至終老。

2004 年，適廬曾經重修，但舊貌依然，目前仍有部分楊氏後人居住其中。由於適廬具建築、歷史、文化、社會等多方面價值，它於 2010 年被古物諮詢委員會評為二級歷史建築。2018 年，適廬主樓獲歷史建築維修資助計劃資助，屋頂及牆身畫作均經修繕。

資料來源：

1. 《港九獨立大隊史》編寫組：《港九獨立大隊史》（廣州：廣東人民出版社，1989），頁 159－160。
2. 中共深圳市委黨史辦公室東縱港九大隊隊史徵編組：《東江縱隊港九大隊六個中隊隊史》（深圳：深圳市印刷廠，1986），頁 139。
3. Antiquities Advisory Board: Historic Building Appraisal, No. 509, Sik Lo, Yeung Ka Tsuen, Shap Pat Heung, Yuen Long, N. T.
4. 胡耐秋：〈脫離險境奔赴東江游擊區〉，載廖承志：《勝利大營救》（北京：解放軍出版社，1999），頁 312。

---

13 《港九獨立大隊史》編寫組：《港九獨立大隊史》（廣州：廣東人民出版社，1989），頁 159－160；訪問楊竹南姪兒楊永光及孫兒楊基輝，訪問日期：2019 年 12 月 21 日，訪問員：吳端雯。

5. 〈楊竹南姪子楊永光及孫兒楊基輝訪談錄〉，2019 年 12 月 21 日於新界元朗十八鄉楊家村。訪問員：劉蜀永、吳端雯。
6. 楊奇：〈虎穴搶救〉，載廖承志：《勝利大營救》（北京：解放軍出版社，1999），頁 64。
7. 楊奇：《香港淪陷大營救》（香港：三聯書店〔香港〕有限公司，2014），頁 97。

山下村達仁書室

山下村是元朗區一條村落，隸屬屏山鄉，居民姓張。抗戰時期，元朗地區的民運隊員在山下村組織游擊小組，是元朗地區五個游擊小組之一，也是人數最多的一個。山下村也成為港九大隊對敵鬥爭的據點。軍民之間建立了深厚感情。1945 年 1 月，為掩護游擊隊員陳瑞，村民張金福被日軍折磨至死，獻出了年青的生命。

山下村達仁書室今貌

山下村村民張耀明說，抗戰時期游擊隊員會在村裏兩間書室聚集會議。兩間書室鄰近村內的張氏宗祠，位於內巷，位置較隱蔽，而且靠近山邊，有需要時可立即撤離到山上。游擊隊隊員會經由宗祠後方的內巷來往兩間書室，以免被敵人發現。其中一間書室是達仁書室，建於 1919 年，是山下村達仁祖的家祠。現時門牌號碼為山下村 226 號。

主要參考資料：

1. 《港九獨立大隊史》編寫組：《港九獨立大隊史》（廣州：廣東人民出版社，1989），頁 130–131。
2. 中共深圳市委黨史辦公室東縱港九大隊隊史徵編組：《東江縱隊港九大隊六個中隊隊史》（深圳：深圳市印刷廠，1986），頁 128–129，132–133，138–139。
3. 〈山下村村民張耀明訪談錄〉，2021 年 6 月 13 日。訪問員：劉蜀永、吳端雯。

九龍彩雲邨牛房古榕

黃大仙牛池灣彩雲邨有一株古榕樹，屹立至今。日佔時期，日軍曾在該處設立崗哨，扼守着九龍通往西貢的要道。

位於彩雲邨彩雲商場入口前休憩處的古榕樹（攝於 2020 年 11 月）

該崗哨不但令游擊隊活動備受限制，更影響當地民眾的生活。駐守該處的日軍肆意對往來的行人搜身，不少婦女備受凌辱，民眾恨之入骨。1944 年 4 月 13 日，為拔除該崗哨，劉黑仔、鄧賢、黃青、黃庚福、劉連、丘貴等決定進行突襲。劉黑仔等人偽裝成趕墟的農民，走近崗哨，其中丘貴更裝扮成客家婦女。正當日軍伍長從崗哨走下來，打算要調戲丘貴，劉黑仔便立即對伍長開槍，將其當場擊斃。成功拔除崗哨外，游擊隊亦繳獲大批槍械，包括短槍一支、中正步槍一支和英式步槍四支等，大大充實了軍事儲備。

該榕樹可說是歷史的重要見證。它的具體位置就在彩雲邨彩雲商場入口前的休憩處，實際樹齡雖不可考，但自抗戰時期屹立至今，歷史相當悠久。它高約 18 米，樹冠約 26 米，樹幹直徑達 2776mm。基於樹齡及歷史意義等因素，它於 2004 年被列入香港《古樹名木冊》。

資料來源：

1. 《古樹名木冊》。
2. 〈活動於西貢、沙田坑口的手槍隊〉，載廣東青運史研究委員會研究室、東縱港九大隊史徵編組：《回顧港九大隊（上集）》（廣東：廣東省委辦公廳勞動服務公司印刷廠，

1987），頁 159－160。

3. 《港九獨立大隊史》編寫組：《港九獨立大隊史》（廣州：廣東人民出版社，1989），頁 46。
4. 張黎明：《記憶的刻度：東縱的抗戰歲月》（北京：羣眾出版社，2006），頁 221。
5. 陳達明：《香港抗日游擊隊》（香港：環球〔國際〕出版有限公司，2000），頁 64－65。
6. 徐月清：《東江縱隊港九獨立大隊抗戰遺址尋蹤及大營救路線》（香港：香港工會聯合會，2011），頁 9－10。

美軍飛行員藏身的炭窰和石洞

1944 年 2 月 11 日，中美空軍混合團空軍飛行員指揮兼教官克爾中尉在率領戰鬥機為轟炸香港啟德機場的轟炸機護航的戰鬥中，戰機被日軍擊中，他跳傘逃生。港九大隊年輕交通員李石送信途經此地，發現受傷的克爾。雖然語言不通，但李石臨危不亂，一直比手畫腳，引領克爾逃離日軍追捕，並下山向部隊報告。芙蓉別村村民將克爾隱藏在觀音山村與該村之間的一所炭窰。港九大隊派民運幹事李兆華前去安撫科爾。短槍隊隊長劉黑仔通過村民送去食品、衣物，並要求保證克爾安全。

克爾兒子戴維坐在他父親當年藏身的大石洞前面，攝於 2014 年 2 月 15 日。

觀音山村與芙蓉別村之間的一處炭窰。東江縱隊歷史研究會放置指示牌，說明這裏是當年克爾藏身之處。

當時日軍嚴密封鎖西貢、沙田一帶，派出千餘人搜捕克爾。1944 年 2 月 18 日，劉黑仔等護送克爾轉移，安排陳勳等六名游擊隊員和村民陪同克爾在石壟仔村的山洞藏匿了兩個星期。克爾教游擊隊員説英語，游擊隊員教他説一些廣東話。

資料來源：

1. 唐納德・克爾著，李海明、韓邦凱譯，東江縱隊歷史研究會、深圳海德文化傳播有限公司合編：《克爾日記：香港淪陷時期東江縱隊營救美國飛行員紀實》（香港：香港科技大學華南研究中心，2015），頁 22－24 、50 、54 、65－66 。
2. 《東江縱隊志》編輯委員會：《東江縱隊志》（北京：解放軍出版社，2003），頁 145 。

四 人物志

馮芝（1883－1944）

馮芝，廣東順德人。她是市區中隊中隊長方蘭的母親，很支持方蘭參與抗戰工作，並主動當義務交通員，時常冒生命危險傳送情報。方蘭在回憶母親的文章曾寫道：「母親十分樂意做這些事情……當我要去找隊員並一起帶宣傳品時，母親就一定要由她帶着宣傳品，以防敵人突擊檢查。我深深感受到：她隨時準備以自己的生命換我的安全」。

1944 年 3 月 17 日上午，女交通員袁益（又名「亞四」）奉命將一批宣傳品送往隊員伍慧珍的家，準備由伍慧珍分發給市區各個游擊小組散發或張貼。馮芝眼見袁益年紀尚輕，經驗不足，便主動請纓，陪同她一起執行任務。送交情報後，伍家讓他們幫忙帶回一些情報。馮芝遂偽裝成水客，替人帶新衣，將重要情報縫在自己的衣服裏，其他情報則藏於籃子、衣袋，帶同袁益一起渡海。

二人下午途經亞公岩哨所時不幸被捕，被押到筲箕灣憲兵隊的囚室。日軍從馮芝的衣服裏搜出暗藏的情報，其中有替日本海軍修船、造船的日立造船廠銅鑼灣分廠（即原敬記船廠）的情報，從字跡和內容查到潛伏在該處工作的女游擊隊員張詠賢，隨即將她逮捕。幾天後，袁益和馮芝二人亦被送到日本憲兵總部。游擊隊員曾制定行動方案，準備武力營救，但為避免造成更大的犧牲，方蘭強忍悲痛，制止了營救行動。

日軍在袁益身上搜不出證據，遂將其釋放；馮芝則一直被扣留。她在獄中多番遭酷刑折磨，卻始終守口如瓶。同年 6 月 22 日，馮芝和張詠賢被日軍殺害，在香港加路連山就義，馮芝犧牲時是 61 歲。及後，馮芝的兄長冒險將馮芝的屍體用木箱埋葬在刑場附近，後再移葬於沙嶺墳場。

方蘭在回憶母親的文章曾寫道：「母親被關在獄中的日日夜夜，我是十分悲痛的，那時候工作任務繁重，精神很緊張，只有在夜深人靜的時候，想着母親可能病倒或在受刑，心如刀割，又想到年老體弱的父親，如何面對失去朝夕相對的老伴的沉重打擊。唯一能寬慰自己的，是母親的愛國行為，完全出於自願，我要用行動報答母親的愛，眼淚往肚裏流，集中精神部署明天的戰鬥，狠狠地打擊敵人為母親報仇」。

2020 年 9 月 2 日，中華人民共和國退役軍人事務部將馮芝烈士列入第三批 185 名著名抗日英烈英雄羣體名錄，以表彰其對抗戰作出的貢獻。

資料來源：

1. 《港九獨立大隊史》編寫組：《港九獨立大隊史》（廣州：廣東人民出版社，1989），152–154。
2. 中共廣東省委黨史研究室、廣州地區老游擊戰士聯誼會、廣州地區老游擊戰士聯誼會東江縱隊分會、廣州市東江縱隊研究會：《東江縱隊英烈集》（廣州：廣州地區老游擊戰士聯誼會東江縱隊分會，2013），頁 80–81。
3. 方蘭：〈我的母親〉（載原東江縱隊港九獨立大隊老游擊戰士聯誼會：《永誌難忘的一頁》，香港：原東江縱隊港九獨立大隊老游擊戰士聯誼會編輯組，2004），頁 127–132。
4. 《東江縱隊志》編輯委員會：《東江縱隊志》（北京：解放軍出版社，2003），頁 331–332。

鄧福（1884－？）

鄧福，香港新界西貢黃毛應村人，游擊隊員鄧振南的父親。他是西貢區內一位專醫奇難雜症的名醫。

1944 年 9 月 21 日，日軍到黃毛應村內進行掃蕩，但因未有發現游擊隊員的蹤跡，便將村民帶到村口教堂嚴刑逼供。為保障游擊隊員的安全，即使遭日軍施以火焚和其他酷刑，鄧福始終堅貞不屈，守口如瓶，最終脊骨嚴重受傷。他一切傷患全靠自醫，半年後雖已痊癒，但仍常感到背痛和腳步不穩。

資料來源：

1. 《港九獨立大隊史》編寫組：《港九獨立大隊史》（廣州：廣東人民出版社，1989），頁 129–130。

2. 《黃毛應村原居民登記冊》，2009。
3. 鄧振南：〈不屈的黃毛應人〉（載原東江縱隊港九獨立大隊老游擊戰士聯誼會：《永誌難忘的一頁》，原東江縱隊港九獨立大隊老游擊戰士聯誼會編輯組，2004），頁 135。
4. 劉智鵬、丁新豹：《日軍在港戰爭罪行：戰犯審判紀錄及其研究（上冊）》（香港：中華書局〔香港〕有限公司，2015），頁 56–57。

楊竹南（約 1884–？）

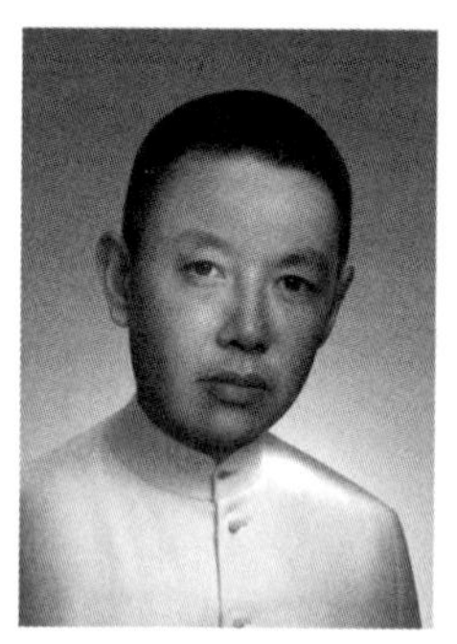

楊竹南，號賢裕，祖籍廣東省梅縣，客家人。他早年與堂弟楊衞南到印尼從商，1933 年回到香港覓地建屋，最終在元朗十八鄉楊家村買入一塊土地，建成一所名為「適廬」的房子。「適廬」之名，寓意安適：「適居仁里　廬境人羣」。

日佔時期，楊竹南曾將適廬借予游擊隊，作為秘密大營救的中轉站，以及港九大隊元朗中隊的據點，長達一年。曾在適廬居住、停留的文化人和游擊隊員當時約有一二百名。楊竹南深受隊員尊重，被尊稱為「楊伯」。

1942 年夏秋間，因走漏風聲，日軍曾前來掃蕩，游擊隊聞訊迅速攜同槍械撤離。日軍搜尋游擊隊不果，便將楊竹南帶走問話，於元朗市區囚禁近一個多月。楊竹南雖年近六旬，但面對嚴刑拷問，始終堅貞不屈。他死死咬定自己是個華僑，外地人，在此耕種，不知道有游擊隊。日軍找不到證據，最後只得將他釋放。及後，楊竹南舉家重回印尼定居。

資料來源：

1. 《港九獨立大隊史》編寫組：《港九獨立大隊史》（廣州：廣東人民出版社，1989），頁 159–160。
2. 〈楊竹南姪子楊永光及孫兒楊基輝訪談錄〉，2019 年 12 月 21 日於新界元朗十八鄉楊家村。訪問員：吳端雯。
3. Antiquities Advisory Board: Historic Building Appraisal, No. 509, Sik Lo, Yeung Ka Tsuen, Shap Pat Heung, Yuen Long, N. T.

老婆頭（約 1885 年－？）

老婆頭本名不詳，香港新界元朗八鄉大窩村人。

抗戰期間，老婆頭已年近六旬，獨居元朗。她待游擊隊員親如子女。民運區委吳江曾在該處留居，元朗區游擊隊的交通站曾設在她家裏。及後，因叛徒出賣，日軍到她家搜查，卻未能搜獲游擊隊員，便將老婆頭抓去。

拘押期間，老婆頭雖遭嚴刑拷打，卻始終堅貞不屈，守口如瓶。日軍將她綑綁在元朗墟鬧市，迫其指認游擊隊員。但老婆頭視死如歸，一連數天頭也不抬。日軍苦無對策，只好將她釋放。

資料來源：

1. 《港九獨立大隊史》編寫組：《港九獨立大隊史》（廣州：廣東人民出版社，1989），頁 130。

凌娘（1887－1981）

凌娘，字戊嬌，新界西貢昂窩村人，農家婦女。凌娘像母親對待兒女一樣無微不至地照顧游擊隊員，因而被稱為「游擊隊的母親」。1943 年初，女民運隊員梁雪英患上大熱症，病情嚴重得連醫師也不敢貿然開藥，凌娘得悉後卻馬上到屋後把芭蕉樹砍掉，搾汁來救治她。在凌娘的悉心照顧下，梁雪英得以逐漸康復，繼續進行抗日工作。梁雪英在她的回憶文章提及此事：「凌娘傾注了全部心血，為我採藥煎藥，日以繼夜守護着，終於把我救活了！是她給了我第二次生命」。梁雪英其後去了日軍駐地附近的村落進行宣傳工作，凌娘擔心她暴露身份，幫她裝扮成當地農家婦女的模樣。

抗戰時期，她一家上下都曾給予港九大隊有力的支援。長子劉己長常協助游擊隊刺探敵情，一有發現即上報部隊；其妻是婦女會會長，每當游擊隊員進村時，她便會動員每家送一擔草給隊員煮飯、燒水；次子劉茂華則加入了游擊隊，擔任稅收員。

凌娘居所是該村的制高點，便於監視周遭環境，加上後方又有一片茂密的叢林，日軍不敢貿然前往掃蕩，因而一度成為港九大隊大隊部軍需處駐地。她居所後方還有一個岩洞倉庫，是軍需處用作收藏物資及日軍掃蕩時藏身的地方。凌娘曾參與岩洞倉庫的修建；她的兒媳也曾幫助游擊隊員掩蔽物資。

凌娘性格強悍，她虎口奪豬的故事在村內傳為美談。抗戰勝利後，凌娘一直居於昂窩村，務農為生，深得後輩尊重及敬仰。她於 1981 年離世，享年 94 歲。

資料來源：

1. 〈港九大隊老戰士歐偉明電話訪問記錄〉，2017 年 9 月 1 日。訪問員：王玉珍。
2. 鄧振南：〈西貢區的游擊戰爭〉（載陳敬堂、邱小金、陳家亮等編：《香港抗戰：東江縱隊港九獨立大隊論文集》，香港：康樂及文化事務署，2004），頁 181。
3. 梁雪英：〈抗日游擊隊的母親 —— 凌娘〉（載於廣東青運史研究委員會研究室、東縱港九大隊史徵編組：《回顧港九大隊（下集）》，廣東：廣東省委辦公廳勞動服務公司印刷廠，1987），頁 134–136。
4. 〈黃竹灣原居民代表劉球訪談錄〉，2018 年 11 月 18 日於西貢北潭涌。訪問員：嚴柔媛、吳端雯。
5. 廣東婦女運動歷史資料編輯委員會：《香港婦女運動資料彙編 1937–1949》（廣東：廣東婦女運動歷史資料編輯委員會，1994），頁 135。

鄭保（1888–1945）

鄭保又名鄭子宏，新界大埔林村南華莆村原居民，在日佔時期任村長。

1944 年 3 月，大埔憲兵派遣隊兩名印籍憲查被游擊隊抓獲。同年 5 月，該隊轄下的元州哨站受到游擊隊襲擊，並被放火燒為灰燼；10 月左右，該隊一名傳譯員亦被捉走。當時大埔派遣隊的隊長山田規一郎就有關事件展開調查及搜集情報，拘捕了一名與游擊隊聯繫的情報員，在審問期間發現大埔林村是游擊隊的根據地，更與上述事件有關。他將蒐集所得的情報向九龍地區憲兵隊隊長平尾好雄報告，平尾好雄於是下令展開圍捕行動。

1944 年 12 月 28 日，日軍派出 150 多人到大埔多條村落進行大規模掃蕩，包括南華莆、坑下莆、塘上村等。掃蕩行動中，約 30 名村民被日軍拘捕，押回大埔憲兵隊審問，歷時 20 天，鄭保亦是其中一人。

拘押期間，鄭保被施以水刑、電刑等各種酷刑，並被山田規一郎用磚頭擊傷腿部，雙腳腫脹並一直流血不止。儘管如此，他堅拒透露任何有關游擊隊的消息，最終被折磨至死，壯烈犧牲。他在囚室曾告訴其他村民：「不要承認是游擊隊員，否則全部都會被日軍殺害，如果能救其他人，我一個人死去也沒問題！」

資料來源：

1. 林祿榮：《大埔林村・林村誌》，頁 104。
2. 劉智鵬、丁新豹：《日軍在港戰爭罪行：戰犯審判紀錄及其研究（上冊）》（香港：中華書局〔香港〕有限公司，2015），頁 83–86。
3. W.O.235/1112, pp.167–169.

曾鴻文（1892–1990）

曾鴻文又名曾洪文，廣東省寶安縣布吉上雪竹徑村人。他年青時曾加入洪門會，為骨幹成員。抗戰爆發後，他加入惠寶抗日游擊隊，歷任廣東人民抗日游擊總隊寶安大隊大隊長、寶四區區長等職位。

1938 年初，曾鴻文支持中共廣州外圍縣工委工作組，在觀瀾、龍華地區組建民眾抗日武裝，同年年底加入中國共產黨。1939 年 1 月，他加入王作堯領導的游擊隊，動員龍華、烏石岩、布吉等地的青年參軍，為部隊的發展壯大作出貢獻。1940 年 3 月，曾、王部東移海陸豐，曾鴻文留在寶安堅持地下鬥爭。同年 8 月，曾、王部奉命返回惠東寶前線，在小三洲待命，曾鴻文在布吉的雪竹徑、上下坪等地為部隊選擇隱蔽休整地和籌措給養。1941 年 1 月，中共寶安縣委成立，設址於他家。

1941 年 12 月，日軍進攻香港，曾鴻文奉命率短槍隊進入新界元朗活動，與佔據大帽山的土匪頭目黃慕容談判，迫使其撤出大帽山。及後，曾鴻文在這一帶建立據點，發動羣眾，打擊小股日軍，懲治漢奸，成功打通從九龍青山道經九華徑、荃灣、大帽山到元朗十八鄉進入寶安根據地的交通線，令秘密大營救的行動更為順遂。他在港九地區一面營救文化人和國際友人，一面爭取上層人士的支持，共同抗日。英軍敗退後，他設法收集英軍遺下的武器、彈藥和物資，送回部隊，充實了部隊的儲備。

1942 年 3 月，曾鴻文任廣東人民抗日游擊總隊寶安大隊大隊長，為寶安大隊的壯大做了大量工作。東縱北撤後，他曾任寶安縣公安局秘書、佛山和肇慶糧食局科長等職位，1958 年退休（後改離休）。

1990 年 5 月，曾鴻文在深圳病逝，享年 98 歲。

資料來源：

1. 深圳市寶安區人民武裝部、深圳市寶安區檔案局（館）、深圳市寶安區史志辦公室：《寶安軍事人物》（北京：中國文史出版社，2007），頁 92–93。
2. 曾生：《曾生回憶錄》（北京：解放軍出版社，1992），頁 213–214。

筏可大師（1893—1972）

筏可大師原名李寶生，廣東省南海縣人，20 歲時在肇慶鼎湖山慶雲寺薙度出家，法名昌其，字印載，號筏可。

1916 年起，筏可大師四出遊學，1924 年遊歷至香港，並在青山屯門建禪修靜室，名曰「如是居」。1930 年，他出任寶蓮寺第二任住持，是在任時間最長的一位住持（1930—1972）。他出任住持後，着手籌建十方叢林，相繼興建禪堂、客堂、地藏殿、真香閣、指月堂、韋馱殿、彌勒殿、般若堂、清心堂、妙德樓、愛道堂等殿宇樓閣，寺廟日漸完備。

筏可大師在香港及華南佛教界都有一定的影響力。抗戰期間，日軍成立華南佛教會，多次威迫利誘筏可大師出任副會長，企圖借助其名望來控制佛教界，均遭其嚴詞拒絕。當時游擊隊活躍於大嶼山區一帶，筏可大師暗中支持游擊隊的工作，掩護僧尼協助游擊隊，並冒險營救港九大隊副大隊長魯風。

1944 年 5 月，日軍來寺進行搜查當時匿藏於寶蓮寺的魯風。為營救魯風，筏可大師安排魯風偽裝成僧人，隨數百名僧尼和居士在佛殿內聽其講經。日軍穿行於僧尼等聽眾間，逐排逐座檢查。魯風鎮靜如常，閉目合掌誦經，待講經結束、聽眾魚貫退場後，隨即繞過方丈室往後山覓地匿藏。此時，日軍追趕到方丈室對筏可大師進行盤問。為掩護魯風，即使日軍以刀相逼及毒打他，他卻始終鎮定自如，沒有透露魯風的半點行蹤。

1972 年 4 月，筏可大師與世長辭，世壽 80 歲，於寶蓮禪寺萬佛寶殿後方的墓園下葬。

資料來源：

1. 寶蓮禪寺：《福澤百年　寶蓮禪寺》（香港：知出版社，2014），頁 47—56。
2. 陳達明：《香港大嶼山抗日游擊隊》（廣州：廣州出版社，2015），頁 37—38。
3. 王江濤：〈憶筏可大師〉（載王江濤：《江濤詩文集》，非賣品，2001），頁 153。
4. 《大嶼山誌新編》（香港：佛教筏可紀念中學，2016)，頁 96—99。

李少欽（1901－1988）

李少欽，香港西貢爛泥灣村（遷村西貢墟後改稱萬宜灣）人。1940 年在西貢墟創辦人生堂藥行，1941 年組織西貢商會。同年年尾，日軍入侵，香港淪陷。他曾任西貢區第一屆維持會會長。1942 年四、五月間，日軍掃蕩西貢，以私通游擊隊的罪名把他逮捕，帶到九龍嚴刑拷打。他始終沒有供出抗日游擊隊情況。

抗戰勝利後，他和古天南等地區有識之士，於 1947 年組成西貢區自治會。該會於 1952 年易名西貢區鄉事委員會，李少欽出任主席至 1961 年。

1952 年李少欽協同凌宏仁、駱九記等擴充 1942 年創立的西貢公立學校，遷址西貢天后廟側。為了改善不太符合標準的村校校舍，西貢公立學校、西貢漁民子弟學校、萬宜灣鄉立學校、育賢學校及新聯學校決定併合為中心

1947 年 4 月 12 日英國李芝上將向西貢鄉民頒發「忠勇誠愛」錦旗後合照，前排左四為李少欽。

小學。李少欽生前囑咐子孫大力支持新建學校。後來，李少欽基金捐資150萬港元，政府遂同意興建新型校舍。1995年，西貢中心李少欽紀念學校成立，得以繼續在西貢地區的教育使命。

資料來源：

1. 《港九獨立大隊史》編寫組：《港九獨立大隊史》（廣州：廣東人民出版社，1989），頁163。
2. 李福康、何觀順：〈李少欽生平簡介〉。

張興（1903－？）

張興，新界西貢大浪村人。張興出生於農民家庭，小時候曾讀過數年私塾，曾任藍煙囪公司海員，後回到大浪村務農謀生。香港淪陷後，港九大隊於1942年4月派員進入大浪村展開抗日活動，透過開大會、唱革命歌曲宣傳團結抗日，港九大隊統戰幹事方覺魂亦曾借住張興家中。張興受革命歌曲感動，遂投身抗日事業，加入了大浪村青年會，被推選為會長，積極推動青年參加部隊。張興的妻子擔任大浪村婦女會會長，兒子張庚福亦有參與部隊。及後，他參與西貢區常備隊（又稱護路隊），被任命為副隊長，肩負起保衛家鄉、打擊漢奸特務的任務。1943年4月，常備隊正式整編為西貢中隊，張興被委任為副中隊長。

1944年5至10月期間，張興被送往惠陽參加東江縱隊幹部訓練班，接受中級人員的訓練，包括練習排連攻擊、射擊學、政治課程、整風等。張興在學習期間任副連級，回來後，因西貢中隊中隊長羅汝澄被調往大隊部，張興即被提升為中隊長。同年秋末，張興跟政治指導員劉志明和10多名手槍隊員在北潭涌村中隊部召開會議，就鏟除楊九仔的行動計劃展開研究，最終決定由劉志明率隊行動，並成功將其擊斃。同年冬，張興與政治指導員梁超率隊夜襲官坑廟，全殲營房內的日軍，並繳獲一批槍支彈藥。

1945年8月15日，日本宣佈投降後，駐西貢墟日軍仍舊拒絕撤走。張興奉命率隊對其駐地展開猛烈炮轟，最終迫使日軍逃去。進駐西貢墟後，西貢中隊深受羣眾擁戴。除西貢區的工作外，張興還被派往九龍市區鋤奸及收集槍支彈藥。

1945 年 10 月，英軍重返香港以後力量薄弱，希望東縱協助維持治安。東縱同意港九大隊留下少數幹部戰士在新界成立自衛隊。四個地區的自衛隊相繼組成，包括元朗、西貢、上水及沙頭角區，張興任西貢區自衛隊隊長。各區自衛隊二三十人不等，至 1946 年 8 至 9 月間解散。

1947 年，張興回內地華南地區參與解放戰爭。新中國成立後，張興曾在惠東寶護鄉團從事政治工作。1978 年 11 月，張興回到香港。1984 年 9 月 3 日，他與其他老戰士聯合發出倡議書，建議在西貢籌建抗日英烈紀念碑。該碑選址於西貢斬竹灣，1989 年落成。

資料來源：

1. 中共深圳市委黨史辦公室東縱港九大隊隊史徵編組：《東江縱隊港九大隊六個中隊隊史》（深圳：深圳市印刷廠，1986），頁 59–60。
2. 陳達明：《香港抗日游擊隊》（香港：環球〔國際〕出版有限公司，2000），頁 146。
3. 廣東婦女運動歷史資料編輯委員會：《香港婦女運動資料彙編 1937–1949》（廣東：廣東婦女運動歷史資料編輯委員會，1994），頁 100。
4. David Faure, "The Making of the District and Its Experience During World War II", *Journal of the Hong Kong Branch of the Royal Asiatic Society*, vol. 22, p.200.
5. 劉蜀永：〈永遠銘記抗戰歲月的香港英烈 —— 列入國家級紀念名錄的香港抗戰英烈和紀念設施〉，《劉蜀永文集（增訂版）》（香港：中華書局〔香港〕有限公司，2021），頁 126。
6. 〈張興訪談錄〉，1980 年 11 月 28 日，香港中文大學東亞研究中心：西貢口述歷史計劃，檔案編號 20。

黃馬發（1905–1945）

黃馬發，又名黃懋端，新界沙頭角鹿頸村黃屋人。父親早逝，與母親相依為命。為了生計，他跟木匠學習木工，因經常在外做工，他的精湛手藝逐漸使他在遠近的鄉村中聲名鵲起。羅汝澄的父親羅奕輝在建造石涌凹羅家大屋（現香港沙頭角抗戰紀念館）時，便邀請了黃馬發參與木工工作，包括製造大屋的木門，自此兩家經常有來往。

1941 年 12 月，由羅汝澄帶路，林冲武工隊進入沙頭角南涌展開抗日工作。在羅家的動員下，黃馬發帶領一家四口，包括長子黃冠玉、次子黃漢英、長媳李月娣，一起參與抗日工作。黃馬發甚至賣掉家裏的田地，把獲得的錢用來購入槍支，建立初期的抗日武裝。

1945 年初，在港九大隊羅汝澄、陳海推動下，南鹿民主聯合鄉政府正式成立，為新界第一個抗日民主鄉政權，由沙頭角片的南涌、鹿頸共 12 條村聯合建成。黃馬發出任鄉長，任內積極宣傳共產黨的政策，發動羣眾參戰，維護治安，推行減租減息，並協助沙頭角中隊徵收公糧，為沙頭角抗戰工作奔波勞碌，最後積勞成疾，命危之時，當時駐守在鹽田的港九大隊曾派出醫生前來搶救，惜回天乏術。黃馬發於 1945 年 10 月 20 日逝世。原港九大隊成員曾發率隊為他送葬，在農田中穿行，又為他致悼詞，讚揚他在抗日工作中無私奉獻的精神。

1998 年，香港特區政府將黃馬發列入港九大隊 115 位抗日烈士名單。

資料來源：

1.《港九獨立大隊史》編寫組：《港九獨立大隊史》（廣州：廣東人民出版社，1989），頁 164。
2. 陳達明：《香港抗日游擊隊》（香港：環球〔國際〕出版有限公司，2000），頁 151。
3. 原東江縱隊粵贛湘邊縱隊香港老戰士聯誼會編：《東縱・邊縱香港老戰士打日戰場回憶》（香港：共融網絡，2013），頁 91。
4. 曾發：〈南（涌）鹿（頸）鄉功不可沒〉，載曾發：《我的昨天和今天（續集）》（珠海：珠海出版社，2011），頁 50—58。
5. 黃馬發後人黃建偉於 2025 年 2 月 14 日、2025 年 4 月 15 日提供資料。

王亞元（1906－1973）

王亞元又名王恆輝，新界西貢山寮村人。抗戰時期，他任該村村長，曾協助游擊隊接待為秘密大營救開路而先行撤離的廖承志、連貫、喬冠華等中共黨組織負責人。

山寮村是廣東人民抗日游擊隊武工隊進入西貢地區後首個進駐的地方。由於該處地理位置優越，既有利於控制西貢墟，又方便建立從西貢墟通往企嶺下的交通線及組織戰鬥，游擊隊曾有一段時間進駐於此。王亞元親眼目睹游擊隊每天出操、上政治課，樂觀正面，與他們交往接觸時，感受到他們真切為民。故凡是游擊隊委託的事，他都總是義不容辭。

1942 年 1 月 1 日，江水的短槍隊護送廖承志、連貫、喬冠華等到企嶺下，途經山寮村休息，打算弄清情況後，轉船前往中國內地的沙魚涌。江水事前將此事告知王亞元，會有客人經過，要時刻注意敵情。為確保他們一行人的安全，王亞元預先派人到遠處放哨，防範日軍突然來犯，其後又在家裏用熱氣騰騰的米飯和白切雞款待客人。他的真誠和友誼，使江水感動得熱淚盈眶，默默地握着王亞元的手表示感謝。

資料來源：

1. 《港九獨立大隊史》編寫組：《港九獨立大隊史》（廣州：廣東人民出版社，1989），頁 160。
2. 鄧振南：〈西貢區的游擊戰爭〉（載陳敬堂、邱小金、陳家亮等編：《香港抗戰：東江縱隊港九獨立大隊論文集》，香港：康樂及文化事務署，2004），頁 177
3. 江水：〈短槍隊的光榮使命〉（載原東江縱隊港九獨立大隊老游擊戰士聯誼會：《永誌難忘的一頁》，香港：原東江縱隊港九獨立大隊老游擊戰士聯誼會編輯組，2004），頁 53－55。
4. 黃冠芳：〈戰鬥在九龍交通線上〉（載原東江縱隊港九獨立大隊老游擊戰士聯誼會：《永誌難忘的一頁》，原東江縱隊港九獨立大隊老游擊戰士聯誼會編輯組，2004），頁 45－52。
5. 王亞元兒子王世昌、王道生提供資料。

方覺魂（1907－1982）

方覺魂，又名方新、方平，廣東省清遠縣回瀾鄉黃泥塘村人。他出生於農民家庭，幼時讀過幾年私塾，1923 年隨親友赴香港打工謀生，加入了當時香港最大的華人工人組織——洋務工會，1925 年參與省港大罷工，加入工人糾察隊，隨罷工隊伍返回廣州，奉命在家鄉組織農民協會，擔任農會幹部，負責宣傳及動員羣眾參與工農革命。

抗戰爆發後，方覺魂出任中共領導的香港海員工人組織「餘閒樂社」九龍分社主席，宣傳組織羣眾投身抗日救亡。1937 年 4 月，方覺魂加入中國共產黨。1938 年至 1941 年間，黨組織派任方覺魂為東江華僑回鄉服務團紫金分團分隊長，隨後被調派到香港成為香港清遠同鄉會主席，積極發起募捐活動以支持抗日活動。香港淪陷後，他參與秘密大營救，協助護送鄒韜奮、茅盾、胡繩等人脫險。

1942 年至 1946 年期間，方覺魂先後在東江縱隊港九大隊任民運統戰幹事、粵北先遣大隊統戰幹事、粵北西北江支隊第三大隊政委、江北指揮部從巳支隊大隊長、增城永和區抗日民主政府區長等職，動員社會各界支持敵後抗日武裝鬥爭，並多次參與指揮和參加戰鬥。

擔任港九大隊統戰幹事期間，方覺魂與社會各階層人士溝通，爭取他們對游擊隊的支持。在大隊政委陳達明、政訓室主任黃高陽的領導下，方覺魂負責與各區上層人士溝通，例如登門拜訪或召開鄉紳會，講解港九大隊的抗日主張和方針政策，爭取地方上的紳士、教師、商人、地主、宗教界人士等的支持。為爭取漁民支援海上游擊隊，他曾與江水、蕭春等在西貢召開漁民代表會議，批判歧視漁民的錯誤觀點，宣佈廢除各種歧視漁民的陳規陋習，號召海灣漁民團結組織起來，抗日救國保家鄉。

方覺魂曾參與營救國際友人及接待英軍服務團。1942 年 8 月，英軍服務團何禮文一行人從惠洲出發，抵達游擊隊在北潭涌的駐地，再轉移到坪墩、北潭凹、嶂上等地，由劉春祥、方覺魂、譚天等隊員在路上護送及接待，協助他們偵察戰俘營等活動，建立起合作關係。1942 年 10 月，港九大隊和英軍服務團合作營救滙豐銀行高層芬恩維克（T.J.J. Fenwick）和摩利遜（J.A.D. Morrison），他們曾向方覺魂致函表示謝意。

抗戰勝利後，方覺魂奉命回香港組織工運，任筲箕灣漁業共進社社長，並負責洋務工會和漁業工會的組織及領導工作。1947 年，方覺魂回國參與解放戰爭，先後任粵贛湘邊縱隊東三支第四團政治處主任，北江第一支第六團政治處主任等職。新中國成立後，先後任中共清遠縣縣委委員、廣東粵北公安處執行科科長、廣東省第一汽車制配廠廠長、廣東省交通廳工業局局長、廣東省交通廳運輸公司經理等職，至 1981 年離休。方覺魂的妻子為曾任西貢中隊民運員的梁雪英。1982 年 5 月 26 日，方覺魂病逝，享年 76 歲。

資料來源：

1. 《港九獨立大隊史》編寫組：《港九獨立大隊史》（廣東：廣東人民出版社，1989），頁 59、159。
2. 清遠市地方志編纂辦公室編：《清遠縣志》（1995），頁 1002。
3. 方耀民：〈紀念方覺魂先生誕辰 116 週年〉，2017 年 7 月 6 日。
4. BAAG Series Volume IV, pp.29, 45–55.

張立青（1908–1943）

張立青新界沙頭角人。他加入港九大隊後被分派到沙頭角中隊，任政治服務員。

1944 年 4 月 13 日夜晚，在突襲駐吉澳島偽軍的行動中，張立青奉命前去偵察敵方情況。他發現偽軍的駐地未有崗哨，在場的人戒心不重，只顧打麻將，便直衝入內與敵人搏鬥。混亂之中，桌上的油燈被推翻，張立青於漆黑之中沉着應戰，不幸遭敵人擊傷倒地。其他隊員趕來後馬上以手提機槍掃射還擊，最終隊伍成功擊斃兩名偽軍，並繳獲兩支土製左輪手槍，其餘偽軍則落荒而逃，游擊隊成功清除了海上運輸的一個阻礙。

張立青受傷後不幸感染破傷風菌，最終不治，終年 35 歲。他被葬於石水澗村附近的小山上，隊員為他舉辦了一場追悼會。

資料來源：

1. 《港九獨立大隊史》編寫組：《港九獨立大隊史》(廣州：廣東人民出版社，1989)，頁 50。
2. 中共深圳市委黨史辦公室東縱港九大隊隊史徵編組：《東江縱隊港九大隊六個中隊隊史》(深圳：深圳市印刷廠，1986)，頁 49。
3. 徐月清編：《原東江縱隊港九獨立大隊》(香港：港九大隊「簡史」編寫組，1999)，頁 43。

陳志賢(1910－1992)

陳志賢，籍貫不詳，曾任護航小隊隊長。護航小隊肩負起護送文化人和民主人士、接運槍支彈藥、保護客商往來等任務，初期只有十多人，隊長由蕭華奎擔任，後由陳志賢接替。

1942 年 1 月初，陳志賢所屬的護航小隊從海上護航，順利將廖承志、連貫、喬冠華等人從企嶺下渡大鵬灣送抵沙魚涌。1 月中旬，護航小隊又將鄒韜奮夫人沈粹縝及其三位孩子安全送到上洞惠陽大隊大隊長彭沃處，然後再轉送陽台山區與鄒韜奮團聚。護航小隊在半年間護送了不少重要人物，包括張友漁夫婦、鄧文田夫婦、李伯球、國民黨南京市市長馬超俊夫人姐妹和著名影星胡蝶等，對秘密大營救作出了重要貢獻。

1942 年 3 月，大規模的營救工作已告一段落。港九大隊擴大護航小隊為海上游擊隊，開展海上游擊戰，並選定糧船灣為基地，陳志賢被委任為隊長，並兼任黨支部書記。1943 年 6 月間，海上中隊正式成立，陳志賢任中隊長兼黨支部副書記。1944 年 5 月，陳志賢到東江縱隊軍政幹校學習。同年 9 月，他被調到後方辦事處工作。

抗戰勝利後，中隊長王錦把海上中隊帶到鹽田交給陳志賢，陳志賢將海上中隊連人帶船改編為護航大隊，並任大隊長，駐於三門島。建國後，陳志賢 1950 年任澳門特派專員，1951 年任珠江專區海島管理處處長，1952 年任珠江專區糧食局局長，1953 年任粵中行署糧食處處長，1955 年任廣東省農業廳種子處處長，1960 年任廣東省農科院處長，1983 年離休。

1992 年，陳志賢逝世，享年 81 歲。

資料來源：

1. 《港九獨立大隊史》編寫組：《港九獨立大隊史》（廣州：廣東人民出版社，1989），頁 58–61。
2. 陳敬堂：〈海上蛟龍—王錦：從海上游擊戰到八・六海戰〉，載陳敬堂、邱小金、陳家亮等編：《香港抗戰：東江縱隊港九獨立大隊論文集》（香港：康樂及文化事務署，2004），頁 272–289。
3. 陳志賢：〈大鵬灣護航〉，載原東江縱隊港九獨立大隊老游擊戰士聯誼會：《永誌難忘的一頁》（原東江縱隊港九獨立大隊老游擊戰士聯誼會編輯組，2004），頁 56–58。
4. 陳志賢女兒提供資料。

李亞新（1910–1993）

李亞新，新界西貢深涌村人，後嫁至鯽魚湖村，人稱「新姐」。她的丈夫早逝，她獨力將一對兒女養育成人。

香港淪陷期間，李亞新積極支持港九大隊抗戰。她對游擊隊員親如手足，因而被稱為「游擊隊的好姐姐」。

1942 年至 1944 年間，李亞新的居所曾是大隊民運幹事劉志明的長駐地。游擊隊駐村期間，她熱心款待游擊隊員，為他們提供食宿、柴草，並經常協助運送物資。她對傷病員的照顧更是無微不至。當時女隊員倪珍美病至休克，她親自上山採摘草藥，熬藥給她服用。

抗戰結束後，李亞新繼續過着農耕生活。她樂於助人，每當村民生活上遇上困難，都會竭力相助，並幫忙調解分歧。同時，她亦致力維護村內的傳統習俗文化，因此深受村民愛戴。兩名游擊隊員感念李亞新昔日的恩情，曾重返鯽魚湖村探望她。

李亞新於 1993 年病逝，享年 83 歲。

資料來源：

1. 張婉華、戴宗賢整理：〈回憶西貢區的民運工作〉（載廣東青運史研究委員會研究室、東縱港九大隊史徵編組：《回顧港九大隊（下集）》，廣東：廣東省委辦公廳勞動服務公司印刷廠，1987），頁 105－106。
2. 廣東婦女運動歷史資料編輯委員會：《香港婦女運動資料彙編 1937－1949》（廣東：廣東婦女運動歷史資料編輯委員會，1994），頁 99。
3. 〈鯽魚湖村居民代表李石容訪談錄〉，2018 年 11 月 18 日於鯽魚湖村。訪問員：嚴柔媛、吳端雯。
4. 〈李亞新媳婦林帶娣訪談錄〉，2018 年 12 月 10 日於鯽魚湖村。訪問員：嚴柔媛、吳端雯。

張子燮（1911－1988）

張子燮，南海西樵人，一歲時全家遷移到香港，幼年於元朗十八鄉東頭村居住，後搬到元朗市區。父親在理民府工作。張子燮在元朗讀私塾，師從著名秀才伍醒遲，後來考入上海復旦大學新聞系。全面抗戰爆發後，他輾轉流亡回港，並抱着「筆杆救國」的心願，1939 年考入香港《立報》為練習生，透過新聞出版參與抗日救亡活動。

香港淪陷後，張子燮與同學透過陳冠時介紹，參加抗日游擊隊的秘密工作，並於 1942 年經羅廣志（陳海）介紹加入中國共產黨。他被調派到港九大隊，分配到元朗，奉命打入敵人內部從事地下工作。張子燮通過關係成功打入元朗偽區役所，與張漪娟二人（人稱大張、小張）在所內做地下工作，搜集大量情報，對部隊助力很大。

日軍投降前，張子燮、張漪娟一直在偽區役所內工作。後期，張子燮出任元朗中學校長，社交關係進一步拓展，令他可從中獲取更多有用的情報。

抗戰勝利後，張子燮曾在香港《文匯報》工作。新中國成立後，張子燮回到廣州，曾歷任華南分局社會部幹部、廣東省人民出版社編輯室主任、黨支部副書記、廣州市粵劇團藝術室、市文化局劇目室幹部。

1970 年代中退休後，張子燮與港九大隊老戰友不時在家中舉行聚會，回憶戰時生活點滴，因此萌生撰寫港九大隊歷史的念頭。張子燮收集和整理與港九大隊有關資料，不顧年老體弱，自費到全國各地去訪問老戰友，搜集材料。為此他託朋友在香港購置錄音機，共錄製了逾 200 盒訪問錄音帶，從中整理出數萬字的史料，直至病危仍在辛勤勞動。

張子燮古典文學基礎深厚，在廣州有「聯壇健筆」之美譽。1989 年在西貢落成的斬竹灣抗日英烈紀念碑，碑文由張子燮起草，記載了三年零八個月期間游擊隊抗擊日軍侵略的英勇事跡。

1988 年，張子燮病逝，享年 77 歲。治喪小組遵照張子燮遺願，不舉行追悼會，遺體送給中山醫科大學作教學科研用途。

資料來源：

1. 《港九獨立大隊史》編寫組：《港九獨立大隊史》（廣東：廣東人民出版社，1989），頁 136、198。
2. 張子燮：〈香港《立報》的片斷回憶〉，載中國人民政治協商會議廣東省委員會文史資料研究委員會（編）：《廣東文史資料》第 47 輯（廣州：廣東人民出版社，1986 年），頁 133。
3. 張子燮：〈我只見過陳冠時一面〉，《抗日英烈陳冠時紀念集》，頁 34–35。
4. 徐月清：〈石壁樹叢一蒼松〉，《戰鬥在香港》（香港：《新界鄉情系列》編輯委員會，1997），頁 152–155。
5. 廣州市文聯張子燮同志治喪小組：〈訃告〉，1988 年 3 月 28 日。
6. 〈張子燮後人張念斯訪談錄〉，2024 年 10 月 10 日於尖沙咀，訪問員：嚴柔媛、曾曉琳。

黃冠芳（1911－1997）

黃冠芳，廣東省寶安縣坪山坑梓鎮人，年少時跟隨父親在香港水務局工作，活躍於九龍城衙前圍一帶。他工作期間加入惠陽青年團，1938 年加入中國共產黨，同年 12 月參加惠寶人民抗日游擊隊，進入特訓班成為十位骨幹之一。黃冠芳被派往吉澳開展運輸業務，又在九龍城開設兩間運輸公司，藉以增加部隊的經費。

1941 年 12 月，日軍入侵香港，黃冠芳奉命率領廣東人民抗日游擊隊第三大隊的武工隊，尾隨日軍，挺進新界西貢和九龍市郊活動，致力肅清土匪，保護羣眾生命和財產安全，打通了從九龍市區經西貢、大鵬灣至坪山抗日游擊區的交通線，為營救抗日文化人作準備。最初因不便公開身份，黃冠芳用「冠」字作旗號。黃冠芳在西貢召開了羣眾大會，公審所抓獲的多名惡名昭彰土匪，徵詢羣眾意見後執行槍決，成功起到震懾作用。

1942 年春，他率領武工隊從九龍接待站護送廖承志、連貫、喬冠華等人及一批文化人和民主人士，經西貢轉往惠陽游擊根據地。

1942 年 3 月，黃冠芳被任命為港九大隊沙田短槍隊隊長兼稅站站長。他與副隊長劉黑仔率隊在觀音山、吊草岩一帶組織羣眾，建立游擊基地，經歷了數十次戰鬥。同年 7 至 8 月間，黃冠芳率隊在獅子山山腳突襲日軍，共擊斃日軍官一名、日軍兩名、印度兵一名，並繳獲短槍一支、長槍兩支及軍刀一把。1944 年 2 月，他與劉黑仔在夜裏率隊潛

黃冠芳（左一）與沙田短槍隊老戰友鄧賢、邱石、詹雲飛合影。

入機場。刺死守門的印度士兵後，黃冠芳將其衣服脫下並穿到自己身上，偽裝成守門兵，令劉黑仔得以入內炸毀日本軍機，令日軍亂成一團。

1944 年春，黃冠芳到東江縱隊軍政學校學習，回來後調任港九大隊副大隊長，同年 8 月接任為第三任大隊長。同年冬，他協助籌劃夜襲窩塘日軍的行動，授權民兵小隊長謝稱指揮作戰，行動大獲成功，共擊斃日軍 12 名，並繳獲輕機槍一挺、步槍十支、手槍一支、彈藥和糧食。

1945 年 8 月，日本宣佈無條件投降，黃冠芳率領港九大隊撤出港九地區。1946 年 6 月，他隨東縱北撤。1947 年 5 月，他任兩廣縱隊司令部管理科科長，期間參與豫東、濟南、淮海、廣九等戰役。新中國成立後，黃冠芳在中山軍區工作，1954 年轉業到地方工作，曾任中共佛山地委統戰部副部長。

1997 年 7 月，黃冠芳於深圳病逝，享年 86 歲。

資料來源：

1. 《港九獨立大隊史》編寫組：《港九獨立大隊史》（廣州：廣東人民出版社，1989），頁 42、44–48。
2. 《東江縱隊志》編輯委員會：《東江縱隊志》（北京：解放軍出版社，2003），頁 374。
3. 〈活動於西貢、沙田坑口的手槍隊〉（載廣東青運史研究委員會研究室、東縱港九大隊史徵編組：《回顧港九大隊（上集）》，廣東：廣東省委辦公廳勞動服務公司印刷廠，1987），頁 167。
4. 深圳市寶安區人民武裝部、深圳市寶安區檔案局（館）、深圳市寶安區史志辦公室：《寶安軍事人物》（北京：中國文史出版社，2007），頁 117–118。
5. 〈港九大隊後人黃謹瑜訪談錄〉，2024 年 2 月 29 日於西貢，訪問員：嚴柔媛、曾曉琳。

黃育南（1912–1945）

黃育南，廣東省寶安縣坪山鎮六聯豐田村人。他早年經營絲品生意，至日軍南侵，坪山等地淪陷後，絲行生意蕭條，無奈被迫關閉。他遂攜同家眷來到香港，開設絲行。

香港淪陷後，絲行生意再度一落千丈。在同鄉黃冠芳的感染下，黃育南開始協助游擊隊收集英軍遺留下來的武器彈藥，再經由黃冠芳的武工隊運回東江游擊區。同時，他亦協助武工隊營救被困在香港的文化人士及國際友人。

後來，黃育南加入港九大隊，被分派到沙田武工隊，與劉黑仔等人並肩作戰。黃育南被派往吊草岩設立稅站，負責統籌稅收工作。當時游擊隊對糧食分配實施限制，但面對艱苦的生活，他也從不動用一分稅款，意志堅毅。1943 年秋，黃育南離隊回鄉，至同年 12 月 2 日，他又重新投入廣東人民抗日游擊總隊。1944 年 3 月，他任爆破班班長，並參與不少戰鬥。

1945 年 3 月，黃育南被調到博羅羅浮山，到東江幹校學習。為配合戰爭形勢的發展，部隊打算挺進粵北，開展開闢五嶺根據地的工作。黃育南被編進高固領導的武工隊，北上行軍期間常遭到國民黨的軍隊襲擊。一天，隊伍在小山村休息時突然遭到國民黨部隊包圍，隨即往山上逃離。黃育南擔心仍有傷病員尚未撤離，便往傷病員的住屋去查看，期間不幸中彈，壯烈犧牲，年僅 33 歲。

資料來源：

1. 中共廣東省委黨史研究室、廣州地區老游擊戰士聯誼會、廣州地區老游擊戰士聯誼會東江縱隊分會、廣州市東江縱隊研究會：《東江縱隊英烈集》（廣州：廣州地區老游擊戰士聯誼會東江縱隊分會，2013），頁 90–91。

蔡國樑（1912–1952）

蔡國樑原名蔡順發，福建廈門人。他的弟弟蔡仲敏是大隊部情報幹事；妹妹蔡冰如是海上中隊黨支部支部委員。

1928 年，蔡國樑在廈門淘化罐頭廠工作，並加入工人糾察隊。1932 年，他被派到香港九龍城淘化大同罐頭廠工作，期間積極參與組織僑頭、學德勵志社、婦女教育服務團等進步團體，並舉辦歌詠班和識字班，大力宣傳抗日。

1938年5月，蔡國樑加入中國共產黨。1939年1月，他帶領17名工人到深圳加入葉挺領導的東江游擊總指揮部，並被任命為警衛排排長。同年2月，他被編入惠寶人民抗日游擊總隊，擔任政工隊隊長一職。1940年3月，他改任新編大隊政訓員。同年9月，他任廣東人民抗日游擊隊第五大隊政訓員。

1941年12月，蔡國樑奉命率領武工隊挺進港九地區。進入港九地區後，他開展城市及近郊游擊戰，狠狠地打擊日軍勢力；剿滅土匪，保障往來商旅及民眾的安全；建立游擊區、地下交通線，打破日軍的經濟封鎖，確保部隊的給養；參與秘密大營救，救出大批困在香港的文化人和民主人士，並協助營救國際友人和美國飛行員。1942年2月港九大隊成立，蔡國樑出任大隊長。1944年9月，他任東縱第二支隊支隊長，同年12月改任第四支隊支隊長，1945年2月再改任西北支隊支隊長。

1946年6月，蔡國樑隨東縱北撤。1949年7月，任兩廣縱隊第二師參謀長。11月，他被任命為廣東軍區東江軍分區司令員。1950年，他在龍川、和平剿匪期間病倒，1952年4月因病離世，終年40歲。

資料來源：

1. 吳展：〈蔡國樑大隊長給了我第二次生命〉，載廣東青運史研究委員會研究室、東縱港九大隊史徵編組：《回顧港九大隊（上集）》（廣東：廣東省委辦公廳勞動服務公司印刷廠，1987），頁32–34。
2. 周伯明：〈深切懷念蔡國樑同志〉，載廣東青運史研究委員會研究室、東縱港九大隊史徵編組：《回顧港九大隊（上集）》（廣東：廣東省委辦公廳勞動服務公司印刷廠，1987），頁24–27。
3. 深圳市寶安區人民武裝部、深圳市寶安區檔案局（館）、深圳市寶安區史志辦公室：《寶安軍事人物》（北京：中國文史出版社，2007），頁68。
4. 蔡仲敏：〈好兄弟蔡國樑〉，載廣東青運史研究委員會研究室、東縱港九大隊史徵編組：《回顧港九大隊（上集）》（廣東：廣東省委辦公廳勞動服務公司印刷廠，1987），頁28–31。
5. 《東江縱隊志》編輯委員會：《東江縱隊志》（北京：解放軍出版社，2003），頁358。

梁福（1913－？）

梁福，原籍廣東東莞，因鄉間生活艱難，11 歲便到香港謀生。他在道路下水道事務所任工段長多年，結交甚廣，人稱「梁大哥」。他善於團結羣眾，溝通網絡又辦得好，獲日本行政部門分發通行令牌，進出較一般市民方便，即使在戒嚴時也能通行無阻。1943 年市區中隊成立後，他加入了該隊。

梁福是爆破窩打老道四號橋行動中的靈魂人物。1944 年 3 月，他接獲通知到檳榔灣的中隊部跟隨中隊長方蘭學習爆破技術。學成爆破技術後，他與幾名戰友（包括陸志強、屈星、屈伯等）開始籌備爆破行動。一方面，他與妻子合力將家裏的煙囱改建成炸藥的藏匿之所；另一方面，他聯同幾位戰友實地考察，以確保行動能順利開展。

經兩天考察後，梁福一行人等便開展行動，只可惜炸藥疑因子彈粉及雷管失效未能引爆。為免日軍察覺爆破計劃，梁福冒險將炸藥取回，並請部隊設法運來新一批雷管及子彈粉，進行第二次爆破。

接過新一批的子彈粉和雷管後，梁福等人於 4 月 21 日深夜再一次行動。最終，他們在凌晨 12 時整成功爆破火車橋。該火車橋距離九龍憲兵隊隊部僅有 100 米，令原本開往新界和寶安掃蕩的日軍馬上撤回市區，大大打擊了其氣焰。翌日，日軍全面戒嚴，逐家逐戶進行檢查，都沒發現梁福就是爆破行動的操盤手。

市區中隊成員方蘭、梁福等重遊市區中隊隊部所在地檳榔灣。

資料來源：

1. 《港九獨立大隊史》編寫組：《港九獨立大隊史》(廣州：廣東人民出版社，1989)，頁93－95。
2. 梁福口述、紀文整理：〈四月春雷〉(載廣東青運史研究委員會研究室、東縱港九大隊史徵編組：《回顧港九大隊(下集)》，廣東：廣東省委辦公廳勞動服務公司印刷廠，1987)，頁18－27。
3. 楊聲：〈城市游擊戰〉(載陳敬堂、邱小金、陳家亮等編：《香港抗戰：東江縱隊港九獨立大隊論文集》，香港：康樂及文化事務署，2004)，頁230－233。

陳東明(1914－2006)

陳東明，又名葉東明，廣東省廣寧縣人。他出生於農民家庭，家境窮困，曾讀過三年鄉村私塾。為供養家庭及弟妹，身為家中長子的陳東明十三歲時便跟同村的叔伯前往香港打工謀生。來港後，他在多個行業擔任過雜工，期間結識了一些從事地下活動的中國共產黨員，受到他們啟發和引導，閱讀大量進步書刊，決定走上革命道路。

香港淪陷後，陳東明參加港九大隊，在沙頭角中隊擔任民運人員，跟隨民運區委葉文秋工作。1945年8月，日本宣佈無條件投降，但駐大埔的日軍仍未撤離。陳東明奉命與翻譯梁勝前往大埔警備司令部向日軍勸降，但日軍表示未接到上級命令，不能向游擊隊投降。後來，大埔憲兵隊長和六、七名士兵帶着武器找陳東明表示願意向游擊隊投降，由鄧華把他們送到東縱司令部。

抗戰勝利後，陳東明在香港從事地下黨的工運工作。1949年至1953年間，他任廣東惠州軍管會工運隊長及邊防三分局股長。因健康原因，陳東明於1953年轉業地方工作，歷任廣州市公私合營建築公司副經理、廣州市設計院勘測室村料試驗室主任、設計一室及二室黨支部書記等職，1978年11月離休。

2006年，陳東明逝世，享年92歲。

資料來源：

1. 中共深圳市委黨史辦公室東縱港九大隊隊史徵編組：《東江縱隊港九大隊六個中隊隊史》（深圳：深圳市印刷廠，1986），頁 32、54。
2. 《港九獨立大隊史》編寫組：《港九獨立大隊史》（廣東：廣東人民出版社，1989），頁 194－197。
3. 陳東明後人於 2025 年 3 月 1 日提供資料。

游揚（1914－2006）

游揚，廣東省惠陽縣人。1927 年，他加入少年先鋒隊，開始參與革命活動。1937 年，他加入中國共產黨，從事地下工作。

1942 年，游揚在中共廣東省黨組織遭到破壞後，轉到港九進行敵後工作。他先後任港九大隊政治處統戰幹事、卓覺民中隊政治指導員。1944 年 7 月，他在東江抗日軍政幹部學校，先後任政治隊政治指導員、學生大隊政治委員。1945 年 4 月，他任東縱獨立第六大隊政治委員。

1946 年 6 月底，游揚隨東縱北撤山東解放區，在華東軍政大學結業後，任兩廣縱隊第三團政治處保衛股股長，並參與淮海戰役。1949 年 7 月，他任兩廣縱隊炮兵團政治處主任，南下參加廣東戰役。

1997 年 6 月 30 日港九大隊老戰士赴港參加慶香港回歸活動，揮手者為游揚。

1949 年後，游揚轉到外交界工作，先後任中華人民共和國駐印尼大使館二等秘書、畿內亞大使館一等秘書。1957 年回國，游揚任中央調查部一局二處副處長。1963 年，他調任廣東省委調查部副部長，1983 年離休。及後他創辦嶺南詩社，任常務副社長、秘書長。

游揚於 2006 年病逝，享年 92 歲。

資料來源：

1. 深圳市寶安區人民武裝部、深圳市寶安區檔案局（館）、深圳市寶安區史志辦公室：《寶安軍事人物》（北京：中國文史出版社，2007），頁 142。
2. 《東江縱隊志》編輯委員會：《東江縱隊志》（北京：解放軍出版社，2003），頁 376。

彭泰農（1915－1943）

彭泰農又名彭泰，曾用名彭振東，廣東惠陽人。他於 1931 年考入平山青龍潭鄉村師範學校，後轉到象山師範學校就讀，畢業後到廣州的龍眼洞中學任教。1936 年，他任惠陽民眾教育館館員，組織青年學生讀書會。

1937 年初，彭泰農加入中國共產黨。抗戰爆發後，他在《惠州日報》發表〈告東江父老兄弟姐妹同胞書〉，號召羣眾團結抗日。及後，他在坪山組織抗敵後援會，發展中共組織，成立中共坪山區委，統一領導當地抗日鬥爭。

1938 年 1 月，彭泰農被派往惠州發展中共黨員。同年 5 月中共惠州中心支部成立，彭泰農任支部書記。同年 8 月，中共惠（州）博（羅）中心縣委成立，彭泰農任縣委書記。10 月，日軍在大亞灣登陸後，彭泰農積極組織抗日救亡團體，發動羣眾共同抗日。他將黃麻陂自衛團改編成抗日先鋒隊東江區隊，並組織惠陽抗先隊和抗先惠州辦事處，出版《大家看》壁報，宣傳抗日。1940 年至 1941 年間，彭泰農在紫金、和平等地秘密從事革命活動。1941 年 7 月，他任中共後方東江特委宣傳幹事，在特委舉辦的青年訓練班工作。

1942 年，彭泰農參與廣東人民抗日游擊隊。1943 年 2 月，他參加廣東人民抗日游擊隊總隊的學習班，暫留港九大隊政訓室。同年 3 月 3 日下午，日軍出動百多人到沙頭角一帶突擊掃蕩，包圍港九大隊政訓室於老龍田晏台山的據點，游擊隊與其展開激戰，多位戰士犧牲，史稱「三三事件」。

由於事出突然，負責站崗的隊員沒注意到日軍來犯，加上其他隊員又在用膳，疏於防範，游擊隊完全處於被動的地位。儘管敵我勢力懸殊，隊員仍奮力抵抗。彭泰農組織突圍，並留在最後撤退，後負傷被捕，受盡嚴刑拷打，卻始終沒有洩露半點機密，3 月 11 日被日軍殺害於粉嶺，犧牲時年僅 28 歲。2015 年，彭泰農被列入國家民政部公佈的第二批 600 名著名抗日英烈英雄羣體名錄。

資料來源：

1. 南山：《一九四三年軍事工作總結（附一九四四軍事工作建議書）》，頁 14。
2. 鎮南：《（一九四三年）軍事補充報告》，頁 1–9。
3. 《東江縱隊志》編輯委員會：《東江縱隊志》（北京：解放軍出版社，2003），頁 96。
4. 《港九獨立大隊史》編寫組：《港九獨立大隊史》（廣州：廣東人民出版社，1989），頁 174–177。
5. 中共廣東省委黨史研究室、廣州地區老游擊戰士聯誼會、廣州地區老游擊戰士聯誼會東江縱隊分會、廣州市東江縱隊研究會：《東江縱隊英烈集》（廣州：廣州地區老游擊戰士聯誼會東江縱隊分會，2013），頁 65–66。
6. 張承鈞：《抗日英烈錄》（北京：北京出版社，1995），頁 312。

劉志明（1915–1974）

劉志明，原名張靜芝，又名張桐，廣東省海豐縣捷勝人。1928 年，隨父母到香港長洲，在長洲慧潮小學及油麻地超然學校分別就讀小學及中學。1937 年，加入中國共產黨，並於 1938 年先後在鶴山及東莞從事地下黨活動，1939 年被黨組織指派回香港，到長洲從事地下黨工作。期間在九龍組織東洋車工會，負責東洋車黨支部和惠陽青年會黨支部工作，組成長洲慰勞隊到廣東茂名工作。1941 年春，劉志明任香港海陸豐工委（區）書記。

香港淪陷後，劉志明於 1942 年初在設於深水埗春和堂的交通站當藥工，掩護地下黨機關。1942 年夏秋之間，劉志明被調任為港九大隊西貢區民運負責人，翌年成為西貢中隊指導員。他曾經長駐於鯽魚湖村村民李亞新（人稱「新姐」）的居所。

1944 年秋末的一天，劉志明帶領手槍隊員成功擊斃叛徒楊九仔。1944 年秋冬，劉志明調離西貢中隊，到東江縱隊二支部政治處工作。1945 年 10 月，劉志明調任東江縱隊粵北指揮部救助隊教導員，下北山大隊任教導員，後於 1946 年 6 月隨東江縱隊北撤山東。新中國成立後，劉志明歷任中山醫學院黨委副書記、副院長，1974 年逝世。

資料來源：

1. 《港九獨立大隊史》編寫組：《港九獨立大隊史》（廣東：廣東人民出版社，1989），頁 32、48、192－197。
2. 劉志明後人於 2024 年 11 月 27 日提供資料。

梁布克（1915－2006）

梁布克，原名梁琦俊，祖籍廣東台山，出生於南洋印尼婆羅洲打拿根埠（Tarakan）一個裁縫手工藝勞動家庭。他在當地中華學校讀書，1933 年回國到廣州中山大學附屬中學繼續學業。1935 年、1936 年，梁布克參加廣州秘密學聯組織、廣州文藝工作者協會理論小組，曾參加中山大學發動的多次抗日示威遊行，特別是「一二・九」運動遊行，衝擊國民黨廣東教育廳限制學生抗日、「愛國有罪」之反動統治。梁布克積極參與出版抗日刊物，包括《游擊隊》、《尖兵》、《國際縱隊》、《僑眾生活》、《暴風雨歌集》等。1939 年，梁布克加入中國共產黨，參與地下工作。

1941 年，梁布克在香港北角難民營內的學校任小學教師。香港淪陷後，梁布克於 1942 年 1 月加入廣東人民抗日游擊隊，在東莞、寶安、惠陽、港九新界一帶展開抗日游擊工作。1943 年 2 月，他調到港九大隊政訓室任宣傳幹事，同時在油印室工作，負責編印港九大隊的公文、通知、文件等。1944 年 4 月，梁布克獲組織安排到東江縱隊軍政訓班學習；8 月，完成學習後回到港九大隊繼續任宣傳幹事。1945 年 6 月，他被調到東江縱隊江南政治部工作。

1946 年，梁布克隨東江縱隊北撤山東煙台，參加過山東南麻、臨朐、濟南、台兒莊等多場戰役。解放後，梁布克歷任廣東省行政學院組織科長、廣東革命幹部學校二部主任、廣東省教育廳辦公室主任等職位。

梁布克於 2006 年離世，享年 91 歲。

參考資料：

1. 〈梁布克參加革命前後履歷〉，未刊稿。
2. 〈梁布克簡歷〉，未刊稿。
3. 《港九獨立大隊史》編寫組：《港九獨立大隊史》（廣州：廣東人民出版社，1989），頁 192－196。

陳揚芳（1916－1943）

陳揚芳，新界鹿頸村人，華僑子弟，中共黨員。他於香港新界大埔官立漢文師範學校畢業。

日佔時期，陳揚芳奉命在家開設一家小商店，作為港九大隊的秘密聯絡站。他為游擊隊搜集並提供了大量重要情報，有力地支援了抗戰行動。

1943 年 3 月 3 日，日軍包圍設在南涌附近老龍田晏台山的港九大隊政訓室，游擊隊隨即與其展開激戰，史稱「三三事件」。當晚陳揚芳被日軍逮捕，囚禁於赤柱監獄。在囚期間，日軍對陳揚芳用盡酷刑，使其四肢盡廢，不能站立。陳揚芳每次受刑昏迷後都只得由難友架着送回牢房。儘管如此，他仍舊堅貞不屈，守口如瓶，最終慘遭殺害，壯烈犧牲，被列入港九獨立大隊烈士名冊。

1939 年，陳揚芳與陳亮（右）攝於新界大埔官立漢文師範學校的教室前。

資料來源：

1. 中共廣東省委黨史研究室、廣州地區老游擊戰士聯誼會、廣州地區老游擊戰士聯誼會東江縱隊分會、廣州市東江縱隊研究會：《東江縱隊英烈集》（廣州：廣州地區老游擊戰士聯誼會東江縱隊分會，2013），頁 64。
2. 原東江縱隊粵贛湘邊縱隊香港老戰士聯誼會編：《東縱・邊縱香港老戰士打日戰場回憶》（香港：共融網絡，2013），頁 78。

林沖（1916－1946）

林沖原名林覺雲（或作林覺魂），又名林文光，廣東省東莞縣厚街雙崗村人。他出身貧苦，幼年喪父後隨母親編織草蓆為生。1938 年 11 月，他參加東莞抗日模範壯丁隊，同年 12 月加入中國共產黨。1939 年 4 月，部隊改編為二大隊，他任班長。1940 年初，曾生、王作堯部隊東移海陸豐，身任阮海天中隊小隊長的林沖英勇地率隊阻擊敵人，掩護大隊安全撤出。

1940 年 8 月初，林沖隨曾生、王作堯部隊重返寶安，開闢陽台山抗日根據地。為擴大抗日武裝，王作堯在部隊中挑選了一批富作戰經驗的戰士，組成一支短槍隊，由林沖任副隊長。隊長陣前犧牲後，林沖改任隊長，通過設立稅站、鏟除偽鄉長，打通了由梅林坳經上埔、新界粉嶺往香港的交通線，往來客商得到保護，令他們自發捐出抗日經費，大大充實了部隊的供養。

1941 年 12 月 8 日，日軍入侵香港的同時，林沖率領武工隊出發，進入香港新界後，以南涌、沙螺洞為據點。1941 年 12 月 25 日，港英政府宣佈投降，不少抗日文化人滯留香港，林沖奉命率隊全力營救。他的隊伍負責西線陸上交通線的護送工作。為確保文化人和民主人士能安全脫險，他派員預先肅清土匪，以確保營救行動能順利開展。隊伍日以繼夜地接送一批批文化人和民主人士至根據地，為秘密大營救作出重要貢獻。

林沖率領的武工隊動員羣眾組織自衛隊，肅清土匪，嚴懲漢奸。為維持地區安全，他殲滅了黃慕容、鄧芳仔兩股土匪，並迫使土匪蕭天來撤離新界。1943 年 3 月，武工隊正式整編為沙頭角中隊，林沖被委任為中隊長，率隊與日軍進行多次戰鬥。1944 年 4 月 13 日晚，他率隊夜襲吉澳島，指揮作戰，共擊斃偽匪兩名，並繳獲兩支土製手槍。他又派遣小隊長莫浩波到萊洞坳擊斃沙頭角偽區長溫二，為民除害。

1944 年，林沖被調回內地工作，任東江縱隊第六支隊參謀長。1946 年 4 月 3 日，部隊在海豐開往汕尾的公路上，與國民黨第 186 師發生遭遇戰，林沖在戰鬥中受重傷，由地下黨秘密安置治療。但因為保長告密，敵軍包圍他養傷的地方，林沖因寡不敵眾而被捉走。他在敵師部受盡嚴刑折磨，始終堅貞不屈，最終英勇就義，年僅 30 歲。

資料來源：

1. 《港九獨立大隊史》編寫組：《港九獨立大隊史》（廣州：廣東人民出版社，1989），頁 19–21、32–34。
2. 中共深圳市委黨史辦公室東縱港九大隊隊史徵編組：《東江縱隊港九大隊六個中隊隊史》（深圳：深圳市印刷廠，1986），頁 49–50。

3. 中共廣東省委黨史研究室、廣州地區老游擊戰士聯誼會、廣州地區老游擊戰士聯誼會東江縱隊分會、廣州市東江縱隊研究會：《東江縱隊英烈集》（廣州：廣州地區老游擊戰士聯誼會東江縱隊分會，2013），頁 24–25。
4. 孫霄編：《東縱在鹽田》（香港：美意世界出版社，2004）。
5. 傅澤銘：〈林沖〉，中華英烈網。http://www.81.cn/big5/yljnt/2014-01/16/content_5737265.htm
6. 《東江縱隊志》編輯委員會：《東江縱隊志》（北京：解放軍出版社，2003），頁 351。

黃作梅（1916–1955）

黃作梅，出生於香港，1935 年畢業於皇仁書院，曾供職於政府物料管理處及皇家海軍船塢，並擔任香港華人文員協會主席。1930 年代，他組織讀書會，開展抗日救亡活動；組織歌詠班，教唱抗日歌曲。

1941 年，黃作梅加入中國共產黨，成為幹部黨員。1942 年 3 月，他參加港九大隊。因精通英語，他在國際工作小組工作，擔任組長，協助接待從港九新界逃出的盟軍和國際友人。同時，他奉命協助英軍服務團在九龍新界建立情報站和秘密交通線。1944 年 10 月，他任東縱聯絡處首席翻譯官，負責與美軍駐華第十四航空隊代表聯絡。

克爾中尉於 1944 年 3 月 18 日在土洋村後面的山坡前為東江縱隊司令部幹部拍攝的合影。（從左至右為黃作梅、周伯明、曾生、林展、饒彰風）

1945 年 8 月 30 日英軍重新接管香港，由於兵力薄弱，無法全面維持香港治安，於是派出軍官前往沙頭角與港九大隊聯繫，希望游擊隊暫留香港，協助維持治安。大隊領導請示東江縱隊司令部，再由司令部請示中共中央，同意就此事舉行談判。1945 年 9 月，黃作梅以翻譯官的身份參加東縱代表小組，與英軍夏愨少將進行談判，成功達成在香港成立東縱辦事處等協議，先後任辦事處副主任、主任。1947 年 2 月，他應英皇喬治六世（King George VI）邀請，代表東縱到倫敦參加第二次大戰勝利遊行，被授予 M. B. E. 勳章，以表彰他「1945 年 9 月 2 日前，對盟軍東南亞軍事行動做出的貢獻」。黃作梅是當時唯一獲得英皇授勳的中國共產黨人。

1947 年 6 月，黃作梅任新華社倫敦分社社長。1949 年 8 月，他任新華社香港分社社長。

1955 年 4 月，他奉命參加在印尼萬隆舉行的亞非會議。4 月 11 日，他搭乘的印度航空「克什米爾公主號」飛機遭國民黨特務放置定時炸彈破壞，飛機爆炸墮落海中，黃作梅與代表團工作人員、記者共八人殉難，他時年 39 歲。黃作梅死後被安葬於北京八寶山公墓。4 月 17 日，中國外交部致黃作梅烈士家屬的信中說：「黃作梅烈士為亞洲和世界和平努力，犧牲在和平事業的最前線，他的精神將永垂不朽」。

資料來源：

1. 中共廣東省委黨史研究室、廣州地區老游擊戰士聯誼會、廣州地區老游擊戰士聯誼會東江縱隊分會、廣州市東江縱隊研究會：《東江縱隊英烈集》（廣州：廣州地區老游擊戰士聯誼會東江縱隊分會，2013），頁 30。
2. 傅頤：〈黃作梅在香港〉，載陳敬堂、邱小金、陳家亮等編：《香港抗戰：東江縱隊港九獨立大隊論文集》（香港：康樂及文化事務署，2004），頁 327－347。
3. 《東江縱隊志》編輯委員會：《東江縱隊志》（北京：解放軍出版社，2003），頁 342－343。
4. 中共廣東省委黨史研究室：《長空英魂 —— 紀念黃作梅烈士文集》（香港：香港榮譽出版有限公司，2002），頁 310－313。

羅廣志（陳海）（1916－1975）

羅廣志，廣東省順德北滘水口上陳村人，曾用名陳海。他是蔡松英的丈夫。

羅廣志於香港大埔官立漢文師範學堂讀書，畢業後先後在該學堂、同區內幾所學校，以及父親羅惠卿所創辦的明新私塾任教。1931 年，他參與進步社團及讀書會，如自強社等，通過唱誦抗戰歌曲、演抗戰話劇等方式支持抗戰活動。同時，他以明新學校作為宣傳抗日、培養及教育青年學生的陣地。父親退休後，他於 1938 年起正式接任校長，掌管明新學校。明新學校在白天是教育學生之地，晚上則成為當地進步工人的活動場所。1939 年，他加入中國共產黨。

1941 年 12 月 25 日，香港淪陷，明新學校被迫停辦。羅廣志加入抗日游擊隊，到敵後元朗地區工作。他曾參與秘密大營救，協助護送不少文化人士脫險，並進行民運工作，組織羣眾支援游擊隊，配合武裝人員肅清土匪、奸細及收集英軍遺留下來的武器物資。

1943 年 3 月，羅廣志被調到沙頭角中隊工作，任民運區委，後任指導員。他積極辦好組織羣眾、宣傳及情報工作，並嚴懲漢奸，為游擊隊提供了有力支援。1945 年初，他與羅汝澄共同推動南涌、鹿頸共 12 條村成立南鹿民主聯合鄉政府，是新界第一個抗日民主鄉政權。同年 6 月，他與蔡松英推動成立沙頭角中南民主鄉政府，為新界第二個抗日民主鄉政權，範圍包括烏蛟騰等 10 條村。

1946 年 6 月，羅廣志未隨東縱北撤，留在香港繼續工作。他在新界西貢沙角尾村育賢學校任教，後於 1947 年初復辦明新學校。期間，他曾到勞工子弟學校任教。1949 年下半年，羅廣志奉命到中國人民解放軍粵贛湘邊縱隊教導營，為全國解放作準備。同年 10 月，他被調到廣州工作，此後歷任廣州市委政策研究室處長、南區區委副書記、水輪機廠黨組書記、廣州市人民政府計委處長、廣州市委黨校副校長等職位。

資料來源：

1. 《港九獨立大隊史》編寫組：《港九獨立大隊史》（廣州：廣東人民出版社，1989），頁164。
2. 蔡松英：〈順德的好兒子：羅廣志〉（載《無悔的道路 . 蔡松英 87 年人生路》，香港：金鑰匙華文出版社，2013），頁 80–85。

譚天（1916–1985）

譚天，廣東人，出生於小康之家。少年時期，他就讀於廣州一間基督教會辦的英文書院，能操一口流利的英語，當時用名譚思勉，畢業後在香港任美資洋行職員。1938 年上半年，他加入中國共產黨，其時是青年同樂社的主要負責人之一。1939 年擔任九龍區委職委。1941 年冬，他加入游擊隊，曾參與營救文化人、民主人士、國際友人。

1946 年 12 月，隨東縱北撤的部隊翻譯人員於煙台合影。左起前排為譚天、譚志剛、何卓雲，後排為曾文貴、吳植棠。

1942 年 3 月，港九大隊成立國際工作小組，由黃作梅領導，負責統籌營救英軍戰俘及其他國際友人的工作。譚天通曉英語，並在港九地區有一定的社會關係，被派往工作小組，協助策劃營救工作。

1944 年 2 月，譚天在大隊部任英文翻譯。同月 11 日，中美空軍混合團空軍飛行員指揮兼教官克爾中尉為 12 架轟炸香港啟德機場的轟炸機護航時，戰機不幸被擊中起火，跳傘逃生。經游擊隊員奮力救助，克爾被送到大隊部會見大隊長蔡國樑，期間譚天為二人充當翻譯。2 月底，譚天跟隨海上隊同行，從大浪出發，一路護送克爾到坪山東江縱隊司令部，跟司令員曾生會面。克爾接受《前進報》採訪時回憶脫險經過，曾指譚天是他「精神上一刻不可少的朋友」。

建國後，譚天曾在海軍工作，後曾任廣州外國語學院圖書館館長。譚天於 1985 年離世，終年 69 歲。

資料來源：

1. 《港九獨立大隊史》編寫組：《港九獨立大隊史》（廣州：廣東人民出版社，1989），頁 103–107、111–114。
2. 《東江縱隊志》編輯委員會：《東江縱隊志》（北京：解放軍出版社，2003），頁 144。
3. 唐納德・克爾著，李海明、韓邦凱譯，東江縱隊歷史研究會、深圳海德文化傳播有限公司合編：《克爾日記 —— 香港淪陷時期東江縱隊營救美國飛行員紀實》（香港：香港科技大學華南研究中心，2015），頁 79、80、144。
4. 譚天：〈和克爾中尉隱蔽在一起的日子裏〉（載廣東青運史研究委員會研究室、東縱港九大隊史徵編組：《回顧港九大隊（上集）》（廣東：廣東省委辦公廳勞動服務公司印刷廠，1987），頁 82–85。
5. 〈吳有恆鐘明關於香港市委工作的談話記錄 —— 1937 年至 1939 年香港的政治、經濟、文化教育狀況，黨的工作及組織機構沿革〉（載中央檔案館、廣東省檔案館編：《廣東革命歷史文件彙集（1941–1944）》，廣東：廣東省兵銷學校印刷廠，1988），頁 129。

蔡冰如（1916–1986）

蔡冰如，福建廈門人。她的兄長蔡國樑是港九大隊第一任大隊長，弟弟蔡仲敏是大隊部情報幹事。

1937 年，蔡冰如隨兄長蔡國樑到香港淘化大同罐頭廠工作，期間積極參與婦女讀書會活動。1938 年，蔡冰如加入中國共產黨，後到寶安參與游擊戰。因患上風濕性心臟病，腿不能走動，蔡冰如在敵人一次圍剿中脫險後，便從寶安送至香港治療。1942 年 2 月，她參加港九大隊擔任衞生員，後來擔任民運員及海上中隊支部委員。其丈夫陳力輝為東縱深圳南頭情報站的站長，於 1943 年一次戰鬥中犧牲。1946 年，蔡冰如隨東縱北撤至山東。1986 年因病離世，終年 70 歲。

資料來源：

1. 《港九獨立大隊史》編寫組著、劉蜀永等校訂：《港九獨立大隊史》（香港：中華書局〔香港〕有限公司，2022），頁 93 、237 。
2. 蔡仲敏：〈好兄弟蔡國樑〉，載廣東青運史研究委員會研究室、東縱港九大隊史徵編組：《回顧港九大隊（上集）》（廣東：廣東省委辦公廳勞動服務公司印刷廠，1987），頁 31 。
3. 蔡冰如後人於 2025 年 2 月 14 日提供資料。

黃麗珍（1916－2010）

黃麗珍，廣東省寶安縣西鄉人。她年少時一家到香港定居，讀了幾年書後因父親失業，生活無依，便隨母親到九龍城淘化大同罐頭廠工作。她在廠內外團結工友，組織讀書會、姐妹團，又參與婦教團，發動工友參加抗日救亡運動。及後，她加入了中國共產黨。

1938 年東惠寶抗日游擊隊成立，黃麗珍在九龍交通站任交通員，利用工餘時間傳遞信件、發動羣眾捐獻物資和資金支援游擊隊。1941 年，她任政治交通員，為九龍、沙頭角部隊的交通站服務。1944 年，她被調到港九大隊市區中隊，任總務事務長。及後，她在大隊情報站任情報交通員。她克服種種困難，利用各種方法穿過日軍的封鎖線，將一批又一批的信件及物資帶出。她一直擔任部隊在港負責人的聯絡員，直到東縱北撤。

東縱北撤後，黃麗珍繼續留港，在工廠工作。1946 年 1 月，她與蔡仲敏結婚。解放後，她與蔡仲敏一同回國，參與建設祖國的工作。此後，她一直致力在基層工作，勤奮儉樸。

黃麗珍於 2010 年 9 月離世，享年 94 歲。

資料來源：

1. 蔡仲敏：〈懷念親密的戰友黃麗珍〉，《老戰士》，50 期，頁 47－48。

張婉華（1916－2017）

張婉華，出生於香港，在九龍城衙前圍長大，抗戰時期曾用名劉英。她是黃冠芳的妻子。小學畢業後，她在立雪女子中學唸書，後來於該中學的附屬小學任教。因學校結束營運，她到中華書局做排版工人。日軍侵港後，她迅即加入中國共產黨領導的抗日游擊隊，負責管理西貢「不夜天」交通站。

「不夜天」表面上是一間日夜經營的咖啡店，實際上卻是一個秘密交通站，在營救文化人和民主人士的行動中發揮重要作用。咖啡店的店主是張婉華的姐夫胡友，張婉華奉命以店員身份作掩護，在咖啡店工作，接待過不少游擊隊員文化人及國際友人。她暗中搜集情報，並將情報藏於蛋糕裏，再轉交給黃冠芳。張婉華曾協助包括英軍賴濂士中校一行人、南京市市長馬超俊夫人及其妹妹。因遭到日軍特務楊惠敏誣蔑，她在內地曾不幸捲入了日軍沒收電影明星胡蝶行李一案，後來得馬超俊的小姨作保才獲得釋放。

1942 年 7 月，張婉華被調到西貢，任民運區委。1943 年底，東江縱隊護航大隊大隊長劉培在霞涌一役中不幸中彈受傷，須送到香港治療。劉培身負重傷，要順利通過日軍的崗哨並不易，於是張婉華出面請求上洋鄉紳劉金幫忙。因二人同為劉姓，張婉華請劉金將劉培認作弟弟，以兄弟關係親自護送劉培到香港就醫。

後來，張婉華被派往沙田地區，跟隨劉黑仔開展民運工作，到各村落向羣眾宣傳抗日救國。駐坑口村期間，她化名劉英，積極開展民運工作，人稱「英姐」。一天，日軍入村進行掃蕩，張婉華正與交通站長馮伯福在農民家分發信件和《前進報》，幸得羣眾掩護，二人才能及時跑到密林處躲藏。幾天後，日軍又前來掃蕩，指名要找「英姐」，幸得青年掩護，張婉華及時跑上山，藏匿在炭窰裏方才脫險。事後，張婉華才知道日軍將坑口附近十數條村的鄉民都集中到一所學校的操場上進行審問，但當中沒有一個人供出其下落。

1946 年 6 月，張婉華曾隨東江縱隊北撤，後在佛山定居，曾任佛山市婦聯副主任。1980 年代，張婉華曾參與籌建斬竹灣抗日英烈紀念碑。

張婉華於 2017 年逝世，享嵩壽 101 歲。

資料來源：

1. 黃秋耘、廖沫沙：《秘密大營救》（北京：解放軍出版社，1986），頁 74。
2. 《港九獨立大隊史》編寫組：《港九獨立大隊史》（廣州：廣東人民出版社，1989），頁 160。
3. 張婉華、戴宗賢整理：〈回憶西貢區的民運工作〉，載廣東青運史研究委員會研究室、東縱港九大隊史徵編組：《回顧港九大隊（下集）》（廣東：廣東省委辦公廳勞動服務公司印刷廠，1987），頁 115。
4. 張婉華：〈「不夜天」茶座〉，載何小林、郭際編：《勝利大營救》（北京：解放軍出版社，1999），頁 97–103。
5. 陳瑞璋：《東江縱隊：抗戰前後的香港游擊隊》（香港：香港大學出版社，2012），頁 48。
6. 陳達明：《香港抗日游擊隊》（香港：環球〔國際〕出版有限公司，2000），頁 40。
7. 黃冠芳：〈電影明星胡蝶九龍遇劫記〉，載廣東青運史研究委員會研究室、東縱港九大隊史徵編組：《回顧港九大隊（上集）》（廣東：廣東省委辦公廳勞動服務公司印刷廠，1987），頁 67–71。
8. 黃嫣梨：〈東江女戰士訪問實錄〉，載陳敬堂、邱小金、陳家亮等編：《香港抗戰：東江縱隊港九獨立大隊論文集》（香港：康樂及文化事務署，2004），頁 370–372。
9. 廣東婦女運動歷史資料編輯委員會：《香港婦女運動資料彙編 1937–1949》（廣東：廣東婦女運動歷史資料編輯委員會，1994），頁 99。
10. 〈港九大隊後人黃謹瑜訪談錄〉，2024 年 2 月 29 日於西貢，訪問員：嚴柔媛、曾曉琳。

范發（1917－1943）

范發，新界西貢赤徑村人。抗戰期間，他任西貢中隊副中隊長及教官，負責統籌、指揮。他的妻子黎新嬌是大浪西灣人。

1943 年秋，范發於赤徑村測試地雷時雷管突然爆炸，把他的手當場炸斷。范發因傷口流血不止而犧牲。當時他的兒子新民年僅兩歲。1997 年，香港特區政府在尖沙咀大會堂舉行典禮，黎新嬌獲董建華頒授一枚金獎牌及一筆撫恤金。黎新嬌在范發姪兒范福來陪同下領取。

資料來源：

1. 香港電台：〈西貢無戰事〉。http://archive.rthk.hk/mp4/tv/2014/201412181930_h.mp4。
2. 〈附錄三：港九獨立大隊西貢地區戰時犧牲和病故人員名單〉，載徐月清：《活躍在香江 —— 港九大隊西貢地區抗日實錄》（香港：三聯書店〔香港〕有限公司，1993），頁 233。
3. 原東江縱隊粵贛湘邊縱隊香港老戰士聯誼會編：《東縱・邊縱香港老戰士打日戰場香港：共融網絡，2013），頁 84。

范發測試地雷時發生意外，在赤徑村這所故居流血不止而犧牲。

劉黑仔（1917－1946）

劉黑仔[1]原名劉錦進，廣東省寶安縣大鵬人。他出身貧困，父母早亡，家有五兄弟姐妹，其中五弟劉錦才（又名劉才）曾任港九大隊的交通員。劉黑仔唸小學時已受進步思想影響，曾參演進步話劇《投筆從戎》，畢業後為幫補家計，曾任散工。

深圳大鵬烈士陵園劉黑仔之墓

1938年10月日軍佔領廣州後，劉黑仔隨即投入抗日宣傳工作。1939年，他加入中國共產黨，被分派到鵬城附近的沙頭下村小學教書並從事地下活動，同年底參加惠東寶人民抗日游擊總隊。後來部隊在東移中受挫，劉黑仔回到家鄉，在葵涌競新學校任代課老師，繼續從事地下工作。

1941年初，劉黑仔毅然離開學校，與賴仲元等在平洲、大鵬半島一帶收集情報、打擊漢奸。不久，他被調回部隊，在廣東人民抗日游擊隊惠陽手槍隊任小組長。同年底香港淪陷後，劉黑仔被調到港九大隊，任短槍隊副隊長，協助黃冠芳在西貢一帶進行剿匪和抗日活動。

1942年4月，劉黑仔跟隨黃冠芳到沙田開展工作。黃冠芳調任港九大隊大隊長後，劉黑仔接任沙田短槍隊隊長。任職期間，劉黑仔多次率隊襲擊日軍，立下不少功績，成為港九大隊的傳奇英雄人物。1942年7至8月間，他曾參與獅子山山腳突襲日軍的行動，共擊斃日本軍官一名、士兵兩名、印度兵一名，並繳獲短槍一支、長槍兩支、軍刀一把及軍大衣一件。1943年秋，

1 亦有說法指劉黑仔生於1920年。陳家亮：〈劉黑仔與東江縱隊〉（載陳敬堂、邱小金、陳家亮等編：《香港抗戰：東江縱隊港九獨立大隊論文集》，香港：康樂及文化事務署，2004），頁16。

他在界咸村活捉華南派遣軍司令部的高級特務——東條正芝。1944 年 2 月，劉黑仔帶隊潛入啟德機場，炸毀油庫和日本軍機一架；參與營救美國十四航空隊飛行教官克爾中尉的行動，使他順利返抵後方；1944 年 4 月，率隊突襲牛池灣維記牛房的日軍哨所，擊斃伍長，並繳獲短槍一支、中正步槍一枝和英式步槍四支等；1944 年 9 月 28 日，帶隊突襲九廣鐵路四號隧道車廂，擊斃敵人兩名，繳獲英式步槍十支、刺刀九把、子彈 90 發。

1944 年底，劉黑仔被調離港九大隊，分派到東江縱隊西北支隊，任參謀兼短槍隊隊長。1946 年，劉黑仔短槍隊在粵北南雄、始興一帶堅持活動。同年 5 月 1 日，他到南雄與江西交界的界址墟調解民事糾紛期間，為敵人所埋伏，中槍受傷，傷口不幸感染破傷風菌，送院途中經已昏迷，最終不治，終年僅 29 歲。

劉黑仔死後被葬於江西省全南縣正合鄉鶴子坑村。1987 年 3 月 2 日，深圳市有關部門到鶴子坑村取回遺骨，將其安放在深圳大鵬烈士陵園。

資料來源：

1. 《東江縱隊志》編輯委員會：《東江縱隊志》（北京：解放軍出版社，2003），頁 315–316。
2. 《港九獨立大隊史》編寫組：《港九獨立大隊史》（廣州：廣東人民出版社，1989），頁 42–47。
3. 中共廣東省委黨史研究室、廣州地區老游擊戰士聯誼會、廣州地區老游擊戰士聯誼會東江縱隊分會、廣州市東江縱隊研究會：《東江縱隊英烈集》（廣州地區老游擊戰士聯誼會東江縱隊分會，2013 年），頁 132–134。
4. 深圳市寶安區人民武裝部、深圳市寶安區檔案局（館）、深圳市寶安區史志辦公室：《寶安軍事人物》（北京：中國文史出版社，2007），頁 61–62。
5. 陳家亮：〈劉黑仔與東江縱隊〉，載陳敬堂、邱小金、陳家亮等編：《香港抗戰：東江縱隊港九獨立大隊論文集》（香港：康樂及文化事務署，2004），頁 316–326。
6. 陳敬堂：《香港抗戰英雄譜》（香港：中華書局，2014），頁 118–142。

江水（1917－1989）

江水，廣東省寶安縣坪山鎮人。他於 1938 年 12 月加入惠寶人民抗日游擊總隊，1940 年 2 月參與組建茜坑馬鞍嶺抗日自衛隊，先後任隊長、政治指導員。1941 年 12 月，江水奉命率隊挺進港九、西貢地區。他歷任港九大隊坑口短槍隊隊長兼稅站站長、西貢中隊中隊長，曾參與秘密大營救，並協助營救英軍戰俘。

1942 年 1 月，江水率領短槍隊，護送為秘密大營救開路而先行撤離的廖承志、連貫、喬冠華等人到企嶺下渡海至沙魚涌。同年 3 月，江水短槍隊奉命營救囚於啟德機場的英軍俘虜。江水出謀劃策，派出賴章、廖添勝等潛入機場，協助英軍戰俘從下水道逃離，成功救出兩名英軍戰俘，其中一人為湯遜上尉。江水將二人送到赤徑大隊部後，同日趕回機場下水道出口處接應，又成功救出兩名英軍戰俘。

1945 年 2 月，江水任東縱北江支隊軍事訓練隊隊長。1946 年 6 月底，他隨東縱北撤山東，在華東軍政大學學習，後出任兩廣縱隊教導支隊司令部、縱隊司令部作戰參謀、第二師作戰科科長等職位，並參與南麻、臨朐、諸城、豫東、濟南、淮海、廣東等戰役。1950 年 2 月，他先後任華南軍區獨立第 15 團空軍第 22 師第 66 團副團長、空軍司令部軍務科科長等職位，並歷任海軍艦造部處長、裝修部修造部、修理部及後勤部副部長。

1955 年，江水被授予中校軍銜，1963 年晉升為上校軍銜，獲三級獨立自由勳章和三級解放勳章。江水在 1989 年逝世，終年 72 歲。

資料來源：

1. 江水：〈短槍隊的光榮使命〉，載原東江縱隊港九獨立大隊老游擊戰士聯誼會：《永誌難忘的一頁》（香港：原東江縱隊港九獨立大隊老游擊戰士聯誼會編輯組，2004），頁 53－55。

2. 江水:〈營救英國被俘軍官〉，載原東江縱隊港九獨立大隊老游擊戰士聯誼會:《永誌難忘的一頁》(原東江縱隊港九獨立大隊老游擊戰士聯誼會編輯組，2004)，頁59–63。
3. 江水:〈護送何香凝、廖承志母子倆的經過〉，載廣東青運史研究委員會研究室、東縱港九大隊史徵編組:《回顧港九大隊(上集)》(廣東:廣東省委辦公廳勞動服務公司印刷廠，1987)，頁62–66。
4. 深圳市寶安區人民武裝部、深圳市寶安區檔案局(館)、深圳市寶安區史志辦公室:《寶安軍事人物》(北京:中國文史出版社，2007)，頁87。
5. 黃冠芳:〈戰鬥在九龍交通線上〉，載原東江縱隊港九獨立大隊老游擊戰士聯誼會:《永誌難忘的一頁》(原東江縱隊港九獨立大隊老游擊戰士聯誼會編輯組，2004)，頁45–52。
6. 陳瑞璋:《東江縱隊:抗戰前後的香港游擊隊》(香港:香港大學出版社，2012)，頁188。

黃雲鵬(1917–2007)

黃雲鵬原名黃論如，廣東省寶安縣坑梓人。他於1938年7月加入中國共產黨，同年11月入伍，被指派為坑梓抗日壯丁隊政治指導員。1939年，他被調到地方，歷任東江華僑回鄉服務團惠陽隊分隊長、中共惠陽縣委高潭區委書記、大鵬區委書記等職位。

1942年11月，黃雲鵬被調回部隊，先後任港九大隊政訓室保衛幹事、政訓室主任、政治委員等職位。1946年6月，他隨東縱北撤，上調華東野戰軍政治部，任保衛幹事。1947年8月，他調任兩縱隊政治部保衛科幹事、科長、新編第一團政治委員。

1950年，黃雲鵬轉業到地方工作，歷任廣東省珠江專員公署公安處處長、公安廳治安處處長、司法廳副廳長等職位。1958年，他任黨委書記兼中共寶安縣委副書記。1959年至1983年間，他先後出任華南電纜廠廠長、廣東省挖掘機廠黨委書記、成套設備局局長、機械工業廳副廳長等職位，到1983年11月離職休養。

黃雲鵬於2007年在廣州病逝，享年93歲。

資料來源：

1. 深圳市寶安區人民武裝部、深圳市寶安區檔案局（館）、深圳市寶安區史志辦公室：《寶安軍事人物》（北京：中國文史出版社，2007），頁 144。
2. 《東江縱隊志》編輯委員會：《東江縱隊志》（北京：解放軍出版社，2003），頁 375。

羅許月（1917－2009）

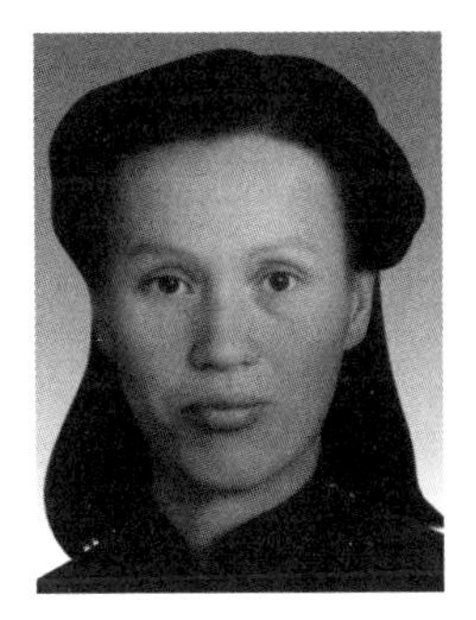

羅許月原名羅乙昭，羅家子女中排行第二。1942 年春，她加入游擊隊從事民運工作。因為住在許姓人家裏，對外宣稱是許家的女兒，她將原名「乙昭」改為「許月」，新中國成立後再冠回「羅」姓。

1942 年任港九大隊民運幹事，加入中國共產黨，後又擔任赤徑交通站站長。1944 年初，羅許月獲港九大隊任命為大隊部交通站站長。該站是和東江縱隊司令部直接聯絡的交通站，還負責大隊下屬各中隊、小隊與地方黨組織的聯繫和情報速遞，接送來往幹部，運送槍支彈藥和各種物資。1946 年底，她根據「恢復武裝鬥爭」的需要，奉命在新界大埔元洲仔租賃六間房子，設立交通站，專門用於接送來往人員和籌集整理物資，以開闢大埔至大鵬半島的交通線，支援內地的軍事鬥爭。

1947 年春，羅許月奉組織命令前往內地參與武裝鬥爭，任惠東寶人民護鄉團第二大隊交通總站站長。1949 年，她任中國人民解放軍粵贛湘邊縱隊第一支第二團交通總站長，後調任江南指揮部交通參謀。1949 年 10 月 1 日中華人民共和國成立，10 月中沙頭角東和鄉人民政府成立，羅許月為第一位鄉長兼公安分局局長，管轄沙頭角、鹽田和梅沙，後任中共深圳鎮鎮委副書記。她於 1970 年退休，後改為離休。

2009 年，羅許月與世長辭，享年 92 歲。

資料來源：

1. 《港九獨立大隊史》編寫組：《港九獨立大隊史》（廣東人民出版社，1989），頁 196。
2. 張黎明：《血脈中華：羅氏人家抗日紀實》（深圳：深圳報業集團出版社，2016），頁 210–220。
3. 羅家後人提供資料。

蔡仲敏（1917–2014）

蔡仲敏，籍貫福建廈門。他一家多人參加抗日游擊隊，兄長蔡國樑是港九大隊第一任大隊長，姐姐蔡冰如是海上中隊黨支部委員，妻子黃麗珍是市區中隊總務事務長及大隊部情報交通員。

1938 年東惠寶抗日游擊隊成立，蔡仲敏在九龍交通站任交通員，負責傳遞信件、發動羣眾捐獻物資和資金支持游擊隊。1942 初，港九大隊的情報交通總站成立，作為各方面的聯絡中心，由蔡仲敏負責及領導，至 1944 年秋冬由陳亮接管。

1942 年秋，蔡仲敏被調到大隊部，任情報交通幹事。肩負起搜索、收集、滙總、分析情報等工作。他定期將情報送到大隊部、政訓室、各區隊及有關部門、單位，緊急情報則立即上報。他有計劃地收集總督府、軍隊、憲兵等領導及附屬機關的編制配備情況、重要軍事設施情況及地形地貌等，並參看香港地形圖，走遍西貢、沙頭角、大埔、元朗等多處山頭，測繪地圖、前英政府建築的堡壘圖、啟德機場圖（包括一份機場工程師擴建機場的草圖）及機場油庫、飛機掩體位置等，呈交司令部，然後轉給盟軍參考。他還兼編口令及更改各隊代號等工作。

1944 年 10 月，美軍軍事情報組人員攜帶電台到達東江縱隊司令部，尋求合作。東江縱隊建立了一個特別情報工作部門，以配合美軍情報組收集日軍情報。其中，香港方面的情報來源主要依靠港九大隊。蔡仲敏曾多次出色地完成司令部交託的任務。他在三天內迅速完成報送啟德機場地形圖的任務，並協助傳送多項重要情報，包括日本戰艦停靠位置圖、日本東海艦隊司令部印信密碼、飛機艦艇圖形等，多次受到司令部表揚。美軍後來亦曾向港九大隊發出感謝信，稱其情報工作「無論在質和量上都很優越」。

1945 年，蔡仲敏到江南指揮部參與東江縱隊第三期整風班學習，並被選為學委會主任。學習結束後，他被派到江南指揮部第二科，任科長，兼任總分支副書記。

東江縱隊北撤後，蔡仲敏奉曾生命令，到港合資經營罐頭廠，在香港福建罐頭廠工作。1946 年 1 月，他與黃麗珍結婚。1949 年，他聯同各大罐頭廠的工友，成立香港醬油罐頭工會，期間曾為爭取增加工資而抗爭，惜失敗告終。但其後工會骨幹成員返回內地，分佈於廣州、海南、汕頭、廈門等地，亦在建廠、復廠等工作中發揮重要作用。解放後，蔡仲敏奉命回國參與建設祖國的工作，並被任命為廣東省商業廳財務處長。

蔡仲敏於 2014 年逝世，享年 97 歲。

資料來源：

1. 《港九獨立大隊史》編寫組：《港九獨立大隊史》（廣州：廣東人民出版社，1989），頁 58、116–118、132–134。
2. 楊聲：〈城市游擊戰〉（載陳敬堂、邱小金、陳家亮等編：《香港抗戰：東江縱隊港九獨立大隊論文集》，香港：康樂及文化事務署，2004），頁 243。
3. 中共深圳市委黨史研究委員會辦公室：《廣九烈燄：廣東人民抗日游擊隊東江縱隊成立四十周年紀念專集》（深圳：中共深圳市委黨史研究委員會辦公室，1986），頁 160。
4. 蔡仲敏：〈我在東江縱隊歷程中的片段紀錄〉，頁 183–200。

符志光（1918–1943）

符志光，海南島人。加入港九大隊後，擔任九擔租交通站站長。

1943 年 3 月 3 日下午，日軍出動百多人到沙頭角一帶突擊掃蕩，包圍港九大隊政訓室於老龍田晏台山的據點，游擊隊與其展開激戰，多位戰士犧牲，史稱「三三事件」。

事件發生前，港九大隊政訓室已有一段時間沒有轉換駐地，敵人也數次在附近地區掃蕩，部隊亦接報敵人日內將有行動，因此已準備撤離。至 3 月 3 日正午，只有政訓室主任黃高陽、事務長曾福、宣傳幹事陳冠時、幾個工作人員及小鬼，以及暫留政訓室的學員彭泰農、陳坤賢、章平、邱國璋等 11 名非武裝人員尚未離開，計劃於晚上撤離。由於事出突然，負責站崗的隊員沒注意到日軍來犯，加上其他隊員又在用膳，疏於防範，游擊隊完全處於被動的地位。儘管敵我勢力懸殊，隊員仍奮力與日軍抗衡。符志光是在突圍戰鬥中壯烈犧牲的隊員。他奮力掩護其他戰友突圍，不幸中彈犧牲。

資料來源：

1. 南山：《一九四三年軍事工作總結（附一九四四軍事工作建議書）》，頁 14。
2. 鎮南：《（一九四三年）軍事補充報告》，頁 1–9。
3. 《東江縱隊志》編輯委員會：《東江縱隊志》（北京：解放軍出版社，2003），頁 96。
4. 《港九獨立大隊史》編寫組：《港九獨立大隊史》（廣州：廣東人民出版社，1989），頁 174–177。
5. 陳達明：《香港抗日游擊隊》（香港：環球〔國際〕出版有限公司，2000），頁 74–75。
6. 羅雨中：〈曾福〉，載中共寶安縣委黨史辦公室：《大鵬忠魂》（廣州：廣東人民出版社，1989），頁 79–81。
7. 游揚：〈港九大隊沙頭角隊的成立和活動情況〉，載《惠東黨史 —— 紀念游揚誕辰 100 周年專刊》（2015）。
8. 原東江縱隊粵贛湘邊縱隊香港老戰士聯誼會編：《東縱 · 邊縱香港老戰士打日戰場回憶》（香港：共融網絡，2013），頁 79。

黃高陽（1918–1946）

黃高陽又名黃炳增，廣東省台山縣白沙區西村鄉高龍里村人，生於華僑家庭，父親早年離家謀生，與母親相依為命，生活艱苦。黃高陽自強不息，刻苦學習，

1937 年，他高中畢業後到延安抗日軍政大學學習，並加入中國共產黨。1938 年春，他回到廣州，先後任中共東莞縣委武裝幹事、清溪區委書記。1939 年 1 月初，他被調派到東寶惠邊人民抗日游擊大隊，任中隊指導員及大隊總支書記。1940 年 9 月，黃高陽任廣東人民抗日游擊隊第五大隊政訓室主任。

1941 年 1 月，黃高陽率領 70 餘人突襲國民黨頑軍於清溪苦草洞的武器庫，繳獲一批彈藥和六挺輕、重機槍；後又在馬欄頭擊潰以梁永年為首的土匪。同年 6 月至 9 月間，日軍先後出動 2000 多人對羊台山抗日根據地進行八次掃蕩。黃高陽與第五大隊的領導，在游松、望天湖、龍塘、赤嶺頭、小黃田、獅頭嶺、馬村、青湖等地堅持進行反掃蕩作戰，成功斃傷百多名日軍，包括一名中佐，保住了抗日根據地。同年 12 月，他奉命深入九龍、元朗地區，領導第五大隊武工隊，肅清土匪，建立西線交通線，參加秘密大營救。

1942 年 2 月港九大隊成立，黃高陽任政訓室主任。1943 年 3 月「三三事件」中，在敵我力量懸殊的情況下，黃高陽仍鎮定地指揮作戰，奮力抵抗日軍，後沿着山坑向南涌方向突圍。5 月，劉春祥抗日英雄羣體犧牲，當時大嶼山又遭受有史以來罕見的旱災，部隊給養和人民生活陷入嚴重困難。黃高陽臨危受命，擔任大嶼山中隊總領導人，對外稱黃海雲。他對部隊建設和反掃蕩做出重大貢獻。1944 年 5 月下旬，他曾指揮大嶼山中隊攻打大澳，達到軍事騷擾的目的，擴大部隊的政治影響；6 月初率隊生擒貝澳鄉正副鄉長；6 月中旬率隊突襲塘福村偽軍駐地，迫使偽軍撤走。同年 10 月，港九大隊整編為港九獨立大隊，黃高陽任政委。

1945 年 3 月，黃高陽調任第二支隊政治處主任，於廣九路東、東江之南、惠淡線以西一帶活動，打擊日偽軍，力守坪山抗日根據地。同年 10 月，他被調到東縱江南指揮部，任政治部主任，12 月奉命率部挺進紫金縣，期間不幸染上痢疾，1946 年 2 月病重不治而亡，年僅 28 歲，遺骸被葬於紫金縣掩蓬村雞板坑。1950 年，紫金縣人民政府將其遺骸遷葬於縣城的革命烈士陵園。黃高陽的祖家台山縣白沙鎮高龍里村建有「高陽亭」，紀念黃高陽的革命精神。

資料來源：

1. 《港九獨立大隊史》編寫組：《港九獨立大隊史》（廣東人民出版社，1989），頁 175。
2. 中共廣東省委黨史研究室、廣州地區老游擊戰士聯誼會、廣州地區老游擊戰士聯誼會東江縱隊分會、廣州市東江縱隊研究會：《東江縱隊英烈集》（廣州：廣州地區老游擊戰士聯誼會東江縱隊分會，2013），頁 22–23。
3. 王江濤：〈懷念黃高陽同志〉，載廣東青運史研究委員會研究室、東縱港九大隊史徵編組：《回顧港九大隊（上集）》（廣東：廣東省委辦公廳勞動服務公司印刷廠，1987），頁 35–47。
4. 深圳市寶安區人民武裝部、深圳市寶安區檔案局（館）、深圳市寶安區史志辦公室：《寶安軍事人物》（北京：中國文史出版社，2007），頁 59–60。
5. 《東江縱隊志》編輯委員會：《東江縱隊志》（北京：解放軍出版社，2003），頁 353–354。
6. 鄧津：〈清明時節憶先烈 南粵之行覓踪跡 —— 尋找黃高陽烈士祖籍〉（2024）。

莊岐洲（吳江）（1918–2003）

莊岐洲乳名莊文在，籍貫廣東陸豐縣，抗戰時期曾用名吳江。他自小就有救國救民的遠大理想。他畢業於國民小學，1935 年秋入讀縣立一中附設的鄉村師範班。1939 年，他入讀由東江華僑服務團創辦的三民中學，同年 4 月加入中國共產黨。

1939 年 7 月，他到東江特委訓練班學習。同年 11 月，他任縣抗敵動員委員會直屬工作團地下黨支部書記，在陸一中（後易名龍山中學）開始青年的建黨工作，宣傳抗戰。

1942 年 9 月，莊岐洲被派到港九大隊元朗中隊，任民運區委，負責宣傳，組織、發動羣眾抗日。他與其他民運工作者共同努力，在山下村、大窩村、荃灣村、荃灣河背村、梧桐寨村等合共組織了五個地下游擊小組，支援部隊的行動。地下游擊小組的成員多達數十人，有張福全、鄧昭華、孫玉光、楊英愛、沈秀等，在保護人民及配合部隊作戰均發揮重要作用。從事民運工作期間，莊岐洲踏遍元朗地區偏遠的鄉村，與羣眾「三同」（即同勞動、同食、同住）。他白天與羣眾上山、下田勞動，晚間則開展民運工作，風雨不改。他與羣眾同甘共苦，在糧食短缺的情況下以雜糧、糠菜充飢，或到山上採摘山薯、土茯苓作為糧食，還經常露宿山野。雖然疾病纏身，但他仍然堅持工作，積極團結羣眾抗日救亡，並發動羣眾生產自救，共渡時艱。

1943 年春，莊岐洲奉命與元朗武工隊保護東江縱隊《前進報》報社人員。當時《前進報》從內地轉移到港九地區掩蔽，莊岐洲領導的民運隊負責報社人員的住宿安排。他安排相關人員掩蔽在大埔區林村梧桐寨村後的大山坑，並為他們搭建草寮作為住宿和辦報場地。民運隊與報社人員同住，武工隊則住在梧桐寨村對面的水窩村警衛，以策安全。

期間，莊岐洲曾多次遇險，幸而憑藉其冷靜沉穩的表現都能順利脫險。一次，他與武工隊指導員譚鐵流到梧桐寨村商量要事，忽然遇上三名日軍入村巡邏。莊岐洲到村前的田園假裝勞動，但仍逃避不了日軍抓捕。押解途中，莊岐洲藉機從巷道逃跑，日軍從左右兩面包抄圍捕，幸而莊岐洲熟悉巷道情況，迅速跑到村後樹林的水溝掩蔽起來，成功脫險。又一次，武工隊在八鄉橫台山村活動時遭日軍突襲，副班長陳煥被捉去。莊岐洲得知此消息後知道陳煥有機會變節，隨時會帶日軍掃蕩大窩村，叮囑隊員要有所警惕。當時莊岐洲剛好瘧疾發作，渾身發冷並發高燒。日軍毫無預警而至，迫使莊岐洲等人往後山撤退。走到半山，莊岐洲無法再走動，轉而躲藏在山坑底。日軍追到山上找不到莊岐洲，一度揚言要放狼狗，卻未有實際行動。莊岐洲知道日軍僅是裝腔作勢，一直默不作聲，靜觀其變，待日軍撤離後才從山坑走出，又一次成功避險。

1943 年秋，莊岐洲配合部隊的反掃蕩行動，率領民運隊及山下村地下游擊小組成員夜潛元朗墟，到街道及商店各處散發、張貼抗日傳單和標語，成功打擊日警備隊和憲兵隊的氣焰。

1944 年 9 月，莊岐洲被派到東江縱隊司令部集訓，12 月調往東縱六支隊，後轉戰海陸豐，歷任六支隊青年幹部訓練班指導員、政治部保衞股長、民運股長、海豐六區武工隊指導員。解放戰爭期間，他歷任海陸豐人民自衛隊副隊長、廣東人民解放軍江南支隊第五團副團長、中國人民解放軍粵贛湘邊縱隊東江第一支隊第六團團長。

建國後，莊岐洲歷任中共海豐縣委書記、汕尾軍管會主任、陸豐縣委書記、縣長、粵東行署林業處處長等職。1954 年，他轉入工業系統，歷任副廠長、礦長、廣東省化工設計院院長、廣東省石油化學工業廳副廳長，至 1983 年 3 月離休。

2003 年 11 月，莊岐洲因病在廣州逝世，終年 85 歲。

資料來源：

1. 鄭建城：〈莊岐洲同志生平簡介〉，政協陸豐市委員會官網。
2. 莊小軍：〈戰爭年代莊岐洲四次脫險〉。
3. 楊慶：〈英雄的元朗人民〉，載陳敬堂、邱小金、陳家亮等編：《香港抗戰：東江縱隊港九獨立大隊論文集》（香港：康樂及文化事務署，2004），頁 209。

葉文秋（1918－2010）

葉文秋又名葉恩和，出生於香港新界荃灣一個富商家庭。他自小在廣州唸書，1937 年盧溝橋事變爆發後，返港張貼宣傳抗日救亡的標語，結果被警察拘捕，幸得其父出面保釋。1940 年，他加入中國共產黨，負責在香港市區搜集情報，代號「二叔公」。他與何文、何卓雲等人組成小組，領導荃灣區的羣眾進行抗日救亡運動。

1941 年日軍入侵香港後，強行徵用葉文秋家為憲兵部。葉文秋父親雖然冒死反抗，但在刀槍威脅下只能無奈就範。同年，葉文秋調任交通站站長，通過各種渠道搜集日軍情報，然後送交上級單位。面對惡劣危險的環境，他也能從容不迫，沉着應戰。後來，葉文秋被調到沙頭角中隊，任民運區委，易名李健。

葉家一門英傑，先後有七人投身革命。父親葉錦銓熱心為游擊隊提供情報，曾為掩護游擊隊開會被日軍抓走，險遭槍斃，幸得偽區役所內的地下中共黨員擔保，倖免於難；大哥葉雅量潛入偽區役所任衞生部長，暗中搜集敵情；二哥葉恩祿任戰時廣東省區委，北上參與會議時遇日軍掃蕩，於河源壯烈犧牲；四妹葉蔚青是港九大隊隊員，其丈夫孫亮仁亦是幹部之一；五弟葉恩光任東江縱隊某領導警衛員，後在港九組織絲織工會，疑被謀殺；六弟葉恩強在東莞參加抗日游擊隊；七妹葉恩基早年參與革命，其丈夫邱球是港九大隊隊員。

抗戰勝利後，葉文秋在荃灣公學任教，期間與梁超、袁卓峰、吳惠瓊等人辦起文化書店，開展各種宣傳教育及組織動員，為迎接新中國的誕生做了大量工作。1948 年，葉文秋奉命進入內地，1949 年 10 月廣州解放，他參與軍事接管工作，並參與解放軍第一批入城儀式檢閱，及後歷任廣州八一鋼鐵廠、廣州鋅片廠領導、廣州市海幢中學校長等職位。

1980 年，葉文秋回港探親期間身體不適，經診治後確診肺癌，手術後須留港休養，無法於限期前返回單位，結果失去黨籍和公職。

2010 年 3 月 19 日，葉文秋因病逝世，享年 92 歲。

資料來源：

1. 曾發：〈深切懷念葉文秋同志〉，載曾發：《我的昨天和今天 續集》（珠海：珠海出版社，2011），頁 41–43。
2. 《葉文秋（葉恩和）先生生平》，頁 1–15。

歐偉明（歐連）（1918–2023）

歐偉明又名歐連，廣東省佛山市三水區人。1938 年 12 月，他投身革命行列。1942 年初，他被委任為港九大隊軍需處副官，與另一名副官賴全分管稅收、工廠和商店的事務，積極開闢財源，以保障游擊隊的供給，確保其能有效抵禦及抗擊日軍。

當時水陸交通要道均設有稅站，包括沙魚涌、南溪、平洲、西涌、紅石門、西貢、吉澳、上下涌、火頭墳、疊福、溜西、塔門、龍船灣、高塘、南石頭、坑口、元朗等，歐偉明負責監督稅收工作。1943 年一天，歐偉明乘坐袁容嬌母女的小船到坑口檢查稅收期間，突然遇上日軍。幸得二人掩護，他才得以脫險，繼續前往坑口執行任務，將稅款送返大隊軍需處，解決部隊的給養問題。另一方面，他亦負責管理秘密商店和軍需工廠，積極生產，滿足了部隊和羣眾部分需要，並增加了部隊的收入。

1945 年 5 月，歐偉明隨廣東人民抗日游擊隊珠江縱隊西挺大隊來到廣寧，先後任綏江下游區分散隱蔽武裝負責人、粵桂湘邊區人民解放軍軍需處主任、粵桂湘邊縱隊軍需處主任兼綏賀支隊第一團副團長等職位。1948 年 4 月至 1949 年 7 月間，他代理中共廣寧縣委書記職務，解放後被調返肇慶地區工作，任肇慶地區西江支前司令部參謀長、外經委主任、肇慶市老戰士聯誼會會長，1983 年離休，長年居住在肇慶。2023 年，歐偉明於廣州病逝，享嵩壽 105 歲。

資料來源：

1. 《港九獨立大隊史》編寫組：《港九獨立大隊史》（廣州：廣東人民出版社，1989），頁165－166。
2. 陳志賢：〈大鵬灣的海燕：記海上交通員袁容嬌和她的兒女〉（載徐月清：《活躍在香江 —— 港九大隊西貢地區抗日實錄》，香港：三聯書店（香港）有限公司，1993），頁83－85。
3. 歐連：〈開闢財源　保障供給〉（載廣東青運史研究委員會研究室、東縱港九大隊史徵編組：《回顧港九大隊（上集）》，廣東：廣東省委辦公廳勞動服務公司印刷廠，1987），頁 117－121。

李世藩（1919－1942）

李世藩，香港新界沙頭角烏蛟騰村人。抗戰時期，任烏蛟騰村村長。

1942 年 9 月 25 日（農曆八月十六日），日軍出動數百人包圍烏蛟騰村，

革命烈士证明书

同志在反法西斯解放斗争中 壮烈

牺牲，经批准为革命烈士，特发此证，以资褒扬。

中华人民共和国民政部

一九八七年 二月七日

李世藩的革命烈士證書

將村民趕到曬穀場上，挨家挨戶進行搜查，並迫村民交出自衛武器及供出游擊隊員。村長李世藩、李源培二人挺身而出應對。李世藩遭日軍拷打，並施以「吊飛機」、灌水等酷刑，但沒有供出任何情報。李世藩最終被活活折磨而死，壯烈犧牲，終年僅 23 歲。

1987 年 2 月 7 日，中華人民共和國民政部向李世藩頒發革命烈士證書。

資料來源：

1. 《港九獨立大隊史》編寫組：《港九獨立大隊史》（廣州：廣東人民出版社，1989），頁 128。
2. 中共廣東省委黨史研究室、廣州地區老游擊戰士聯誼會、廣州地區老游擊戰士聯誼會東江縱隊分會、廣州市東江縱隊研究會：《東江縱隊英烈集》（廣州地區老游擊戰士聯誼會東江縱隊分會，2013 年），頁 60。
3. 烏蛟騰抗日英烈紀念碑管理委員會：〈烏蛟騰抗日英烈紀念碑源革〉。
4. 陳達明：《香港抗日游擊隊》（香港：環球〔國際〕出版有限公司，2000），頁 173。
5. 蔡華：〈烏蛟騰村人民的英勇抗日事跡〉（載廣東青運史研究委員會研究室、東縱港九大隊史徵編組：《回顧港九大隊（下集）》，廣東：廣東省委辦公廳勞動服務公司印刷廠，1987），頁 150－154。
6. 蔡華：〈烏蛟騰村民抗日留青史〉，頁 13－19。

朱來（1919－1945）

朱來生於日本，故通曉日語，加入游擊隊後常負責翻譯工作。海上中隊成立後，朱來加入該隊。

1945 年 8 月初，海上中隊中隊長王錦帶領三艘戰船，在大浪口進攻一艘日軍大木船。一、二號船集中火力射擊敵船尾部，三號船則向大木船衝鋒。但因風浪太大，三號船未能靠近敵船，遂在一、二號船掩護下撤離。及後，二號船乘勢衝鋒。乘日軍忙着應付二號船時，一號船立即靠近敵船，其中一名隊員向船尾接連投出兩顆魚炮，船篷、船板、桅帆等都炸成碎片。眼見船尾開始下沉，有的日軍撲向船頭，有的則跳進海裏，妄圖逃命。

朱來見狀即以日語在船頭呼敵投降，但他們仍拒不投降，打槍頑抗。期間，朱來被日軍擊中頭部，當場壯烈犧牲。1998 年，香港政府將朱來列入港九大隊 115 位抗日烈士名單。

資料來源：

1. 《東江縱隊志》編輯委員會：《東江縱隊志》（北京：解放軍出版社，2003），頁 100－101。
2. 《港九獨立大隊史》編寫組：《港九獨立大隊史》（廣州：廣東人民出版社，1989），頁 70－71。
3. 中共深圳市委黨史辦公室東縱港九大隊隊史徵編組：《東江縱隊港九大隊六個中隊史》（深圳：深圳市印刷廠，1986），頁 86－89。
4. 王錦：〈大浪口前赴後繼殲頑敵〉，載原東江縱隊港九獨立大隊老游擊戰士聯誼會：《永誌難忘的一頁》（原東江縱隊港九獨立大隊老游擊戰士聯誼會編輯組，2004），頁 107－108。
5. 陳敬堂：〈海上蛟龍—王錦：從海上游擊戰到八．六海戰〉，載陳敬堂、邱小金、陳家亮等編：《香港抗戰：東江縱隊港九獨立大隊論文集》（香港：康樂及文化事務署，2004），頁 284－285。
6. 陳達明：《香港抗日游擊隊》（香港：環球〔國際〕出版有限公司，2000），頁 103－105。
7. 曾生：《曾生回憶錄》（北京：解放軍出版社，1991），頁 357。
8. 原東江縱隊粵贛湘邊縱隊香港老戰士聯誼會編：《東縱．邊縱香港老戰士打日戰場回憶》（香港：共融網絡，2013），頁 90。

蕭華奎（1919－1946）

蕭華奎為廣東寶安縣約坪鄉高橋村人。他出身貧苦家庭，父親早逝，母親李元娣一人獨立養活眾多兒女。1939年春，蕭華奎參加了地下黨組織的「春耕隊」和「抗敵同志會」。他積極參與軍事訓練，並潛入敵佔區散發抗日傳單，引領不少青年加入抗日行列。1940年冬，他經蕭春介紹加入了中國共產黨。

1941年1月，蕭華奎參加廣東人民抗日游擊隊第五大隊。同年夏，他參與龍崗下排崗的突圍戰。雖然他腰部受重傷，但仍堅持戰鬥，表現英勇。1942年2月，他被調到廣東人民抗日游擊總隊港九大隊手槍隊，任小隊長。他與蕭春率隊深入西貢、沙田、坑口等地，打破敵人嚴密的封鎖，將一大批物資、槍支彈藥送回游擊區。他又率隊進入葵涌、鹽田、大小梅沙等沿海地帶活動，成功擊退四股海匪，並擊斃匪首張明仔、黃國東及蘇容生。

蕭華奎又奉命挺進香港新界、九龍市區，與地方黨組織配合，搶救被困的文化人及國際友人。他曾率領護航隊，護送為秘密大營救開路而先行撤離的廖承志、連貫、喬冠華，由西貢企嶺下渡海，順利到達沙魚涌。他曾與黃冠芳將暗中進行破壞的特務鍾九仔擊斃，成功消除隱患。1942年3月初，蕭華奎與劉黑仔等喬裝打扮，在九龍茶樓斃傷作惡多端的敵特分子特務五人，繳槍三支，威震港九。

蕭華奎曾率短槍隊與港九大隊交通情報總站人員同住在西貢深涌灣仔村的李家大屋，並負責交通站的行政工作。

1944年9月，蕭華奎回到惠寶游擊區，任東江縱隊二支隊作戰參謀。1945年初，日軍出動300多人掃蕩游擊區，蕭華奎受命協助第二支隊直屬中隊在惠陽龍崗區的八仙嶺阻擊其進攻。面對來勢洶洶的日軍，他毫不畏懼，沉着鎮定地指揮，英勇抗擊日軍。激烈戰鬥中，他不幸中彈倒地，身負重傷，卻仍舊堅持指揮戰鬥，最終成功打退日軍的進攻，並斃敵20多人。

1945 年 9 月大亞灣海上獨立大隊成立，分編成三個中隊，蕭華奎任第二中隊長，負責范和港、澳頭、壩崗和虎頭門一帶的護衛工作。同年 12 月 26 日，頑軍徐東來突然於夜裏進攻第二中隊防區。蕭華奎發現敵船後，即指揮隊員奮力迎擊，終殲敵 20 餘人。1946 年 2 月 24 日，蕭華奎的船隊在六克島海面巡邏期間，遇上國民黨的「舞風」號炮艦和快艇，與其展開激戰。戰鬥中，指揮船的後艄被敵砲擊中，船艙亦進水下沉。蕭華奎身負重傷，仍緊握機槍，向敵人展開最後攻勢。最終，他與指導員陳華等十多名指戰員一起隨戰船沉沒，壯烈犧牲，年僅 27 歲。戰士的遺體隨海浪飄浮到小桂村的海岸，當地村民將其打撈起後安葬於小鷹咀。

資料來源：

1. 廣東省委黨史研究室、廣州地區老游擊戰士聯誼會、廣州地區老游擊戰士聯誼會東江縱隊分會、廣州市東江縱隊研究會：《東江縱隊英烈集》（廣州：廣州地區老游擊戰士聯誼會東江縱隊分會，2013），頁 119－120。
2. 《港九獨立大隊史》編寫組：《港九獨立大隊史》（廣州：廣東人民出版社，1989），頁 22。
3. 李坤：〈回憶港九獨立大隊情報交通站〉，載陳敬堂、邱小金、陳家亮等編：《香港抗戰：東江縱隊港九獨立大隊論文集》（香港：康樂及文化事務署，2004），頁 243。

羅雨中（1919－1986）

羅雨中原名羅觀屏，字道傳，羅家子女中排行第四，為長子。抗戰時他曾用「柳青」為名，戰後則曾用「羅冠平」為名。

羅雨中很早即投入抗日救亡工作。1938 年下半年，羅雨中到九龍鴻昌辦館工作養家，晚上讀英文商科，亦開始參加抗日救亡活動，辦政治夜校。1940 年 7 月，他參與成立「寶安青年會」，任宣傳委員，組織文藝宣傳隊，深入農村，以話劇和山歌等形式宣傳抗日；救濟從內地到香港的難民，同時宣傳抗日。同年 11 月，該會開辦的「寶安青年會義學」開學，羅雨中兼任義務教師。

1941 年 12 日 9 日深夜，其弟羅汝澄帶領武工隊進入沙頭角南涌，10 日凌晨到達南涌羅屋，開展敵後游擊戰。10 日傍晚，他奉命從港島返回南涌羅家，與武工隊研究開展工作。他和羅汝澄出面邀請父老鄉親開會，商討自衛的辦法，帶頭獻出家中防匪的步槍、獵槍和信號槍。在羅家兄弟動員下，鄉民紛紛嚮應，捐錢捐槍，不到十天便組成為數 40 多人的人民聯防隊（後改組成「南鹿聯防自衞隊」）。羅雨中任隊長。這是香港第一支抗日聯防隊。1942 年 2 月港九大隊成立後不久，羅雨中加入中國共產黨。1943 年 3 月至 1944 年 5 月期間，他出任沿海稅收站長。

1943 年冬，羅雨中被日軍沙頭角憲兵部拘捕，扣押近半個月。期間被嚴刑逼供，妻兒亦被關到牢房，他始終沒有透露游擊隊的任何訊息。其後港九大隊設法營救，最終獲釋。羅雨中被打至頭骨爆裂，內臟重創。其兩歲的獨子目睹其被打情況，受到驚嚇，在羅獲釋前夭折。獲釋後，他繼續擔任沿海稅收站長。

羅雨中曾參與營救的盟軍有八人。英軍方面有：波生吉、比爾中尉、懷特中尉、祈德尊中尉等人。美軍方面，1945 年 1 月 16 日，羅歐鋒領導的海上中隊在營救美軍伊根中尉時，羅雨中擔當傳譯員，他又曾協助營救克利漢（M. J. Crehan）少尉。

抗戰勝利後，羅雨中奉命留港從事地下工作。中華人民共和國成立後，他於 1951 年返回內地工作。1951 年 7 月，他由沙（頭角）深（圳）寶（安）邊防公安局轉業，其後歷任寶安縣水產公司經理、高要專員公署水產處長、肇慶地區衞生學校校長、寶安縣政協副主席等職位，1979 年離休。

羅雨中於 1986 年離世，終年 67 歲。

資料來源：

1. 《港九獨立大隊史》編寫組：《港九獨立大隊史》（廣州：廣東人民出版社，1989），頁 11－12。

2. 張黎明：《血脈中華：羅氏人家抗日紀實》（深圳：深圳報業集團出版社，2016），頁 47、61、126－132、139－142、145－155、159－188。
3. 羅家後人提供資料。

麥雅貞（1919－1998）

麥雅貞生於廣州，籍貫廣東順德。父親麥冠萍是當地有名的中醫，小學畢業後她就從父學醫。日本侵華，廣州常受轟炸，麥雅貞舉家逃難到家鄉順德，後因土匪勒索輾轉到香港避難。父親逝世後，生活困苦，她到同學家做工，繼而考進廣華醫院護士學校。

1942 年 1 月，麥雅貞離開廣華醫院，到寶安白石龍參與游擊隊，受訓後到石龍醫務所工作。1942 年 5 月，她被調到連隊，任隨軍衞生員，同年冬被調到港九大隊衞生隊工作。

在港九大隊工作期間，麥雅貞多次為傷員提供適時的治療服務。1943 年 1 月，惠陽大隊在梧桐山一役中有十多人負傷，被送到三椏村。麥雅貞隨即與其他衞生員在附近的小山上搭建茅寮，為傷員進行治療護理。同年 3 月 3 日「三三事件」時，日軍掃蕩包圍港九大隊政訓室，不少游擊隊員受傷，包括章平和溫觀友等。麥雅貞為傷員進行初步護理工作後，將其轉送到英軍服務團設於惠州的醫院治療。1943 年底，東江縱隊護航大隊大隊長劉培在霞涌一役中受傷後，亦由麥雅貞護送到香港的私人醫院治療。1944 年 5 月 24 日，美軍十四航空隊在大亞灣海面轟炸敵艦時，飛機不幸被擊中，被迫降落在海面，被港九大隊海上中隊救起，其中兩名飛行員受輕傷，麥雅貞為其療傷。麥雅貞對每個傷病員都抱着菩薩心腸，故戰士暗地裏都稱她作「觀音娘娘」。

1945 年 8 月，麥雅貞與丈夫葉昌隨東江縱隊挺進粵北。解放戰爭期間，麥雅貞任中國人民解放軍粵贛湘邊縱隊北江第二支隊司令部衞生隊長、醫生。建國後，她歷任韶關市人民醫院院長、清遠縣人民醫院院長、廣東省衞生廳政治部人事科科長等職位。

麥雅貞於 1998 年去世，享年 79 歲。

資料來源：

1. 麥雅貞：〈在港九大隊衞生隊的日子裏〉（載廣東青運史研究委員會研究室、東縱港九大隊史徵編組：《回顧港九大隊（上集）》，廣東：廣東省委辦公廳勞動服務公司印刷廠，1987），頁 139—142。
2. 廣東省婦女運動歷史資料編纂委員會東江組：《南粵紅棉：東縱女戰士》（廣州：廣東省婦女運動歷史資料編纂委員會東江組，1983），頁 34。

陳達明（1919—2017）

陳達明原名梁瑞琨，廣東珠海人。他於 1938 年 12 月加入中國共產黨，曾任香港學生賑濟會黨團書記、香港市委青委委員、書記、中環區委書記，領導青年進行抗日救亡運動。

1941 年 12 月日軍攻佔香港後，陳達明領導武工隊參與秘密大營救。1942 年 2 月，他參與創建廣東人民抗日游擊總隊港九大隊，並任政治委員。任職兩年多，領導港九大隊由幾支合計近百人的武工隊發展為 800 多人的隊伍，在鄉郊、海上和城市開展游擊戰，有力配合和支持廣東地區乃至全國的抗日游擊戰爭。

1944 年 9 月，陳達明先後任東縱第一支隊政委、江南指導部政治部主任、江北指揮部政治委員兼江北地委書記。

1946 年 6 月，陳達明隨東江縱隊北撤。此後歷任華東軍政大學教導團政委、兩廣縱隊教導支隊副政委、34 軍組織部副部長等職務，曾參加淮海戰役和渡江戰役。新中國成立後，參加空軍組建工作，先後任華東空軍政治部組織部副部長、軍委空軍政治部組織部副部長，1963 年 1 月轉業，他任第三機械工業部國營 232 廠廠長兼黨委書記。1977 年任北京航空學院黨委書記，大膽領導學校開展撥亂反正等工作。1983 年 6 月，他任新華社香港分社副社長，1989 年離休。在香港工作期間，廣泛聯繫和團結港澳同胞，鞏固和發展愛國統一戰線，為中英談判簽署關於香港問題的聯合聲明和和基本法的起草做了許多調研和支援工作。他著有《香港抗日游擊隊》、《香港大嶼山抗日游擊隊》、《萬山羣島海戰》等著作。

1955 年，陳達明被授予上校軍銜，1963 年晉升為大校軍銜，獲二級獨立自由勳章和二級解放勳章。2017 年，陳達明在廣州因病去世，享高壽 98 歲。

資料來源：

1. 《東江縱隊志》編輯委員會：《東江縱隊志》（北京：解放軍出版社，2003），頁 348。
2. 深圳市寶安區人民武裝部、深圳市寶安區檔案局（館）、深圳市寶安區史志辦公室：《寶安軍事人物》（北京：中國文史出版社，2007），頁 151。
3. 中聯辦：〈陳達明同志生平〉，2017 年 7 月 22 日。

劉春祥（1920－1943）

劉春祥，出生於越南的華僑家庭，廣東惠陽鎮隆鎮堂閣圍人。按照宗族傳統，劉春祥在十六、七歲被送回惠陽祖家，先後跟隨養父、堂兄及堂叔生活。1938 年，抗戰戰火延至華南一帶，劉春祥懷有革命熱情，隨後參加了曾生領導的惠寶人民抗日游擊總隊。

1941 年 12 月中，當日軍還在向九龍大舉進攻時，廣東人民抗日游擊隊第三大隊派出三支武工隊進入沙頭角的吉澳島，其中一支由劉春祥等人率領。他們進入西貢建立游擊根據地，並參與秘密大營救等工作。

1942 年 2 月，港九大隊成立後，劉春祥與大隊長蔡國樑、政委陳達明、政訓室主任黃高陽等，率領隊伍從西貢到沙頭角區開闢工作。土匪鄧芳仔在沙頭角大澪村出沒，搶劫財物，更冒充游擊隊。大隊領導決定將之消滅。

1942 年 3 月下旬的一天，劉春祥率武工隊佔領大滘村後山，迅速作戰鬥部署。村裏的土匪也派人搶佔制高點，剛好與劉春祥隊伍相遇。土匪措手不及，向山下逃跑，劉春祥武工隊追擊，活捉數人，擊斃數人。土匪被擊潰後，游擊隊聲望提高，當地青年踴躍參加，令劉春祥的武工隊從 40 多人發展到 70 多人。

1942 年 8 月，劉春祥在北潭涌駐紮期間，曾參與接待及保護何禮文等四位英軍服務團成員。他們被派至新界執行偵察戰俘營等任務，為此向港九大隊尋求協助及合作。

1942 年 9 月，劉春祥奉命帶隊增援在大嶼山開闢工作的武工隊，組建大嶼山中隊並出任中隊長。中隊成立後，剿滅多股土匪，深得當地羣眾擁護，隊伍很快由二十多人發展到五六十人。

1943 年 5 月，中隊長劉春祥帶領曾可送、林容、汪送、譚金火、溫發、劉佳等六名班排骨幹，乘坐帆船準備到大嶼山對岸的龍鼓灘一帶開展工作。在沙洲、龍鼓洲一帶海域突然遭遇兩艘日軍炮艇伏擊，劉春祥等奮起應戰。由於敵我力量過於懸殊，經過激烈的戰鬥，木船被擊沉，劉春祥等指戰員和船家梁克一家五口壯烈犧牲。

2020 年 9 月 2 日，劉春祥等 12 名龍鼓洲戰鬥英烈被列入中華人民共和國退役軍人事務部所公佈的第三批 185 名著名抗日英烈英雄羣體名錄，以表揚他們為抗戰作出的貢獻。2023 年 5 月 9 日，劉春祥抗日英雄羣體紀念碑揭幕典禮在屯門龍鼓灘隆重舉行。

資料來源：

1. 《港九獨立大隊史》編寫組：《港九獨立大隊史》（廣州：廣東人民出版社，1989），頁 34–35、77。
2. 王江濤：〈大嶼山風雲錄 —— 憶在大嶼山獨立中隊抗日九首〉，〈大嶼山風雲錄 —— 憶在大嶼山獨立中隊抗日〉，第一首，〈大嶼山獨立中隊隊長劉春祥等十二位英烈〉（載王江濤：《江濤詩文集》，非賣品，2001），頁 148。

3. 王江濤：〈海島風雲錄——大嶼山抗日游擊戰紀實〉（載王江濤：《江濤詩文集》，非賣品，2001），頁 30–33。
4. 堂閣劉氏修譜編輯委員會：《惠州市惠陽區鎮隆鎮堂閣圍（塘角）——劉氏族譜》（惠州：2015），頁 227–228、327。
5. 新界鄉議局編：《劉春祥抗日英雄羣體紀念碑揭幕典禮紀念特刊》（2023），頁 28、37–38。
6. "Argyle St. Reconnaissance - The Holmes Report", in E.M. Ride compiled, BAAG Series, vol. 4, pp.44, 47–48.

王月娥（1920–1944）

王月娥，廣東東莞人。她是港九大隊政訓室主任黃高陽的妻子。她的母親黃娥媽和妹妹王月仙同為港九大隊成員。

王月娥自幼好學，未足 16 歲即參與黨組織的讀書會。1937 年抗日戰爭爆發後，她加入歌詠團和宣傳隊，深入各村鎮宣傳抗日救國。1938 年 1 月，她毅然離開家鄉，加入王啟光領導的抗日救亡呼聲社國防前線工作隊，在寶安南頭陳屋、深圳、赤尾村一帶進行宣傳工作，幫助當地羣眾組建抗敵同志會、青年抗日同志會等團體，為後來寶安開展敵後游擊戰打下良好基礎。同年，她加入中國共產黨，10 月參與東莞縣委領導的東寶惠邊區人民抗日游擊隊，開展民運工作。1939 年初，東莞抗日模範壯丁隊和各地自衛團武裝進行整編，王月娥任女戰士武裝班班長。

1939 年 3 至 4 月間，王月娥隨同王作堯領導的第二大隊到寶安活動，任政工隊副隊長，在龍華弓村開展民運工作並建立民兵組織。1940 年 3 月，她跟隨曾生、王作堯部隊東移海陸豐，期間帶領一些女戰士入村宣傳抗日。同年 9 月，她被派遣到曾生領導的第三大隊民運隊，任組織委員，在東莞大嶺山的榕樹界一帶開展民運及統戰工作，支援部隊抗戰。王月娥協助地方黨組織發展青年入黨，開展民運工作，幫助部隊解決給養、情報和兵源等問題，支持其恢復大嶺山根據地。

1942 年 12 月，王月娥調派到港九大隊，先後任沙頭角區民運隊長及政訓室民運幹事。她帶領民運隊於沙頭角、大埔、西貢等地活動，動員羣眾增加生產、捐款及參軍，並幫助各地組織民兵和地方武裝小組，建立婦救會、青年抗日會等羣眾組織，配合港九大隊的武裝鬥爭。

1943 年 7 月初，王月娥隨同丈夫黃高陽和魯風調到大嶼山，深入各村開展民運工作。1944 年日軍掃蕩大嶼山，王月娥冒險到各村鎮進行宣傳工作，配合中隊進行反掃蕩鬥爭。她母親黃娥媽亦有為大嶼山中隊做後勤工作，但最後在包圍掃蕩下病重而亡。同年 7 月，她與丈夫黃高陽和魯風被調回港九大隊大隊部工作。為安全起見，三人分路行動。王月娥獨自一人乘船回九龍時不幸被漢奸發現告密，遭日軍逮捕。扣押期間，面對嚴刑拷問，她毫不畏懼，沒有透露半點游擊隊和地下黨組織的機密，最終慘遭殺害，壯烈犧牲，年僅 24 歲。她的妹妹王月仙在回憶文章裏曾寫道：「據曾任港九大隊市區中隊的中隊長方蘭同志講，姐姐是很了解香港和九龍等處的秘密聯絡站、情報站的，但從她被捕到犧牲，這些秘密聯絡站、情報站一處都沒有被暴露遭到破壞。我姐姐就是這樣，以自己的鮮血和生命，保衛了這些秘密機關和活動在香港市區的領導同志及戰友們的生命」。

1998 年，香港特區政府將王月娥及黃娥媽列入港九大隊 115 位抗日烈士名單。

資料來源：

1. 《港九獨立大隊史》編寫組：《港九獨立大隊史》（廣州：廣東人民出版社，1989），頁 174。
2. 中共廣東省委黨史研究室、廣州地區老游擊戰士聯誼會、廣州地區老游擊戰士聯誼會東江縱隊分會、廣州市東江縱隊研究會：《東江縱隊英烈集》（廣州：廣州地區老游擊戰士聯誼會東江縱隊分會，2013），頁 82–83。
3. 王月仙：〈香港回歸慰英靈—紀念我媽媽黃娥媽烈士和姐姐王月娥烈士〉，《東莞黨史》，1999 年 2 期，總第 18 期。

4. 張承鈞主編：《抗戰英烈錄》（北京：北京出版社，1995），頁 321。
5. 廣東省婦女運動歷史資料編纂委員會東江組：《南粵紅棉：東縱女戰士》（廣州：廣東省婦女運動歷史資料編纂委員會東江組，1983），頁 52。

李唐（唐翰芬）（1920－1944）

李唐又名唐翰芬，於秘魯出生，八歲時到香港定居。他自小耳聞日軍殘殺同胞，便萌生了報效國家、拯救民族的念頭。1937 年盧溝橋事變後，他積極參與抗日救亡運動。1939 年冬，李唐到寶安縣坪山參加廣東人民抗日游擊隊新編大隊，年僅 19 歲。1940 年春，他隨新編大隊東移，在戰鬥中表現出色，不久後加入了中國共產黨。

日軍侵佔香港後，李唐隨武裝小分隊深入港九地區開展游擊戰。1942 年春，他被任命為西貢短槍隊政治指導員，與黃冠芳、劉黑仔等率隊在沙田一帶鋤奸清匪、搶救文化人及襲擊日寇，威震港九，深得羣眾擁戴。他成功殲滅以李觀姐為首、橫行於荔枝窩一帶的土匪；又在西貢黃麖仔坳附近活捉了一位姓唐的敵偽官員，通過思想教育令其願意為游擊隊秘密工作。該名敵偽官員獲釋後利用職權從經濟上支援游擊隊，使部隊獲得「合法」的數百人的口糧定額配給，極大緩解了糧食給養困難。同時，李唐常率隊在海上巡邏，以保障海上運輸暢通和漁民生命財產安全。1943 年 1 月一個晚上，他率隊出海巡邏，在大灘海遇上日軍的木船，即從容不迫投入戰鬥，最終成功擊斃一名警備隊長，擊傷漢奸一名。1944 年 1 月 27 日，李唐和年輕的通訊員鄭潮在趕赴茅坪村部隊駐地開會途中在界咸村和大腦村之間的路途中遭遇一羣日軍，迂迴奔跑時不慎掉進深坑裏，身受重傷。鄭潮竭力將其拉上來後，負傷的李唐仍堅持趕了一段路，後因傷勢過重已跑不動。李唐命令鄭潮不要管他，迅速趕回茅坪村向部隊通報。最後，李唐因傷勢過重不治而犧牲，年僅 24 歲。

資料來源：

1. 《港九獨立大隊史》編寫組：《港九獨立大隊史》（廣州：廣東人民出版社，1989），頁 43。
2. 中共廣東省委黨史研究室、廣州地區老游擊戰士聯誼會、廣州地區老游擊戰士聯誼會東江縱隊分會、廣州市東江縱隊研究會：《東江縱隊英烈集》（廣州：廣州地區老游擊戰士聯誼會東江縱隊分會，2013），頁 74－75。
3. 唐華：〈李唐〉（載中共寶安縣委黨史辦公室：《大鵬忠魂》，廣州：廣東人民出版社，1989），頁 113－116。
4. 唐華：〈懷念哥哥李唐同志〉（載廣東青運史研究委員會研究室、東縱港九大隊史徵編組：《回顧港九大隊（下集）》，廣東：廣東省委辦公廳勞動服務公司印刷廠，1987），頁 118－122。

賴章（1920－1945）

賴章又名賴裕章，廣東省寶安縣坪山馬鞍嶺村人。他出身貧苦，五歲時父親病逝，母親帶着他和姐姐務農為生。由於生活貧苦，他的母親將他姐弟倆交託祖母和嬸母撫養。他自八歲起上學，小學畢業後即回家務農。

1940 年 9 月，他參加廣東人民抗日游擊隊，入伍後任馬鞍嶺、茜坑村抗日自衞隊隊長兼軍事教官。期間，他隨自衞隊護送僑商，日夜往返於沙魚涌、葵涌、茜坑、坑梓、沙坑之間。一次，自衞隊護送僑商時遭土匪搶劫，賴章即親自率隊包抄營救，當場俘虜三名土匪，並繳獲四支槍，大受稱許。又一次，自衞隊於夜間護送僑商途經雞籠山蛇斗瀝村時遇上日軍，賴章隨即帶領民工將物資轉移到安全地區，避免了一次重大損失。

1941 年底，賴章被編入第三大隊武工隊第一小組，挺進港九新界，後來曾參與營救英軍戰俘的任務。[2] 1942 年 3 月間，一羣英軍戰俘被囚於啟德機場，江水短槍隊奉命前往營救。隊員廖添勝化裝成賣煙的小販，與參加修復

2 《大鵬忠魂》及《惠陽英烈》兩書記載賴章曾在 1942 年 1 月與劉黑仔在青山道伏擊日軍，殲滅日軍 13 名，救出英軍俘虜 32 名，但在《港九獨立大隊史》、《東江縱隊志》和英方檔案中都未見記載此事，故暫存疑待考。

工作的民工一起混進機場，周圍偵察。他發現機場南面有個 80 厘米高的下水道，水並不深，可以利用，於是與英軍戰俘聯繫，約好在洞口接應。當天晚上，武工隊小隊長賴章帶領三名隊員和廖添勝一起在離洞口不遠處埋伏下來。兩名英軍戰俘從洞口出來，賴章、廖添勝立即帶領他們沿着海邊經南圍、北圍，到「不夜天」地下聯絡站與江水會合，再從西貢乘小艇到北潭涌，翻過北潭凹到赤徑會見大隊長蔡國樑。第二天晚上，他們又照樣救出兩名英軍。這四名英軍其中一人便是湯遜上尉。

1943 年 7 至 8 月間，賴章任鋼鐵中隊中隊長，率隊返回內地。1945 年 1 月，賴章調任第二支隊第一大隊副大隊長，於惠陽、淡水、樟木頭、龍崗等地活動。同年 4 月 15 日，他協助大隊長率隊到古塘坳伏擊日軍車隊，成功炸燬三輛軍車。日軍跳車負隅頑抗，賴章戰鬥中不幸被擊中頭部，壯烈犧牲，年僅 25 歲。

2020 年 9 月 3 日，國家民政部公佈將賴章列入第三批 185 名著名抗日英烈英雄羣體名錄。

資料來源：

1. 江水：〈英國軍官營救記〉，載廣東青運史研究委員會研究室、東縱港九大隊史徵編組：《回顧港九大隊（上集）》（廣東：廣東省委辦公廳勞動服務公司印刷廠，1987），頁 89。
2. 中共廣東省委黨史研究室、廣州地區老游擊戰士聯誼會、廣州地區老游擊戰士聯誼會東江縱隊分會、廣州市東江縱隊研究會：《東江縱隊英烈集》（廣州：廣州地區老游擊戰士聯誼會東江縱隊分會，2013），頁 91–92。
3. 中共寶安縣委黨史辦公室：《大鵬忠魂》（廣州：廣東人民出版社，1989），頁 137–146。
4. 《東江縱隊志》編輯委員會：《東江縱隊志》（北京：解放軍出版社，2003），頁 372。

陳滿（1920－1991）

陳滿生於東莞，1939 年參加廣東人民抗日游擊隊。

1942 年 4 月，陳滿與蘇光、曾可送、林元、邱球、陳漢平等組成一支六人武工隊進入大嶼山開展工作，任副隊長，他們肅清土匪，保護羣眾的生命及財產安全。他率隊到塘福村發動村民組織青年武裝自衛隊，平日為其進行軍事訓練並教導其基本的軍事知識，加強自身防衛能力，晚上則到長沙灣一帶巡邏，維持安全。一天晚上，土匪十多人坐船來搶劫漁民。陳滿等三人隱蔽在漁船上，等土匪的船靠近，出其不意開槍痛擊。土匪猝不及防，掉頭就跑。漁民感謝武工隊的保護，送魚給戰士們吃。

1942 年 12 月，大嶼山中隊成立，陳滿被委任為小隊長，後任副中隊長。期間，他參與指揮夜襲牛牯塱日軍駐地的行動，共擊斃六名日軍（其中一名是中尉軍官），並繳獲五支步槍、一支短槍、一把指揮劍和一批彈藥；並與邱球、廖錦年等人組成鋤奸組，於大澳至石壁村的半途擊斃日寇走狗陳穩勝，並繳獲左輪短槍一把。

1945 年 8 月日軍投降後，陳滿曾率隊迫降駐梅窩日軍及進駐長洲島，迫令 20 多名偽軍繳械投降。1946 年 6 月，他隨東江縱隊北撤。建國後，陳滿在海軍南海艦隊工作，後轉業廣東省南海漁業公司，歷任辦公室主任、工會主席。

陳滿於 1991 年離世，終年 71 歲。

1979 年，陳滿回到塘福村探望戰友鄧其妹等，贈予照片惠存。（鄧其妹女兒提供）

資料來源：

1. 《港九獨立大隊史》編寫組：《港九獨立大隊史》（廣州：廣東人民出版社，1989），頁 73–76，182–183。
2. 邱逸、葉德平：《戰鬥在香港 —— 抗日老兵的口述故事》（香港：中華書局〔香港〕有限公司，2014）。
3. 陳達明：《香港大嶼山抗日游擊隊》（廣州：廣州出版社，2015），頁 2–5。

林展（1920–2003）

林展原名林和安，祖籍廣東新會縣，出生於香港。1932 年，她到當時香港唯一的官立英文女校 —— 香港庇利羅士女書院唸書。

1937 年抗戰爆發，林展代表書院參與學生賑濟會的活動。及後，她跟同學成立學生組織，組織唱歌等活動，訂閱進步報刊，引導同學注意時政，並創辦學生會刊物，宣傳愛國思想。1938 年 6 月，她獲香港大學取錄，但因無力支付高昂的學費而放棄入學的機會，踏入社會工作。她先後在聖心學校（Italian Convent Sacred Heart School）和法國嬰堂（French Convent）當體育教師。

1941 年初，林展加入進步團體虹虹歌詠團，到處教唱愛國歌曲，宣傳抗日。同年 7 月，經歌詠團團員何淑花介紹，她加入中國共產黨。當時林展還在真中中學任教，藉暑期音樂講座的機會，向學生宣傳抗日救國思想，號召他們投身抗爭行列，成功培養出一批進步青年，包括馬樸、蔡松英、區惠方、崔健偉、蔡如等。

1941 年底，林展奉命從事地下工作，混入一間日、台軍人寓所做洗衣女工。期間因拒絕一名日本軍人調戲，慘遭誣陷，被日本憲兵迫害，打得全身青腫。此事加深了她對日本侵略者的認識和仇恨。在家養傷期間，她苦學日語，痊癒後便隨後任港九大隊政委的陳達明到部隊，參加秘密大營救。

1942 年 3 月港九大隊國際工作小組成立，通曉英語的林展成為主要成員之一，全力支援營救和情報工作，一直到 1943 年 9 月。她曾收集日軍在九龍推行戶口管理辦法以及羣情怨恨的情報上報，受到上級表揚。為配合英軍服務團收集情報，國際工作小組在砵蘭街開設了一間雜貨店，作為地下交通站。林展負責將英軍服務團總部給他們香港市區工作人員的經費、指令和文件帶到雜貨店。

1943 年 10 月，林展被調回港九大隊政訓室，年底被調往東縱司令部。1944 年夏，她被調派到敵工科，通過政治宣傳方式，教育俘虜。據同在敵工科工作的張定記載，林展當時「每天給日俘上課，講形勢、政策，揭露日本帝國主義發動的法西斯侵略戰爭的非正義性」。1945 年 8 月，林展任敵工科科長。

1946 年 4 月至 7 月間，林展任北平軍調部第八執行小組（即東江縱隊北撤談判小組）中共代表方的譯員。同年 9 月，她任北平軍調部中共代表葉劍英的英文秘書。1947 年 2 月，她在延安中央軍委外事組任翻譯。建國後，她歷任廣州外事處科長、雲南省重工業廳計劃處處長、基建處處長，雲南省機械設備進出口公司顧問等職位，1988 年獲譯審職稱。

林展於 2003 年去世，享年 83 歲。

資料來源：

1. 《東江縱隊志》編輯委員會：《東江縱隊志》（北京：解放軍出版社，2003），頁 380–381。
2. 吳開婉：〈林展與國際工作〉（載陳敬堂、邱小金、陳家亮等編：《香港抗戰：東江縱隊港九獨立大隊論文集》，香港：康樂及文化事務署，2004），頁 348–361。
3. 張定：〈看守日俘片斷〉（載中共寶安縣委黨史辦公室編：《回顧東縱統戰工作》（廣東：中共寶安縣委黨史辦公室，1989）。
4. 陳瑞璋：《東江縱隊：抗戰前後的香港游擊隊》（香港：香港大學出版社，2012），頁 26。

莫浩波（1920－2004）

莫浩波，籍貫廣東東莞。1938 年，參加東莞抗日模範壯丁隊（東江縱隊前身之一）。1941 年 12 月上旬，隨林沖武工隊到達香港新界沙頭角南涌，隨即發動羣眾，組織羣眾自衛武裝。曾參加秘密大營救。完成護送抗日文化人士後，1942 年 1 月中下旬，返回沙頭角地區，建立新據點，開展游擊戰。

1943 年 3 月沙頭角中隊成立，莫浩波被委任為副中隊長。中隊轄下有三個短槍隊，分別在沙螺洞、三椏及元朗一帶活動。莫浩波同時兼任大埔沙螺洞一帶的短槍隊隊長。

莫浩波多年來表現出色。1944 年 4 月 13 日晚，他隨隊伍夜襲吉澳島，成功拔除日軍在吉澳島的據點，擊斃偽匪二名，並繳獲兩支土製手槍，其餘敵人落荒而逃。同年冬，莫浩波和民運工作人員張達配合，在萊洞坳的公路上擊斃沙頭角偽區長溫二，為民除害。及後，中隊長林沖被調走，莫浩波任沙頭角中隊第二任中隊長。

1944 年春，莫浩波被調回內地工作。1946 年隨東江縱隊北撤山東，1949 年隨兩廣縱隊南下。離休前曾任廣東省地質局副局長。

莫浩波於 2004 年 5 月 21 日逝世，享年 84 歲。

資料來源：

1. 《港九獨立大隊史》編寫組：《港九獨立大隊史》（廣州：廣東人民出版社，1989），頁 50–51。
2. 中共深圳市委黨史辦公室東縱港九大隊隊史徵編組：《東江縱隊港九大隊六個中隊隊史》（深圳：深圳市印刷廠，1986），頁 32，49–50。
3. 邱逸、葉德平：《戰鬥在香港 —— 抗日老兵的口述故事》（香港：中華書局〔香港〕有限公司，2014），頁 20。

林伍（吳展）（1920－2007）

林伍原名吳樹權，又名吳展，生於廣東省海豐縣可塘鎮溪頭鄉。1942 年，他在西貢地區參與籌建常備隊（又稱護路隊）的工作，任政治教官。1943 年 6 月，海上中隊成立，林伍被委任為政治指導員。

1944 年春，林伍於執行任務期間不適，回到軍需處北潭村的駐地後連夜發燒，昏迷不省人事，危在旦夕。大隊長蔡國樑得知此事後，馬上請妹妹蔡冰如到北潭村搶救，並安排當時在北潭涌工作的隊員黃甲寅（又名黃榮）協助，時刻注意敵情變化，保障林伍的安全。經蔡冰如悉心照顧，林伍逐漸康復過來，回到赤徑村大隊部的新駐地。事後，林伍提及此事時仍感嘆不已：「我能生還，活到今天，能為黨、為革命繼續工作，是同志們高度的階級友愛、關心、愛護和努力，尤其是蔡國樑大隊長愛兵如子，想盡辦法，親自佈置，把我從死裏搶救過來，給我再生的第二次生命」。

1944 年 5 月，陳志賢與歐鋒到東江縱隊軍政幹校學習，卓覺民被調走，海上中隊的工作由林伍與小隊長王錦主持。同年 9 月，林伍被調到政訓室，任漁民幹事。

林伍於 2007 年在廣州病逝，享年 87 歲。

資料來源：

1. 《港九獨立大隊史》編寫組：《港九獨立大隊史》（廣州：廣東人民出版社，1989），頁 31－32。
2. 吳展：〈蔡國樑大隊長給了我第二次生命〉，載廣東青運史研究委員會研究室、東縱港九大隊史徵編組：《回顧港九大隊（上集）》（廣東：廣東省委辦公廳勞動服務公司印刷廠，1987），頁 32－34。

鄧華（1920－2008）

鄧華，原名鄧就歡，廣東東莞清溪鎮人，出生在一個貧苦農民家庭。為了求學謀生，他在 15 歲離鄉別井前往香港新界大埔，在魚舖、木舖打工。1937 年日本對中國展開全面侵略，鄧華辭工回鄉，決心投身抗日鬥爭。1938 年底，鄧華走上了革命的道路，參加由黃木芬領導的武工隊，該隊伍與王作堯領導的東莞抗日模範壯丁隊重新組成東寶惠邊人民抗日游擊大隊。1940 年跟隨部隊東移，歷盡艱辛，休養後於 1941 年 3 月回到王作堯領導的部隊。

1941 年 12 月 8 日，日軍入侵香港。鄧華其時為廣東人民抗日游擊隊第五大隊派遣的武工隊隊員，跟隨林沖進入香港新界沙頭角，在 1941 年 12 月 10 日凌晨 1 時到達羅汝澄的家鄉南涌羅屋。秘密大營救期間，鄧華負責荃灣到元朗一段交通線的警衛工作。港九大隊成立後，鄧華在上水區任小隊長。1943 年，沙頭角中隊成立，他擔任短槍隊長，後任沙頭角中隊副中隊長及中隊長。

鄧華為人機智、勇敢，多次帶隊成功執行任務。1944 年 4 月，鄧華率隊前往元洲仔碼頭日偽軍哨所，迅速完成戰鬥，斃、傷敵各一人，俘敵三人，並繳獲英式步槍五支、子彈 60 餘發、自行車兩部，替往來的商旅及漁民除了大害。

同年冬天，鄧華率領林傳、李友、張包、張才、張勝等手槍隊戰士出發，成功消滅了大埔日寇憲兵隊的林通譯。不到二十天，鄧華受命再次帶領李友和其他三名戰士深入大埔墟，執行清除漢奸的任務。當他們獲悉漢奸密探陳福正在一家茶樓內喝茶時，鄧華立即率隊前往將其擒獲。他向在場的茶客宣讀了陳福的罪狀，隨後下令將其處決。大埔日寇憲兵隊林通譯及密探陳福相繼被擊斃的消息傳出後，偽大埔漁業會會長林偉成頓成驚弓之鳥，不敢外出。鄧華與隊員們經過反覆研究後，最終決定偽裝成日軍進行行動，成功抵達林偉成的住所並將其擒拿。

1945 年 8 月 15 日，日本宣佈無條件投降。東江縱隊司令部接到來自延安總部朱德總司令發出的「為日寇投降事向各解放區所有武裝力量發佈命令」的通知後，鄧華指揮部隊對日軍分散的小部隊進行宣傳瓦解，收繳了日軍粉嶺龍骨頭倉庫的大量物資。

抗戰勝利後，鄧華於 1945 年 9 月奉命撤回內地，歷任江南指揮部直屬獨立中隊中隊長、東江護鄉團羅汝澄大隊軍事協理員、主力一團作戰參謀、粵贛湘邊縱隊獨立第一營營長、粵中軍分區獨立十八團參謀長、中南軍區防空部隊照空團參謀長。1952 年，鄧華轉業地方，歷任廣州市國營建築工程公司副經理、廣州市房管局房管處副處長，至 1981 年離休。2008 年，鄧華逝世，享年 88 歲。

資料來源：

1. 《港九獨立大隊史》編寫組：《港九獨立大隊史》（廣東：廣東人民出版社，1989），頁 11、36、51–52、182。
2. 陳敏學：〈沙頭角中隊接降鬥爭回憶片斷〉（載廣東青運史研究委員會研究室、東縱港九大隊史徵編組：《回顧港九大隊（下集）》，廣東：廣東省委辦公廳勞動服務公司印刷廠，1987），頁 145–149。
3. 鄧華、林傳：〈深入大埔，虎穴除奸〉（載陳敬堂、邱小金、陳家亮等編：《香港抗戰：東江縱隊港九獨立大隊論文集》，香港：康樂及文化事務署，2004），頁 201–206。
4. 鄧華：〈港九人民抗日游擊大隊沙頭角中戰鬥歷程〉，2001 年 4 月 25 日。
5. 〈鄧華簡歷〉，2025 年 4 月 19 日。
6. 鄧華後人鄧瑞常提供資料，2025 年 4 月 12 日。

黃翔（1920－2010）

黃翔，新界沙頭角山咀村人，港九大隊大隊部交通站站長羅許月的丈夫。他的曾祖父黃士福和祖父黃友彩都曾到巴拿馬當修築運河的工人。黃友彩後在英國商人家中當管家，與西班牙裔英籍家庭教師結婚，1873年誕子黃瓊球。黃瓊球在1903年返回香港，任職於中華電力公司。

黃翔是家中長子，在父親黃瓊球去世後，放棄學業，到中華電力公司工作，香港淪陷後返回沙頭角謀生。1943年春，他經陳亮引導參加抗日工作，任港九大隊地下情報員，1945年加入中國共產黨。

抗戰勝利後，黃翔轉入地下工作。1947年春，他奉組織命令前往內地參與武裝鬥爭，任惠東寶人民護鄉團一大隊副官。1948年，他任廣東人民解放軍江南支隊第一團副官。1949年，他任中國人民解放軍粵贛湘邊縱隊東一支隊第七團副官處主任。1950年，他任中共華南分局沙深寶邊界工作委員會深圳鎮鎮長；後任深圳市計劃委員會副主任、深圳市城市建設局局長、中共深圳市委統戰部副部長，1983年離休。

2010年8月9日，黃翔與世長辭，享年90歲。

資料來源：

1. 張黎明：《血脈中華：羅氏人家抗日紀實》（深圳：深圳報業集團出版社，2016），頁220－222。
2. 羅家後人提供資料。

張洋（1921－1942）

張洋，香港新界沙田大水坑村人。抗戰時期，他與弟弟張發同為港九大隊地下交通員。他們的家曾借予游擊隊使用。

1942 年 7 月，手槍隊小隊長蕭華奎將七八位隊員帶到張洋的家。由於漢奸張四方告密，日軍隨即包圍大水坑村進行掃蕩。期間，張洋為掩護游擊隊員突圍不幸被俘。雖然在獄中遭受日軍嚴刑拷打，但張洋始終堅貞不屈，守口如瓶，最終在獄中英勇就義。

張洋屍首被日軍拋棄在大水坑橋下。日軍撤離後，在村長張林勝的號召下，大水坑村村民不顧個人安危，在夜間將其屍首抬走安葬。

資料來源：

1. 廣東省委黨史研究室、廣州地區老游擊戰士聯誼會、廣州地區老游擊戰士聯誼會東江縱隊分會、廣州市東江縱隊研究會：《東江縱隊英烈集》（廣州：廣州地區老游擊戰士聯誼會東江縱隊分會，2013），頁 59－60。
2. 原東江縱隊粵贛湘邊縱隊香港老戰士聯誼會編：《東縱・邊縱香港老戰士打日戰場回憶》香港：共融網絡，2013），頁 84。

曾福（1921－1943）

曾福，香港新界沙頭角三椏村人。他出身於貧苦的農民家庭，自小便靠打柴、捕魚幫補家計。他曾在慶春約小瀛學校唸書。1942 年 1 月，他參加三椏村常備隊，並成為骨幹成員，協助維持社會治安，輸送物資、情報，積極配合游擊隊行動。

1942 年 2 月，曾福加入港九大隊，被派進日軍駐沙頭角的憲查隊。他借憲查一職暗中調查，搜集情報，並掩護游擊隊員通過日軍崗哨。同年秋，他奉命撤離敵偽機關，返回港九大隊，被分派到沙頭角區任政訓室事務長，專責管理經濟、伙食。

任職期間，曾福遵守紀律，表現出色。1943 年 3 月 3 日下午，日軍出動近百人到沙頭角一帶突擊掃蕩，包圍港九大隊政訓室於老龍田晏台山的駐地。由於事出突然，負責站崗的隊員沒注意到日軍來犯，加上其他隊員又在用膳，疏於防範，游擊隊完全處於被動的地位。面對來勢洶洶的日軍，曾福毫不畏懼，選擇山腰大岩石的有利地形阻擊敵人，從容不迫地拿起手提機槍，集中火力向敵人掃射，消滅敵人的前鋒主力，阻撓其進山搜索，竭力掩護其他隊員突圍，當場擊斃兩名日軍。戰鬥中，他不幸身中數十彈，壯烈犧牲，犧牲時年僅 22 歲。

政訓室主任黃高陽知悉曾福的死訊後十分悲慟，並高度表揚其功績：「這次突圍，同志們都表現得十分英勇，特別是曾福同志，是這場戰鬥的英雄。到將來解放的一天，如果在場的同志誰還活着的話，一定要向上級組織報告這批烈士的事跡，為他們樹立紀念碑，讓他們的精神一代代傳下去」。

2020 年 9 月 2 日，曾福被列入中華人民共和國退役軍人事務部所公佈的第三批 185 名著名抗日英烈英雄羣體名錄，以表彰其對抗戰作出的重要貢獻。

資料來源：

1. 南山：《一九四三年軍事工作總結（附一九四四軍事工作建議書）》，頁 14。
2. 鎮南：《（一九四三年）軍事補充報告》，頁 1–9。
3. 《東江縱隊志》編輯委員會：《東江縱隊志》（北京：解放軍出版社，2003），頁 96。
4. 《港九獨立大隊史》編寫組：《港九獨立大隊史》（廣州：廣東人民出版社，1989），頁 174–177。
5. 羅雨中：〈曾福〉，載中共寶安縣委黨史辦公室：《大鵬忠魂》（廣州：廣東人民出版社，1989），頁 79–81。

吳壽（1921–1944）

吳壽，又名吳秀，沙田梅子林人。他以務農為生，香港淪陷後加入游擊隊。他最初被分派到劉黑仔的短槍隊，後來成為西貢中隊的主力成員。

吳壽在剿匪、鋤奸和對日軍的戰鬥中表現出色，立下不少戰功。1943 年 9 月 28 日，他隨短槍隊劉黑仔到界咸村捉拿兩名特務，其中一名為華南派遣軍司令部的高級特務東條正芝。1944 年秋，他隨隊伍突襲九廣鐵路沙田到大埔間四號隧道車廂，擊斃敵人兩名，並繳獲英式步槍十支、刺刀九把、子彈 90 發。及後，他隨隊伍深入九龍城，保護竹園至沙田的物資運輸線暢通無阻。

1944 年冬，吳壽隨西貢中隊在十四鄉七聖古廟襲擊日軍據點。隊伍成功將營房內的日軍全數殲滅，並繳獲大量的槍支彈藥。過程中，吳壽不幸中彈，壯烈犧牲。

資料來源：

1. 《港九獨立大隊史》編寫組：《港九獨立大隊史》（廣州：廣東人民出版社，1989），頁 43、49。
2. 中共深圳市委黨史辦公室東縱港九大隊隊史徵編組：《東江縱隊港九大隊六個中隊隊史》（深圳：深圳市印刷廠，1986），頁 63–64。
3. 中共廣東省委黨史研究室、廣州地區老游擊戰士聯誼會、廣州地區老游擊戰士聯誼會東江縱隊分會、廣州市東江縱隊研究會：《東江縱隊英烈集》（廣州：廣州地區老游擊戰士聯誼會東江縱隊分會，2013），頁 89。
4. 詹雲飛：〈憶吳壽〉（載徐月清：《活躍在香江 —— 港九大隊西貢地區抗日實錄》，香港：三聯書店（香港）有限公司，1993），頁 209。
5. 鄧振南：〈西貢區的游擊戰爭〉（載陳敬堂、邱小金、陳家亮等編：《香港抗戰：東江縱隊港九獨立大隊論文集》，香港：康樂及文化事務署，2004），頁 183–184。
6. 東江縱隊粵贛湘邊縱隊香港老戰士聯誼會編：《東縱・邊縱香港老戰士打日戰場回憶》（香港：共融網絡，2013），頁 83。

曾佛新（1921–1944）

曾佛新，香港牛頭角鄉雞寮村人。1942 年 9 月間，他與弟弟曾佛彝一同加入港九大隊，被分派到三新隊。1943 年 3 月，他倆再被調到海上隊。

曾佛新平日表現出色，作戰勇敢。入隊半年後，便被提拔為副班長，後再升任班長。1944 年 6 至 7 月間葵涌一役，曾佛新主動請纓，負責爆破，結果順利地完成任務，並獲「突擊模範」稱號。

1944 年 11 月 30 日，曾佛新隨海上中隊在黑岩角圍攻日軍。接近敵船後，他奮不顧身一躍而起，想要抓住敵船的欄杆跳上船，但手剛抓住繩索便不幸中彈，英勇犧牲，年僅 23 歲。他的弟弟曾佛犇目睹哥哥當場犧牲，萬分悲痛，勇猛地跳上敵船，用槍掃射敵人。中隊成功俘虜七名日軍和幾名偽職人員，並繳獲一艘電扒及大批物資。

曾佛新遺體被葬於寶安縣大鵬半島的南澳村和水頭沙村之間。該處立有一塊紀念石碑，碑上刻印了「抗日烈士曾班長佛新之墓」幾個大字及其英雄事跡：「模範班長事跡：烈士新界人，於民國三十三年十一月三十日於三門海面戰鬥英勇突擊，壯烈殉國，是役繳獲電扒一艘，生擒日兵七名，物資大批。民國卅三年十二月一日立」。1991 年，因深圳當地政府建設用地，在惠陽縣民政部門協助下，烈士親屬將烈士遷葬其祖籍惠陽縣塘田村筆架嶺。2013 年惠州市大亞灣區民政局出資重建墓地，錐形紀念碑上鐫刻着「抗日烈士曾佛新永垂不朽」幾個大字。

曾佛犇於他的回憶文章裏曾指，兄長的「生命雖然短暫，但卻勇敢地實現了自己的諾言：『不甘平生有負恩，青峰遙望自沉吟；此身只合戎馬志，報答港民養育心』」。

2020 年 9 月 2 日，曾佛新被中華人民共和國退役軍人事務部列入第三批 185 名著名抗日英烈英雄羣體名錄。

資料來源：

1. 《港九獨立大隊史》編寫組：《港九獨立大隊史》（廣州：廣東人民出版社，1989），頁 60、65。
2. 陳敬堂：〈海上蛟龍—王錦：從海上游擊戰到八・八海戰〉，載陳敬堂、邱小金、陳家亮等編：《香港抗戰：東江縱隊港九獨立大隊論文集》（香港：康樂及文化事務署，2004），頁 283。
3. 曾生：《曾生回憶錄》（北京：解放軍出版社，1992），頁 355。
4. 曾佛犇：〈忠魂有慰—懷念我的兄長曾佛新〉，載《活躍在香江 —— 港九大隊西貢地區抗日實錄》（香港：三聯書店〔香港〕有限公司，1993），頁 205–206。
5. 烈士親屬曾平川提供資料。

文淑筠（1921－1959）

文淑筠，人稱「亞文」，籍貫不詳。1938年，文淑筠17歲在香港領島女子中學讀書時，就加入愛國團體學賑會，投身抗日救亡工作，隨後加入中國共產黨。日軍侵佔香港後，她毅然到內地參加抗日游擊隊，後來被派回香港，到市區中隊任情報員，建立觀察哨，專責搜集日軍艦艇情報，以協助盟軍做出戰略部署。

文淑筠家住上環儒林臺八號四樓，房子背山面海，從窗戶向下眺望，能看見整個維多利亞港。為向美軍提供準確情報，確保空襲行動取得成功，文淑筠負起偵察日本軍艦的重任，從其他潛伏在船廠的隊員手上取得日本海軍各種艦隻的型號識別圖，透過望遠鏡對照識別。

為標記敵艦位置，文淑筠特意繪畫了一張維多利亞港的平面圖，將港內每個錨位浮泡編上「A1」、「A2」、「B1」、「B2」等號碼。她每天早晚兩次在家中以百葉窗作掩護，用望遠鏡觀察和記錄港內日軍艦艇的型號、進出和停泊情況等，然後將有關資料轉交交通員上報。與此同時，家住堅道的隊員黃惠英（又名蘇平）從另一個地點觀察，互相對照、補充，以確保資料準確。

抗戰勝利後，文淑筠奉命在香港堅持工作。1959年，她患上肝癌，回廣州就醫，最終不治逝世，終年38歲，於廣州市銀河公墓下葬。她的舊居儒林臺八號在1990年代被拆卸改建為私人住宅御林豪庭。

資料來源：

1. 《東江縱隊志》編輯委員會：《東江縱隊志》（北京：解放軍出版社，2003），頁269。
2. 《港九獨立大隊史》編寫組：《港九獨立大隊史》（廣州：廣東人民出版社，1989），頁99。
3. 中共深圳市委黨史辦公室東縱港九大隊隊史徵編組：《東江縱隊港九大隊六個中隊史》（深圳：深圳市印刷廠，1986），頁99－100。

4. 紀文：〈儒林臺八號—憶文淑筠同志與對敵觀察哨〉（載廣東青運史研究委員會研究室、東縱港九大隊史徵編組：《回顧港九大隊（下集）》，廣東：廣東省委辦公廳勞動服務公司印刷廠，1987），頁 28–34。
5. 楊聲：〈城市游擊戰〉（載陳敬堂、邱小金、陳家亮等編：《香港抗戰：東江縱隊港九獨立大隊論文集》，香港：康樂及文化事務署，2004），頁 236–237。

羅汝澄（1921–1971）

羅汝澄原名羅觀松，原籍香港新界沙頭角南涌羅屋村，羅家子女中排行第五，抗戰時曾用「李澄」為名。

羅汝澄幼年在沙頭角東和學校讀書，受到進步教師和地下黨員的影響。1938 年冬，他和哥哥羅雨中參加惠陽青年會，在抗日宣傳隊做宣傳工作。1939 至 1940 年間，他與袁大昌、哥哥羅雨中等在九龍新填地街成立寶安青年會，並開辦義學、夜校。他白天讀書，晚上兼任義務教師，又參加該會的抗日文藝宣傳隊，經常深入新界各鄉村演出。

1941 年 5 月，羅汝澄毅然離開就讀一年級的粉嶺廣州大學，到惠寶地區參加廣東人民抗日游擊隊，任第五大隊戰士，同年 7 月加入中國共產黨。1941 年 12 月 9 日黃昏，他奉命帶領林沖領導的武工隊進入香港，凌晨 1 時到達他的家鄉沙頭角南涌羅屋，開展敵後游擊戰。他和哥哥羅雨中帶頭拿出家中防匪用的槍支，組成香港第一支聯防自衛隊。

1942 年 1 月，他奉命打入敵人內部，任粉嶺憲查隊隊長。同年 7 月，他調回港九大隊部，在新建的常備隊任指導員，他在西貢昂窩、黃毛應、赤徑、大浪、嶂上一帶山村發動村民抗日。他又擔任培訓新兵的政治教官，戰士、老百姓都稱他「李教官」。

1943 年，羅汝澄出任西貢中隊中隊長；1944 年初，出任沙頭角中隊中隊長。1944 春夏間，他與溫平、鄧茂、曾山、陳金來等人智擒漢奸陳石燕，並繳獲七八十頭水牛，經紅石門裝船運往內地坪山出售，解決了部隊的經濟困難。1945 年 1 月，羅汝澄出任港九大隊第三任副大隊長。1945 年初，在他跟陳海的推動下，沙頭角片的南涌、鹿頸共 12 條村，聯合建起新界第一個民主聯合鄉政府，是新界第一個抗日民主政權。1945 年 9 月，東江縱隊與英軍代表在香港半島酒店進行談判，羅汝澄參加了此次談判。

羅汝澄作為佛山市委第一書記主政佛山期間，佛山被評為「全國愛國衛生運動紅旗市」。圖為 1960 年他（二排中）陪同中共中央總書記鄧小平（前右二）視察佛山衛生街 —— 居安里。

抗戰勝利後，羅汝澄奉命轉入地下工作。1947 年，他任惠東寶人民護鄉團第一大隊隊長兼政委。1948 年初，他任廣東人民解放軍江南支隊一團團長兼政委。同年 12 月初，他任中國人民解放軍粵贛湘邊縱隊第一支第七團團長兼政委、惠紫五邊縣委書記。1950 年 8 月，他先後擔任廣（寧）四（會）縣縣長、縣委書記。1953 年 3 月，他調任江門市副市長，其後歷任江門市委第三書記、第二書記和第一書記；政協江門市第一屆常務委員會主席。1956 年 2 月，他調任佛山市委第二書記，同年 6 月任佛山地委常委、佛山市委第一書記等職位。

1971 年 12 月 31 日，羅汝澄在佛山市石灣英年早逝，終年 50 歲。

資料來源：

1. 《港九獨立大隊史》編寫組：《港九獨立大隊史》(廣州：廣東人民出版社，1989)，頁 11－12、164。
2. 鄧華、柳青：〈羅汝澄同志傳略〉，載廣東青運史研究委員會研究室、東縱港九大隊史徵編組：《回顧港九大隊(上集)》(廣東：廣東省委辦公廳勞動服務公司印刷廠，1987)，頁 56－61。
3. 張黎明：《血脈中華：羅氏人家抗日紀實》(深圳：深圳報業集團出版社，2016)，頁 36－42、54－55、58－61、76－77、80－83。
4. 中共深圳市委黨史辦公室東縱港九大隊隊史徵編組：《東江縱隊港九大隊六個中隊隊史》(深圳：深圳市印刷廠，1986)，頁 50、59。
5. 羅家後人提供資料。

陳亮明(1921－1989)

陳亮明原名梁惠章，出生於香港長洲，原籍廣東中山。他於 1939 年 5 月加入中國共產黨。1937 年 7 月盧溝橋事變爆發後，他積極組織長洲的青年開展抗日宣傳活動，亦安排一部分青年參與香港學賑會的回國服務團。他在該處認識妻子巢湘玲。

1940 年，陳亮明任香港長洲中共工委書記。日軍佔領香港後，他曾在長洲參加營救夏衍、蔡楚生、司徒慧敏、金山、金仲華、李少石和廖夢醒夫婦等。日軍佔領長洲後，他帶領一支三十多人的抗日武裝和大批武器裝備，參加游擊隊，並成為元朗手槍隊隊長。到元朗後不久，他設計宴請 7 名日軍，然後佈置戰士潛入偽警團，奪取迫擊炮一門、輕重機槍各兩挺、步槍 100 多支、手槍 60 多支。

1942 年 4 月，陳亮明奉命前往大嶼山開闢工作。他參與組建港九大隊大嶼山中隊並任指導員。期間，他曾主持第一次攻打大澳，達到軍事騷擾的目的，擴大了部隊的政治影響；率隊生擒貝澳鄉正副鄉長，對其進行教育，爭取到他們棄暗投明，為游擊隊工作；部署夜襲馬灣涌偽警察所的行動，共擊斃一名日軍，繳獲 12 支新的短槍和一批彈藥；以及率隊突襲塘福、石壁村日偽軍駐地，迫使當地的駐軍撤走。同時，他亦曾主持中隊在東涌坑舉辦的學習班，加強隊伍的軍事實力。1943 年初夏，陳亮明安排患病的副大隊長魯風到大嶼山地塘仔了見尼姑的庵堂休養。

1945 年 7 月，陳亮明受命籌建麒麟大隊，並任中共大嶼山區委。日軍投降後，他曾與王鳴、陳滿帶領主力部隊迫降駐梅窩日軍。1947 年，他先後任解放軍粵西第四團政治部副主任、恩平縣經委主任等職位，1956 年後在農墾系統工作。1966 年至 1976 年間，他被調到珠海平沙華僑農場平沙糖廠，任廠長。「文化大革命」後，他被調到暨南大學、華僑醫院工作，後離休。

1989 年 8 月 6 日，陳亮明在廣州因病逝世，終年 67 歲。

資料來源：

1. 〈優秀指揮員陳亮明—記指導員陳亮明在長洲、大嶼山抗日的功勳〉，載曾發：《我的昨天和今天》（珠海：珠海出版社，2011），頁 66—76。
2. 《港九獨立大隊史》編寫組：《港九獨立大隊史》（廣州：廣東人民出版社，1989），頁 83—84、182—183。
3. 中共深圳市委黨史辦公室東縱港九大隊隊史徵編組：《東江縱隊港九大隊六個中隊隊史》（深圳：深圳市印刷廠，1986），頁 19—21、27—28。
4. 邱逸、葉德平：《戰鬥在香港 —— 抗日老兵的口述故事》（香港：中華書局〔香港〕有限公司，2014），頁 171。
5. 楊奇：《香港淪陷大營救》（香港：三聯書店〔香港〕有限公司，2014），頁 72，81—82。

何文（1921—1997）

何文，原名何秉坤。1936 年，他就讀於香港漢文中學師範科，畢業後到九龍荃灣地區公學任教。

1941 年至 1944 年間，何文任中共荃灣地區黨支部書記。港九大隊於 1942 年 2 月成立，初期人手缺乏，需要充實幹部。一些地下黨員因為戰爭爆發與組織失去聯繫。政委陳達明與何文通過各種關係接上關係，為部隊增加了骨幹。1942年8月，何文進入新設立的荃灣偽區役所工作，後來調到大隊部政訓室任宣傳幹事。1944年3月，他任港九大隊部敵偽幹事。同年5月，何文受委任負責舉辦學習班，學習古田會議決議〈關於糾正黨內的錯誤思想〉，提高幹部對毛澤東建軍思想的認識。

1945年11月，何文被派往東江縱隊江北指揮部，任政治指導員。1946年2月，他任東江縱隊《前進報》江北分社副總編輯，同年7月任東江縱隊北撤第二隊隊部秘書。同年10月，他任華東軍區政治部軍政報社副主編。1947年12月起，何文先後任兩廣縱隊政治部報社主編、副社長、社長、珠江地委珠江人民報社長、新華社廣東分社記者組長等職務。

1950年至1953年間，何文先後任廣東、廣州人民廣播電台秘書長、副台長及廣東省人委宗教事務處副處長等職務。1957年至1967年間，他歷任廣東省人委辦公廳副主任、宗教事務處副處長、處長、主任及廣東省軍管會生產指揮部辦公室副主任。1968年起，他歷任廣東省革委會生產組辦公室主任、廣東省革委會辦事組副組長、副秘書長、廣東省委、省革委會辦公廳副主任，兼經濟辦公室主任。1980年1月，何文任廣東省人大常委會副秘書長，兼省人大常委會法制委員會副主任。1981年至1993年間，他歷任廣東省人大常委會第五、六、七屆委員、廣東省人大常委會委員黨組成員、秘書長、選舉工作委員會主任及第六屆全國人大代表。

1997年，何文逝世，終年76歲。

資料來源：

1. 何堅：〈何文同志簡歷〉，頁1–2。
2. 何卓雲：〈從香港「番書仔」到共和國外交官〉（載於新社聯政策部：《新界各區紀念中國人民抗日戰爭勝利72周年活動特刊》，香港：明登創意有限公司），頁13–14。
3. 《港九獨立大隊史》編寫組：《港九獨立大隊史》（廣州：廣東人民出版社，1989），頁26–27、157。

陳亮（1921－1997）

陳亮，新界沙頭角鹿頸村人，曾用名陳永震、陳方亮。1928 年，他就讀於沙頭角鹿頸文林學校，畢業後有一段時間在家聽自習課，期間曾協助文林學校教授低年級生。1936 年 9 月，他到香港大埔官立師範學堂唸書，畢業後到文林學校工作，任教務主任。

1941 年，陳亮參與革命工作，任香港沙頭角兩鄉抗日聯防會總務主任，同年 12 月加入中國共產黨，奉命潛入日軍香港總督部、產業課、香港沙頭角區役所進行調查。

1943 年，陳亮先後任港九大隊政治教員、民運區委、黨支委等職位。1944 年 2 月，他到東江縱隊基幹隊學習，任黨總支委。同年 6 月，他任港九大隊情報交通幹事、黨支書記。1945 年間，他到東江縱隊參謀研究班學習，並先後任黨總支副書記、東江縱隊參謀處港九大隊、第二科副科長、參謀等職位。

1945 年 11 月，陳亮任沙頭角、上水、大埔區委組織委員。1946 年 2 月起，他先後任文林學校校長、香港漁政司署沙頭角漁業共進社社長兼漁民學校校長等職位。1947 年至 1965 年間，他歷任廣西桂北人民解放總隊政治部主任、中共桂北地工委委員、中共桂林地委委員兼臨桂縣委書記、中共桂林地委組織部副部長、中共桂林市委委員、廣西大學辦公室主任、西大黨支書記、中國語文專修學校副校長、校長、書記、廣西區高教黨委委員、廣西師範學校代理黨委書記、中共桂林地委書記處書記、桂林市委副書記、副市長等職位。

1965 年 1 月，陳亮被調到外交部，任中國駐越南大使館政務參贊。1972 年起，他任中國旅行總社、中國華僑旅行總社負責人。1974 年至 1979 年間，他任中國駐加拿大溫哥華總領館總辦事。1981 年，他到中共中央黨校學習，後任外交部班支部副書記，1983 年 8 月離休。1985 年 4 月，他任中國人民外交學會理事。

1997 年 10 月，陳亮在北京病逝，終年 76 歲。

資料來源：

1. 外交部離退休幹部局陳亮同志治喪辦公室：〈陳亮同志的生平〉，1997 年 10 月 6 日。
2. 〈陳亮同志簡歷〉。

方蘭（1921－1998）

方蘭生於香港，原名孔秀芳，祖籍廣東順德。方蘭從小受母親影響，有強烈的愛國熱情。她原本在灣仔一所小學的幼兒班當助教，1937 年抗日戰爭爆發後，她即加入中共影響下的香港學生賑濟會，並成為兒童團團長。1938 年，她加入中國共產黨。

香港淪陷後不久，方蘭被調到內地游擊區工作，先後任女子中隊指導員、華南隊支部書記、東莞路西敵後工委委員等職位，人稱「方姑」。

1943 年冬，方蘭調回港九大隊，被任命為市區中隊中隊長兼指導員。在方蘭的領導之下，市區中隊活躍在港九地區。中隊起初只有十多名隊員，到 1945 年春已發展成 300 多人的隊伍。他們大搞「紙彈戰」，對敵展開政治攻勢；打入敵人各個要害部門收集情報，並破壞敵人生產線。方蘭還成功指揮爆破窩打老道四號火車橋，迫使日軍撤回在新界和寶安掃蕩的隊伍。市區中隊被當地百姓稱為「方姑游擊隊」，成為日軍的心腹之患，敵人曾數度搜捕方姑，皆以失敗告終。她領導的隊伍一直戰鬥至抗戰勝利，日本宣佈無條件投降。

1944 年 3 月，方蘭的母親馮芝作為義務交通員，在執行送情報的任務時被日軍逮捕。游擊隊員們摸清了情況，制定了行動方案，準備武力營救。為了保存抗戰力量，方蘭壓抑着對母親的深厚感情，果斷地制止了要付出極大代價的營救行動。馮芝在獄中堅貞不屈，英勇就義。方蘭得知消息，儘管早有心理準備，仍然心如刀絞，痛苦萬分。

1945 年至 1947 年，方蘭繼續從事地下工作，先後任香港地下黨區委書記、九龍職工小組長、女工工作組長等。

1948 年，中共黨組織調方蘭到廣東工作。她一度任雷州地委副書記。方蘭又被調到廣東省婦聯工作，歷任廣東省婦聯秘書長、副主任、主任、全國婦聯常委、廣東省顧問委員會委員等職位。1978 年，她任廣東省婦女代表團團長，出席全國第四次婦女代表大會，1981 年當選為中共十二大代表。她多次在工作會議上提倡重用女幹部，令不少優秀的女性相繼被提拔到領導崗位，為婦女解放事業作出貢獻。1980 年代，她領導成立了廣東省兒童福利會、廣東省婦女運動歷史編纂委員會、廣東省家庭教育研究會等組織。

1998 年 5 月，方蘭病逝於廣州，享年 77 歲。

資料來源：

1. 《港九獨立大隊史》編寫組：《港九獨立大隊史》（廣州：廣東人民出版社，1989），頁 152－154。
2. 方蘭：〈我的母親〉，載原東江縱隊港九獨立大隊老游擊戰士聯誼會編輯組：《永誌難忘的一頁》（香港：原東江縱隊港九獨立大隊老游擊戰士聯誼會編輯組，2004），頁 127－132。
3. 楊聲：〈城市游擊戰〉，載陳敬堂、邱小金、陳家亮等編：《香港抗戰：東江縱隊港九獨立大隊論文集》（香港：康樂及文化事務署，2004），頁 235－236。
4. 李蘭萍：〈傳奇女傑方蘭〉。

梁超（梁華）（1921－2001）

梁超，原名岑新榮，又名梁華、梁浩池，籍貫廣東恩平，出生於澳門。他早年在恩平江洲小學及香港宏英英文書院就讀。1937 年抗日戰爭全面爆發後，時任英文書院學生會主席的梁超積極投身抗日救亡行動，參加香港學生賑濟會及「自強體育社」等羣眾組織。1939 年 1 月，在東江華僑服務團動員下前往博羅前線開展抗日宣傳，3 月加入中國共產黨，10 月返回香港從事工人運動。

1941 年，梁超創立「羣青社」，並在香港華南汽車工程學校任教，推動工人與學生工作。香港淪陷後，參與秘密大營救西線行動，護送茅盾夫婦、宋之的等文化人至白石龍游擊區。1942 年 1 月白石龍會議後，他奉命與陳達明等回香港參與港九大隊的組建工作，擔任新界黨支部書記，負責聯絡失聯黨員、收集情報，後在大埔與油麻地設立聯絡點，傳送情報和黨的指示。1943 年冬轉任政訓室任敵工幹事，負責分管部隊打進敵機關工作的人員和組織、收集情報等綜合工作，後赴大鵬灣參與東江軍政學校第二期學習班；1944 年夏，回港九大隊接替劉志明任西貢中隊指導員。

1944 年冬，梁超和中隊長張興率隊在夜間突擊官坑七聖古廟日軍據點。先頭部隊迅速解決了敵人的哨兵，其他隊員衝進營房，與敵軍開戰。有的日軍還來不及起床，就被游擊隊擊斃，有的舉手求饒。隊員迅速繳獲一批槍支彈藥後，分水陸兩路撤退。

1945 年抗戰結束前，西貢中隊奉命迫令日軍投降。談判不果後，梁超與張興率隊包圍敵軍駐西貢駐地，向敵人開火，打得日軍亂作一團。當天日軍就逃往九龍市區。

抗戰勝利後，梁超與妻子袁卓峰奉命留在香港從事地下工作，先後任元朗區委書記及港九工運工作負責人和聯繫人。新中國成立後，長期服務於廣州市總工會，歷任副主席、主席與顧問，亦擔任過廣州市人民政府外事辦公室主任，至 1993 年離休。1985 年，獲頒中華全國總工會「五一勞動獎章」，為首批得獎者之一。晚年致力推動港九大隊老戰士聯誼活動，擔任《港九獨立大隊史》徵集編寫組副組長，亦曾任廣州地區老游擊戰聯誼會港九大隊分會會長。

梁超於 2001 年離世，享年 80 歲。

資料來源：

1. 《港九獨立大隊史》編寫組：《港九獨立大隊史》（廣東：廣東人民出版社，1989），頁 27、49、183－184、194－196。
2. 梁超：《今生無悔 —— 回憶我過去的七十五年》（廣州：廣州出版社，1996）。
3. 廣州市總工會訃告，2001 年 7 月 19 日。

何卓雲（1921－2011）

何卓雲乳名辛發，香港新界荃灣河背村人。他六歲時改名何新發。他辛勤唸書，精通英語，持有口語、速記、打字、簿記等專業證書。1939 年畢業後，他在鄉辦的荃灣公學代課，並開始參與抗日救亡活動。

1941 年皖南事變後，何卓雲決心投身革命行列。他於同年 3 月報名加入新四軍，出發前夕突然接到通知，要他留下參加地下工作。同年 6 月，他加入中國共產黨，介紹人何文，監誓人陳達明。10 月在荃灣美商德士古火油公司當見習倉庫管理員，作為職業掩護。

1942 年 8 月，何卓雲易名何發，在荃灣偽區役所擔任財務課員，不久後接任中共地下黨支部書記。1945 年 4 月，他被調到港九大隊元朗中隊，任敵工幹事兼中隊部學習組長。同年 8 月 15 日，日本宣佈無條件投降，東縱港九大隊奉命撤出。英軍進港後力量薄弱，東縱同意港九大隊留下少數幹部戰士在新界成立自衞隊維持治安，成立了元朗、西貢、上水及沙頭角四個分區的自衞隊。何卓雲任元朗區自衞隊隊長，自衞隊至 1946 年 8－9 月間解散。

1946 年 6 月，何卓雲隨東縱北撤山東煙台，駐紮在福山縣，恢復「何卓雲」之名，後分配到煙台，在宣傳科（煙台新聞英文週報）工作。1947 年 11 月，他被調到膠東軍區司令部任偵察參謀。解放青島戰役中，他參加軍管會第二梯隊進城，任外事處副科長。

1950 年 6 月，他被調到外交部，赴緬甸任三等秘書。1957 年 8 月，他

1965 年 4 月 3 日，周恩來總理出訪埃途經卡拉奇回國，巴基斯坦航空公司總經理到機場迎接，左三為何卓雲。

到亞洲司工作六年半，先後任緬甸科、印度科副科長、巴基斯坦科科長。1963 年，他被派赴巴基斯坦，任二秘辦公室副主任。1966 年 4 月，他被調到埃及使館，任一秘工作。

1976 年，何卓雲改任北京對外翻譯出版處副主任。1979 年出版處改為中國對外翻譯出版公司後，他任副總經理，分管業務工作。1982 年起，他歷任中國翻譯協會第一任理事兼副秘書長、理事、常務理事、名譽理事、資深翻譯家等職位。1983 年，他任國家出版局專業技術職稱評委會主任，1990 年離休。

2011 年 2 月，何卓雲在北京離世，終年 90 歲。

資料來源：

1. 何卓雲：〈從香港「番書仔」到共和國外交官〉（載於新社聯政策部：《新界各區紀念中國人民抗日戰爭勝利 72 周年活動特刊》，香港：明登創意有限公司），頁 13–14。

李坤（1921－2014）

李坤，原名林近，廣東省新會古井鎮煙管咀村人。1935 年，年僅 14 歲的李坤隨叔伯去香港謀生，曾在香港天華機制樽枳公司、九龍黃堂記營造廠、九龍大觀電影製片廠工作。

香港淪陷後，李坤於 1942 年加入港九大隊，經過半年的基本訓練後，被分派至連隊，任命為班長，後參加短槍隊，同時兼任交通站分站站長。翌年，李坤離開短槍隊，專注於交通站的工作。他接替了被日軍俘虜的葉培，成為位於西貢深涌的交通總站站長，與蕭華奎短槍隊同住在深涌李家大屋。1945 年 3 月左右，李坤獲調派至東江縱隊司令部任交通總站站長，直到抗戰勝利。李坤曾參與秘密大營救、護送獲營救的美國飛行員克爾和英軍戰俘等工作。

抗戰勝利後，李坤回到香港電影界工作，曾在九龍大中華電影製片廠、九龍大觀電影製片廠、九龍南國電影製片廠工作。新中國成立後，李坤於 1951 年 1 月回到廣州，參與新中國電影業的開創事業，曾在廣州珠江電影製片廠、廣東華南文藝學院工作。1952 年 8 月至 1985 年 8 月，李坤在北京八一電影製片廠工作，任製景車間主任，直到離休。解放後長期居住在北京。

2014 年 11 月，李坤在北京離世，享年 93 歲。

資料來源：

1. 李坤：〈回憶港九獨立大隊情報交通站〉，載陳敬堂、邱小金、陳家亮等編：《香港抗戰：東江縱隊港九獨立大隊論文集》（香港：康樂及文化事務署，2004），頁 243－248。
2. 《港九獨立大隊史》編寫組著、劉蜀永等校訂：《港九獨立大隊史》（香港：中華書局〔香港〕有限公司，2022），頁 51、204、267－269。
3. 李坤後人於 2025 年 4 月 10 日提供資料。

王江濤（1921－2021）

王江濤，又名王鳴，廣東海豐人，1921 年 1 月 26 日出生。1938 年海豐中學畢業。1939 年 8 月加入中國共產黨，並於同年 9 月加入東江抗日新編大隊，開始參與抗日運動。1940 年以工人身份在香港中華書局開展工作，任中共黨支部書記。

1943 年 3 月至 1945 年 9 月，王江濤於港九大隊大嶼山中隊先後擔任政治服務員和政治指導員，發動羣眾，開展海島游擊戰。1944 年 5 月，1,500 多名日偽軍（偽軍佔小數）對大嶼山展開歷時 9 天的海、陸、空聯合大掃蕩。大嶼山中隊被圍困期間，王江濤通過講故事激勵戰士，穩定軍心。

在大嶼山中隊任職期間，王江濤多次率隊肅清特務，擊退日軍，表現出色。1944 年間，他與邱球、羅發等組成鋤奸組，合力鏟除一名長洲特工課特務；並參與夜襲大澳偽警察局的行動，與邱球率隊分頭襲擊各個偽警派出所，收繳槍支彈藥，最終成功俘虜 30 多名警察，繳槍 39 支。1945 年間，他參與夜襲馬灣涌偽警察所的行動，負責警戒工作，以防東涌的日憲兵隊增援；率隊夜襲牛牯塱日軍駐地，擊斃日軍六名，其中一名是中尉軍官，並繳獲步槍五支、短槍一支、劍一把及彈藥一批；帶隊迫降駐梅窩日軍；率隊進駐長洲島，接受偽警察投降，並收繳 20 多支步槍和一批彈藥。

1948 年至 1953 年，王江濤受中共黨組織派遣，任特派員和工委書記。他領導羣眾反對澳葡壓制剝削，爭取和維護大眾合法權益。他積極組織愛國社團和基層單位。1953 年，王江濤被調往中共中央華南分局組織部工作。1958 年起，王江濤長期在廣東省負責教育工作，先後擔任廣東省委文教部政治部組織處處長、廣東省高等教育局副局長、廣東省副教授教授評審委員會副主任等職務，促進當地高教事業的發展，直至 1985 年 5 月離休。1983 年，他建議通過華南師範大學為澳門教師提供教育專業的大學專科課程，得到國家教委支持，為一國兩制在澳門行穩致遠奠定了良好基礎。

王江濤擔任廣州地區老游擊戰士聯誼會港九大隊分會會長期間，曾參與編著《東江縱隊港九大隊六個中隊隊史》、《回顧港九大隊》、《港九獨立大隊史》等書籍，並著有多篇詩詞、回憶錄、記事文，後選編為《江濤詩文集》。

王江濤於 2021 年 1 月 6 日在廣州逝世，享嵩壽 100 歲。

資料來源：

1. 王江濤：《江濤詩文集》（非賣品，2001），頁 1–81。
2. 〈王江濤同志生平〉，2021 年 1 月 13 日。
3. 陳達明：〈大嶼山島的游擊戰爭〉，載陳敬堂、邱小金、陳家亮等編：《香港抗戰：東江縱隊港九獨立大隊論文集》（香港：康樂及文化事務署，2004），頁 224。

黎成（李榮全）（1921－？）

黎成，又名李榮全，香港淪陷期間打入日軍內部從事情報工作。

1941 年 12 月中旬一個晚上，中共一位領導來到黎成家。黎成迫不及待地要求去東江打游擊。領導說：「不可能呵！經組織研究，由於你的環境特殊，所以決定你留下來，設法打進敵人的心臟裏展開戰鬥，貢獻你的力量。」

日軍佔領香港後，1941 年 12 月 26 日，黎成憑藉關係到原警察總部報到，當上了日本人的密偵。1942 年 3 月，他被轉為憲查，並被派往憲查學校學習。由於學習成績優異，軍事演習和各科考試都名列前茅，畢業後黎成被提拔為班長，主管司法。當時他年僅 21 歲，精通英語和日語，常為憲兵翻譯英文材料，深受賞識。

1943 年上半年，經山本軍曹的親信陳溢介紹，黎成進入香港島西地區憲兵隊特高課，當上密偵。1943 年下半年，黎成被調往香港島憲兵總部特高課，借工作之便暗中搜集情報。他每次都能迅速整理好搜集所得的情報，交到聯絡點。有一次，他發現特高課辦公室的檔案櫃沒有上鎖，櫃內有一張香港九龍、新界軍用地圖，於是藉辦公室調整的機會拿走地圖，送往東江縱隊司令部，被駐華美軍司令部大力稱許。

黎成更協助部隊逃過日軍的追捕。1945 年 7 月 13 日，市區中隊一名隊員被捕，經不住日軍嚴刑迫供而變節，牽連 20 多名隊員被捕。中午下班前，黎成接獲日軍通知，要求馬上出發各交通要道、碼頭，進一步擴大搜索，緝捕市區中隊隊長方姑和游擊隊員，抓不到不准收隊。得此消息後，他急中生智，連同一些人要求給點吃飯時間，然後冒着生命危險，直奔北角清風街的聯絡點報信，使方蘭和中隊成員及時通過水路成功轉移，使日軍這次追捕一無所獲，避免更大損失。

黎成深入虎穴工作，常遭其上司山本軍曹試探。有一次，山本召見黎成，黎成到其臥室時空無一人，只見桌上有一些文件及香港地圖。黎成懷疑是山本設下的圈套，若無其事地抽着煙。幾分鐘後，山本笑盈盈地從浴室走出來。黎成在其回憶文章提及此事時亦不禁感嘆：「好在我看透了他剛才那一招，沒上他的圈套，對付這狡猾的狐狸，要十分小心提防才好」。

資料來源：

1. 《港九獨立大隊史》編寫組：《港九獨立大隊史》（廣州：廣東人民出版社，1989），頁 137－138。
2. 黎成：〈戰鬥在沒有槍聲的戰場〉（載廣東青運史研究委員會研究室、東縱港九大隊史徵編組：《回顧港九大隊（下集）》，廣東：廣東省委辦公廳勞動服務公司印刷廠，1987），頁 52－57。
3. 王玉珍：〈抗日特工李榮全的大館故事〉，《大公報》，2018 年 8 月 14 日。
4. 楊聲：〈城市游擊戰〉（載陳敬堂、邱小金、陳家亮等編：《香港抗戰：東江縱隊港九獨立大隊論文集》，香港：康樂及文化事務署，2004），頁 234－235。

陳冠時（1922－1943）

陳冠時，出生於廣東江門外海鎮。他是廣東省著名教育家、愛國民主人士陳照薇先生的次子。

1940 年春，陳冠時在香港中國新聞學院就讀時加入中國共產黨，並參與組織和領導「戰爭新聞研究會」，吸納了社會上一批有志之士，積極開展抗日救亡運動。該會通過舉辦研討會和講課、印刷《戰爭新聞》油印刊物等方式，廣泛宣傳抗日訊息。

1942 年，陳冠時投身抗日游擊隊，後被分配到港九大隊政訓室，擔任宣傳幹事。他通過各種方式，如講課、開座談會、個別談話等，進行宣傳教育。原東江縱隊港九大隊老戰士曾發曾說：「我剛入伍時，陳冠時代表組織與我談話，鼓勵我要努力工作英勇殺敵，保持中國軍人的民族氣節，還分析了全世界反法西斯的形勢，指出中國抗日戰爭必有勝利的一天。他諄諄的教誨，令我終生難忘」。他多番冒生命危險，越過日軍的封鎖線，將《論持久戰》、《新民主主義論》等著作和藥物安全送到游擊區。

1943 年 3 月 3 日，日軍包圍設在南涌附近老龍田晏台山的港九大隊政訓室駐地，游擊隊隨即與其展開激戰，史稱「三三事件」。為掩護戰友突出重圍，陳冠時不幸負傷被俘。他被俘後遭日軍嚴刑拷打，折磨長達兩個月，卻始終寧死不屈，守口如瓶，最終被斬首示眾，頭顱更被懸掛在鹿頸村南涌橋頭一棵榕樹上，犧牲時只有 21 歲。抗日老戰士張子燮在題為〈我只見過陳冠時一面〉的文章中曾提及：「由於陳冠時同志剛剛到過我的住處，為了安全，上級曾打算命令我要撤退，但經過反覆研究，分析了陳冠時同志平時的表現，認為他對革命忠誠，是信得過的好同志，意志堅決，具有崇高的革命氣節，所以決定我仍然堅持在原崗位上。後來的事實證明，這次出事，敵人未能絲毫打亂我們的步伐」。

1984 年 8 月，陳冠時被廣東省人民政府追認為革命烈士。原國家領導人、全國人大原副委員長雷潔瓊為他題詞：「為國捐軀，英名永存」；原東江縱隊司令員曾生亦稱其「堅貞不屈，壯烈犧牲」。1998 年，香港特區政府將他列入港九獨立大隊烈士名冊。

資料來源：

1. 南山：《一九四三年軍事工作總結（附一九四四軍事工作建議書）》，頁 14。
2. 鎮南：《（一九四三年）軍事補充報告》，頁 1–9。
3. 《港九獨立大隊史》編寫組：《港九獨立大隊史》（廣州：廣東人民出版社，1989），頁 174–177。
4. 中共廣東省委黨史研究室、廣州地區老游擊戰士聯誼會、廣州地區老游擊戰士聯誼會東江縱隊分會、廣州市東江縱隊研究會：《東江縱隊英烈集》（廣州地區老游擊戰士聯誼會東江縱隊分會，2013 年），頁 63–64。
5. 林傳：〈緬懷陳冠時烈士〉，載黃梅：《抗日英烈陳冠時紀念冊》（廣州：佛山市合創展印刷有限公司，2009），頁 137–139。
6. 張子燮：〈我只見過陳冠時一面〉，載黃梅：《抗日英烈陳冠時紀念冊》（廣州：佛山市合創展印刷有限公司，2009），頁 140–142。
7. 陳宜頌：《歷史是人民寫的—抗日英烈陳冠時資料圖文集》（廣州：佛山市合創展印刷有限公司，2017），頁 95、239。
8. 陳鐵：〈寧死不屈的抗日英烈陳冠時〉，載黃梅：《抗日英烈陳冠時紀念冊》（廣州：佛山市合創展印刷有限公司，2009），頁 133–134。
9. 黃梅：《抗日英烈陳冠時紀念冊》（廣州：佛山市合創展印刷有限公司，2009）。

魯風（1922–1984）

魯風原名劉俠堯，廣東東莞塘廈人。他於 1938 年 3 月加入中國共產黨，同年 10 月入伍，任東莞縣抗日模範壯丁隊戰士。1939 年 1 月起，魯風歷任東寶惠邊人民抗日游擊大隊第二大隊班長、小隊長、廣東人民抗日游擊總隊第三大隊第二中隊政治指導員兼副中隊長、增（城）從（化）番（禺）獨立大隊副大隊長兼第一大隊中隊長等職位。

1942 年 6 月，魯風出任港九大隊副大隊長。魯風曾化名為「何方來」在大嶼山養病。1944 年日軍掃蕩大嶼山期間，他藏匿在寶蓮寺，得了見尼姑、筏可主持掩護，順利逃過日軍的追捕。魯風在大嶼山養病期間，積極參與指導大嶼山中隊的領導工作，還在中隊開辦的學習班上講政治課和軍事課。1944 年上半年，他接任為港九大隊第二任大隊長。1945 年 2 月起，他歷任東縱第二支隊、第一支隊副支隊長、代理支隊長、江南指揮部副參謀長等職位。

1946 年 6 月，魯風隨東江縱隊北撤山東。1947 年 6 月，他出任兩廣縱隊教導支隊參謀處副處長、縱隊司令部作戰科副科長。1948 年 2 月，他被上調至華東野戰軍司令部，任作戰科參謀、科長，他參加過豫東、濟南、淮海和渡江等多場戰役。

1950 年 1 月，魯風先後任福建軍區漳州軍分區副參謀長、華南軍區高雷軍分區參謀長。1952 年 6 月，他被調到防空部隊，歷任中南軍區防空司令部作戰科科長、中南軍區防空軍高炮指揮部副司令員、司令員、空軍第七軍副軍長等職位，到 1978 年 10 月離職休養。1960 年，他曾參與編寫《空軍戰鬥條例》高射炮兵部分。

1955 年魯風被授予上校軍銜，獲二級獨立自由勳章、二級解放勳章。1988 年被授予獨立功勳榮譽章。

1984 年 9 月間，魯風在廣州病逝，終年 62 歲，。

資料來源：

1. 王江濤：〈憶筏可大師〉（載王江濤：《江濤詩文集》，非賣品，2001），頁 153。
2. 王江濤：〈憶魯風同志〉（載廣東青運史研究委員會研究室、東縱港九大隊史徵編組：《回顧港九大隊（上集）》（廣東：廣東省委辦公廳勞動服務公司印刷廠，1987），頁 48–55。
3. 深圳市寶安區人民武裝部、深圳市寶安區檔案局（館）、深圳市寶安區史志辦公室：《寶安軍事人物》（北京：中國文史出版社，2007），頁 81。

楊江（楊慶）（1922–2013）

楊江又名楊慶，惠陽縣良景鄉人。1937 年 9 月，他到良井鄉中學讀書，期間深受校長鍾永光抗日進步思想影響。1938 年，楊江參加惠寶人民游擊隊，並加入中國共產黨，後任東江華僑回鄉服務團平山隊支部書記及平山區委會組織部長。

1942 年 10 月，楊江調到港九大隊鋼鐵中隊擔任指導員，負責提高隊員的戰鬥力、培養幹部。1943 年 4 月，楊江調到大隊部軍需處及海上中隊任指導員，在同年 12 月任西貢區指導員。1944 年 9 月，元朗中隊成立後，他獲任命為政治指導員。

1944 年 9 月，經港九大隊部領導同意，元朗全區推行「二五」減租減息政策，並由楊江分別召開地主代表座談會和農民代表座談會。通過座談會的討論和協商，元朗地區農民和地主的矛盾得以緩和，有助團結當地不同階層參與抗戰。

1945 年 8 月 15 日，日本宣佈無條件投降後，元朗中隊執行朱德總司令及東江縱隊司令部的命令，按照港九大隊的部署，要求日軍向港九大隊投降。楊江通過居於洪水橋的元朗商人黃福州，試探駐洪水橋的日軍警備隊，並相約日本警備隊長談判投降事宜。警備隊長起初堅持向國民黨投降繳械，楊江則向日軍表明，港九大隊才是香港地區唯一合法接受日軍投降的部隊。最後，日軍警備隊軍官帶領四名日軍投降，並交出三八式步槍二百多支、機槍數挺、小鋼炮三門、軍車五輛。

澳門和淇澳島一帶海域有一支黃公傑為首的海匪。1945 年 9 月，為了讓黃公傑向港九大隊投誠，楊江先後與其代表進行數次談判。9 月 15 日，楊江與戰士李子英登上黃公傑的「電扒」與其談判。黃公傑最初堅持不放下武器，但在楊江的嚴正警告下，終於同意放下武器接受整編。當天下午，楊江與參謀、翻譯、李生小隊長等人，監護着黃公傑百多人隊伍離開船隊，並繳獲長短槍二百多支、機槍十數挺、迫擊炮兩門、「電扒」四艘及大批彈藥物資。

1945 年 9 月 28 日，東江縱隊港九獨立大隊完成使命，撤出港九新界地區。在元朗中隊離開新界之際，元朗商民在同樂戲院為中隊舉行歡送會，約有數千人出席。楊江在歡送會上致辭，代表中隊讚揚元朗居民對游擊隊的支持和幫助，並表達對元朗居民的衷心感謝。

楊江在戰後參與開展新界地方黨的工作，1945 年 9 月任元朗區委書記，12 月調任西貢區委書記，1946 年 3 月調往大埔、沙頭角、上水、沙田區擔任這四個區的區委指導員，與方蘭、陳亮共同負責宣傳等工作。工作了約十個月的時間，組織決定調他回廣東參加武裝鬥爭。新中國成立後，楊江歷任東江地委土委會調研科長、廣東連平縣縣委書記、龍川縣縣委第一書記、始興縣縣委書記、廣東惠陽地委宣傳部長。

楊江在 2013 年逝世，享年 91 歲。

資料來源：

1. 《港九獨立大隊史》編寫組：《港九獨立大隊史》（廣州：廣東人民出版社，1989），頁 37。
2. 楊慶：〈英雄的元朗人民〉（載陳敬堂、邱小金、陳家亮等編：《香港抗戰：東江縱隊港九獨立大隊論文集》，香港：康樂及文化事務署，2004），頁 207–213。
3. 楊慶：〈唇槍舌戰 降伏海匪黃公傑〉（載廣東青運史研究委員會研究室、東縱港九大隊史徵編組：《回顧港九大隊（下集）》，廣東：廣東省委辦公廳勞動服務公司印刷廠，1987），頁 195–197。
4. 中共深圳市委黨史辦公室東縱港九大隊隊史徵編組：《東江縱隊港九大隊六個中隊隊史》（深圳：深圳市印刷廠，1986），頁 125–126。
5. 〈楊慶簡歷〉、〈楊慶歷史自述〉，惠州市檔案局提供。

巢湘鈴（1922－2018）

巢湘鈴出生於香港，曾在香港領島中學唸書。1937 年，她在香港巴士工人工會向工友宣傳抗日救亡。1939 年 6 月，她加入香港學賑會青年回國服務團，並在該處認識陳亮明。同年 10 月，她加入中國共產黨。

1940 年 7 月，巢湘鈴返回香港，協助二哥巢永森做地下黨工作。1941 年 9 月至 1942 年 3 月，她協助上海地下黨組織在港展開秘密情報活動。她主要負責接送來港的黨員或陪同他們外出、聯絡、秘寫和轉送情報等。期間，她更參與秘密大營救行動。

1942 年 4 月，她隨陳亮明赴大嶼山進行開闢工作，並在該處結婚。大嶼山中隊成立後，她在背坳村以教書作掩護，負責南區情報工作。1943 年 12 月，她在長洲日軍駐軍對面建立情報站，經常往來於長洲和大嶼山一線。1944 年 4 月初，巢湘玲母女、陳亮明母親等人被日軍捉拿，被關押多月才獲釋放，巢湘鈴的嬰兒不幸在牢中夭折。

1944 年 11 月，巢湘鈴返回長洲、大嶼山繼續進行抗戰活動，一直到日軍投降。1948 年初，她任紅磡勞工子弟學校校長，1950 年赴廣東恩平與丈夫會合，並在恩平縣任婦委書記。1952 年，巢湘鈴隨丈夫調華南墾殖局陽江墾殖所工作。1953 年，她調任湛江農墾局任基建處處長。1958 年，她被調往廣州黃埔機械廠任書記。1961 年至 1966 年間，巢湘鈴被下放至海南島南林農場。1966 年至 1975 年間，她調任珠海平沙華僑農場教育科長。1975 年，巢湘鈴因病提前離休，後居住在深圳。

她在 2018 年逝世，享年 96 歲。

資料來源：

1. 邱逸、葉德平：《戰鬥在香港：抗日老兵的口述故事》（香港：中華書局〔香港〕有限公司，2014），頁 168－171。

2. 李佑軍：《神秘脱險：秘密營救香港淪陷後困港愛國民主人士和文化人士紀實》（北京：解放軍出版社，2005）。

楊聲（1922—2021）

楊聲，又名黃揚聲，籍貫福建海澄，香港本地人，港九大隊市區中隊領導成員之一。

約 1944 年年初，楊聲在參加一個會議途中被日本人拘捕，當時敵人懷疑他是游擊隊員，對他施以灌水、毒打等酷刑，囚禁了一個多月，經過部隊的多方營救，敵人又找不到證據，終於脫險歸隊。1944 年 4 月，游擊隊決定在城市主動出擊，牽制敵人，配合大隊粉碎日軍在新界的掃蕩。楊聲組織隊員梁福等人爆破日軍九龍憲兵隊部附近的窩打老道四號鐵路橋，給日軍極大震懾。

抗戰勝利後，參加東江縱隊北撤山東，參加過濟南戰役、淮海戰役和廣東戰役。離休前為新華社香港分社統戰部長、副秘書長。

資料來源：

1. 楊聲：〈城市游擊戰〉，載陳敬堂、邱小金、陳家亮等編：《香港抗戰：東江縱隊港九獨立大隊論文集》（香港：康樂及文化事務署，2004），頁 230—231。

曾春（1923—1944）

曾春，香港新界沙頭角三椏村人。他出身於貧苦的農民家庭，自小靠打柴、捕魚幫補家計。他曾在慶春約小瀛學校唸書，抗戰時期在村內的中興隊任民兵隊長。

曾春在夜襲元洲仔碼頭日偽軍哨所一役中曾任後勤工作。1944 年 4 月 26 日夜晚，沙頭角中隊副中隊長鄧華率隊前往元洲仔碼頭日偽軍哨所執行任務。在內應葉生的接應下，鄧華一行人等迅速接近碼頭，完成戰鬥，斃、傷敵各一人，俘敵三人，並繳獲英式步槍五支、子彈六十餘發、自行車兩部，替往來的商旅及漁民除了大害。

4 月 27 日，曾春奉命與曾發、海上交通員林六到大埔龍尾村海邊，將中隊從日偽軍哨所繳獲的武器，以及一位打入敵人內部後撤出的隊員送到駐鹽田的東江縱隊司令部。5 月 1 日凌晨，他們回程時經三椏村海面發現村內異常平靜，恐有敵情，便轉往三椏涌停泊。天亮後，曾春獨自一人上岸了解情況，卻不幸遇上日軍掃蕩。他孤身奮戰，但因子彈用盡，最後拉開手榴彈，與日軍同歸於盡，犧牲時年僅 21 歲。

資料來源：

1. 《港九獨立大隊史》編寫組：《港九獨立大隊史》（廣州：廣東人民出版社，1989），頁 51。
2. 中共深圳市委黨史研究委員會辦公室：《廣九烈燄：廣東人民抗日游擊隊東江縱隊成立四十周年紀念專輯》（深圳：中共深圳市委黨史研究委員會，1983），頁 154。
3. 曾發：〈悼念曾福、曾春烈士〉（載曾發：《我的昨天和今天》，廣州：珠海出版社，2011）。

歐巾雄（1923－1980）

歐巾雄出生於吉隆坡一個富裕的華僑家庭。青年時期，她與好友李兆華一起加入學生抗敵後援會，積極參與宣傳、募捐等救亡活動。1939 年，她加入東江華僑回鄉服務團，隸屬於文森隊。同年 5 月，她回國參與抗戰，投身惠寶人民抗日游擊隊，並加入中國共產黨。1940 年春，她隨部隊東移海陸豐，任政工隊隊員。

1942 年，歐巾雄到港九大隊，負責民運和情報搜集等工作。她在沙頭角、上水一帶活動，白天與民眾一起勞動，晚上則辦夜校，在青年、婦女中進行宣傳、組織工作。由於該帶村民多姓陳，為方便工作及掩飾身份，歐巾雄亦改姓陳。她與當地人民建立了深厚的關係，人們都稱她做「陳姑」。敵人對這個「陳姑」恨之入骨，高價懸賞她的頭。一次，日軍突然包圍沙頭角，挨家挨戶搜查「陳姑」。當地幾家貧苦漁民冒着身家性命危險，將她從這家轉移到那家，成功化險為夷。

一天，歐巾雄和幾個同志正在上水集合羣眾佈置工作，突然發現有十幾名日軍走近村子。她帶領兩個戰士迅速佔領村口有利地形，並親自操縱機關槍打倒兩個敵人。日軍不清楚有多少游擊隊員，嚇得拖着死屍撤回據點。歐巾雄亦經常潛入日軍戒備森嚴的地區活動，搜集情報，有力地支援了部隊的行動。

1945 年，歐巾雄任東縱政治部政工隊隊長。日軍投降後，她率隊挺進粵北，進行開闢工作。不久後，她調任警衛大隊政治指導員。1946 年 6 月，她隨東江縱隊北撤山東。1949 年，她參加世界青年聯歡節。中華人民共和國成立後，她先後任北京醫院辦公室主任、鐵路總醫院副院長。

1980 年 3 月，歐巾雄病逝於北京，終年 57 歲。

資料來源：

1. 張良生：〈歸僑女傑歐巾雄〉（載廣東省婦女運動歷史資料編纂委員會東江組：《南粵紅棉—東縱女戰士》，廣東黨史資料叢刊，1983），頁 84–89。
2. 《東江縱隊志》編輯委員會：《東江縱隊志》（北京：解放軍出版社，2003），頁 381。

許智明（1923–1997）

許智明出生在香港新界西貢南山洞一個海員家庭。1937 年 9 月入讀大埔官立漢文師範學堂，1941 年畢業後在教會學校任教。在求學及任教期間，許智明受中共地下黨老師愛國主義思想薰陶，積極參加地下黨領導的抗日救亡活動。

許智明於1942年10月投筆從戎參加革命，加入港九大隊。許家曾掩護港九大隊民運幹部羅許月開展工作。後來，許智明調往東縱第二支隊和東縱司令部擔任副官，從事後勤管理工作。1944年7月，他加入中國共產黨。

抗戰結束後，為粉碎國民黨對東縱的圍剿和經濟封鎖，1945年8月許智明奉命重返香港設地下交通站，開展地下工作，出任交通站負責人及新界大埔地區黨支部書記。他先後以香港同利商行副經理、西貢合作社主任、榮豐泰雜貨店經理、大埔魚市場收集部主任等職務為掩護，為東縱籌集後勤給養；同時負責東縱主力北撤後流落香港的老戰士的復退安置工作。

中共在廣東恢復武裝鬥爭後，1947年1月地下交通站轉為粵贛湘邊縱隊香港後勤處大埔交通聯絡站，許智明任負責人。這期間主要任務是動員、輸送人員重返部隊，同時大力籌集各類物資支援邊縱，保障部隊後勤供給。1949年元旦因籌集軍火、給養活動暴露，許智明被港英當局通緝；組織上指示許智明緊急撤往廣東梅縣，去中共中央南方局財委報到，在廣東省軍管會支前司令部工作，負責為大軍籌集糧草給養。

新中國成立後，許智明任廣東省土產公司出口部主任。1954年他獲抽調參與國家「一五」計劃141項重點建設項目之一的武漢重型機床廠籌建工作，後歷任山東濟南第二機床廠副廠長、中央第一機械工業部二局辦公室主任兼動力設備處處長、局黨委副書記，主管蘇聯、東歐援建項目的籌建工作。1978年12月，許智明調到中央交通部，後歷任香港招商局蛇口工業區建設指揮部副總指揮、指揮部臨時黨委副書記、蛇口工業區顧問，至1991年8月離休。1979年7月2日，他在蛇口親自指揮炸響了被譽為中國改革開放第一聲的開山炮。

1997年3月25日，許智明在蛇口聯合醫院病逝，享年74歲。2010年8月，許智明當選深圳改革開放30年南山最具影響力人物。

資料來源：

1. 〈燦領風騷 —— 許智明的退位讓賢〉,《蛇口消息報》2010 年 8 月 26 日。
2. 許國威:〈許智明生平簡歷〉。

王錦（1923－2008）

王錦，廣東省東莞縣厚街鎮涌口北社村人。他 7 歲時唸小學，11 歲時因父親病逝而輟學。為幫補家計，他 13 歲起便開始做各種散雜工，最後在厚街新紀元茶樓工作。

1938 年日軍侵佔廣東，王錦親眼目睹日軍挾持茶樓女招待員輪姦，因而義憤填膺，在 1940 年 10 月 15 日加入廣東人民抗日游擊隊。他被編入第三大隊虎門彭沃中隊，在東莞、寶安一帶肩負起抗擊日軍的任務。1942 年 1 月，他被調到西貢，與西貢短槍隊一起參與營救文化人、打擊日偽、肅清土匪等任務。同年秋，他參與籌建海上隊的工作，任副隊長，負責指揮作戰及訓練隊員。

經歷一年多發展，海上隊的活動範圍由糧船灣擴展至大鵬半島，於 1943 年 6 月間編制為海上中隊，王錦任第二小隊小隊長。除開展海上游擊戰外，王錦亦兼顧伙頭墳一帶的稅收和民運工作。

1944 年 2 月間，王錦到後方學習，同年 5 月返回部隊。他曾率隊多次與日軍血戰。1944 年 8 月，他率隊於黃竹角海面圍殲「挺進隊」，共擊沉敵船三艘，斃敵 25 人，傷 13 人，並繳獲機槍兩挺、衝鋒槍四支、步槍廿一支及手槍四支；同年 9 月升任為副中隊長。1945 年 1 月，王錦升任為中隊長。5 月，他指揮水頭沙灣之戰，共繳獲敵船兩艘，斃敵二人，俘虜三十二人，並繳獲機槍一挺、步槍六支、指揮刀一把、一大批醫藥器材、軍用毯子、罐頭等。8 月，他參與指揮大浪口之戰，共俘虜兩名日軍，殲滅四十多名日軍，並繳獲大量物資，包括數支三八式步槍、一門九二式日本山炮、九發炮彈、一台無線電收發報機、兩皮箱飛機製造圖紙及一大批其他軍用物資。

抗戰勝利後，王錦北撤煙台，在華東軍政大學學習畢業後，他被調到渤海軍區海防總隊、海上部隊工作，後調回兩廣縱隊，參加濟南、淮海等戰役，轉戰南下。1950 年 5 月間，王錦率領炮兵營，協同 131 師解放青洲、牛頭、大小萬山、白瀝、竹州、黃茅等島嶼。1952 年 3 月，他被調入海軍南海艦隊，歷任艦艇大隊大隊長、汕頭水警區參謀長、川島水警區參謀長、副司令員、廣州基地後勤部部長等職位。1965 年，他參與指揮八・六海戰，一舉擊沉國民黨兩艘大型戰艦，並擊斃國民黨海軍少將胡嘉恆以下 170 餘人，俘「劍門號」中校艦長王韞山以下 33 人，表現出色，大受稱譽。戰後，國防部通令嘉獎參戰部隊，稱這場戰役為「近幾年海上作戰最大的一次勝利」。

1955 年，王錦獲授予大尉軍銜，1959 年晉升為少校軍銜。1963 年，晉升為中校軍銜，並獲頒發中華人民共和國三級獨立自由勳章、三級解放勳章、中國人民解放軍獨立功勳榮譽章。1983 年，王錦離職休養。

他於 2008 年去世，享年 85 歲。

資料來源：

1. 《港九獨立大隊史》編寫組：《港九獨立大隊史》（廣州：廣東人民出版社，1989），頁 66–71。
2. 中共深圳市委黨史辦公室東縱港九大隊隊史徵編組：《東江縱隊港九大隊六個中隊隊史》（深圳：深圳市印刷廠，1986），頁 85–89。
3. 深圳市寶安區人民武裝部、深圳市寶安區檔案局（館）、深圳市寶安區史志辦公室：《寶安軍事人物》（北京：中國文史出版社，2007），頁 161。
4. 陳敬堂：〈海上蛟龍—王錦：從海上游擊戰到八・六海戰〉，載陳敬堂、邱小金、陳家亮等編：《香港抗戰：東江縱隊港九獨立大隊論文集》（香港：康樂及文化事務署，2004），頁 272–289。

羅歐鋒（1923－2009）

羅歐鋒，原籍香港新界沙頭角鄉南涌羅屋村，在羅家子女中排行第六。他原名羅觀容，抗戰時用「歐鋒」之名，後冠回羅姓。他先後就讀於沙頭角東和學校、大埔官立英文學校和九龍英文書院。1941 年元旦後停學，他和歐堅等十多人在中共地下黨員李秀靈指引下，離開香港奔赴東江前線，參加廣東人民抗日游擊隊，成為抗日戰士。

1942 年 2 月港九大隊成立後，羅歐鋒奉命調回香港；同年秋任副官，分管沙頭角地區，直接管轄紅石門稅站。同年秋，他乘船前往稅站時，在雞公頭海面孤身迎敵，成功擊斃幾名日軍。1943 年 6 月，他調到海上中隊任小隊長。10 月，他率領兩艘武裝船在果洲外海勇戰日軍電扒和大眼雞木船，繳獲大眼雞木船一艘和大量物資，並解救了被日軍從潮汕抓來的 50 多名苦工。1944 年夏，他率領三艘武裝船在大鵬灣外海勇戰日軍，前後兩次共繳獲九艘蝦艚船、生鹽幾百噸。同年 9 月，羅歐鋒任海上中隊中隊長。11 月，他與黃康、王錦率領三艘武裝船在黑岩角勇戰日軍電扒，共俘虜七名日軍、數名偽職人員，並繳獲一艘日軍電扒、大量高級呂宋煙葉及其他物資。

抗戰勝利後，羅歐鋒奉命留港參加自衞隊與地下黨情報工作。1946 年底，他奉命在大埔開設永興代運公司，作為秘密交通站。1947 年冬，他和妻子歐堅二人奉命返回內地，任廣東人民解放軍江南支隊第二團副團長。1949 年 1 月，羅歐鋒任中國人民解放軍粵贛湘邊縱隊第一支第八團團長。1949 年 3 月，他任惠東縣縣長。1950 年，他任廣東省公安軍沙（沙頭角）深（深圳）寶（寶安）邊防局副局長。1952 年，他調任中南軍區司令部二處主任。1954 年 1 月，他轉業到廣東省水產廳任辦公室主任，先後任國家農林部南海水產研究所所長兼黨委書記、廣東省水產廳副廳長、黨組副書記等職務。

羅歐鋒於 1983 年冬離休後返港定居，從事社會義務工作，先後出任惠陽東縱邊縱老戰士聯誼會顧問、東江縱隊港九獨立大隊廣州地區老戰士聯誼會副會長。1998 年 5 月 18 日，「原東江縱隊港九獨立大隊老游擊戰士聯誼會」在本港註冊成立，他出任會長。該會聯合廣州地區港九大隊老游擊戰士聯誼會做了大量工作，包括寫隊史和個人回憶錄、出版連環圖、拍攝記錄片等。1999 年，他獲香港政府授予榮譽勳章（Medal of Honour），以表彰其長期以來對香港所作出的貢獻。

2009 年 12 月 3 日，羅歐鋒與世長辭，終年 86 歲。

資料來源：

1. 《港九獨立大隊史》編寫組：《港九獨立大隊史》（廣州：廣東人民出版社，1989），頁 60、63–66。
2. 中共深圳市委黨史辦公室東縱港九大隊隊史徵編組：《東江縱隊港九大隊六個中隊隊史》（深圳：深圳市印刷廠，1986），頁 64–65、79–80、83–85。
3. 張黎明：《血脈中華：羅氏人家抗日紀實》（深圳：深圳報業集團出版社，2016），頁 223–260。
4. 羅家後人提供資料。

鄧振南（1923–2018）

鄧振南又名鄧仁發，新界西貢黃毛應村人，祖籍廣東省寶安縣。他早年在村校唸書，後來村校結束營運，只好徒步走到大埔仔學校上課。1935 年至 1936 年間，他舉家搬遷到深水埗。他就讀於浩然學校，父親則開設燒石灰舖營生。小學畢業後，鄧振南投考大埔師範學院，惜因年紀太小不獲錄取。後來，他獲寶血教堂神父推薦，入讀喇沙書院，唸了一年書再轉到九龍華仁書院，至日軍侵佔香港後輟學，父親的店舖也無奈結業，舉家遷回西貢。

1942 年 7 、8 月，鄧振南聯合黃毛應村附近八條村落（包括石坑、平墩、大網仔、大埔仔、蛇頭、黃毛應、氹笏及鐵鉗坑）組成八鄉聯防青年會，宣傳抗日救國，他被推選為會長。同年 10 月，港九大隊通知他到赤徑及高塘村上軍政學習班，學習軍事知識及各種戰鬥技巧，11 月他投身游擊隊行列，後被委派到黃毛應村進行民運工作，發動羣眾參軍，組織民兵，團結抗日力量。1943 年 3 月，他在赤徑村教堂加入中國共產黨，羅汝澄為介紹人。入黨後未公開黨員身份，秘密進行地下工作。同年 7 、8 月，因家境困難，鄧振南到九龍牛池灣米站工作，兼負情報搜集工作。1944 年 4 、5 月米站結束營運，他回到西貢繼續從事地下工作，推動青年入黨，成功發展了兩名黨員，對抗日均作出重要貢獻。同年秋，他的父親鄧福在日軍掃蕩時被押到村內的教堂嚴刑迫供，導致脊骨嚴重受傷，痊癒後仍常感到背痛和腳步不穩；堂弟鄧德安亦遭日軍反覆折磨，傷勢過重不治。

1944 年冬，西貢中隊將控制的範圍劃分成三區，領導羣眾成立聯防會。正式分西貢範圍為新一區、坑口範圍為新二區、沙田範圍為新三區，鄧振南任新一區主任。聯防會成立後，鄧振南跟隨西貢中隊活動。1945 年春，他代表新一區參與東江縱隊在惠陽麻溪村召開的路東行政委員會成立大會，共同討論減租免息、團結各階層人士抗日等議題。同年 8 月 15 日，日本宣佈投降，但駐西貢墟日軍仍沒有撤離的跡象。鄧振南自告奮勇代表部隊到西貢墟與日軍談判，向他們發出最後通牒，勸令限期內投降，日軍卻以沒正式接到九龍總部命令為由，不作正面回答。翌日清晨，日軍仍沒任何答覆，中隊於是決定以武力解放西貢墟，鄧振南亦同行，終迫使日軍倉皇逃往九龍總部。中隊正式接管西貢墟，鄧振南隨部隊進入西貢墟，發動羣眾、組織成立商會、青年會、婦女會等團體，整頓社會治安。1945 年 9 月 28 日港九大隊宣佈撤出港九、新界，鄧振南沒有隨西貢中隊撤離，繼續留在西貢。

1948 年，鄧振南返回內地參與解放軍，後任中國人民解放軍粵贛湘邊縱隊一支二團保衛股副股長。1949 年 11 月，他轉業地方，先後出任惠陽縣公安局局長、東江專署公安處處長、粵中行署公安局科長、中共高要縣委副書記兼公安局局長及中共佛山市市委副書記兼公安局局長。1956 年 10 月當選佛山市市長，此後連選連任至 1967 年 3 月。此後，他歷任佛山市檔案工作委員會主任、民兵師師長、增產節約委員會副主任、市文物藝術研究委員會主任委員、外貿領導小組副組長、生產渡荒委員會主任、市政協副主席、外事接待工作領導小組組長等職位。1980 年，他出任人大常委會主任。

2018 年，鄧振南在佛山因病逝世，享年 95 歲。

資料來源：

1. 《港九獨立大隊史》編寫組：《港九獨立大隊史》（廣州：廣東人民出版社，1989），頁 163。
2. 中共深圳市委黨史辦公室東縱港九大隊隊史徵編組：《東江縱隊港九大隊六個中隊隊史》（深圳：深圳市印刷廠，1986），頁 64－68。
3. 佛山市地方志編纂委員會：《佛山市志》（廣州：廣東人民出版社，1994），頁 389。
4. 陳敬堂：《香港抗戰英雄譜》（香港：中華書局，2014），頁 20－36。

單柱貞（1924－1944）

單柱貞，籍貫不詳，加入游擊隊後被分派到市區中隊，任情報員。

日佔時期，香港船塢經常要為日軍艦隻維修，一些小型船隻及軍用物資也在此製造。不少游擊隊員潛伏在船廠內，暗中收集有關日軍艦艇性能、用途、數量、往返地等資料，以及一些圖紙，送呈大隊。單柱貞亦是其中一員。

當時單柱貞深入紅磡船廠搜集情報。1944 年，盟軍飛機來港進行轟炸，不少工廠都成為轟炸目標，包括紅磡船廠。單柱貞本是長跑好手，可以比其他人更快躲進防空洞，但因為他想藉機在混亂之中偷取日軍艦艇的機密圖紙，沒能及時離開，結果不幸壯烈犧牲，年僅 20 歲。

資料來源：

1. 《港九獨立大隊史》編寫組：《港九獨立大隊史》（廣州：廣東人民出版社，1989），頁100。
2. 楊聲：〈城市游擊戰〉（載陳敬堂、邱小金、陳家亮等編：《香港抗戰：東江縱隊港九獨立大隊論文集》，香港：康樂及文化事務署，2004），頁236－237。
3. 中共深圳市委黨史辦公室東縱港九大隊隊史徵編組：《東江縱隊港九大隊六個中隊隊史》（深圳：深圳市印刷廠，1986），頁99－100。

鄧德安（1924－1944）

鄧德安，香港新界西貢黃毛應村人，港九大隊戰士鄧振南的堂弟。抗戰時期，他是黃毛應村的聯防隊員，曾參與青年會、游擊之友等抗日愛國團體，後成為西貢中隊民運員。

1944年9月21日，日軍到黃毛應村進行掃蕩，但因未有發現游擊隊員的蹤跡，便將村民帶到教堂進行嚴刑逼供，鄧德安牽涉其中。為保障游擊隊員的安全，即使遭日軍施以火焚、「吊飛機」等酷刑，他始終堅貞不屈，守口如瓶，結果被嚴重燒傷。待日軍撤離後，村民馬上對鄧德安進行搶救，只可惜其傷勢過重，戰時又缺乏藥物，三天後終不治，年僅20歲。

資料來源：

1. 《港九獨立大隊史》編寫組：《港九獨立大隊史》（廣州：廣東人民出版社，1989），頁129－130。
2. 《黃毛應村原居民登記冊》，2009。
3. 鄧振南：〈不屈的黃毛應人〉（載原東江縱隊港九獨立大隊老游擊戰士聯誼會：《永誌難忘的一頁》，原東江縱隊港九獨立大隊老游擊戰士聯誼會編輯組，2004），頁135。
4. 劉智鵬、丁新豹：《日軍在港戰爭罪行：戰犯審判紀錄及其研究（上冊）》（香港：中華書局〔香港〕有限公司，2015），頁56－57。
5. 張黎明：《血脈中華——羅氏人家抗日紀實》（深圳：深圳報業集團出版社，2016），頁90－92。
6. 原東江縱隊港九獨立大隊老游擊戰士聯誼會編：《永誌難忘的一頁》（香港：明興印刷公司，2004)，頁142。

邱求（邱畢）（1924–1945）

邱求，又名邱畢，廣東惠東平山砂霸尾人。他自幼喪父，跟隨哥哥邱陽在廣州郊區生活，以種菜為生。1932 年大水災，已移居香港的伯母親自到廣州接他兄弟倆，到赤柱龜背灣共同生活。但由於思念母親，邱求不久後又返回家鄉。

1937 年，日本發動侵華戰爭，邱求被迫離鄉背井，返回香港。1941 年 12 月香港淪陷，邱求參加游擊隊，年僅 17 歲。由於作戰英勇，表現出色，他很快便獲提拔為副班長。

1945 年 8 月初，海上中隊中隊長王錦帶領三艘戰船，在大浪口進攻一艘日軍大木船。激烈的戰鬥中，其中一艘戰船的帆索被日軍的炮彈擊中，帆掉了下來，船失去控制，情況非常危急。邱求在投擲魚炮的過程中本已受傷，但緊急之際，卻強忍傷痛，冒着彈雨，抱着桅桿往上爬，竭力將帆扯起來。日軍集中火力向他射擊，邱求身中多槍，幾次跌下來又爬上去，鮮血灑滿船艙。雖然戰船最終能脫離險境，但邱求因失血過多不治，死時僅 21 歲。

資料來源：

1. 《東江縱隊志》編輯委員會：《東江縱隊志》（北京：解放軍出版社，2003），頁 100–101。
2. 《港九獨立大隊史》編寫組：《港九獨立大隊史》（廣州：廣東人民出版社，1989），頁 70–71。
3. 中共深圳市委黨史辦公室東縱港九大隊隊史徵編組：《東江縱隊港九大隊六個中隊隊史》（深圳：深圳市印刷廠，1986），頁 86–89。
4. 王錦：〈大浪口前赴後繼殲頑敵〉，載原東江縱隊港九獨立大隊老游擊戰士聯誼會：《永誌難忘的一頁》（原東江縱隊港九獨立大隊老游擊戰士聯誼會編輯組，2004），頁 107–108。
5. 陳敬堂：〈海上蛟龍—王錦：從海上游擊戰到八．六海戰〉，載陳敬堂、邱小金、陳家亮等編：《香港抗戰：東江縱隊港九獨立大隊論文集》（香港：康樂及文化事務署，2004），頁 284–285。

李兆華（1924－1999）

李兆華出生於馬來西亞吉隆坡一個華僑家庭，原籍廣東惠陽淡水。1939 年，她回國參加廣東人民抗日游擊隊，1940 年 2 月加入中國共產黨。1942 年 2 月起，她在港九大隊從事民運工作。

李兆華是最早發現及營救中美空軍混合團空軍飛行員指揮兼教官克爾中尉的游擊隊員之一。1944 年 2 月 11 日，克爾中尉率領 20 架戰鬥機從廣西桂林基地起飛，為 12 架轟炸香港啟德機場的轟炸機護航，在上空與攔截的日機激戰。期間，克爾的戰機不幸被擊中起火。克爾立即跳傘逃生，最後被一陣強風吹向北面，降落在觀音山半山腰上。幸得途經的港九大隊交通員李石營救，克爾沒有即時被日軍捉拿，藏身於吊草岩一個隱蔽的山洞。

當時李兆華正在芙蓉別村開展民運工作，從李石那裏得悉克爾的事後，馬上向上級匯報，又找個機會與當時藏在炭窰的克爾見面安慰他。後港九大隊指派劉黑仔等護送克爾順利脫險，安全回到廣西桂林基地，完成在中國的工作。

1944 年 3 月 8 日，克爾從桂林寄來一封感謝信和描繪脫險經過的自繪漫畫，這封信和漫畫後來被刊登於東江縱隊《前進報》第 62 期。克爾在信中表達對李兆華等游擊隊的感激：「在敵人嚴密包圍封鎖下，我再轉移到另一個較安全的地方。在那裏掩蔽了兩個星期以上，每一天都親眼看見敵人在山頭山腳，在附近的圍村、田野，走來走去呱呱地噪。這種場面，實在是一種難以想像的恐怖，但你們游擊隊的小同志與女同志給了我不少的勇氣與安慰。你們的面孔總是快樂的與勇敢的，供給我一切需要，還給我的灼傷敷藥」。

李兆華於 1999 年離世，終年 75 歲，被葬於深圳坪山烈士陵園。2010 年 12 月，克爾的兒子戴維（David Kerr）曾到陵園拜祭李兆華，並特別帶來一幅鑲上相架的卡片，卡片左方是克爾的照片，右方是李兆華的照片，中間是一塊將中美兩國國旗連在一起的繡片，最上面幾行英文字寫道：「唐納德・克爾中尉一家向李小姐致以敬意。李小姐的勇氣和膽識讓唐納德・克爾能夠重返他的國家、他的軍隊和他的家庭。這兩位戰士能夠在 1944 年相遇是我們國家的榮幸，遺憾的是，他們兩人再也無法相見了」。

資料來源：

5. 唐納德・克爾著，李海明、韓邦凱譯，東江縱隊歷史研究會、深圳海德文化傳播有限公司合編：《克爾日記—香港淪陷時期東江縱隊營救美國飛行員紀實》（香港：香港科技大學華南研究中心，2015），頁 132 、318 。
6. 《港九獨立大隊史》編寫組：《港九獨立大隊史》（廣州：廣東人民出版社，1989），頁 111–114 。
7. 李兆華：〈掩護克爾中尉脱險記〉（載廣東青運史研究委員會研究室、東縱港九大隊史徵編組：《回顧港九大隊（上集）》，廣東：廣東省委辦公廳勞動服務公司印刷廠，1987），頁 78–81 。
8. 李兆華：〈營救美國飛行員〉（載原東江縱隊港九獨立大隊老游擊戰士聯誼會：《永誌難忘的一頁》，香港：原東江縱隊港九獨立大隊老游擊戰士聯誼會編輯組，2004），頁 68–75 。
9. 黃作梅：〈與美國盟邦合作〉（載原東江縱隊港九獨立大隊老游擊戰士聯誼會：《永誌難忘的一頁》，香港：原東江縱隊港九獨立大隊老游擊戰士聯誼會編輯組，2004），頁 82–89 。
10. 東江縱隊歷史研究會：《東江縱隊歷史研究會成立五周年特刊》（香港：東江縱隊歷史研究會，2013），頁 17 。

邱球（1924–2008）

邱球，又名邱特輝，惠陽縣淡水鎮新橋鄉橫排浪村人。他出身於農民家庭，童年曾接受過三年鄉村小學教育。1938 年，日軍登陸大亞灣，展開對華南侵略，邱球的兄長慘遭屠殺，隨後母親因驚嚇過度而病逝。同年，他入讀抗日夜校，參與同志會的抗日活動。1941 年，邱球加入廣東人民抗日游擊隊第三大隊，後被編入挺進香港的武工隊，跟隨黃冠芳從進入新界西貢。

進入西貢後，邱球在昂窩一帶活動，並參與秘密大營救護送文化人的工作。營救高潮過後，邱球跟隨劉春祥剿滅西貢一帶的土匪後，轉移至沙頭角橫山腳、烏蛟騰一帶開闢新根據地。1942 年 4 月，邱球與蘇光、陳滿、曾可送、林元、陳漢平等組成一支六人武工隊進入大嶼山，以「保鄉隊」的名義開展工作，並在水口、塘福等村肅清土匪。同年 12 月，大嶼山中隊成立，邱球被委任為小隊幹部。期間，他參與 1945 年 5 月夜襲牛牯塱日軍駐地的行動，成功擊斃日兵；1944 年 10 月，在夜襲大澳偽警察局的行動中，率隊分頭襲擊各個偽警派出所，收繳槍支彈藥；1945 年 5 月，參與突擊馬灣涌的偽警駐所；更多次與隊員組成鋤奸組，合力鏟除日寇走狗陳穩勝和長洲特工科特務。

1943 年 5 月，大嶼山中隊中隊長劉春祥帶領曾可送等 6 名班排骨幹從東涌出發，乘坐帆船準備到大嶼山對岸的龍鼓灘一帶開展工作。在沙洲、龍鼓洲一帶海域突然遭遇兩艘日軍炮艇伏擊，壯烈犧牲。邱球原來也被選為其中一員，但因臨時病倒無法上路。得悉隊友犧牲後，邱球心情沉痛，在追悼會上，他以戰士代表發言，表示誓為戰友們報仇。

抗戰勝利後，邱球於 1945 年奉命撤離香港。邱球隨後加入中國人民解放軍粵贛湘邊縱隊，任連長、教導員等職。建國後，他於 1952 年轉業到地方，曾任職廣州市政府保衞科科長、廣州市財政局及越秀區財稅局辦公室主任、副局長。

2008 年 11 月，邱球在廣州逝世，享年 84 歲。

資料來源：

1. 《港九獨立大隊史》編寫組：《港九獨立大隊史》（廣東：廣東人民出版社，1989），頁 73、78、83、85–86。
2. 〈邱特輝訪談錄〉，香港大學亞洲研究中心，香港大學社會學系：香港口述歷史檔案 2001–2004，檔案編號 151。
3. 〈邱球後人邱穗延訪談錄〉，2024 年 12 月 10 日於嶺南大學，訪問員：嚴柔媛。
4. 邱球後人邱穗延於 2025 年 2 月 10 日提供資料。

曾發（1924－2017）

曾發，香港新界沙頭角梅子林人。日軍侵華期間，父親曾集芬因參加抗日游擊隊，被日軍抓去毒打致死，母親日夜痛哭致使左眼失明，四名年幼弟妹險成餓殍。1998 年，曾集芬被香港特區政府列入港九大隊烈士名單。

曾發於 1942 年初參加東江縱隊港九大隊，同年 10 月加入中國共產黨，歷任民運員、交通員、政治服務員、手槍隊員、區委宣傳、文書及交通站長等職位。

曾發所屬的短槍隊在沙頭角一帶活動，1944 年 4 月參加拔除元洲仔碼頭日偽軍哨所戰鬥，擊傷敵各一人，俘敵三人，繳獲英式步槍五支、子彈 60

1946 年，原港九大隊成員陳亮、曾發、陳源、羅汝澄、何華（由左至右）於大埔合影。

發、自行車兩部。1945 年，他率隊在大埔田村設伏，擊斃日軍憲兵隊軍官小貞，並繳獲白朗手槍一支、子彈十餘發、手榴彈一個及金錶一隻。

1946 年 6 月東縱北撤後，曾發留在香港大埔魚類統營處工作。1947 年，他回國參加解放戰爭，在戰爭中被爆彈炸傷，被評為革命殘廢軍人。1950 年，他轉業地方工作，歷任寶安縣公安大隊教導員、新會縣縣改法委書記兼公安局局長、佛山地區公安處副處長、江門市市長，1983 年離休。

曾發離休後定居深圳，常到香港學校、歷史博物館和社團講課，向香港報刊投稿，揭露日本侵略軍戰爭罪行。2015 年 9 月 5 日，他應中央政府邀請，出席在北京天安門舉辦的慶祝抗日戰爭勝利 70 周年閱兵式。

2017 年 2 月，他因病逝世，享年 93 歲。

資料來源：

1. 李啟璋：〈90 歲抗日老兵憶崢嶸歲月：親手擊斃日本特務〉，2014。
2. 陳瑞璋：《東江縱隊：抗戰前後的香港游擊隊》（香港：香港大學出版社，2012），頁 161。
3. 黃榮、曾發、何集慶：〈沙頭角區的游擊戰〉，載陳敬堂、邱小金、陳家亮編：《香港抗戰：東江縱隊港九獨立大隊論文集》（香港：香港歷史博物館，2004），頁 198。

黃靜儀（1924－？）

黃靜儀，籍貫不詳。1945 年春，她被調到港九大隊市區中隊，主管九龍深水埗砵蘭街油印室的工作。她沒有公開職業，主要靠部隊供養，生活艱苦。

當時油印室由黃靜儀一人管理，專責刻印市區中隊隊報《地下火》。隊報內容集中揭露日軍的戰時罪行，並宣傳游擊隊的戰績，以配合港九大隊的政治攻勢。由於日軍實施燈火管制，黃靜儀工作時會掛起一塊紅黑色窗簾，避免屋內的燈光外透。雖然沒有油印機及正規的刻印工具，但她用屐皮取替滾筒，同樣能印出字體清晰的宣傳品。她一共幫忙刊印了兩期隊報，刊印過程中香港砵甸乍街油印室的負責人梁佩雲也有幫忙。第三期隊報則因

「七一三」事件[3]而中斷。「七一三」事件發生後，黃靜儀奉命疏散油印室的人員及搬離物資，撤回大隊部。

事後，黃靜儀回憶那段時期的生活仍然心有餘悸。她在回憶文章裏曾寫道：「一個人守着這所大房子，夜裏確實有點怕。每當我工作時，小狗總是安靜地蹲在我的腳邊。我房間的窗門是用廢鐵板釘的，許多晚上我看書（方蘭給我的《整風文獻》）或工作時，總是聽到鐵窗上給人撒沙子或投石子的沙沙聲和卜卜聲。有時半夜裏我給那些小偷被追、逃跑時重重的腳步聲所驚醒時，小狗就跪到我床前，這時我的心裏就踏實多了」。

資料來源：

1. 《港九獨立大隊史》編寫組：《港九獨立大隊史》（廣州：廣東人民出版社，1989），頁96、101－102。
2. 楊聲：〈城市游擊戰〉（載陳敬堂、邱小金、陳家亮等編：《香港抗戰：東江縱隊港九獨立大隊論文集》，香港：康樂及文化事務署，2004），頁233。
3. 黃靜儀：〈一個製造「紙彈」的工廠—記市區中隊地下油印室〉（載廣東青運史研究委員會研究室、東縱港九大隊史徵編組：《回顧港九大隊（下集）》（廣東：廣東省委辦公廳勞動服務公司印刷廠，1987），頁44－46。

張詠賢（1925－1944）

張詠賢，籍貫不詳，出生於基督教家庭。她原本在聖保祿書院唸書，香港淪陷後，為維持生計，遂在日立造船廠銅鑼灣分廠（即原敬記船廠）任繪圖員。

日軍暴虐的統治喚起張詠賢的民族覺悟。及後，張詠賢無意中認識了游擊隊員楊光，受其思想教育啟發，毅然投身游擊隊行列。她加入游擊隊後被

---

3 「七一三」事件是指1945年7月13日，市區中隊一名隊員被日軍抓捕後變節，供出游擊隊的情況，致使二十多名隊員相繼被捕，造成中隊一次重大損失。詳見《港九獨立大隊史》（廣州：廣東人民出版社，1989），頁101－102。

分配到市區中隊，任交通員，幫忙搜集及傳送情報資料。

張詠賢利用工作之便收集日軍艦艇和憲兵隊的資料。她曾在電車上公然散發《東江縱隊成立宣言》，並在重要的公共場所張貼抗日傳單。一次，她將日軍船艦維修情況等情報資料上交，在傳遞過程中卻不慎落入日軍手上。日軍從搜出的資料中，循字跡和內容查到張詠賢，迅即將她逮捕，囚於日本憲兵總部。最後，張詠賢與市區中隊中隊長方蘭的母親馮芝在 1944 年 6 月 22 日於香港加路連山一同就義，犧牲時年僅 19 歲。

資料來源：

1. 《港九獨立大隊史》編寫組：《港九獨立大隊史》（廣州：廣東人民出版社，1989），頁 152－154。
2. 莫世祥：《日落香江：香港對日作戰紀實》（香港：三聯書店〔香港〕有限公司，2015），頁 246。
3. 陳達明：《香港抗日游擊隊》（香港：環球〔國際〕出版有限公司，2000），頁 131－143。

張金福（1925－1945）

張金福，香港新界元朗山下村人。抗戰時期，他加入村內的地下游擊小組，協助游擊隊傳送信件及情報。

1945 年 1 月，元朗中隊率隊到山下村，與民兵配合，展開鏟除密探的行動，戰鬥期間密探逃脫。後來，上百名憲兵到山下村進行掃蕩，游擊隊隨即撤到山上躲避。敵人窮追不捨，雙方陷入激烈槍戰。過程中，女民運區委陳瑞不幸被敵人擊中，腿部受傷。危急之際，山下村村民協助藏匿陳瑞。日軍得此消息後，隨即對山下村展開掃蕩行動，並揚言不將陳瑞交出即放火燒村。日軍查無所獲後便將七名村民捉拿，押到憲兵部審問。

張金福是當中年紀最小的一位，日軍試圖從他身上找出突破口，嚴刑拷打。張金福在憲兵部遭受酷刑近七八天，只說一句話：「我是農民，只知耕田種菜，別的什麼也不知道。」他最終被折磨至死，年僅 20 歲。日軍查找不到任何線索，最後只好將其餘幾名村民釋放。負傷的陳瑞經村民護送，最終安全抵達駐西貢的大隊衛生所接受治療。

資料來源：

1. 《港九獨立大隊史》編寫組：《港九獨立大隊史》（廣州：廣東人民出版社，1989），頁131。
2. 邱逸、葉德平：《戰鬥在香港——抗日老兵的口述故事》（香港：中華書局〔香港〕有限公司，2014），頁 56–57。
3. 楊慶：〈英雄的元朗人民〉（載陳敬堂、邱小金、陳家亮等編：《香港抗戰：東江縱隊港九獨立大隊論文集》，香港：康樂及文化事務署，2004），頁 209–210。

李貴仁（1925–2009）

李貴仁，香港新界沙頭角烏蛟騰村人。他於 1939 年 5 月入伍，1942 年 12 月加入中國共產黨。

入伍後，李貴仁歷任惠寶人民抗日游擊總隊戰士、廣東人民抗日游擊隊第三大隊班長、廣東人民抗日游擊總隊港九大隊警衛排排長、東縱江北指揮部警衛連連長、博羅縣常備隊教官等職位。在港九大隊期間，他曾參與石水澗電台選址和設立，以及烏蛟騰會議的後勤和保衛工作。

1946 年 6 月底，李貴仁隨東縱北撤山東解放區。1947 年 3 月，他從華東軍政大學調入華東野戰軍特縱裝甲部隊，歷任班長、排長、連長、副營長、水陸坦克教導隊隊長、坦克團技術處處長、副團長、坦克師技術副師長、濟南軍區裝甲技術部部長等職位，並參加濟南、淮海、渡江、上海等戰役和抗美援朝戰爭。

1955 年，李貴仁被授予少校軍銜，1963 年晉升為中校軍銜，獲三級獨立自由勳章、三級解放勳章和朝鮮三級國旗勳章。1988 年，他被授予獨立功勳榮譽章。

李貴仁在 2009 年離世，享年 84 歲。

資料來源：

1. 深圳市寶安區人民武裝部、深圳市寶安區檔案局（館）、深圳市寶安區史志辦公室：《寶安軍事人物》（北京：中國文史出版社，2007），頁 165－166。
2. 廣東青運史研究委員會研究室、東縱港九大隊史徵編組：《回顧港九大隊（下）》（廣東：廣東省委辦公廳勞動服務公司印刷廠，1987），頁 159－160。

蔡松英（1925－2017）

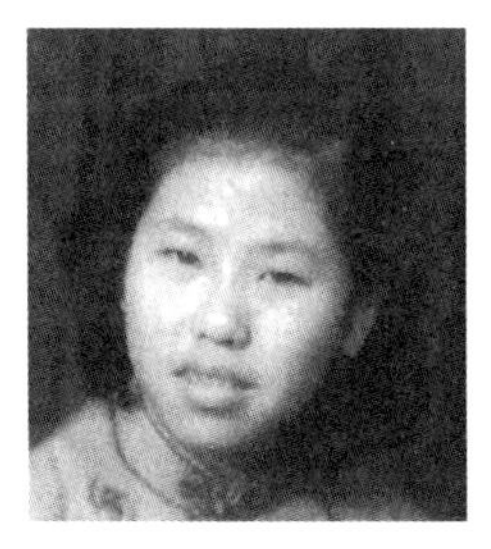

蔡松英原名蔡自雄，書名從英，曾用名蔡華。她生於香港，祖籍廣東省佛山。1932 年，她在旺角一所私塾唸書，約半年後轉到普光小學讀書。她從小就有強烈的愛國思想，學生時代已積極參加進步團體。她參與組織螞蟻兒童劇團，任團長，積極宣傳抗日。1938 年，她參與香港學生賑濟會，通過唱誦歌曲及演劇，支持抗日運動。

小學畢業後，蔡松英先後到捷和鋼鐵廠、中華漆廠工作，餘暇時亦有參與讀書會。1940 年初，她毅然離家出走，以蔡華的名字參與香港學生賑濟會回國服務團第四團的補充團，隨團到惠州一帶宣傳抗日救國。1940 年 10 月服務團解散，蔡松英回到香港，於南方補習夜校繼續讀書，並參與虹虹歌詠團等進步團體。

1942 年初，蔡松英加入港九大隊。她在沙頭角區任民運員，負責宣傳抗日及組織羣眾，所至村落包括烏蛟騰、涌尾、涌背、橫嶺頭、金竹排、大滘、小滘、鹿頸、南涌、上下麻雀嶺村。她白天跟村民一起勞動，晚上則進行宣傳工作。在她的努力下，各種抗日組織如雨後春筍成立，包括游擊小組、游擊之友、青年團、兒童團、婦女會、姐妹會、文化夜校、父老會等。羣眾主動為游擊隊放哨、傳送情報，有力地支持了抗日工作。1943 年 3 月 3 日「三三事件」發生後，日軍於傍晚進入鹿頸村搜索。當時蔡松英正藏身在游擊隊員陳永有的家，幸得陳永有的母親巧施妙計，認其作女兒，才安全脫險。

抗戰勝利後，蔡松英與丈夫羅廣志留港繼續工作。蔡松英先後在新界西貢沙角尾村育賢學校、九龍明新學校及香港女青年會第二夜校任教。1949 年解放戰爭時期，她帶領幾十名香港女工回國，進入中國人民解放軍粵贛湘邊縱隊教導營，為迎接廣州解放作準備。1949 年 10 月，她被派到廣州市工作，先後任廣州市總工會秘書、廣州市委統戰部處長、廣州市外事辦公室處長等職位，直至 1984 年 12 月離休。

離休後，蔡松英回到香港，繼續在穗港關係、宣揚東縱港九大隊功績及推進國民教育方面奉獻餘力。2005 年 8 月，她獲中共中央、國務院、中央軍委頒發抗日勝利 60 周年紀念章，並獲香港各界人民紀念抗日戰爭勝利 60 周年籌委會頒發的「功在家國」紀念章。2008 年 3 月，她獲香港國民教育中心授予「國民教育終身成就獎」。2009 年 9 月，她獲廣州市委組織部、廣州市老幹部局授予「廣州市離退休幹部先進個人榮譽證」。

蔡松英在 2017 年離世，享年 92 歲。

資料來源：

1. 張慧真：〈蔡松英的成長〉（載《無悔的道路 . 蔡松英 87 年人生路》，香港：金鑰匙華文出版社，2013），頁 3–16。
2. 余婉韶：〈佛山籍抗日女戰士蔡松英〉，頁 23–28。
3. 陳其暉：〈一個香港女兒的愛國情懷〉，頁 17–22。
4. 陳瑞璋：《東江縱隊：抗戰前後的香港游擊隊》（香港：香港大學出版社，2012），頁 156。

陳瑞（1925–？）

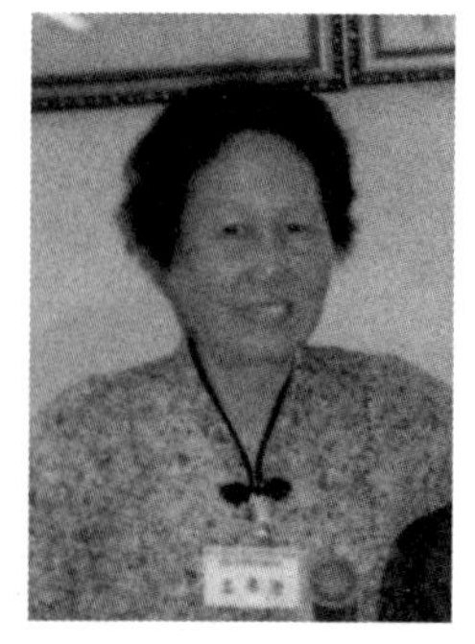

陳瑞，籍貫不詳，元朗中隊民運區委。

1945 年 1 月，陳瑞與指導員楊江率隊到山下村，開展鏟除密探的行動，槍戰期間不慎給其逃脫。後來，上百名憲兵到山下村進行掃蕩，雙方陷入激烈槍戰。過程中，陳瑞不幸被擊中，腿部受傷，敵人窮追不捨。幸得山下村村民協助，她得以及時掩蔽起來。日軍查找陳瑞未遂，便將七名村民捉拿，押到憲兵部審問，但當中沒有任何一人供出陳瑞的下落。日軍一無所獲，只好釋放其餘幾名村民。後來，陳瑞經村民護送，安全抵達駐西貢的大隊衞生所接受治療，康復過來。

陳瑞與楊江在工作中日久生情，二人於 1945 年 9 月抗戰勝利後結婚。1947 年 2 月初，陳瑞隨楊江回廣東九連區工作。新中國成立後，陳瑞曾任惠陽專區婦聯主任。

資料來源：

1. 《港九獨立大隊史》編寫組：《港九獨立大隊史》（廣州：廣東人民出版社，1989），頁 130－131。
2. 邱逸、葉德平：《戰鬥在香港 —— 抗日老兵的口述故事》（香港：中華書局〔香港〕有限公司，2014），頁 56－57。

何根（1926－1943）
石十五（1928－1943）

何根和石十五是新界西貢大浪村漁民子弟。他們自幼家貧，很早便當起漁工，操舵、搖櫓、打槳、扯蓬等技術樣樣精通。雖然識字不多，但對許多事情都深明大義。

1943 年秋，何根和石十五投身游擊隊行列，被分配到海上中隊任交通員，負責運送情報、信件及物資，以及接送游擊隊員。當時大隊部在西貢赤徑設有交通站，他們二人負起從西貢到大鵬灣一帶的情報、人員及物資輸送工作。

兩人表現英勇出色。一次，他們奉命到赤徑取子彈，為大華隊進行補給，回程駛經羊糟灣時突然遇上日軍的巡邏艇。眼見日軍迫近，他們立即以最快的速度將一箱箱子彈投進海中，然後各自抱着一箱子彈潛入海中，藏匿在其他漁船底下。日軍上船檢查時一無所獲，待其離去後，他們馬上請當地的漁民幫忙從海中打撈子彈，合共十多箱，五六千發子彈，大大充實了大華隊的軍事儲備。

1943 年冬一天，因漢奸告密，兩人在南澳對開的海面遭日軍截查。當時他們正在船上做飯，突然一艘日軍汽艇駛來。日軍登船後用刀和槍尖指着他們，脅迫他們說出游擊隊船隻的停泊處和存放物資的地方，兩人卻始終守口如瓶。結果，日軍將他們綑綁起來，關進船艙活活燒死。何根犧牲時年僅 17 歲，石十五則只有 15 歲。1998 年，二人名字被列進港九大隊 115 位抗日烈士名單內。

資料來源：

1. 《港九獨立大隊史》編寫組：《港九獨立大隊史》（廣州：廣東人民出版社，1989），頁 151－152。
2. 中共廣東省委黨史研究室、廣州地區老游擊戰士聯誼會、廣州地區老游擊戰士聯誼會東江縱隊分會、廣州市東江縱隊研究會：《東江縱隊英烈集》（廣州：廣州地區老游擊戰士聯誼會東江縱隊分會，2013），頁 72－73。
3. 李坤：〈回憶港九獨立大隊情報交通站〉，載陳敬堂、邱小金、陳家亮等編：《香港抗戰：東江縱隊港九獨立大隊論文集》（香港：康樂及文化事務署，2004），頁 246。
4. 陳志賢：〈在烈火中永生 —— 記小交通員何根和石十五〉，載《活躍在香江 —— 港九大隊西貢地區抗日實錄》（香港：三聯書店〔香港〕有限公司，1993），頁 207－208。
5. 陳志賢：〈何根 石十五〉，載中共寶安縣委黨史辦公室：《大鵬忠魂》（廣州：廣東人民出版社，1989），頁 107－110。

歐堅（1926－2007）

歐堅原名朱韞貞，海上中隊中隊長羅歐鋒的妻子。她生於大戶人家，父親朱德馨是港英政府新界理民府田土廳主管。她 6 歲時入讀大埔崇德小學，13 歲到九龍嘉諾撒聖瑪利書院（St. Mary's Canossian College）唸書，教師為意大利天主教修女。

1941 年元旦，朱韞貞易名「歐堅」，離開香港，到惠陽縣田心村參加廣東人民抗日游擊隊，被指派為隨軍衛生員。1942 年 2 月港九大隊成立，同年 4 月歐堅和其他三名來自香港的女游擊隊員奉命從惠陽返回新界和港九地區的抗日游擊戰場。1942 年 8 月，她以「朱木蘭」為名潛伏在香港日軍政府沙頭角區役所，任庶務系文書，負責文件收發、公文來往、傳遞文件及加蓋印章等工作，年僅 16 歲。她在區役所因工作之便，每天都能從中了解許多日軍的動態，可伺機摘抄機密資料交給情報負責人陳亮；不能摘抄的資料則記在腦中，口頭向陳亮匯報。她又經常悄悄地拿走印有敵偽機關名稱和加蓋區役所印章的空白信封信紙給游擊區部隊使用。

1943 年 3 月「三三事件」時，日軍在港九大隊政訓室發現日偽機關便條信箋和通行証。歐堅被區役所區長懷疑，於是陳亮下令她馬上撤離。返回港九大隊大隊部後，歐堅繼續擔任衛生員的工作。1944 年大隊部從西貢遷到大鵬半島，她負責設立醫院並任院長。1948 年夏，她加入廣東人民解放軍江南支隊，任職隨軍醫院至解放戰爭結束。

中華人民共和國成立後，歐堅跟隨丈夫羅歐鋒調職至公安局沙深邊防部局、中南軍區司令部二處。1953 年，她轉業到廣東省水產廳，先後出任科長、辦公室主任等職位。1983 年離休後，她返港定居。

2007 年 8 月 27 日，歐堅與世長辭，終年 81 歲。

資料來源：

1. 歐堅：〈回憶港九大隊的衛生工作〉（載廣東青運史研究委員會研究室、東縱港九大隊史徵編組：《回顧港九大隊（上集）》，廣東：廣東省委辦公廳勞動服務公司印刷廠，1987），頁 134－142。
2. 歐堅：〈把尖刀插進敵人心臟〉（載廣東青運史研究委員會研究室、東縱港九大隊史徵編組：《回顧港九大隊（下集）》，廣東：廣東省委辦公廳勞動服務公司印刷廠，1987），頁 173－178。
3. 歐堅：〈深入虎穴〉（載原東江縱隊港九獨立大隊老游擊戰士聯誼會：《永誌難忘的一頁》，香港：原東江縱隊港九獨立大隊老游擊戰士聯誼會編輯組，2004），頁 116－119。
4. 羅氏後人提供資料。

林傳（1926–2015）

林傳，香港新界沙頭角石水澗村人，1942 年加入港九大隊，歷任港九大隊政訓室海上交通員、警衛班副班長、沙頭角中隊短槍隊隊長、沙頭角自衛小隊隊長。1943 年 7 月加入中國共產黨。

入伍前，林傳與其叔父林戊主動協助游擊隊送信及接送人員往來，不管是晝夜還是晴雨天，只要有任務，都會義不容辭駕着自家小船出發。1942 年夏，交通員溫觀友傳來一份急件要送往大隊部，雖然天色已變，海上又刮起巨浪，但叔姪二人仍毅然起行。期間，船隻多次被巨浪打翻，他們在凶湧的海浪中搏鬥了個多小時才游上岸，險象環生。還有一次，他們送信到司令部上洞村駐地時遇上颱風，船隻一直在風浪中顛簸前進，駛至上洞海面並無碼頭，加上海浪又大，無法停靠海邊，林傳不假思索就跳進水裏，往對岸游去，幾經辛苦才成功上岸。他們送信途中還多次遇上日軍巡邏艇搜查，但都鎮定自如化險為夷。

1946 年 6 月東縱北撤後，林傳奉命留在香港堅持地下鬥爭。1946 年底恢復武裝鬥爭後，他先後任惠東寶人民護鄉團司令部傳令班班長、警衛排排長、警衛連連長。1948 年 2 月任粵贛湘邊縱隊江南支隊司令部警衛連連長、第三團鋼鐵連第一任連長，期間，參與了沙魚涌、山子下、紅花嶺等戰鬥。1949 年 1 月任中國人民解放軍粵贛湘邊縱隊獨立第三團一營營長。1950 年 2 月任廣東軍區西江軍分區司令部人武科及作戰科副科長。1952 年 4 月後赴南京中國人民解放軍總高級步兵學校、中國人民解放軍海軍軍事學院學習。

1955 年，林傳被授予大尉軍銜，獲頒獨立自由勳章及三級解放勳章。1957 年晉升少校軍銜。1962 年晉升為中校軍銜。1986 年以大校正師級級別離休。1988 年被授予中國人民解放軍獨立功勳榮譽章。2015 年獲中共中央、國務院、中央軍委聯合頒發中國人民抗戰勝利七十周年紀念章。

林傳在 2015 年病逝，享年 89 歲。

資料來源：

1. 《港九獨立大隊史》編寫組：《港九獨立大隊史》（廣州：廣東人民出版社，1989），頁 148。
2. 王玉珍：〈劉澄清與石水澗電台〉（載劉蜀永主編：《香江史話》，香港：和平圖書有限公司，2020），頁 152－159。
3. 林傳：〈抗日戰爭中的石水澗村〉（載廣東青運史研究委員會研究室、東縱港九大隊史徵編組：《回顧港九大隊（下集）》，廣東：廣東省委辦公廳勞動服務公司印刷廠，1987），頁 161。
4. 深圳市寶安區人民武裝部、深圳市寶安區檔案局（館）、深圳市寶安區史志辦公室：《寶安軍事人物》（北京：中國文史出版社，2007），頁 170－171。

黃威（1926－2016）

黃威又名黃炳貴，字景新，香港新界沙頭角鎖羅盆村人。1941 年，他就讀於香港大埔英文學校，香港淪陷後失學，返鄉務農。

1942 年底，黃威參加由游擊隊組建的鎖羅盆村青年會，出任會長。1943 年，他加入沙頭角中隊地下游擊小組，任地下交通員、鎖羅盆村抗日民主政權村代表（即村長）、村合作社主任等職位。1946 年，他加入中國共產黨。1947 年至 1948 年間，他在香港中華電力公司工作。

1948 年 3 月，黃威前業惠陽坪山。他先後任廣東人民解放軍江南支隊第四團政治處保衛隊政治服務員、中國人民解放軍粵贛湘邊縱隊東江第一支隊武工隊隊長、東江第一支隊政治部機關政治指導員等職位。

1949 年底，黃威轉業地方工作，在惠陽、潮汕、廣州等地從事糧食管理、水利及電力建設等工作，1986 年離休。他於 2005 年及 2015 年分別榮獲中共中央、國務院、中央軍委頒發中國人民抗日戰爭勝利 60 周年及 70 周年紀念章。

黃威於 2016 年離世，終年 90 歲。

資料來源：

1. 黃學民：《軍徽閃耀鎖羅盤：香港新界沙頭角鎖羅盆村村民參加人民軍隊人員名錄》（2016），頁 7。

李峰（1927－1990）

李峰原名李瑞芳，曾用名李劍峰，祖籍新界粉嶺，生於巴拿馬科倫市。他於 1932 年回國，1943 年 5 月投身革命，1945 年 8 月 1 日加入中國共產黨。

抗戰期間，李峰曾任港九大隊情報交通分站站長，在沙頭角中隊從事情報站工作。解放戰爭時期，他曾任中國人民解放軍粵贛湘邊縱隊第一支隊一團一營一連副政治指導員及政治指導員，多次出色完成任務。

全國解放後，李峰先後出任廣東省軍區粵中軍分區獨立十八團一營副政治指導員、政治處青年股副股長、軍委空軍政治部文化部宣傳部助理員等職位。1955 年 9 月，李峰被國防部授予大尉軍銜，1956 年被授予解放獎章。1958 年，他轉業地方工作，主要從事僑務工作。他歷任天津市歸國華僑聯合會副秘書長、秘書長、天津市華僑事務委員會辦公室副主任、天津市人民政府僑務辦公室主任、黨組書記、天津市歸國華僑聯合會黨組書記、副主席兼秘書長、第二屆僑聯常委兼副秘書長、第三屆僑聯副主席兼秘書長、中華全國歸國華僑聯合會第三屆委員會常委、政協第七屆委員會委員、中國共產黨天津第四、五次代表大會代表等。

1990 年 3 月，李峰因病離世，終年 63 歲。

資料來源：

1. 中共深圳市委黨史辦公室東縱港九大隊隊史徵編組：《東江縱隊港九大隊六個中隊隊史》（深圳：深圳市印刷廠，1986），頁 46。
2. 〈沉痛悼念李峰同志〉。
3. 李洪津（李峰女兒）：〈東縱情緣〉。

黃冠玉（1927－2023）

黃冠玉，本名黃煌英，生於新界沙頭角鹿頸村黃屋，父親為黃馬發。黃冠玉九歲進入鹿頸文嶺學校讀書。因父親為羅家大屋做木工，認識了南涌羅家三兄弟，與他們經常來往。在羅家及學校老師的影響下，黃冠玉逐漸走上抗日的道路。

1941 年 12 月，由羅汝澄帶路，林沖武工隊進入沙頭角南涌展開抗日工作。1942 年 1 月，在民運人員陳佩英的動員下，黃冠玉決定報名參加武工隊的游擊小組，並鼓勵妻子參加婦女會。黃冠玉起初負責幫忙送情報，三三事件發生當天，黃冠玉及時通知鹿頸村的民運人員蔡松英，最後使她成功躲過一劫。1944 年，黃冠玉經蔡松英介紹加入中國共產黨。鄉政府成立後，黃冠玉擔任武裝隊長，負責組織青年參加民兵，保衞村莊。

抗戰勝利後，英國重佔香港，向港九大隊提出武工隊暫留香港予以協助維持治安。經談判後，東江縱隊為了香港的社會秩序，同意動員港九大隊復員人員以個人名義參加在新界各區成立自衞隊。黃冠玉擔任沙頭角區自衞隊隊長，統領隊員二三十人，工作近一年至 1946 年 9 月自衞隊解散。東縱北撤後，黃冠玉繼續留在家鄉做地下工作，後來與妻子李月娣到海豐加入粵贛湘邊縱隊。1952 年，黃冠玉被送到中國人民解放軍第一高級步兵學校（後改名漢口高級步兵學校）學習，三年後畢業分配到東興邊防部隊任教導員。1979 年中越戰爭時，黃冠玉在防城港武裝部，帶着民兵為部隊修公路，又擔任支前公路副總指揮，戰後評立三等功。1981 年，黃冠玉轉業回到深圳，在市電子工業總公司，任無線電廠、寶華電子廠的負責人。黃冠玉離休後，晚年長居深圳。

2023 年 8 月 4 日，黃冠玉於深圳逝世，享年 96 歲。

資料來源：

1. 《港九獨立大隊史》編寫組：《港九獨立大隊史》（廣州：廣東人民出版社，1989），頁184－186。
2. 何發、梁少達：〈日本投降後的香港新界自衛隊〉（載陳敬堂、邱小金、陳家亮等編：《香港抗戰：東江縱隊港九獨立大隊論文集》，香港：康樂及文化事務署，2004），頁257－262。
3. 賈少強：〈自製笛子自作詞曲的老戰士〉，「發現美好深圳」微信號，2018 年 6 月 12 日。
4. 黃冠玉後人黃建偉於 2025 年 2 月 14 日、2025 年 4 月 15 日提供資料。

黃港山（1927－？）

1941 年底日本攻陷香港後一年之間，黃港山母親和兩名哥哥相繼餓死，當時他只得十四、五歲，而妹妹更只得十一、二歲。走投無路下，他以賣報為生。

1942 年四、五月間，黃港山由親戚介紹到日軍管轄下的「日立造船株式會社九龍造船廠」當放樣下料工，每天賺幾兩米糊口，他妹妹則翻山越嶺挑柴販賣維持生活。當時，船廠內不少中國工人，採取消極怠工的方法與敵人進行鬥爭。日本人派一批軍人監督生產，他們對工人拳打腳踢甚至施以毒打，黃港山也被打過幾次，每次都幾乎昏死過去。船廠同組的工友何家日師傅了解他的遭遇後，經常對他進行愛國主義教育，向他分析遭受家破人亡等痛苦的原因，又鼓勵他加入抗日游擊隊。

約在 1944 年上半年，黃港山被批准加入港九大隊的市區中隊，參與抗日的地下工作。當時中隊給予他的任務，是協助了解船廠工人的生活情況與生產情況，每週匯報一次。由於黃港山當時除了在船廠當學徒，也透過每天早上賣報賺錢養活妹妹。他便利用賣報紙的機會，把日文報紙賣到日軍軍用品倉庫的警衛室裏，從牆上的圖表裏觀察日軍藏有大量的汽油、燃油、輪胎等軍用物資的分佈情況及時地匯報中隊，以配合盟軍的反攻。黃港山常在船廠機械車間和他居住的紅磡溫思勞街散發港九大隊的傳單。當時中隊要求他們要用布把大拇指包裹好才發傳單，免得讓指紋落在傳單上被敵人發現。

一天晚上，黃港山按何師傅指定的地點，逐家逐戶把傳單散發在門縫裏。第二天，九龍的許多交通要道、他工作的船廠，以至工友們的工具箱裏都發現這些傳單。

有一次，黃港山到一個日空軍基地裏去賣報，出來時被一名日本軍官看見。軍官責罵他闖進軍事基地，把他反手綁吊着亂打，澆了他兩盆冷水，把他扔在烈日曝曬的鐵欄杆上，四至五個小時後才把他放走。此事加深了黃港山對日本人的仇恨，令他更積極投入於抗日工作。

資料來源：

1. 黃港山：〈窮孤兒成長為市區中隊戰士〉（載廣東青運史研究委員會研究室、東縱港九大隊史徵編組：《回顧港九大隊（下集）》，廣東：廣東省委辦公廳勞動服務公司印刷廠，1987），頁 76–79。

溫觀友（1928–2023）

溫觀友出生於沙頭角榕樹凹村，由於家貧，並沒有接受教育，加上父母先後離世，十歲時便寄養在梅子林的姑母家中，為村民看牛維生。他經曾發介紹，加入港九大隊，被分派到烏蛟騰交通站及政訓室當交通員，跟隨站長歐巾雄工作。

溫觀友因個子小、面色黧黑及意志堅強被取名「鐵沙梨」。他為人機警，多次出色完成任務。1943 年一天傳來日軍入村掃蕩的消息，溫觀友奉命通知駐七木橋的游擊隊撤退。當時他身處烏蛟騰的交通站，剛巧碰上日軍入村搜查，便機靈地掩蔽起來。見樹下有條耕牛，他急中生智，解開牛繩、抽打牛背，使牛受驚跑掉，自己則藉追牛逃走通報。日軍起初向他開槍，後聽老鄉講他是放牛娃，便停止開槍，使其順利逃脫。期間天氣突變，風雨交加，但溫觀友卻仍舊堅毅不屈，奮力往七木橋方向奔跑。他翻山越嶺，穿越叢林，徒手游泳渡河，歷盡艱辛終抵達部隊的崗哨。他體力透支倒地，被救回營地，醒來後隨即將日軍掃蕩的消息上報，使部隊得以及時轉移，避免了一次重大損失。

1943 年 3 月 3 日「三三事件」中，日軍出動近百人到沙頭角一帶突擊掃蕩，包圍港九大隊政訓室於老龍田晏台山的駐地，游擊隊與其展開激戰。敵我勢力懸殊，情況非常危急。溫觀友沒有任何槍械在手，卻奮起與日軍抗衡，勇奪敵人的步槍，過程中身中三槍倒地，卻仍堅持趕回橫山腳村通報，最終部隊得以迅速轉移至別處。溫觀友中槍後腹部受傷，鮮血直流到腿部，林戊、林傳叔姪二人見狀即把他背上交通船送到赤徑醫療站，由麥雅貞護理傷口，後轉送至惠州的醫院急救。他年紀雖輕，但相當勇毅剛強，取出彈頭過程中並沒喊過一聲或流淚。經過半年時間養傷，溫觀友康復出院後又轉到觀音山交通站，繼續交通員的工作。

抗戰勝利後，溫觀友隨游擊隊到粵北參與解放戰爭，曾被國民黨俘虜當挑夫。新中國成立後，昔日戰友成功為其爭取承認其老戰士身份。他晚年從寶安縣糖煙酒公司離休，一直長居深圳，於 2023 年 2 月離世。

資料來源：

1. 《港九獨立大隊史》編寫組：《港九獨立大隊史》（廣州：廣東人民出版社，1989），頁 149－150、175－176。
2. 張黎明：《記憶的刻度：東縱的抗戰歲月》（北京：羣眾出版社，2006），頁 293。
3. 鄭新強：〈一個交通員的故事〉（載廣東青運史研究委員會研究室、東縱港九大隊史徵編組：《回顧港九大隊（上集）》，廣東：廣東省委辦公廳勞動服務公司印刷廠，1987），頁 101－104。
4. 〈張發、連環雄、溫觀友訪談錄〉，香港大學亞洲研究中心，香港大學社會學系：香港口述歷史檔案 2001－2004，檔案編號 136。
5. 〈溫觀友資料〉，2023 年 3 月 8 日。

李石（1929－2009）

李石，香港沙田牛皮沙村人，加入游擊隊後任交通員。當時港九大隊在深涌村設立了一個交通站，分設六條交通線。李石是第五條交通線的工作人員，主責收集及傳送情報和信件，與西貢墟周邊交通站、北潭村交通站及市區中隊聯繫。

1944年2月11日執行任務期間，李石遇上負傷逃生的中美空軍混合團空軍飛行員指揮兼教官克爾中尉，並對其作出歇力營救。當時日軍派出千餘人對克爾進行重重圍捕。李石雖然年僅14歲，但處事機警靈敏，臨危不亂。語言不通的情況下，他通過指手劃腳，引領克爾逃離日軍的追捕。他見克爾腿部被燒傷，穿着笨重的皮靴行走不便，便將自己的膠鞋脫下，讓克爾換上。他將克爾帶到附近一個隱蔽的山洞躲藏起來，然後抄小路跑到芙蓉別村向民運工作者李兆華匯報。

克爾在港九大隊的協助下，最終順利脫險，安全回到廣西桂林基地，完成在中國的工作。1944年3月8日，克爾從桂林寄來一封感謝信和描繪脫險經過的自繪漫畫，這封信和漫畫後來被刊登於東江縱隊《前進報》第62期。克爾在信中表示對李石的感激：「那位小同志身上只有五毛錢，卻買了糖來給我吃，這種天真活潑能幹與懂事的小孩，真是世界少有啊！世界上所有被稱為神童的，比起你們的小同志來，實在是不算甚麼。我給了五十元酬金給他，他始終不要。中國人民對我的親切崇高的感情使我永遠不能忘」。

抗戰結束後，克爾曾因公到過香港，期間登報欲尋找李石，惜最終也未能見上一面。2008年，克爾的兒子戴維曾到老人院探訪李石，並寫了一封感謝信給他：

李石：

感謝您在 1944 年 2 月 11 日保護了我的父親敦納爾・克爾。在危難面前您的無私行為，使很多人得到生存。我真希望我的父親能夠親自在這裏感謝您，請您接受我對您所做的一切表示感謝！希望您的餘生安詳舒適。

戴維・克爾

2008 年 5 月 24 日

及後，戴維跟他的哥哥安德魯（Ardrew Kerr）又再一次到安老院探望李石。由於安德魯跟他的爸爸長得很相像，李石一見到他便不禁激動落淚，憶起他當年奮力營救克爾的回憶。

2009 年，李石逝世，享年 80 歲。

資料來源：

1. 《港九獨立大隊史》編寫組：《港九獨立大隊史》（廣州：廣東人民出版社，1989），頁 111–114。
2. 東江縱隊歷史研究會：《東江縱隊歷史研究會成立五周年特刊》（香港：東江縱隊歷史研究會，2013），頁 15–17。
3. 唐納德・克爾著，李海明、韓邦凱譯，東江縱隊歷史研究會、深圳海德文化傳播有限公司合編：《克爾日記—香港淪陷時期東江縱隊營救美國飛行員紀實》（香港：香港科技大學華南研究中心，2015），頁 122–123、318–319。
4. 陳達明：《香港抗日游擊隊》（香港：環球〔國際〕出版有限公司，2000），頁 49–52。
5. 黃作梅：〈與美國盟邦合作〉（載原東江縱隊港九獨立大隊老游擊戰士聯誼會：《永誌難忘的一頁》，香港：原東江縱隊港九獨立大隊老游擊戰士聯誼會編輯組，2004），頁 82–89。

陳敏學（1929–2021）

陳敏學生於深圳，籍貫廣東梅州。他家本來開設旅店，名曰「志和旅店」，但日軍入侵後將其炸燬，令其生計大受影響。他的弟妹因無錢治病而亡；表哥則流落街頭餓死；舅舅因不願向日軍鞠躬被毆打，最終肝臟破裂不治；媽媽則被日軍抓去當苦役，因患病行動遲緩而常遭虐打，令其對日軍充滿仇恨。

陳敏學本於深圳小學唸書，但日軍進駐後，為鞏固統治，加緊文化滲透，強令學童到日軍開辦的日語學校學習。他學得一口流利日語，深得宣撫班班長龜田賞識，開始為日軍做翻譯，幫忙處理漢奸所搜集的情報。龜田更為其取了個日本名字「鈴木三郎」。

1943 年，陳敏學藉工作之便，暗中為游擊隊搜集情報。他年僅 14 歲，但憑藉機警靈敏的表現，成功獲取不少情報，如日軍的行程、漢奸劉七及黃福傳來的情報等，令游擊隊的行動如虎添翼，日軍多次圍剿撲空。1944 年日軍調防，崗田部隊被調走，陳敏學沒再為日軍做翻譯，轉到安東洋行打工。沙頭角中隊得悉後便派人請他繼續充任情報員，通過潛伏在均利魚欄[4]的情報員陳鴻和蘇仔交接情報，再上交領導機關，一次又一次地協助游擊隊工作。

1945 年 6 月間，陳敏學從憲兵隊成功獲取日軍兵員數量、火力裝備圖等情報，經陳鴻轉交予中隊指導員陳海。同年 8 月間，他無意中發現憲兵隊連夜做飯及匆忙收拾行裝，行動詭秘，便暗中觀察和記錄日軍的人數、裝備和車輛數目，並將其準備翌日正午撤往新界粉嶺一帶的消息上報陳海，令中隊及時作出部署，於禾坑坳公路上進行伏擊，成功斃傷敵數人。禾坑坳一役後，陳敏學被派往敵工科，直至抗戰勝利。

2005 年，陳敏學獲頒發中國人民抗日戰爭勝利 60 周年紀念章，並作為深圳港九大隊老戰士代表，出席香港紀念抗日戰爭勝利 60 周年活動。

4　均利魚欄當時就在安東洋行對面，位置便利傳遞情報。

資料來源：

1. 中共深圳市委黨史辦公室東縱港九大隊隊史徵編組：《東江縱隊港九大隊六個中隊隊史》（深圳：深圳市印刷廠，1986），頁 52–53。
2. 廖虹雷：〈東縱情報員陳敏學〉（載深圳市史志辦公室：《深圳史志》，2017 年 1 月，54 期），頁 20–24。
3. 張黎明：《記憶的刻度：東縱的抗戰歲月》（北京：羣眾出版社，2006），頁 287。

黃漢英（1930–2008）

黃漢英，新界首個抗日民主政權第一任鄉長黃馬發的小兒子。1944 年參加港九大隊，在沙頭角中隊任通訊員，以及港九大隊副隊長羅汝澄的警衛員，曾負過槍傷。

解放戰爭時期，黃漢英參加解放廣州的戰鬥。建國後，1950 年在廣州市公安局獲廣州市第一屆工農兵勞動模範大會二等獎。1955 年，他到中國解放軍第一高級步兵學校學習，並以優異的成績畢業，被分配到中國人民解放軍總後軍械部任政治協理員，期間參與中國人民革命軍事博物館的籌建與籌展工作。後調任吉林白城子試驗場場長，軍階少校。1964 年底轉至廣州市房管局，籌建廣州市土地房產管理學校，任職校長至 1980 年離休。

2008 年，黃漢英逝世，享年 78 歲。

資料來源：

1. 黃漢英侄兒黃建偉於 2025 年 5 月 7 日提供資料。

何集慶（1930－2023）

何集慶，新界沙頭角中英街人。在抗戰期間是游擊小組成員，在沙頭角區從事秘密情報工作。他在游擊小組領導人李吉芳的領導下單線聯繫，獨立工作。他利用學生和藥店老闆兒子的雙重身份，以沙頭角橋頭旁的茂生堂藥店為據點，監察沙頭角鎮內外日軍和日偽密探來往的動態。

沙頭角橋頭的日軍哨所每隔幾天就換防一次，為收集情報，何集慶常到哨所與日軍聊天，又學習唱日本歌、講日語、替日軍辦事情，與他們混熟。日軍哨所沒收路人或客商的物品，換防時要運回隊部，一般找來學生、青年幫忙。何集慶主動去幫忙，藉機深入日軍營地，了解日軍人數、武器裝備、哨位、火力配置等重要情報，然後上報大隊部領導機關。

資料來源：

1. 劉智鵬：《展拓界址：英治新界早期歷史探索》（香港：中華書局〔香港〕有限公司，2010），頁 85。
2. 黃榮、曾發、何集慶：〈沙頭角區的游擊戰爭〉（載陳敬堂、邱小金、陳家亮等編：《香港抗戰：東江縱隊港九獨立大隊論文集》，香港：康樂及文化事務署，2004），頁 192－200。

黃新有（1932－1996）

黃新有，字元新，香港新界沙頭角鎖羅盆村人。1943 年，他加入村內的抗日兒童團，任副團長，並兼任地下交通員，為游擊隊傳送情報。

抗戰勝利後，黃新有留在香港，任製衣學徒，期間積極參與工會活動。1949 年夏秋間，他返回內地，加入中國人民解放軍。同年12月，他加入廣州華南文化藝術學院部隊文工團（後改編為珠江軍分區文工團），並參加解放萬山羣島一役。1953年，黃新有到惠陽縣龍崗中學工作，1954年返回家鄉。1958年起，他轉到英國發展，在當地經營餐館。1996年，黃新有與世長辭，終年64歲。

資料來源：

1. 黃學民：《軍徽閃耀鎖羅盤：香港新界沙頭角鎖羅盆村村民參加人民軍隊人員名錄》（2016），頁11。

了見尼姑（生卒年不詳）

了見尼姑本家姓何，原籍廣東省順德縣。她自幼接受教育，青年時曾參加辛亥革命，跟國民黨上層人士有來往，為人通情達理，具有民族意識和愛國思想。及後削髮為尼，長年與姐姐居住在大嶼山地塘仔的庵堂。她有徒弟徒孫各一人，徒弟住在元朗，徒孫則侍候在側。

抗戰期間，了見尼姑曾協助港九大隊副大隊長魯風匿藏，使他得以逃過日軍追捕。1942年，魯風與黃高陽分片領導指揮沙頭角、上水、大埔、粉嶺、元朗、荃灣、大嶼山的戰鬥，但任職副大隊長後患上肺結核，治療後雖已痊癒，身體仍舊虛弱。1943年初夏，經陳亮明的聯繫，了見尼姑收留了魯風暫住庵堂專心療養。為便於掩護，對外宣稱易名何方來的魯風為她內姪。

經半年休養後，魯風逐漸恢復健康，為減輕了見尼姑的負擔，遂搬離庵堂，到附近一所空置的房子居住。該房子在庵堂南側約50餘米，原屬一名趙姓居士所有。日軍收到風聲，在1944年4月的一個早上到地塘仔展開包圍搜索。幸得了見尼姑幫忙，魯風及時躲進秘密石洞，避過日軍的搜查。了見尼姑隨後請庵堂內的六姑幫忙帶魯風從小路撤離，到寶蓮寺請求住持筏可大師庇護。

了見尼姑死後於寶蓮寺後山下葬，從寺廟徒步走去約需15分鐘。

資料來源：

1. 王江濤：〈憶筏可大師〉，（載陳達明：《香港大嶼山抗日游擊隊》，廣州：廣州出版社，2015），頁 36–39。
2. 王江濤、陳亮明、邱特輝：〈憶魯風〉（載徐月清：《戰鬥在香江》，香港：開益出版社，1997），頁 125–130。
3. 魯風：〈抗日戰爭時期的大嶼山島〉，《大公報》。

何國良（生卒年不詳）

1942 年 12 月大嶼山中隊成立後，何國良被委任為小隊長。

1943 年 5 月，中隊長劉春祥等七位指戰員和船工梁克一家五口乘船到龍鼓灘一帶開展工作途中，在龍鼓洲和沙洲一帶海域遭日軍炮艇突襲，全體壯烈犧牲。接獲消息後，何國良奉命化裝成漁民前往偵察，了解出事情況。他找不到任何戰士遺體，還碰上日軍檢查，日軍在審問過程中找不出任何端倪，便將其驅趕到寶安南頭扣押一星期。

同年 7 月間，何國良奉命到總隊部護送黃高陽及王月娥到大嶼山區工作。他們一行人等從寶安縣沙井附近乘船出海，途中突遭日軍截查。何國良從容不迫，應對有方，及時讓二人躲藏在船艙，使其順利脫險，安抵目的地。

1944 年 5 月中旬，何國良率領四名短槍隊隊員組成鋤奸組，夜裏秘密潛入東涌鄉，鏟除一名常偵查游擊隊情報的漢奸。

1944 年 9 月，元朗中隊成立，何國良被委任為副中隊長。同年 10 月，他率領小隊長李生和七八名戰士夜襲青山礦場日軍駐地，擊斃名為「油炸蟹」的日軍小隊長，並繳獲數支槍和一批彈藥。1945 年春節初二，他指揮小隊長趙庾長夜襲新田牛潭尾農場，成功擊斃日軍七名，繳獲大量物資，包括化肥、糧食、活雞、活兔、耕牛等。

新中國成立後，何國良曾任肇慶市商檢局局長等職務。

資料來源：

1. 《港九獨立大隊史》編寫組：《港九獨立大隊史》（廣州：廣東人民出版社，1989），頁77。
2. 王江濤：〈海島風雲錄 —— 大嶼山抗日游擊戰紀實〉（載王江濤：《江濤詩文集》，非賣品，2001），頁30–33。
3. 中共深圳市委黨史辦公室東縱港九大隊隊史徵編組：《東江縱隊港九大隊六個中隊隊史》（深圳：深圳市印刷廠，1986），頁126–127。
4. 邱逸、葉德平：《戰鬥在香港 —— 抗日老兵的口述故事》（香港：中華書局〔香港〕有限公司，2014），頁88。

譚肇文（？–1960年代）

譚肇文，人稱「呂媽」，籍貫不詳。她的丈夫早逝，她靠當傭人獨力養大五名兒女。其中長子在日軍侵佔香港後隨即奔赴東江前線，投身游擊隊行列；二女呂枚（又名呂少梅）亦加入市區中隊。

香港淪陷初期，呂媽受朋友委託，幫忙看管九龍太子道174號一幢洋房，便帶着幾名兒女一同入住。為維持生計，她替住在附近的日本軍官洗衣服，日軍對其戒心不大。後來市區中隊欲將計就計，在呂家設置秘密交通站，並通過呂枚徵求其意見。雖然在家裏設置交通站危險性高，但呂媽亦深明大義，毅然接受了中隊的要求。當時隊員常在房子內開會，為掩護他們，呂媽常以替日軍軍官洗衣服或燙衣服為掩飾，在走廊上望風放哨。

1945年1月，東江縱隊第一支隊長盧偉良患急性盲腸炎。由於游擊區醫療設備匱乏，無法為其施行手術，加上日軍又隨時有掃蕩的可能，司令員曾生決定將盧偉良送到香港入院治療，並將有關任務交給市區中隊。呂媽受市區中隊中隊長方蘭交託照顧暫住的盧偉良。呂媽對盧偉良關懷備至，自己一家僅吃鹹菜粥水，卻為他供應鮮魚湯、豬肝湯等營養食品。有一次盧偉良胃口欠佳，呂媽更特意買來高級點心讓他進食。

中隊打算安排盧偉良到法國醫院接受治療。當時法國醫院只有富人才能就醫，為協助他入院，呂媽裝扮成闊太，認盧偉良為表弟，陪同他入院，日夜在旁照顧。為免招人懷疑，她想方設法改善盧偉良的伙食，自己則瑟縮在洗手間內以番薯、「神仙糕」果腹。雖然盧偉良入院後翌日隨即接受手術治療，但醫院尚欠一種協助治療的針藥。呂媽得知後隨即四處張羅，覓得針藥後恰好遇上防空警報，卡在路上，動彈不得。日軍嚴禁在場人士離開，她卻無視日軍架在自己胸前的刀，不顧一切地趕回醫院，直到親眼目睹盧偉良用藥後才安心下來。經醫護人員和呂媽的悉心照顧，盧偉良 17 天後病癒出院，在市區中隊的周密安排下順利返抵游擊區，重新投入戰鬥。盧偉良在其回憶文章中曾提及：「四十多年的歲月一瞬間就過去了，有些事情難免遺忘，但虎口治病的十七天我是不會忘記的。這十七天的日日夜夜，呂媽都在醫院陪伴着我，為我的病痛擔心，為我的痊癒高興」。

及後，部隊中有人被捕後變節。面臨地下交通站隨時有被掃蕩的可能，市區中隊馬上撤離。中隊撤離不久後，日軍即到呂媽的家搜查。當時呂媽已作好犧牲的準備，打算抱着孩子從陽台一躍而下。幸虧中隊撤離時辦妥善後工作，日軍一無所獲，最終收隊離開，呂媽成功脫險。

解放後，呂媽移居內地，其中兩名女兒留港工作。她曾回來香港兩遍。她的孫兒呂雷在回憶文章中曾寫道：「記憶中，奶奶（呂媽）經常帶着我或者妹妹去香港『探親』。直到長大後，媽媽才告訴我，有關部門了解她當東縱聯絡員的經歷，因而奶奶的『探親』是肩負着某些使命的」。1960 年代初，呂媽不幸患上癌症，不治身亡。

資料來源：

1. 《港九獨立大隊史》編寫組：《港九獨立大隊史》（廣州：廣東人民出版社，1989），頁101。
2. 呂雷：〈白髮紅心我奶奶〉，《光明日報》，2011年06月27日。
3. 楊聲：〈城市游擊戰〉（載陳敬堂、邱小金、陳家亮等編：《香港抗戰：東江縱隊港九獨立大隊論文集》，香港：康樂及文化事務署，2004），頁239–240。
4. 盧偉良口述，呂枚記錄、葉子修整理：〈虎口治病〉（載廣東青運史研究委員會研究室、東縱港九大隊史徵編組：《回顧港九大隊（下集）》，廣東：廣東省委辦公廳勞動服務公司印刷廠，1987），頁90–92。

李有娣（生卒年不詳）

李有娣，原為西貢深涌人，後嫁至赤徑村。她是村長趙丙喜的兒媳，曾有一名女兒，但出生不久不幸夭折。

抗戰期間，李有娣出任赤徑婦女會會長。任職期間，她多番動員村內婦女支援港九大隊，包括唱歌演戲宣傳抗日、收割柴草、協助運輸糧食及其他物資到山洞存放、安排住宿場地、打掃衛生、幫戰士補衣服、照顧傷病員及傳遞情報等，給予游擊隊重大支持。

李有娣戰後再婚，搬離赤徑村生活。

資料來源：

1. 廣東婦女運動歷史資料編輯委員會：《香港婦女運動資料彙編：1937–1949》（廣東：廣東婦女運動磋史資料編輯委員會，1994），頁139。
2. 張婉華、戴宗賢整理：〈回憶西貢區的民運工作〉（載廣東青運史研究委員會研究室、東縱港九大隊史徵編組：《回顧港九大隊（下集）》，廣東：廣東省委辦公廳勞動服務公司印刷廠，1987），頁108–110。
3. 〈赤徑村村民溫勤娣訪談錄〉，2018年10月4日於西貢。訪問員：嚴柔媛、吳端雯。

李源培（生卒年不詳）

李源培，香港新界沙頭角烏蛟騰人。抗戰時期，他與李世藩同任烏蛟騰村村長。

1942 年 9 月 25 日（農曆八月十六日），日軍包圍烏蛟騰村，將村民趕到曬穀場上，挨家挨戶進行搜查，並迫村民交出自衛武器及供出游擊隊員。李世藩、李源培二人挺身而出，誓死維護村民。他們在日軍的威迫利誘、嚴刑拷打下都不為所動。李世藩被活活折磨而死，壯烈犧牲。

及後，日軍將李源培拉到河邊繼續進行嚴刑拷問。李源培被輪番折磨，拷問至休克，奄奄一息。待日軍撤退後，村民和游擊隊的醫生合力將李源培抬回村內進行搶救，使其成功保住性命。李源培醒來後滿腔義憤，迅即動員女兒李玉森參與游擊隊。為免日軍再對李源培進行迫害，村民在區役所的村民名冊上將其列作死亡。

1945 年夏天，在陳海、蔡華的推動下，沙頭角中南民主鄉政府成立，李源培出任副鄉長，協助推動減租免息等工作。

資料來源：

1. 《港九獨立大隊史》編寫組：《港九獨立大隊史》（廣州：廣東人民出版社，1989），頁 128。
2. 蔡華：〈烏蛟騰村人民的英勇抗日事跡〉（載廣東青運史研究委員會研究室、東縱港九大隊史徵編組：《回顧港九大隊（下集）》，廣東：廣東省委辦公廳勞動服務公司印刷廠，1987），頁 150－154。
3. 蔡華：〈烏蛟騰村民抗日留青史〉，頁 13－19。

李觀妹（？－1947）

李觀妹，香港新界西貢十四鄉西徑村人。

抗戰期間，西貢十四鄉設有游擊隊的交通站和稅站。1943 年 5 月初，日軍到企嶺下村進行掃蕩，將全村村民集中起來，逼問游擊隊的下落並要求他們交出稅站人員。當時村民都沉默不語，日軍於是將李觀妹拖出審問。

即使遭受灌水、抽打等各種酷刑，李觀妹始終不為所動，拒絕透露游擊隊半點消息，拼死掩護游擊隊。及後，日軍將李觀妹綁到樹上，並用刀割下他的耳朵。面對直流的鮮血，李觀妹卻始終默不作聲。最終，他被日軍折磨得重傷昏迷。待日軍撤離後，當地的鄉親馬上將李觀妹抬回家中救治，並送來食物及藥物。當時的短槍隊隊長蕭華奎聞訊後，亦派人送一些金錢和藥物給他，以示慰問。

李觀妹雖然熬過日軍的虐待，但這些傷患始終對他的健康造成嚴重影響。戰爭結束後，他大約於 1947 年逝世。

資料來源：

1. 《港九獨立大隊史》編寫組：《港九獨立大隊史》（廣州：廣東人民出版社，1989），頁 128－129。
2. 李坤：〈堅貞不屈的李觀妹〉，載徐月清：《活躍在香江——港九大隊西貢地區抗日實錄》（香港：三聯書店〔香港〕有限公司，1993），頁 174－178。
3. 〈企嶺下新圍村民何玉達訪談錄〉，2022 年 1 月 13 日於企嶺下新圍。訪問員：嚴柔媛。

林戊（？－1956）

林戊，香港新界沙頭角石水澗人，人稱戊叔。抗戰時期，年逾半百的林戊與年僅 15 歲的姪兒林傳最初以羣眾身份支持游擊隊的工作，後來正式加入港九大隊，成為交通員，常協助送信及接送人員往來，為游擊隊解決不少困難。不管日夜還是晴雨天，只要接到任務，他倆都會義不容辭駕着自家小船出發。

1942 年夏，交通員溫觀友傳來一份急件要送往大隊部。雖然天色已變，海上刮起巨浪，但林戊、林傳叔姪二人仍毅然起行。期間，船隻多次被巨浪打翻，他們在洶湧的海浪中搏鬥個多小時才游回岸邊，險象環生。另一次，二人送信到司令部上洞村駐地時遇上颱風，船隻一直在風浪中顛簸前進，駛至上洞海面並無碼頭，加上海浪又大，無法停靠海邊，林戊只好指示姪兒徒手游上岸。他們送信途中多次遇上日軍電扒（即巡邏艇）搜查，但都鎮定自如，化險為夷。

林戊於 1956 年離世。

資料來源：

1. 林傳：〈戊叔與海上交通線〉（載林廣東青運史研究委員會研究室、東縱港九大隊史徵編組：《回顧港九大隊（下集）》，廣東：廣東省委辦公廳勞動服務公司印刷廠，1987），頁 171－172。
2. 《港九獨立大隊史》編寫組：《港九獨立大隊史》（廣州：廣東人民出版社，1989），頁 148。
3. 王玉珍：〈劉澄清與石水澗電台〉（載劉蜀永主編：《香江史話》，香港：和平圖書有限公司，2020），頁 152－159。

林生（？－1943）

林生，香港新界沙頭角石水澗村人，是港九大隊隊員林傳的哥哥，抗日戰爭期間為保衛電台和游擊隊英勇犧牲。

1941 年 12 月香港淪陷，中共中央撤離在香港的電台。1942 年 1 月下旬，中共中央南方工作委員（簡稱南委）副書記張文彬協助東江游擊隊建立電台，並成功與延安總台聯絡，後將電台直接交給中共廣東省委常委兼省委軍事委員會書記林平（尹林平）掌管。為保護電台，林平決定將電台撤到香港。因石水澗村位置隱蔽，不易被日軍發現，港九大隊蔡國樑大隊長建議將電台安置在該處。1942 年夏天，南委出了叛徒，國民黨特務利用儀器不斷追蹤電台下落。當時中共在廣東的地下電台全遭敵人破壞，只有石水澗的電台仍能正常運作。

1943 年「烏蛟騰會議」前不久，日軍又到烏蛟騰進行掃蕩，差點查到石水澗村。會議後，林平指示將電台撤離石水澗村，改為跟隨東縱司令部行動。電台撤離後不久，日軍找到了石水澗村，並在林家附近的樹叢內發現一些電台用的廢電池和電線，於是抓住林生追問電台和游擊隊的下落。林生堅貞不屈，寧死保守秘密，結果被綁在樹上活活打死，壯烈犧牲。然後，日軍放火燒毀了林家的所有五間房屋。1998 年，香港特區政府將林生列入港九大隊 115 位抗日烈士名單。

資料來源：

1. 林傳：〈抗日戰爭中的石水澗村〉（載廣東青運史研究委員會研究室、東縱港九大隊史徵編組：《回顧港九大隊（下集）》，廣東：廣東省委辦公廳勞動服務公司印刷廠，1987），頁 161。
2. 《港九獨立大隊史》編寫組：《港九獨立大隊史》（廣州：廣東人民出版社，1989），頁 148。
3. 王玉珍：〈劉澄清與石水澗電台〉（載劉蜀永主編：《香江史話》，香港：和平圖書有限公司，2020），頁 152－159。

邱國璋（？－1943）

1943 年 3 月 3 日下午，日軍出動百多人到沙頭角一帶突擊掃蕩，包圍港九大隊政訓室於老龍田晏台山的據點，游擊隊與其展開激戰，多位戰士犧牲，史稱「三三事件」。

事件發生前，港九大隊政訓室已有一段時間沒有轉換駐地，部隊也接報敵人日內將有行動，因此已準備撤離。至 3 月 3 日正午，只有政訓室主任黃高陽、事務長曾福、宣傳幹事陳冠時、幾個工作人員及小鬼，以及暫留政訓室的學員彭泰農、陳坤賢、章平、邱國璋等 11 名非武裝人員尚未離開，計劃於晚上撤離。

由於事出突然，負責站崗的隊員沒注意到日軍來犯，加上其他隊員又在用膳，疏於防範，游擊隊完全處於被動位置。儘管敵我勢力懸殊，隊員仍奮力與日軍抗衡。期間，邱國璋奮力掩護戰友突圍，在激戰之中不幸中彈犧牲。

資料來源：

1. 南山：《一九四三年軍事工作總結（附一九四四軍事工作建議書）》，頁 14。
2. 鎮南：《（一九四三年）軍事補充報告》，頁 1—9。
3. 《東江縱隊志》編輯委員會：《東江縱隊志》（北京：解放軍出版社，2003），頁 96。
4. 《港九獨立大隊史》編寫組：《港九獨立大隊史》（廣州：廣東人民出版社，1989），頁 174—177。
5. 羅雨中：〈曾福〉，載中共寶安縣委黨史辦公室：《大鵬忠魂》（廣州：廣東人民出版社，1989），頁 79—81。
6. 陳達明：《香港抗日游擊隊》（香港：環球〔國際〕出版有限公司，2000），頁 74—75。

孫育民（生卒年不詳）

孫育民，香港新界大埔塔門人。他是香港瑪麗醫院的外科醫生。

1944 年大隊部從西貢遷到大鵬半島，並在當地設立醫院，孫育民醫生亦前來參與救護工作。當時他帶同妻子和兩名女兒到游擊區工作，為病人檢查、治療及清洗傷口。

有一次，一位戰士腿負重傷，必須馬上接受手術治療，但醫院設備簡陋，日軍封鎖又甚為嚴密，無法將其送往條件較佳的醫院。在如此惡劣、緊迫的情況下，孫育民急中生智，將一把普通木鋸消毒後，便替受傷的戰士施行截肢手術，取出子彈，使其轉危為安。他在百忙之中還為醫護人員講課，以提高醫療水平。他的妻子也在醫院內做一些力所能及的事情，減輕醫護人員的工作負擔。

資料來源：

1. 《港九獨立大隊史》編寫組：《港九獨立大隊史》（廣州：廣東人民出版社，1989），頁 169—170。
2. 廣東婦女運動歷史資料編纂委員會：《香港婦女運動資料彙編：1937—1949》（廣東：廣東婦女運動歷史資料編纂委員會，1994），頁 122。
3. 張黎明：《記憶的刻度：東縱的抗戰歲月》（北京：羣眾出版社，2006），頁 294。

徐觀生（生卒年不詳）

徐觀生，西貢木利魚欄東主，在地方上頗具威望。日軍進侵香港時，他義憤填膺準備棄家加入游擊隊，後來接受黃冠芳的建議，仍舊從事魚欄的工作，協助團結各商戶的老闆為游擊隊服務。

抗戰期間，徐觀生曾接待多批游擊隊員住進徐氏家祠，又協助游擊隊籌集糧食和物資、宣傳抗日、收集情報及英軍遺下的槍支彈藥，給予重要支持。當時實行糧食配給，籌措糧食有一定的困難。徐觀生以其在地方上的威望，發動各商號的老闆支持，讓他們多報所屬漁民及伙計的數字，將多出的糧食送到他家，存放在家祠神台後的暗房，並即晚用船送出，支援游擊隊。一天，徐觀生正安排人手在上廳將米分裝，忽然日軍至，遂連忙將糧食搬到暗房去。他設法阻撓日軍到上廳，並答應給日軍辦點私事，才成功分散他們的注意力，化險為夷。另外，他更讓情報員阿友留在魚欄工作，常藉送魚到日軍警備部的機會，與日軍打好關係，暗中進行偵察。

1942 年 2 月，部隊銳意改革魚欄制度，在西貢召開漁民代表大會，徐觀生獲邀出席。事前部隊已派人與徐觀生洽談，望能得其支持，徐觀生一向支持部隊的工作，便代部隊預先諮詢其他魚欄老闆的意見，結果會上大家一致同意公平買賣，廢除不合理的制度，令漁民的生產多了一層保障。

徐觀生亦曾參與鏟除日軍翻譯林台宜的行動。1942 年冬，徐觀生獲邀到黃竹山開會，研究鏟除林通譯的行動計劃。他跟林通譯相熟並即將有約，想到可藉此機會將其鏟除，便跟游擊隊約定在回程路上聯手行動。當天，游擊隊預先在北圍村埋伏，待林通譯出現時迅即將其擒拿，押往大隊部。行至一個路口時，林通譯十分狡猾，趁黃青問路將其擊倒並逃跑。逃跑期間，他被石頭絆倒，跌倒在地上，隊員連忙追上並朝他開了兩槍，將其當場擊斃。徐觀生等隨行者則被押回大隊部。為免惹人懷疑，徐觀生亦跟其他俘虜一樣被綑綁起來，後經劉黑仔安排到南澳避難，以策安全。一年後，徐觀生準備歸家時又被當成漢奸抓走，囚於西貢中隊駐地 20 多天，後又被輾轉送到北潭涌，幸得各商號呈函合力擔保，最後才獲釋回家。

資料來源：

1. 《港九獨立大隊史》編寫組：《港九獨立大隊史》（廣州：廣東人民出版社，1989），頁 42－43、160。
2. 徐月清：〈懷念敬愛的父親〉（載徐月清：《活躍在香江 —— 港九大隊西貢地區抗日實錄》，香港：三聯書店（香港）有限公司，1993），頁 184－192。

袁容嬌（生卒年不詳）

袁容嬌，香港新界西貢橋嘴村人。她的丈夫早已病故，她獨自一人帶着兒子石觀福和女兒石桂好，一家三口以捕魚為生。她有豐富的駕船經驗，抗戰期間任水上交通員，經常跟兒女駕着小艇，航行於西貢、坑口、滘西洲、北潭涌一帶，為游擊隊送情報資料和補給物資，並送隊員外出執勤。及後，游擊隊發展海上武裝，袁容嬌更將兒子送去參加海上隊；年僅 10 歲的女兒亦成為交通員。

西貢、坑口、龍船灣一帶常有日軍的快艇、電扒巡邏，有時天陰霧大，能見度不高，幾十米內才能發現日軍。經常無從退避，但袁容嬌母女卻能勇敢機智地化險為夷。1943 年初，江水短槍隊在西貢墟活動，遇上日軍從水陸兩面包圍。危急之際，袁容嬌兩母女冒生命危險，將江水等人送到橋嘴掩蔽起來，順利避開日軍的搜捕。同年 7 月至 8 月間一天夜晚，歐偉明搭乘袁容嬌的船到坑口檢查稅收工作，途經滘西時一艘日船突然迎面駛來。袁容嬌鎮定地讓歐偉明下水，在船邊掩蔽，成功避過日軍的搜捕。

又一次，江水和李兆華等人乘坐袁容嬌的船到坑口工作，途經檳榔灣碼頭時，發現日軍正在岸上掃蕩。進退兩難之際，袁容嬌卻從容不迫，讓江水和李兆華一行人等在艙內靜坐，自己則如往常一樣駕船捕魚，裝作若無其事，最終成功化險為夷。又一次，日軍在海面進行大掃蕩，禁止漁船出海。當時部分海上隊隊員藏匿在某海島上的岩洞裏，但日軍久久仍不退兵，游擊隊的糧食都快將消耗殆盡，只好以海草充飢。待日軍撤離後，袁容嬌兩母女隨即用船將糧食送來，解決了游擊隊的糧食問題。

梁雪英在〈憶戰友容嬌的一家〉的文章中曾寫道：

回憶戰友容嬌姐，
全家革命將船獻。
子女帶來當水兵，
容嬌班長領在先。
帶送護送同志們，
連夜衝過封鎖線。
不論刮風和大雨，
乘風破浪湧向前。

袁容嬌的兒女石觀福（左）、石桂好（右）。

資料來源：

1. 《港九獨立大隊史》編寫組：《港九獨立大隊史》（廣州：廣東人民出版社，1989），頁146－148。
2. 林苑明：〈容嬌和申嬌〉，梁雪英：〈憶戰友容嬌的一家〉，載廣東青運史研究委員會研究室、東縱港九大隊史徵編組：《回顧港九大隊（下集）》（廣東：廣東省委辦公廳勞動服務公司印刷廠，1987），頁128－129、137－138。
3. 陳志賢：〈大鵬灣的海燕〉，載原東江縱隊港九獨立大隊老游擊戰士聯誼會：《永誌難忘的一頁》（原東江縱隊港九獨立大隊老游擊戰士聯誼會編輯組，2004），頁109－110。
4. 張黎明：《血脈中華——羅氏人家抗日紀實》（深圳：深圳報業集團出版社，2016），頁88。

張耀樞（生卒年不詳）

張耀樞，香港新界元朗山下村人。

抗戰期間，張耀樞加入由山下村青年組成的地下游擊小組，多番配合游擊隊行動，提供重要情報。1941年9月中旬，日軍到山下村進行掃蕩。當時入村工作的女民運區委陳瑞在逃脫過程中不幸中槍負傷。待日軍撤走後，張耀樞與村民張九叔等人隨即冒着生命危險，越過日軍層層的封鎖線，合力將受傷的陳瑞送到駐在西貢的大隊衞生所治療，使其得以脫險。

資料來源：

1. 《港九獨立大隊史》編寫組：《港九獨立大隊史》（廣州：廣東人民出版社，1989），頁131。
2. 陳達明：《香港抗日游擊隊》（香港：環球〔國際〕出版有限公司，2000），頁61－63。
3. 邱逸、葉德平：《戰鬥在香港——抗日老兵的口述故事》（香港：中華書局〔香港〕有限公司，2014），頁56－57。

梁佩雲（生卒年不詳）

梁佩雲又名梁芸，原本是香港學生。日佔時期，為了生計，她在日本橫濱正金銀行工作。及後，她加入了游擊隊，被分配到市區中隊，主管油印室及印刷工作。她白天在銀行上班，利用工作之便，暗中記錄銀行重要的經濟情報，如貨幣的發行、收支數目的報表，以及銀行與「太和會」等一些重要機構的經濟往來情況等，轉交上級，晚上則進行刻印工作。

每天下班後，梁佩雲便躲在香港砵甸乍街一個閣樓刻印宣傳品。當時日軍實施燈火管制，稍有一點火光都會惹來注意，所以她工作前都會先用毛毯或窗簾將窗戶密封起來。由於油印室的空間儼如密閉，夏天工作時她總會汗流浹背。

梁佩雲沒有鋼筆、滾筒等慣常的刻印工具，只能以留聲機的舊唱針及屐皮代替，但因為她熟悉刻印技術及各種字體，印成的傳單字體仍舊美觀、清晰。宣傳品的內容主要以《前進報》及《尖兵報》上東江縱隊和港九大隊的戰鬥消息為主，也有市區情況及口號，如「同胞們，盟軍就要反攻了，希望你們協助！」、「工友們，你們三五成羣進行怠工吧！破壞敵人生產！」等。

除了刻印工作，梁佩雲有時也會跟隊員黃煒瑛一起散發傳單。為免暴露身份，她們一般在晚間行動，暗中將傳單投入住戶的信箱、門縫，而不參與公開傳遞或公開場所的張貼活動。有時她們更會在鈔票上寫上口號，然後用來添購日用品，讓宣傳口號在市面上更廣泛流傳。及後，因形勢發展，所需的傳單數量增加，市區中隊便在九龍深水埗砵蘭街建立另一個油印室，由隊員黃靜儀管理。梁佩雲亦曾到該油印室幫忙刻印隊報《地下火》。此外，梁佩雲亦曾到士丹頓街一所子房及信修女子中學工作，其中信修女子中學的秘密油印點到撤退前仍在運作。

不久後，梁佩雲撤回大隊部。撤離後，她學習刻寫更多種字體，以備日後所用。1945 年 8 月 15 日，日軍宣佈投降，梁佩雲被派回香港，到九龍幫忙勸降一些日本軍官。

資料來源：

1. 《港九獨立大隊史》編寫組：《港九獨立大隊史》（廣州：廣東人民出版社，1989），頁96。
2. 楊聲：〈城市游擊戰〉（載陳敬堂、邱小金、陳家亮等編：《香港抗戰：東江縱隊港九獨立大隊論文集》，香港：康樂及文化事務署，2004），頁233。
3. 梁佩雲：〈在市區中隊印發傳單的日子裏〉（載廣東青運史研究委員會研究室、東縱港九大隊史徵編組：《回顧港九大隊（下集）》，廣東：廣東省委辦公廳勞動服務公司印刷廠，1987），頁47—51。

梁容妹（生卒年不詳）

梁容妹，香港筲箕灣漁民。她是游擊隊員張洪波的妻子，其他隊員慣常稱其「張嫂」。她有一隻小艇，來往於坑口和鯉魚門之間，常協助市區中隊傳遞情報及文件。

市區中隊決定於1944年2月底出動，在市區散發《東江縱隊成立宣言》，以「紙牌」向日軍發出政治攻勢。1944年2月18日，梁容妹從中隊領導手上接獲三包傳單，負責將傳單從檳榔灣送到香港和九龍市區。檳榔灣本可從陸路經坑口、井欄樹到達九龍市區，但當時日軍正包圍附近地區搜捕飛行員，故只能先將傳單運到香港，再轉運至其他地區。梁容妹將傳單藏匿於小艇艙底，上面則蓋着一塊木板，再堆上又髒又腥的鹹魚，掩人耳目，然後划着小艇出發。到筲箕灣後，她將一包傳單交給她的丈夫張洪波，另一包交給灣仔交通站的伍惠珍，剩下一包則交給中隊領導轉到九龍市區去。

資料來源：

1. 《港九獨立大隊史》編寫組：《港九獨立大隊史》（廣州：廣東人民出版社，1989），頁91。
2. 莫世祥：《日落香江：香港對日作戰紀實》（香港：三聯書店〔香港〕有限公司，2015），頁246。

陳佩雯（陳敏）（生卒年不詳）

陳佩雯又名陳敏，出生於香港。她在抗日救亡工作中加入中國共產黨，原在港九大隊國際工作小組工作，後來被抽調到市區中隊。

1944 年 2 月，市區中隊決定於月底全員出動，在市區散發《東江縱隊成立宣言》，透過文宣以「紙彈」向敵人發出政治攻勢，以配合營救盟軍飛行員。同月 22 日，陳佩雯主動請纓，將傳單帶往尖沙咀，交予隊員散發。她於清晨出發執行任務，略加裝扮，穿上一身紅格大衣，將傳單放進手提包內，上面蓋着一件尚未完工的毛線衣和一些毛線。

陳佩雯見佐敦道碼頭過海的人較多，檢查較嚴謹，便繞道到人流較少的天星碼頭。該碼頭在一般情況下都不會檢查來往的人，但當天她排隊購票時卻遇上突擊檢查。她鎮靜如常地打開手提包讓憲查檢查。幸好該名憲查剛好是一位隊員的兄長，眼見手提包裏的紙卷是《東江縱隊成立宣言》，便連忙將其塞回袋裏，讓陳佩雯如常上船。上岸後，陳佩雯確保安全後才將傳單送到秘密聯絡站，交給隊員晚上散發，有驚無險地完成任務。

資料來源：

1. 《香港婦女運動資料匯編 1937–1949》（廣州：廣東婦女運動歷史資料編輯委員會，1994），頁 87。
2. 《港九獨立大隊史》編寫組：《港九獨立大隊史》（廣州：廣東人民出版社，1989），頁 91–93。
3. 陳敏：〈二月行動—記市區中隊第一次向日寇進攻〉，載廣東青運史研究委員會研究室、東縱港九大隊史徵編組：《回顧港九大隊（下集）》（廣東：廣東省委辦公廳勞動服務公司印刷廠，1987），頁 1–10。
4. 中共深圳市委黨史辦公室東縱港九大隊隊史徵編組：《東江縱隊港九大隊六個中隊隊史》（深圳：深圳市印刷廠，1986），頁 93–94。
5. 陳達明：《香港抗日游擊隊》（香港：環球〔國際〕出版有限公司，2000），頁 133–134。

陳秉琅（生卒年不詳）

陳秉琅，香港新界沙頭角鹿頸村人。他曾留學日本，懷有愛國思想。

游擊隊的領導曾親自上門對陳秉琅做思想工作。陳秉琅出任沙頭角偽區役所區長後，暗中為游擊隊辦事，使其能及時取得大量重要情報，有力地支援游擊隊的行動。

1945 年初，南鹿民主聯合鄉政府成立後，陳秉琅被推選為副鄉長。任職期間，他積極組織民兵站崗放哨，建立交通站和情報網，嚴密監察日本警備隊和憲兵隊的行動，並從事採購糧食及添置被服等後勤工作，以配合游擊隊的工作，給予其有力支持。

資料來源：

1. 中共深圳市委黨史研究委員會辦公室：《廣九烈燄：廣東人民抗日游擊隊東江縱隊成立四十周年紀念專輯》（深圳：中共深圳市委黨史研究委員會），頁 198。
2. 《港九獨立大隊史》編寫組：《港九獨立大隊史》（廣州：廣東人民出版社，1989），頁 164。

楊英秀（生卒年不詳）

楊英秀，香港新界元朗八鄉元崗村人，在元崗、長莆一帶甚具威望。他本來是一名教師。日佔時期，日本人欲利用他的威望爭取士紳界支持，迫其出任元朗區偽區役所副所長一職。楊英秀本來並不願為日本人辦事，但想到可以通過偽職暗中為國家和人民辦事，便答應出任副所長一職。

任職期間，楊英秀利用職務之便，為游擊隊搜集了許多寶貴的軍事情報，如敵軍調動情報等，支援游擊隊的行動，並為團結上層士紳做了許多工作。及後，他被提拔為偽區役所所長，由始至終一直與游擊隊保持緊密聯繫，為其提供日軍情報，使游擊隊每次的行動都如魚得水。

1945 年 1 月至 2 月間，在游擊隊的推動下，元朗區人民協治會成立，主要為團結上層士紳，支援部隊，調解民事紛爭。協治會成立後，楊英秀被當地士紳推舉為會長，副會長則由楊麗生、鄧偉廷出任。1945 年春，楊英秀參加東江游擊隊在惠陽召開的路東行政委員代表會議，並於會後宣揚東江解放區的抗日政策，大大加強了元朗區人民抗日的信心。

解放後，楊英秀舉家遷回廣州工作。

資料來源：

1. 《港九獨立大隊史》編寫組：《港九獨立大隊史》（廣州：廣東人民出版社，1989），頁 162。
2. 陳達明：《香港抗日游擊隊》（香港：環球〔國際〕出版有限公司，2000），頁 80–81。

趙丙喜（生卒年不詳）

趙丙喜，香港新界西貢赤徑村人，抗戰時期任村長。當時他所住的「天水流芳」大屋是英軍服務團唯一一個設在日佔範圍內的據點 Y 站（Post Y），以便收集情報，維持新界與惠州前方辦事處的聯繫，協助港九大隊日常救護工作及供應藥物到九龍戰俘營。

趙丙喜一家上下都很支持港九大隊的抗日行動。趙丙喜作為村長，每次都能迅速組織村民完成部隊交託的任務；他的兒媳李有娣是赤徑婦女會會長，多番動員村內婦女支援游擊隊，包括唱歌演戲宣傳抗日、收割柴草、協助運輸糧食及其他物資到山洞存放、安排住宿場地、打掃衞生、幫戰士補衣服、照顧傷病員及傳遞情報等；他的三名兒子趙天富、趙華、趙天福都曾參加港九大隊，其中趙華在大鵬灣患肺炎病逝。趙丙喜的兄弟趙新喜亦居住在「天水流芳」，他曾出洋打工，操流利英語，與趙丙喜、趙連勝在英軍服務團成員駐守赤徑期間曾提供食宿，照顧 20 多名從集中營逃脫的印籍英軍戰俘，並為他們安排交通橫渡大鵬灣，在戰爭結束後各獲港府頒發感謝狀，以作表揚。

資料來源：

1. 《港九獨立大隊史》編寫組：《港九獨立大隊史》（廣州：廣東人民出版社，1989），頁135－136。
2. 〈赤徑村村民溫勤娣訪談錄〉，2018年10月4日於西貢。訪問員：嚴柔媛、吳端雯。
3. 科大衛著、西貢理民府譯：〈日治時期的西貢〉（載趙雨樂、程美寶：《香港史研究論著選輯》，香港：香港公開大學出版社，1999），頁244。
4. Edwin Ride, *BAAG: Hong Kong Resistance 1942－1945*, Hong Kong: Oxford University Press, 1981, pp.215－216.
5. HKMS178-1-5 Papers by John Barrow, D, N.T. on the Services of New Territories Villagers and Boat People During the Japanese Occupation, 14.04.1947.
6. Personal Papers of Sir Lindsay Tasman Ride, vol. 4, p.211.

鄧戊奎（生卒年不詳）

鄧戊奎，香港新界西貢黃毛應村人。

1944年9月21日，日軍到黃毛應村掃蕩，因未發現游擊隊員蹤跡，便將村民帶到村內教堂嚴刑逼供，鄧戊奎牽涉其中。

日軍企圖從鄧戊奎口中問出游擊隊下落，但面對嚴刑逼供，鄧戊奎始終守口如瓶。他遭日軍猛烈掌摑，並被竹杆虐打至跌倒在地上。後來，日軍朝他的四肢及腹部用力踐踏，將竹杆強行塞入其嘴巴，並將他懸掛在教堂的樑柱上「吊飛機」，拿來一堆柴草，在其下方放火燃燒。鄧戊奎不斷掙扎，令縛着他的繩索斷開。他從高處跌下來，掉進火堆中，但日軍還不肯罷休，一再毆打他，對其施行「吊飛機」的酷刑，並在其下方放火燃燒，前後重覆五次，歷時半小時。他的腿部被嚴重燒傷，無法走動，被兩名憲查拖到教堂門前。

日軍一無所獲，於是洗劫全村，將牲口財物掠奪一空。日軍撤離後，村民馬上對鄧戊奎進行搶救。鄧戊奎傷勢甚為嚴重，經治療三個月才痊癒。

資料來源：

1. 《港九獨立大隊史》編寫組：《港九獨立大隊史》（廣州：廣東人民出版社，1989），頁129－130。
2. 《黃毛應村原居民登記冊》，2009。
3. 劉智鵬、丁新豹：《日軍在港戰爭罪行：戰犯審判紀錄及其研究（上冊）》（香港：中華書局〔香港〕有限公司，2015），頁56－57。
4. 鄧振南：〈不屈的黃毛應人〉（載原東江縱隊港九獨立大隊老游擊戰士聯誼會：《永誌難忘的一頁》，原東江縱隊港九獨立大隊老游擊戰士聯誼會編輯組，2004），頁135。
5. 張黎明：《血脈中華 —— 羅氏人家抗日紀實》（深圳：深圳報業集團出版社，2016），頁90－92。

鄭斌（生卒年不詳）

鄭斌原籍廣州，出身貧苦，八歲時被父母送到香港，在姑母家留住。他在尖沙咀遠東小學唸書，十歲時輟學，做過多份雜工。

1943年，鄭斌在九龍日本憲兵分部當雜役。期間，他經憲兵隊長的私人翻譯羅碧霞認識市區中隊隊員張景，並因而受啟發，踏上革命之路。他藉雜役一職暗中搜集情報，支援部隊的行動。

鄭斌年僅15歲，卻十分機智勇敢。他表現乖巧、勤快，也願意為憲兵辦私事，很快便取得其信任，因而可以較隨意地進出辦公室、油印室和會議室。他多次藉打掃和送茶水的機會取得情報，並竊取了不少重要資料，如憲兵隊的組織編制和十幾個憲兵派遣隊的人員名單。他刻意對職位高者表現殷勤，並採用離間手段進行分化，激發憲兵之間矛盾，從中收集情報。為獲取更多情報，鄭斌更特意學習日語。每次搜集情報後，他都會用香煙錫紙的白襯紙寫下，卷成煙一樣，或捅進煙裏，或放進火柴盒，借抽煙的機會交給張景。為方便工作，他更在九龍憲兵本部對面找了一間房子作為聯絡點，化名「王民」，人稱「民仔」。

鄭斌多次出色地完成部隊交託的任務。1944年春一個夜晚，他偽裝成日本人，在九龍憲兵本部的外牆和九龍地區事務所的告示牌上張貼抗日傳單，翌日轟動整個憲兵本部。又一次，他偷出日軍掃蕩游擊區的地圖時被抓到，卻仍舊鎮定自如進行申辯。幸好他平日辦事殷勤，最後得一名高官為他開脫，倖免於難。

資料來源：

1. 中共深圳市委黨史辦公室東縱港九大隊隊史徵編組：《東江縱隊港九大隊六個中隊隊史》（深圳：深圳市印刷廠，1986），頁 100。
2. 楊聲：〈城市游擊戰〉（載陳敬堂、邱小金、陳家亮等編：《香港抗戰：東江縱隊港九獨立大隊論文集》，香港：康樂及文化事務署，2004），頁 235。
3. 鄭斌：〈往事回顧〉（載廣東青運史研究委員會研究室、東縱港九大隊史徵編組：《回顧港九大隊（下集）》，廣東：廣東省委辦公廳勞動服務公司印刷廠，1987），頁 58–65。

賴和（？–1942）

賴和，籍貫不詳，港九大隊戰士。

1942 年初，一股 40 多人的土匪分乘兩條船，經逆流咀到萬宜灣村打劫。得知此消息後，武工隊隊長蕭華奎即派員到萬宜灣村，賴和是其中一員。

土匪將村洗劫一空後正欲乘船離開，幸而賴和等戰士及時趕到，交叉火力射擊，將賊船擊沉，消滅大部分土匪。其餘的土匪棄船跳海，從水徑方向慌忙逃去。戰鬥過程中，賴和頭部不幸中彈，當場壯烈犧牲。

賴和墓地位處萬宜水庫公路旁的山坡上，老戰士李興是萬宜灣村人，前來掃墓時留影。

賴和死後，萬宜灣村村民將其遺骨埋葬於先人墓地，1975 年將其遺骨出土，另行葬於萬宜水庫公路旁的一個山坡上。賴和的墓碑上刻有「壯士成仁永垂不朽，顯考全村大名福德公之墓」的文字。1998年，香港特區政府將賴和列入港九獨立大隊烈士名冊，以紀念他為抗戰作出的貢獻。

資料來源：

1. 鄧振南：〈西貢區的游擊戰爭〉，載陳敬堂、邱小金、陳家亮等編：《香港抗戰：東江縱隊港九獨立大隊論文集》（香港：康樂及文化事務署，2004），頁177。
2. 謝永光：《三年零八個月的苦難》（香港：明報出版社，1995），頁376。

譚鐵流（生卒年不詳）

譚鐵流，曾任港九大隊武工隊指導員。

1942年2月初，譚鐵流率領短槍隊奉命進入元朗，並與先前抵達該區的曾鴻文的隊伍互相配合，並肩抗日。譚鐵流屬於當時隊伍領導之一，被任命為指導員，蘇光為隊長，陳亮明則負責民運工作。未幾，曾鴻文返回寶安根據地，譚鐵流等領導的武工隊則留在元朗戰鬥，初時仍打着曾鴻文旗號活動，對付當地數十股土匪武裝。至1942年4、5月間，隊伍才公開港九人民抗日游擊隊武工隊旗號。此時，武工隊的蘇光和陳亮明被調至大嶼山開闢戰場，改由高平生任隊長，譚鐵流則仍任指導員。

1943年，譚鐵流因病養治，武裝隊伍由高平生負責指揮。1944年初，因應形勢發展，元朗武裝部隊被壓縮為小隊，由民運區委領導，譚鐵流與高平生等人均調至大隊部。元朗中隊於1944年9月成立後，指導員一職由楊江擔任。

資料來源：

1. 《港九獨立大隊史》編寫組：《港九獨立大隊史》（廣州：廣東人民出版社，1989），頁10–11、37。
2. 中共深圳市委黨史辦公室東縱港九大隊隊史徵編組：《東江縱隊港九大隊六個中隊隊史》（深圳：深圳市印刷廠，1986），頁116–118。

蘇光（生卒年不詳）

1941 年 12 月日軍進攻香港後，蘇光曾任元朗手槍隊隊長。1942 年 4 月，蘇光被任命為隊長，與副隊長陳滿、曾可送、林元、邱球、陳漢平等組成一支六人武工隊進入大嶼山開展工作，肅清土匪，保護羣眾的生命及財產安全。同年 6 月 18 日，蘇光率隊在水口村旁的公路埋伏，擊退從石壁村方向而來的十多名土匪，使其不敢再造次冒犯。事後，他與曾可送等人留在水口村，協助村民組織自衞隊。後來土匪聯合進犯塘福村，由於寡不敵眾，武工隊兵力和武器又有限，遂撤回大浪村。蘇光立即趕回大隊部報告情況，要求增援，最終成功剿滅土匪。

1942 年底大嶼山中隊成立，蘇光被委任為副中隊長，主管軍事。1943 年 5 月，日軍於夜裏包圍游擊隊於東涌鄉羅漢岩寺院的駐地，準備拂曉發動進攻。蘇光接到報告後，立即集合部隊沿山邊撤出日軍的包圍圈，成功避過一劫。1944 年 6 月至 7 月間，蘇光親自率隊包圍貝澳鄉，生擒正副鄉長，並對其進行教育，使其誠心投效游擊隊；又帶隊突襲塘福、石壁村日偽軍駐地，迫使當地的駐軍撤走。

資料來源：

1. 《港九獨立大隊史》編寫組：《港九獨立大隊史》（廣州：廣東人民出版社，1989），頁 83–84。
2. 中共深圳市委黨史辦公室東縱港九大隊隊史徵編組：《東江縱隊港九大隊六個中隊隊史》（深圳：深圳市印刷廠，1986），頁 19–21、117。
3. 陳達明：〈大嶼山島的游擊戰爭〉，載陳敬堂、邱小金、陳家亮等編：《香港抗戰：東江縱隊港九獨立大隊論文集》（香港：康樂及文化事務署，2004），頁 214–225。
4. 陳達明：《香港大嶼山抗日游擊隊》（廣州：廣州出版社，2015），頁 1–8、14–16、24–25。
5. 陳達明：《香港抗日游擊隊》（香港：環球〔國際〕出版有限公司，2000），頁 107–129。

五　大事記

日期	重要事件
1941 年	
12 月 8 日	日軍越過深圳河，進攻新界，並轟炸九龍啟德機場、英軍各個據點及重要的交通設施。
12 月 8 日起	中國共產黨領導的廣東人民抗日游擊隊第三大隊及第五大隊派出數支武工隊，啟程前往新界。
12 月 10 日	第五大隊的林沖武工隊在羅汝澄引領下凌晨到達沙頭角南涌羅屋；曾鴻文及鍾清在黎明前進入元朗。
12 月 11 日	第三大隊的三支武工隊在吉澳島集結，建立臨時黨支部，由黃冠芳指揮。
12 月 12 日	九龍半島落入日軍之手，駐港英軍退守香港島。
12 月 15 日	黃冠芳指揮的三支武工隊在西貢企嶺下登陸，進入西貢山寮村。
12 月 18 日	日軍在香港島登陸。
12 月 25 日	經過 18 天的戰爭，香港總督楊慕琦宣佈向日軍無條件投降，香港落入日軍之手，開始三年零八個月被日軍侵佔的悲慘歲月。日軍司令酒井隆中將設立軍政府，接替英國在香港的統治。
12 月	進入新界的武工隊肅清土匪，收集英軍撤退時遺棄的武器，組織農民自衛隊，建立抗日游擊基地。
12 月下旬	林平（尹林平）在寶安白石龍村召集梁鴻鈞、曾生、王作堯開會，傳達中共中央、南方局、周恩來關於搶救被困香港的文化界人士和民主人士的電報指示。
1942 年	
1 月 1 日	秘密大營救展開，廖承志、喬冠華、連貫等為秘密大營救開路而先行撤離的人士在蔡國樑等的護送下，在企嶺下海灣登船，翌日凌晨抵達沙魚涌。
1 月 10 日	在武工隊的護送下，鄒韜奮、茅盾等一行二三十人分成幾組，從香港出發，在接下來的數天內沿青山道經九華徑山坳到荃灣，攀登大帽山到元朗十八鄉，經青山公路，越過深圳河，安全抵達寶安游擊區。
1 月 12 日	從深水埗集中營逃離的英軍賴濂士中校一行人在西貢茅坪村遇上了武工隊。同月 14 日，他們由陳志賢護送，從企嶺下經大鵬灣逃到內地。
1 月下旬	中共南方工委副書記張文彬主持召開白石龍會議，會上決定廣東人民抗日游擊隊改編為廣東人民抗日游擊總隊，原先由第三、第五大隊派進港九新界的數支武工隊統一成立港九大隊。
2 月 3 日	廣東人民抗日游擊總隊港九大隊在西貢黃毛應村宣告成立。蔡國樑任大隊長，陳達明任政委，黃高陽任政訓室主任。
2 月 20 日	日軍宣佈香港為佔領地，繼而設立總督部，並任命陸軍中將磯谷廉介為香港總督，以代替軍政府。

日期	重要事件
3 月 24 日	游擊隊護送從赤柱集中營逃出的香港警察湯姆生、波利斯特屈特夫人到達內地。
3 月	港九大隊成立國際工作小組，黃作梅出任組長，專責營救國際友人的工作。
	江水率短槍隊營救啟德機場的英軍俘虜，獲救人士包括湯遜上尉。
	港九大隊擴大護航小隊為海上游擊隊，代號順風隊，開展海上游擊戰，並選定糧船灣為基地。隊長陳志賢，副隊長王錦。
4 月 14 日	港九大隊在橫山腳為逃出深水埗戰俘營的英國陸軍軍官波生吉、祁德尊等一行人舉行歡迎會，後護送他們到達內地。
4 月	蘇光、陳滿、邱球、曾可送、林容、陳漢平等六人武工隊奉命前往大嶼山，到該區進行開闢工作。
	黃冠芳帶領一支 7 人短槍隊前往沙田開展工作。
	廣東人民抗日游擊總隊電台進駐沙頭角烏蛟騰附近的石水澗。
5 月	英軍服務團在曲江成立，後來在惠州設立英軍服務團前方辦事處。中共中央同意港九大隊給予協助。
6 月	西貢長槍隊在赤徑鹿湖山成立，代號「鋼鐵隊」。
7–8 月間	沙田短槍隊在獅子山腳勇殲日軍，擊斃日本軍官一名、日軍兩名及印度兵一名，並繳獲短槍一支、長槍兩支、軍刀一把及軍大衣一件。
夏秋間	元朗區武工隊捉拿漢奸程熾昌，當眾宣佈罪行後將他處決。
9 月 10 日	沙田短槍隊冒險掩護英軍服務團到獅子山，偵察亞皆老街戰俘營及九龍排水道。
9 月 25 日	日軍包圍烏蛟騰村，強迫村民交出自衛武器及供出游擊隊員。村長李世藩、李源培挺身而出，在日軍的威迫利誘、嚴刑拷打下都不為所動，最終李世藩被活活折磨而死，壯烈犧牲，李源培被拷問至休克。
10 月 18 日	港九大隊和英軍服務團合力救出芬恩維克和摩利遜。
10 月 28 日	港九大隊協助受英軍服務團委託破壞日軍在九龍的無線電台的陳偉泉先生安全從香港回到沙魚涌。
11–12 月	沙田短槍隊黃冠芳等護送英軍服務團到獅子山、觀音山，拍攝啟德機場、軍火倉庫、炮台、兵營等軍事設施。
12 月	大嶼山中隊在塘福村宣告成立，劉春祥為中隊長，陳亮明為政治指導員，蘇光為副中隊長。
1943 年	
1 月	沙田短槍隊在大灘海巡邏時發現一艘日軍木船，擊斃一名警備隊長，傷漢奸一名。
2 月 12 日	港九大隊和英軍服務團合作救出兩名挪威人和一名俄國人，分別為中華電力公司無線電工程師華德叔、空尼倉船長和伯羅德遜。

日期	重要事件
2 月 19 日	港九大隊和英軍服務團合作救出六名印度人，其中包括中尉、少尉各一名。
2 月下旬	為總結東江和珠江地區敵後抗日游擊戰的經驗教訓，部署今後的工作，中共廣東省委臨委和東江軍政委員會在烏蛟騰村附近的上下苗田村之間的山坡召開會議，史稱「烏蛟騰會議」。港九大隊負責後勤和保衛工作。
3 月 3 日	日軍到沙頭角一帶突擊掃蕩，包圍設在南涌附近老龍田晏台山的港九大隊政訓室駐地，多位戰士犧牲，包括曾福、邱國璋、符志光、陳冠時、彭泰農及陳坤賢，史稱「三三事件」。除了人員傷亡，游擊隊亦損失了一批武器及重要文件。
3 月 23 日	港九大隊和英軍服務團合作救出五名印度人，包括穆罕墨德伊伯拉謙、穆罕墨德沙文、穆罕墨德喇辛士、沙拉蒂士及沙德河利沙連。
3 月	沙頭角中隊成立，中隊長林沖，副中隊長莫浩波，指導員何傑，民運區委陳海。
4 月 12 日	港九大隊和英軍服務團合作救出印度人卡連多星喬和菲律賓人路易士加士亞。
春	日軍再次包圍烏蛟騰村，村長李憲新被拘禁在大埔憲兵部，從此下落不明。
春夏間	西貢中隊成立，中隊長為羅汝澄，副中隊長為張興，指導員為劉志明，民運區委為李兆華。
5 月	大嶼山中隊中隊長劉春祥帶領六名班排骨幹，乘坐木船準備到大嶼山對岸的踏石角、龍鼓灘和深圳灣的流浮山一帶開展工作，在沙洲、龍鼓洲一帶海域突然遭遇兩艘日軍炮艇伏擊，經過激戰，木船被擊沉，劉春祥、曾可送、林容、汪送、譚金火、溫發、劉佳等戰士，以及船家梁克夫婦和一子兩女全家壯烈犧牲。
5 月下旬	大嶼山中隊在東涌的曬穀場上舉辦了一場追悼會，由副中隊長蘇光主持，悼念為抗日而犧牲的烈士。陳亮明、邱球等發表講話，矢志為犧牲的戰友報仇，進一步激發隊員堅持抗戰的決心。
6 月	海上小隊發展為海上中隊，中隊長陳志賢，指導員林伍，羅歐鋒、王錦分別任第一、第二小隊長，基地由糧船灣擴展至大鵬半島，活動範圍由原來的九龍、西貢附近的海域擴大至大鵬灣及三門一帶的海域。
夏秋間	沙田短槍隊在茶果嶺捉拿兩名日軍密探，押解到赤徑大隊部進行審訊。
秋	沙田短槍隊在界咸村捉拿兩名特務，其中一名為華南派遣軍司令部的高級特務東條正芝。
10 月	海上中隊小隊長羅歐鋒帶領兩艘武裝船，在果洲外海勇戰日軍電扒和大眼雞木船，成功繳獲木船一艘、白報紙 30 多噸、陶瓷器皿一大堆和高麗參等物資，並解救了被日軍從潮汕抓來的 50 多名苦工。
	沙頭角中隊在萊洞坳擊斃沙頭角偽區長溫二，為民除害。

日期	重要事件
12月2日	廣東人民抗日游擊總隊更名為廣東人民抗日游擊隊東江縱隊（簡稱東江縱隊），曾生任司令員，林平（尹林平）任政治委員，王作堯任副司令員兼參謀長，楊康華任政治部主任，下轄七個大隊（共3,000餘人），港九大隊是其中之一。
12月	市區中隊成立，中隊長兼指導員為方蘭。
1944年	
1月	坪山軍民舉行萬人大會，慶祝東江縱隊成立。
2月11日	中美空軍混合團空軍飛行員指揮兼教官克爾中尉在指揮一小隊飛機轟炸啟德機場時機身中彈，急速墜落，克爾跳傘降落在機場北面的觀音山，遇上港九大隊交通員李石。日軍出動千餘人包圍搜捕。後來港九大隊幾經轉折，助克爾成功脫險，回到桂林。
2月24日	市區中隊首次發起「紙彈戰」，在市區散發《東江縱隊成立宣言》。
2月	沙田短槍隊偷襲啟德機場，炸毀日本軍機一架及油庫。
4月5日	國民黨淡水守備區指揮官羅懋勳糾集獨立二十旅等部800多人，分兩路進攻大鵬半島。日軍緊密配合頑軍，派出船艦進行夾攻。海上中隊率兩艘武裝船出海迎戰，在平洲海面粉碎日頑夾攻。羅懋勳率部退卻途中遭陸上部隊截擊，營長以下多人遭擊斃，狼狽逃回淡水。
4月13日	劉黑仔率隊突襲牛池灣維記牛房的日軍哨所，擊斃伍長，並繳獲短槍一支、中正步槍一支和英式步槍四支。
	市區中隊在筲箕灣、太古船廠、九龍柯士甸道至欽州街一帶的街道散發傳單。
	沙頭角中隊夜襲吉澳島，擊斃偽匪兩名，並繳獲兩支土製手槍。其餘偽軍落荒而逃。
4月15日	市區中隊在中環、上環等地散發〈告港九同胞書〉。
4月21日	市區中隊在土瓜灣、紅磡、油麻地、深水埗一帶散發上千份有關沙田短槍隊突襲牛池灣維記牛房日軍哨所告捷的傳單。
	市區中隊在深夜12時正爆破九龍窩打老道四號火車橋，原本開到新界和寶安掃蕩的日軍馬上撤回市區。
4月26日	沙頭角中隊拔除元洲仔碼頭日偽軍哨所，斃、傷敵各一人，俘敵三人，繳獲英式步槍五支、子彈60發、自行車兩部。
4–5月	大隊部暫時遷到大鵬半島水頭沙，後在8月搬回西貢赤徑。
春夏間	沙頭角中隊在禾合石處智擒漢奸陳石燕，並繳獲七八十頭水牛。後來水牛由紅石門裝船運往內地坪山出售，解決了部隊的經濟困難。
5月上旬	大嶼山中隊於大澳至石壁村的半途埋伏，擊斃日寇走狗陳穩勝。
5月中旬	大嶼山中隊處決東涌鄉一名漢奸及長洲特工科一名特務。

日期	重要事件
5 月下旬	大嶼山中隊初次攻打大澳，成功達到軍事騷擾的目的。後入鎮派發傳單，擴大了中隊的政治影響。
	大嶼山中隊短槍隊組成鋤奸組，深入大澳鎮抓捕「大舊通」等漢奸、特務三名。
5 月 28 日	日偽軍 1,500 多人在大嶼山展開歷時九天的大掃蕩，大嶼山中隊憑藉化整為零、分散掩蔽的策略，以及羣眾的配合與支持，粉碎是次海、陸、空聯合大掃蕩。
6 月初	大嶼山中隊包圍貝澳鄉，生擒正副鄉長，並繳獲偽武裝自衞隊步槍 18 支。
上半年	元朗地區的武工隊整編為一個小隊，由民運區委吳江、小隊長李生領導。
	元朗區武工隊在山下村半路埋伏，捉拿漢奸黎七容，第三天夜晚押到錦田飛機場路邊宣佈罪狀後槍斃。
6–7 月間	大嶼山中隊突襲塘福、石壁村日偽軍駐地，成功迫使偽軍撤離。
7 月 17 日	英海軍中尉葛榮從深水埗集中營逃出，後經游擊隊幫助，輾轉到達惠州，順利脱險。
7 月下旬	大嶼山中隊海上隊勇俘兩艘日軍電扒，一艘留下自用，一艘則送給兄弟部隊。
8 月中旬	大嶼山中隊海上隊勇俘日物資船，繳獲大量物資。
8 月	黃冠芳任港九大隊大隊長。
8 月 16 日	海上中隊在黃竹角海面圍殲「挺進隊」，擊沉敵船三艘，斃敵 25 人，傷敵 13 人，並繳獲機槍兩挺、沖鋒槍四支、步槍 21 支、手槍四支。
夏	海上中隊在大鵬灣外海先後兩次勇戰日走私船，共繳獲蝦糟船九艘、生鹽幾百噸，全部上呈軍需處。
9 月 18 日	沙田短槍隊在西貢北圍村擒拿日軍翻譯林台宜。
9 月 21 日	日軍包圍黃毛應村，追查游擊隊的下落，將全村村民拉到曬穀場，又將鄧三秀、鄧德安、鄧戌奎、鄧石水、鄧福等抓去教堂用刑逼供，村民寧死不屈。最後，鄧德安被活活燒死，其餘的人也受到嚴重摧殘。
9 月 28 日	劉黑仔率隊突襲九廣鐵路沙田到大埔間四號隧道，擊斃敵人兩名，繳獲英式步槍十支、刺刀九把、子彈 90 發。
9 月	元朗中隊宣告成立，中隊長為高平生，副中隊長為何國良，指導員為楊江，民運區委為陳瑞。
	羅歐鋒接任海上中隊中隊長，黃康為副指導員，王錦為副中隊長兼小隊長，另一小隊由賴連領導。李思銘、鄭錦為政治服務員。
10 月 7 日	美軍軍事情報組人員攜帶電台到達東江縱隊司令部，謀求合作。

日期	重要事件
10 月	元朗中隊夜襲青山礦場日軍駐地，擊斃名為「油炸蟹」的日軍小隊長，並繳獲數支槍和一批彈藥。隊員李生在戰鬥中受傷。
	大嶼山中隊夜襲大澳偽警察局，在沒有響槍的情況下俘虜 30 多名警察，繳槍 39 支。
秋	沙頭角中隊連番出擊，在涌背至涌尾之間捕獲日本便衣兩名，後在大尾督村羣眾家裏抓獲日軍一名，並繳獲三八式步槍一支、子彈數十發及手榴彈六個。
	港九大隊改稱「港九獨立大隊」，歸東江縱隊司令部領導。
秋末	西貢中隊夜潛西貢墟，擊斃叛徒楊九仔。
11 月 4 日	羅懋勳再度糾集獨立二十旅兩個團的兵力，從淡水、龍崗出發，兵分三路，向惠陽、寶安沿海及大鵬半島進攻。海上中隊從海上掩護，勇抗日頑進攻。
11 月 30 日	海上中隊在黑岩角派船三艘圍攻日軍，俘虜七名日軍，繳獲一艘電扒及大批物資。班長曾佛新在戰鬥中壯烈犧牲。
冬	沙頭角中隊三次潛入大埔墟，分別鏟除大埔日本憲兵隊林通譯、便衣密探陳福、生擒日偽大埔漁業會長林偉成。
	西貢中隊夜襲官坑廟，全殲營房內的日軍。隊員吳壽在戰鬥中英勇犧牲。
	沙田短槍隊突襲窩塘日軍兵營，擊斃日軍 12 名，並繳獲輕機槍一挺、步槍十支、手槍一支及彈藥和糧食。
	西貢中隊領導羣眾成立聯防會，把西貢控制的地方分成三個區域，正式西貢範圍的屬新一區（主任為鄧振南），坑口範圍的屬新二區（主任為成連），沙田範圍的屬新三區（主任為許達章）。
	部隊整編，港九獨立大隊改為隸屬東江縱隊第二支隊，並恢復「港九大隊」名稱。
年底	劉黑仔調離港九大隊，沙田短槍隊轉由鄧賢負責。
1944 年	元朗中隊在元朗大馬路擊斃密探長蘇安，並繳獲左輪手槍一把。
	大嶼山中隊以龍鼓洲和內伶仃島為依托，建立海上武裝船隊，不斷攔截和繳獲日軍從香港開往廣州的運輸船隻。
1945 年	
年初	沙頭角中隊在鹿頸建立南鹿民主聯合鄉政府，為新界第一個抗日民主鄉政權。
1 月 16 日	港九大隊在新界海面救起美國第十四航空隊飛行員伊根中尉。

日期	重要事件
1月	大嶼山中隊海上隊組織封鎖線，防範偽軍從海路逃竄，積極配合路西寶安大隊等兄弟部隊作戰。
	市區中隊協助護送患急性盲腸炎的東江縱隊第一支隊隊長盧偉良到香港進行治療。
1–2 月間	元朗區人民協治會宣告成立，會長為楊英秀，副會長為楊麗生、鄧偉廷，秘書長為孫強。
2 月 14 日	元朗中隊在大年初二夜襲設在新田牛潭尾農場的日本南支派遣特務機關的外圍組織，擊斃日軍七名，並繳獲化肥、糧食、活雞、活兔、耕牛等物資。
2–3 月間	沙頭角中隊突襲龍骨頭日軍檢查站，擊斃日軍兩名，擊傷日軍一名，並繳獲三八式步槍三支、刺刀三把及子彈百餘發。
3 月	沙頭角中隊在萊洞馬頸凹擊斃日軍兩名，活捉軍曹竹尾，並繳獲三八式步槍兩支、三號駁殼一支。
春	沙頭角中隊在大埔田村擊斃日憲兵隊軍官小貞，繳獲白朗手槍一支、子彈十餘發、手榴彈一個及金錶一隻。
	香港西貢和元朗的民主政權代表參加東江縱隊在惠陽召開的路東行政委員會會議。
5 月 6 日	大嶼山中隊夜襲牛牯塱日軍駐地，擊斃日軍六名（其中一名是中尉軍官），並繳獲步槍五支、短槍一支、劍一把及一批彈藥。
5 月	沙頭角中隊在上水坪洋附近伏擊日偽巡邏隊，斃敵兩名，傷敵數名。隊員林容生和張才在戰鬥中犧牲。
	大嶼山中隊夜襲馬灣涌偽警察所，斃敵一名，俘虜敵人 11 名，並繳獲 12 支新短槍及一批彈藥。
	海上中隊在水頭沙灣突擊日軍電船和兩艘大木船，斃敵兩名，俘敵 32 人，繳獲機槍一挺、步槍六支、指揮刀一把、醫藥器材、軍用毯子及一大批罐頭，緩解了當時東江縱隊的物資困難。
5–6 月間	盟軍空襲珠江口日軍船艇期間，元朗中隊海上小隊乘機多次出擊，成功俘虜一名台籍日兵，並繳獲物資。
6 月	元朗中隊在元朗墟大馬路的金城旅店當場擊斃「飛龍隊」隊長孫富順、密探何某和軍犬一隻，並繳獲手槍兩支。
	沙頭角地區第二個抗日民主鄉政權 —— 沙頭角中南民主鄉政府成立。
7 月 13 日	市區中隊一名隊員被日軍捕獲，經不起嚴刑拷打而變節，牽連 20 多名隊員被捕，簡稱「七一三事件」。市區中隊隨即採取緊急措施，疏散和轉移隊員。
夏	元朗中隊在上村捉拿漢奸單眼仔，後將其押到河背村天主教堂前的廣場上公審後槍決。

日期	重要事件
8 月初	海上中隊在大浪口擊沉一艘日軍大木船，船上 40 多名日軍死亡，只有兩名日軍生還被俘，並繳獲六支三八式步槍、一門九二式山炮、一台無線電收發報機、兩皮箱飛機製造圖紙，以及一大批其他軍用物資。隊員朱來、邱求在戰鬥中壯烈犧牲。
8 月上旬	海上中隊在西涌口勇戰日船，活捉日軍兩名，並繳獲三八式步槍兩支。隊員李金福和劉捷在戰鬥中壯烈犧牲。
	沙頭角中隊鏟除日寇走狗馬耀庭。
8 月 15 日	日本天皇宣佈無條件投降。
8 月中後	沙頭角中隊在禾坑坳公路上伏擊駐沙頭角日軍，一名隊員在戰鬥中受輕傷。
	陳滿和王鳴率隊進駐長洲島，成功迫降二十多名偽警察。
	元朗中隊指導員楊江在洪水橋迫降 5 名日軍，並接受 100 多名偽軍投降。
8 月 18 日	政治服務員歐偉雄等在東涌逼降日憲兵隊。
8 月 20 日	西貢中隊迫使駐西貢墟日軍逃往九龍總部，並接管西貢墟。
8 月 30 日	英國海軍夏慤少將率領艦隊進入維多利亞港。
9 月上旬	夏慤派員邀請港九大隊進行談判，東江縱隊司令部派出袁庚為首席談判代表，出席人員包括黃雲鵬、羅汝澄、黃作梅、譚幹等。
9 月 28 日	港九大隊發表撤退宣言，撤出港九、新界，各區民眾熱烈歡送。
10 月	英軍重佔香港以後力量薄弱，請求港九大隊協助。東縱同意港九大隊留下少數幹部、戰士在新界多區組成自衛隊維持治安，包括元朗（隊長為何發）、西貢（隊長為張興）、上水（隊長為鄧戊）及沙頭角（隊長為黃冠玉）。各區的自衛隊約有二三十人不等，至 1946 年 8 、9 月間解散。
1946 年	
6 月 30 日	東江縱隊及各個武裝部隊從沙魚涌登船北撤山東。
1997 年	
6 月 30 日	港九大隊老戰士到香港出席回歸慶祝活動。
1998 年	
5 月 18 日	「原東江縱隊港九獨立大隊老游擊戰士聯誼會」在香港註冊成立，羅歐鋒任會長。
10 月 28 日	特區政府在大會堂舉行「原東江縱隊港九獨立大隊陣亡戰士名冊安放儀式」，行政長官董建華把曾為保衛香港而捐軀的 115 位港九大隊成員的名錄存放在紀念龕中。

日期	重要事件
2015 年	
8 月 13 日	國務院將烏蛟騰抗日英烈紀念碑列入第二批 100 處國家級抗戰紀念設施遺址名錄。
8 月 24 日	國家民政部公佈將彭泰農列入第二批 600 名著名抗日英烈英雄羣體名錄。
2020 年	
9 月 1 日	國務院將斬竹灣抗日英烈紀念碑列入第三批 80 處國家級抗戰紀念設施遺址名錄。
9 月 2 日	國家退役軍人事務部公佈將劉春祥等十二名龍鼓洲戰鬥犧牲英烈，以及曾福、馮芝、曾佛新、賴章列入第三批 185 名著名抗日英烈英雄羣體名錄。
2021 年	
6 月	新界鄉議局和屯門民政事務處在香港廣州社團總會、東江縱隊歷史研究會、原東江縱隊港九獨立大隊老游擊戰士聯誼會和嶺南大學香港與華南歷史研究部等愛國團體和研究部門的支持下，決定在屯門龍鼓灘豎立「劉春祥抗日英雄羣體紀念碑」，預計 2023 年 5 月落成。
2022 年	
6 月	由羅家大屋改建而成的香港沙頭角抗戰紀念館落成預展。館內展覽內容分兩大部分，包括港九大隊的抗戰歷史和「香港抗日一家人」羅家的抗日事跡。
7 月	劉智鵬、劉蜀永主編的《港九大隊志》初版由商務印書館（香港）有限公司出版。
9 月 3 日	香港沙頭角抗戰紀念館舉行隆重揭幕典禮，正式對外開放。
2023 年	
5 月 9 日	劉春祥抗日英雄羣體紀念碑揭幕典禮隆重舉行。
2025 年	
5 月 19 日	東江縱隊港九獨立大隊交通總站舊址紀念碑揭幕典禮在西貢深涌李家大屋前舉行。

六 附錄

港九大隊戰鬥序列

一、1942 年 2 月至 1943 年 6 月

（1）大隊部

大隊長：蔡國樑　　政委：陳達明　　副大隊長：魯風

教官：翟信、陳加田、謝陽光

軍需：袁大昌　　副官：歐連、歐鋒（羅歐鋒）（派出沙頭角）

交通情報幹事：蔡仲敏　　翻譯：譚天

衛生：麥雅貞　　交通站長：李坤

（2）政訓室

主任：黃高陽

組織幹事：何傑　　保衛幹事：黃雲鵬

民運幹事：王月娥　　宣傳幹事：陳冠時、梁布克（後）

統戰幹事：方覺魂　　油印室：梁布克（兼）、李應新

（3）西貢區

沙田短槍隊隊長：黃冠芳（兼稅站站長）

指導員：李唐（唐翰芬）　　副隊長：劉黑仔

坑口短槍隊隊長：江水（兼稅站站長）　指導員：楊江

常備隊隊長：張興　指導員：羅汝澄　教官：林伍（吳展）

民運負責人：劉志明，下有李兆華、張婉華等

漁民工作：蕭春

（4）沙頭角區

長槍隊隊長：卓覺民　政治服務員：張立青

短槍隊隊長：盧進喜　民運負責人：黃思明

交通：歐巾雄、陳偉修、曾發

（5）上水區

短槍隊隊長：林沖　小隊長：莫浩波、鄧華

民運負責人：楊凡

（6）元朗區

隊長：蘇光、高平生（後）　副隊長：高平生、葉鏡（後）

指導員：譚鐵流

民運負責人：陳海（羅廣志）、吳江（後），下有孫亮仁、何文貫等

（7）大嶼山區

隊長：劉春祥、蘇光（後）　副隊長：蘇光　指導員：陳亮明

小隊長：何國良、陳滿　政治服務員：王鳴（王江濤）

民運負責人：邱歡

（8）鋼鐵中隊

隊長：蕭光生　　指導員：楊江、黎明（後）　　副指導員：彭瑩

副隊長：曾芳、賴章（後）

小隊級幹部有梁錦平、李貴仁、劉玖、張峰、張福、趙更長、巫華、黃川、李雯、李思訓、藍華

（9）海上隊

隊長：陳志賢　　小隊長：王錦　　政治服務員：黃康

（註）這一時期，大隊分片領導。蔡國樑、陳達明駐西貢，除管全面外，着重領導西貢各單位、海上隊、鋼鐵中隊、市區等處工作。黃高陽、魯風駐沙頭角，着重領導沙頭角各單位、上水、元朗、大嶼山等工作，魯風是 1942 年任職的。

二、1943 年 6 月至 1944 年 6 月

（1）大隊部

大隊長：蔡國樑　　政委：陳達明

交通情報幹事：蔡仲敏　　軍需：袁大昌、歐連（副官）

翻譯：譚天　　文書：譚幹　　衛生：麥雅貞、歐堅　　交通站：李坤

（2）政訓室

主任：陳達明（兼）

組織幹事：黃志敏　　助理組織幹事：吳惠瓊

保衛幹事：黃雲鵬　　宣傳幹事：梁布克

敵偽幹事：梁華　　統戰幹事：方覺魂

國際幹事：黃作梅　　油印室：李應新、石粦

(3)沙頭角中隊

中隊長：林沖、羅汝澄(後)　中隊副：莫浩波

指導員：何傑、陳海(後)

短槍隊長：鄧華、盧進喜

民運區委：陳海、葉文秋(後)下有民運人員：葉文秋、葉東明、張惠文、歐巾雄、張美、蔡華(蔡松英)等。

交通站長：曾發　副官：何華

(4)西貢中隊

中隊長：羅汝澄、張興(後)　中隊副：張興、范發(後)

指導員：劉志明

民運區委：李兆華、張婉華(後)　下有方漢光、梁雪英、林苑明

(5)元朗中隊

中隊長：高平生　指導員：譚鐵流

副隊長：葉鏡　下有小隊長：李生、趙更長

民運區委：吳江、黃思明(後)　下有孫亮仁、郭守仁等

(6)海上隊

隊長：陳志賢、(後)歐鋒(羅歐鋒)、王錦　指導員：林伍

下設兩個小隊：

第一小隊隊長：歐鋒(羅歐鋒)　小隊副：賴連　政治服務員：黃康

第二小隊隊長：王錦　漁民工作：蕭春

（7）市區中隊

隊長兼指導員：方蘭，下有黃揚聲、陳佩雯

（8）鋼鐵中隊

中隊長：蕭光生、（後）曾芳、賴章

指導員：楊江、（後）黎明、黃志敏、黃作梅

小隊長：梁錦平、李貴仁、張峰、李思訓等

（9）卓覺民中隊

中隊長：卓覺民

指導員：游揚，下有小隊級幹部黃思明、王林

（註）1. 這一時期大嶼山不屬港九大隊，把黃高陽、魯風調去準備成立大隊直屬總隊領導。
2. 沙頭角、西貢、元朗成立區中隊，由中隊長、指導員、民運區委 3 人組成領導機關。
3. 長槍隊撤到大鵬半島一帶活動，新界留下短小精幹短槍隊活動。
4. 1943 年冬成立市區中隊。

三、1944 年 6 月至 1945 年底

（1）大隊部

大隊長：魯風、黃冠芳（後）　　政委：黃高陽、黃雲鵬（後）

副大隊長：黃冠芳、羅汝澄（後）　　交通情報幹事：陳亮

軍需：袁大昌、（後）歐連、賴傳　　文書：譚幹

衞生：歐堅、孫育民　　交通站長：羅許月

（2）政訓室

主任：黃雲鵬

組織幹事：譚鐵流　　助理：吳惠瓊

宣傳幹事：梁布克、何文（後）　　敵偽幹事：梁華、何文（後）

漁民幹事：林伍、蕭春　　油印室：李應新

（3）西貢中隊

中隊長：張興　　中隊副：黃甲寅

指導員：劉志明、梁華（後）

民運區委：李兆華、張婉華（後）

下有民運人員戴宗賢、梁雪英、方漢光、林苑明、倪惠勤、陳玉蓮等

（4）沙頭角中隊

中隊長：羅汝澄、（後）莫浩波、鄧華　　指導員：陳海

民運區委：葉文秋　　下有民運人員鄧錫元、葉東明、蔡華等

交通站長：曾發　　副官：何華

（5）元朗中隊

副隊長：何國良、何錦祥（後）　　指導員：譚鐵流、楊江（後）

秘書兼敵工幹事：何發

事務長：陳錦　　下有小隊長李生、趙更長、陳仕源

海上小隊長：陳仕源　　服務員：鄭錦

民運區委：吳江、陳瑞（後）下有孫強、張文、郭守仁等

（6）大嶼山中隊

副隊長：陳滿　　指導員：陳亮明、王鳴（後）　　民運區委：王鳴

小隊級幹部：邱歡、陳其昌、歐偉雄、邱球、李友、馮允、蕭春

事務長：嚴流

（7）中華隊

中隊長：梁錦平　　指導員：李漢清　　小隊幹部：李貴仁、李思訓

（8）市區中隊

中隊長及指導員：方蘭　　下有黃揚聲、陳佩雯

（9）海上中隊

中隊長：歐鋒（羅歐鋒）、王錦（後）　　副指導員：黃康

副中隊長：王錦

第一小隊長：賴連　　第二小隊長：王錦（兼）

政治服務員：李思訓、鄭錦

（10）大鵬半島留守處

主任：陳志賢

（註）　這一時期大隊領導機關變動比較頻繁，1944 年四五月間遷到大鵬半島水頭沙。1944 年 8 月遷回赤徑。1945 年 9 月由敵情緊張又搬到鹽田。在大鵬半島增設留守處。

文獻

《港九獨立大隊史》序

曾生

《港九獨立大隊史》出版了，這是我軍軍史工作中一個特殊的成果。

近年來，在研究編寫武裝鬥爭史中，一般只為縱隊修史，港九獨立大隊是東江縱隊屬下的一個大隊，至 1944 年秋，東江縱隊取得支隊一級建制時才改為獨立大隊。為甚麼要為一個獨立大隊編寫歷史呢？這是因為港九獨立大隊處在一個特殊的鬥爭環境中，作出了特殊的貢獻。

眾所周知，香港九龍是在英國統治下的我國領土，1941 年 12 月 8 日，日本帝國主義發動太平洋戰爭，侵佔香港，我東江人民抗日游擊隊派出隊伍，插進新界，發動羣眾，建立武裝，開展抗日游擊戰爭，這樣港九獨立大隊從她誕生之日起，就站到國際反法西斯鬥爭的前哨。正是由於港九獨立大隊卓有成效的鬥爭，包括營救盟軍和國際友人，營救美國飛行員等等，促進了我東江人民抗日游擊隊直接與英、美盟軍的合作，從而擴大了我黨我軍的國際影響，這是港九獨立大隊的一個貢獻。

第二，香港戰略地位重要，它處在東北亞和東南亞的中間點上，成為太平洋日軍的轉運樞紐和海軍的中繼站，雖然是彈丸之地，日本卻任命一名中將擔任總督。港九獨立大隊在這個戰略要地上開展游擊戰爭，有效地打擊干擾了日本侵略軍的戰略部署。

第三，港九獨立大隊在情報工作上作出了突出的貢獻。他們能夠及時了解日軍艦艇的來往，兵員的調動等情報，供盟軍在作戰中參考，使美國空軍襲擊日本的軍事設施時，提高了命中率。這種情報戰是港九獨立大隊、特別是市區中隊的主要鬥爭形式，受到盟軍的讚揚。

第四，太平洋戰爭爆發前，大批文化界人士和愛國民主人士被迫轉移到香港。日軍進攻香港時，黨中央急電廣東黨，指示要不惜代價地搶救出這批文化精英和愛國民主人士。在廣東省委和八路軍駐香港辦事處廖承志同志的領導下，各方面力量密切配合，十分圓滿地完成任務，受到黨中央的表揚。港九獨立大隊在這次有史以來最偉大的搶救工作中，出色地完成了護送任務，使一批批文化界人士和愛國民主人士避開敵人的搜捕、土匪的搶劫，從九龍安全抵達游擊根據地。

第五，1938 年 10 月日軍佔領廣州後，華南地區的工業基本停產，香港成為這一帶工業品的供應基地。日軍佔領香港後，大肆掠奪那些物資以支持其侵略戰爭。港九獨立大隊保護商旅來往，把汽油、輪胎、膠鞋、布匹、西藥、五金、煤油等運回內地，支援抗戰。

第六，港九地區，地方狹小，敵人駐以重兵，我游擊隊難於迴旋。港九獨立大隊在鬥爭實踐中，不斷進行探索，總結經驗，取得新的發展。特別是利用周圍遼闊的海域，眾多的島嶼，發展海上武裝，馳騁在南海之濱，勇敢地以小船襲擊敵人的大船，多次取得擊沉或俘獲敵船的戰果，與此同時又保護了自己的航運。這支土海軍與戰鬥在大亞灣的護航大隊聯合作戰，使大鵬灣、大亞灣成為東江縱隊的內海，取得一定的行動自由。

以上六點是港九獨立大隊的主要貢獻。應該指出，港九獨立大隊是港九人民的子弟兵，她的每一項成就都是與港九同胞的熱情支援分不開的。《港九獨立大隊史》記錄着許多港九同胞熱情支援抗日游擊戰爭可歌可泣的事跡。在香港回歸祖國為期不遠的時候，編寫、出版這本書更有特殊的意義。是為序。

港九大隊的油印傳單

★ 起來，不願做奴隸的人們！

香港是迫近戰鬥了，盟國快要攻到香港了，解放的日子快要到來了！但我們絕不要幻想敵人會自動撤離香港的，我們更要提防與粉碎敵人的陰謀花（招），敵人在臨死之前是一定更加兇狠殘暴的。

同胞們，我們要用盡一切力量與辦法，對敵人鬥爭。

（一）青年們！團結幾個知心朋友，三五成羣，建立小組，秘密活動，待機與我隊取聯絡，並動員廣大同胞，時機來臨，配合我隊，反攻香港。

（二）工人們！你們要集體怠工，暗中破壞敵人的機器，延滯與粉碎敵人的生產計劃，要知道，敵人多生產一些軍火物資，大家就要多吃一點苦，你們要偷取敵人的東西，以減損敵人的物力，同時又可解決目前生活的困難，因為這些東西都是敵人從大家身上剝奪去的。工人們！團結組織起來啊！與我隊取得密切的聯絡，時機來臨，配合我隊，反攻香港。

（三）商人們！敵人重重稅收，壓得生意無法化算，而且敵人臨死前一定設種種辦法，統制壟斷，抽搾掠奪，生命財產是毫無保障的，唯有組織行動起來，一致瞞稅，立即停止與敵人在經濟上的合作。華資廠主們！應凜於國家民族大義立即拒絕替敵人生產軍用品。全港的商人們！你們不單這樣，更要積極與我隊取聯絡，時機來臨，配合我隊，反攻香港。

（四）警察，特務，特攻隊，保衛團，區所職員等在敵偽機關服役的人們！你們的所作所為，千百萬同胞的眼睛是釘着你們的，假如你們死心替敵人做事，你們的前途是不妙的，你們不要忘記自己還是一個中國人，你們要對敵人的職務陽奉陰違，對同胞積極幫助，秘密與我隊取聯絡，供給情報，俟機反正，將功贖罪，有槍拖槍，有人帶人，時機來臨，配合我隊，反攻香港。

同胞們！我隊已在你們的左右了，隨時準備與你們攜手，前進，為民族解放，爭取最後勝利！

廣東人民抗日游擊隊

東江縱隊第二支隊港九大隊

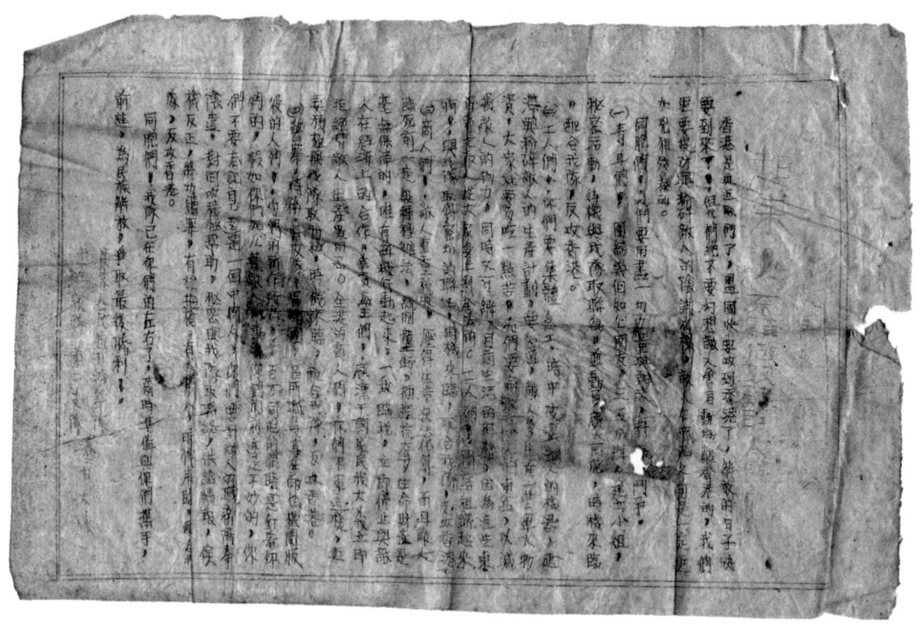

港九大隊市區中隊散發的傳單

東江縱隊港九獨立大隊撤退港九新界宣言
（1945 年 9 月 28 日）

全世界反法西斯戰爭和中國抗戰勝利結束了！我港九人民已經在日寇鐵蹄下解放出來了！

回溯我隊在港九淪陷後成立，我們的目的就是打倒日本侵略者。三年又八個月，我們在中國共產黨領導下，冒出生入死之險，不惜重大犧牲，救護盟邦人士，肅清土匪活動，破壞敵偽統治，保衛人民利益，確實盡了我們應有的努力，並做出了許多成績。鬥爭的事實又說明，我港九人民對於祖國是無限忠誠的，對於敵人是極端仇恨的。三年多的日子，他們飽受日寇的屠殺與迫害十分慘重，但他們對我隊的幫助與支持卻有加無已，他們的鬥爭實在是可歌可泣的。

今天，全世界和全中國和平建設的時期來臨了。在這新情況下，我隊奉司令部命令從港九新界地區撤退。在此以前，我們已經發現過不少反動份子、地痞流氓假冒東江縱隊名義，到處招搖撞騙，搶劫勒索，無所不為，實施挑撥陰謀，破壞我隊威信。在此以後，我港九人民要更加提高警惕，加強自衛力量，消滅與防止土匪流氓及反動份子的破壞活動，我隊特再鄭重聲明：在宣言之日起，一星期內撤退完畢。

別了！親愛的港九新界同胞們！今天，我們離開港九了，但我們關心你們的自由幸福仍和以前一樣。經過了長期困苦的鬥爭之後，我們希望你們能獲得香港政府的救濟，重建家業，改善生活。我們希望你們光榮的鬥爭能引起國際人士應有的尊敬，獲得應有的自由、和平與幸福的生活。

今天，我們撤退了，但我們的心卻是永遠不曾離開你們的。

大隊長　黃冠芳

政治委員　黃雲鵬

中華民國三十四年九月二十八日

抗日英烈紀念碑[1]

抗日戰爭期間，東縱港九大隊大嶼山獨立中隊進駐控制着香港通往澳門、內陸、廣州的海上航線監視着香港通往南太平洋的航道的大嶼山海島區。日寇為了消除其後方的隱患以便打通大陸幹線；同時，為了支援南太平洋侵略戰爭維持香港、廣州中轉站、補給站的戰略作用。因而與我軍爭奪大嶼山海島區的戰爭極為劇烈。

我隊於 1942 年 4 月間開闢大嶼游擊戰基地時，首先是與該區 500 多名罪大惡極的土匪、海盜展開激烈戰鬥，肅清了全區的土匪、海盜、惡霸，保護廣大羣眾的生命財產，搶救陷於水深火熱的全區人民，團結各界人士共同堅持抗日。我隊與敵軍展開過無數次的反圍剿、反襲擊的戰鬥，特別是於 1944 年 4 月間，敵人出動了二千多名日本侵略軍和六百多名偽軍及四十多艘中小型戰艦、炮艇、四架轟炸機，由一名將級軍官指揮，從海上嚴密封鎖大嶼山島。敵軍以大於我隊數十倍的兵力進行瘋狂大掃蕩，妄圖一舉消滅我隊，由於我們緊緊依靠羣眾，並及時從敵軍內部取得可靠情報，預早作好敵人來犯的戰爭準備，針對敵我力量對比十分懸殊，我軍採取全面掩蔽、化整為零、分散活動的戰術，在整整二十一個晝夜裏，廣大羣眾冒險支援子弟兵，戰士們歷經艱險鬥志昂；而敵軍則帥老兵疲，以到處撲空而告終。我部隊仍當然屹立，為珠江口堅持抗日的中流砥柱！

日寇大軍撤退後，仍繼續派出約大於我八、九倍兵力盤踞於大嶼山海島區，在大嶼山的各個城鎮和我游擊隊基地的主要鄉村加派重兵，仍然尋找機會妄想消滅我們。而我軍則採取了靈活機動戰略戰術，隨即開展鋤奸殺敵，拔掉了敵軍在大嶼山南、北、東區的塘福、石壁、貝澳、馬灣涌、牛牯塱山的黃竹坑等地的據點，橫掃大嶼山西端的大澳鎮的偽警察局；繳獲了敵軍大

1 此為港九大隊老戰士王江濤撰寫的大嶼山抗日英烈紀念碑碑文。此碑尚未豎立。

批槍支彈藥，殲滅了敵人的有生力量，使敵軍受到沉重打擊；在珠江口海域我隊襲擊敵船，繳獲了大批電扒和大量物資，破壞了敵人的海上運輸線；使敵人賴以垂死掙扎的香港、廣州中轉站、補給站失去了戰略作用。

1945 年 8 月 15 日日本宣佈無條件投降，當大嶼山日本駐軍拒絕投降時，我隊於 8 月 18 日以戰爭迫降駐梅窩日本侵略軍及駐東涌城日本憲兵隊並進駐長洲島接受該島的偽警察團投降，我軍於 8 月 26 日解放了大嶼山及附近島嶼，奪取了抗日戰爭的最後勝利！

在奪取抗日戰爭勝利過程中，我抗日軍民付出了沉重的代價，烈士們鮮血灑大地染紅了大海！1943 年 5 月間，中隊長劉春祥率領曾可送等 11 名班的骨幹為了開闢新區破壞敵人海上航運線，黑夜裏在海上航行遭遇敵艦艇。在激戰中，全體壯士壯烈犧牲了！同月我隊在羅漢岩突圍戰鬥中新戰士陳湘為國捐軀了！

1944 年 4 月間，敵軍掃蕩大嶼山時，我隊在地方工作的民運骨幹吳華權、李明和搞後勤工作的隊員朱發、溫佩珍、金標等犧牲了，也還有石壁民主政權村長遭該村漢奸告密而被殺害，大丫洲島我隊魚欄一名店員及其年邁母親被敵人燒殺，而該島數名村骨幹為支援我隊通訊工作渡海時遭敵軍殺害！我隊領導成員王月娥及崔玉明為了發展經濟赴港被漢奸告密壯烈犧牲了！為奪取抗戰最後勝利迫降日軍戰鬥時，在梅窩，班長陳友擊斃三名敵兵後，被敵軍機槍射中而犧牲了，在東涌城追擊敵兵而犧牲的有小林、莫慶友！此外，還有在執行勤務時為國捐軀的黃華強、鄧惠興、馮華新等。

大嶼山獨立中隊的指揮員們和廣大革命羣眾為了反對法西斯慘無人道的殘酷統治，為了抗日戰爭勝利，出生入死，英勇奮戰，甚至為奪取革命戰爭的勝利而壯烈犧牲，為抗日戰爭的勝利作出不可磨滅的卓著貢獻，光榮戰績垂青史！為革命戰爭而犧牲的烈士們永垂不朽！

原東縱港九大隊大嶼山獨立中隊政治指導員王江濤（王鳴）誌

筏可大師抗戰紀念碑[2]

筏可大師不但在港九佛教界中有地位，且在華南佛教界中也有一定的影響。筏可大師是一位愛國者，抗日戰爭期間，日偽政權企圖借助他的名望來控制佛教界，利誘他出任華南佛教協會副會長，遭到拒絕，致使日寇陰謀不得逞，筏可大師堅持抗日，他支持掩護該寺經慧和智慧為我軍工作，經慧和尚雖遭敵人嚴刑迫供，仍然保守秘密，堅持搞好我軍情報聯絡工作，為抗日救國作出貢獻。在筏可大師帶動影響下，當地僧尼們都堅持抗日，他們經常為抗日游擊隊戰士們採草藥防病治病；特別是抗日部隊處於被敵軍包圍、掃蕩期間，他們冒險以米糧、食品支援部隊；1944 年 4 月間，日軍以大於我軍數十倍兵力，出動海陸空軍進行掃蕩大嶼山島抗日部隊，當時東縱港九大隊副大隊長魯風（建國期間魯風任中國人民解放軍廣州軍區空軍第七軍副軍長）因病正在大嶼山庵寺休養，敵人包圍搜查地塘仔尼庵時，尼姑了見師傅冒生命危險掩護魯風，為了更安全，後又為其化裝，由六姑帶路轉移到昂坪寶蓮寺。筏可大師親自幫他化裝為居士並指點對付敵人的方法；當敵軍包圍搜查該寺時，筏可及時安排魯風混於數百僧尼中，在大雄寶殿內聽筏可大師講佛經，日寇以凶狠目光掃視每個僧尼、居士和信徒們，然後逐排逐座檢查，魯風在眾僧尼掩護下得以脫離險境；但敵人不甘於一無所獲，講經會後，日寇軍官隨即率領士兵到方丈室把筏可大師抓起來毒打並施以酷刑，以致遍體鱗傷，血跡班班，日寇逼大師交出「何先生」（即魯風），大師矢口否認有「何先生」在，日本軍官大發雷霆兇狠地把指揮刀架在大師脖子上以殺頭、破腦袋威脅，但筏可大師視死如歸，泰然置之。最後，敵人無可奈何，以失

2 此碑尚未豎立。

敗告終。大師決心救病傑，威武不屈浩氣揚，為抗日戰爭奪取勝利作出卓著的貢獻。

原東縱港九大隊大嶼山獨立中隊政治指導員王江濤（王鳴）誌

公元一九九五年八月十五日

港九大隊隊部關於粉碎敵「掃蕩」總結 —— 情況判斷、粉碎敵「掃蕩」的情況，今後工作意見（節錄）（1944年2月26日）

一、情況判斷

（一）敵情

自從去年敵人打通廣九路後，東江敵友我形勢起了嚴重的變化，而港九地區與敵鬥爭也起了不同的嚴重變化，即是說敵人更加鞏固港九地區據點，以準備支持太平洋的決戰與向盟國的反攻。這樣港九敵我鬥爭以後是日趨嚴重與尖銳，掃蕩與反掃蕩是會反覆頻繁與殘酷尖銳的，其表現在：

1. 敵在軍事行動與防禦建設上：

（1）敵人擴大了港九的外圍線並在深圳與沙灣間之黃貝嶺與老鼠虎凹一帶山脈，建築起炮台防禦工事，這無疑使港九我隊活動更趨孤立，而且通車後敵軍兵力之運動性是增強，可以隨時在港九外圍調兵掃蕩我隊。

（2）在港九區內，則增集炮台與據點，如大帽山、鵝×牌山與沙頭角紅花嶺，這些建築除了是防禦盟國的反攻外，也是有計劃的針對我們的活動〔區〕域的中心地帶或交通要口而增設，使我們活動〔區〕縮小，受了相當限制，同時也可以隨時發揮火力威脅與消滅我們。這些建築是有計劃不斷增加的。

（3）在每個據點的兵力，可以隨時出動搜索，以企獲得材料，擴大戰果。

2. 在政治上，則加強其統治，如沙頭角的逐鄉逐人的強迫照相，強迫抽丁，西貢區的登記十五歲至五十歲男人，或三月後準備重新登記戶口，或聲言抽壯丁。

3. 特務上，更增了特務的活動，特別是收買內線，侵入我區長期打算，以企弄清我主力與民眾各種關係，如西貢新發現所收買當地鄉民及兒童，或化裝收買佬及難民等。

4. 經濟上，則加強其統制與封鎖，並針對我們的運輸交通線與稅站，不斷的出擾與奔襲，如沙頭角的紅石門與西貢的牛房。以上都是敵人有計劃有步驟的準備大規模向我們掃蕩的開始表現，這掃蕩是會頻繁與反覆、殘酷的。

（二）K 方[略]

（三）我方

新年工作力量的暴露（包括過去的暴露）。

新年工作的目的要求是達到：軍民更較團結，提高民眾鬥志，與克服今年的困難，準備明年的反攻力量，就應根據本區的特殊具體情況，去進行深入的廣泛的，用各種各樣當地俗例形式去進行各地可能範圍裏的政治鼓勵工作，而非講究秘密，不注意暴露，不警惕奸細，不戒備敵人的掃蕩的大幹特幹，高興一場。如這次△△召開一二千人的民眾會師大會，各該處地方武裝民眾團體參加會師與歌舞演劇。無疑問的把自己的力量告訴了敵人，但未能達到新年工作的基本要求，而且自己工作的困難，工作企圖與當地力量的暴露。

根據上列的情況，當時除極力糾正△△的暴露外，並判斷敵人不久可能更殘酷周密的佈置掃蕩，而以西貢分主，並估計敵人掃蕩有可能採取下列的二個辦法與時間：

1. 辦法上，第一個辦法：敵人以海陸大軍嚴密包圍西貢，全區掃蕩。而其第二個辦法：敵人如果兵力不足，則把西貢分為兩個區，分區掃蕩。首先掃蕩上半區，以××××附近鄰村及△△鄉為中心目的，而後掃蕩後半區。
2. 時間上，是長期的與突然性的，以最高速度突然包圍，×掃蕩。這次掃蕩證明了當時分析與判斷的正確。

二、敵人掃蕩中的表現

[十一日至二十四日敵情略]

二十五日敵情：

（一）西貢方面：

1. 昨夜到西貢之敵（三十七人）由鬼頭仔帶路沿大環、大網仔、黃京地經北潭涌，時已六時，捉了屋頭村長等二人帶路，直到上××，到時即分散包圍海邊寮仔後背及左右山仔，而下搜索，捉去村民四人，由鬼頭仔指為船家△及屋主標長榮共六人，並把在該地木船駛往大埔去。當捉村民時有某印兵對民說：「今日來這裏個契（指鬼頭仔）帶來的（累我行了十幾天），希望太平時你們要捉了他，殺他的頭，唔系還會來，真是漢奸！」（該鬼頭仔前任水客，曾於上半年在唐介買隻狗仔賣給井頭鄭容）
2. 西貢警備隊十九人，步槍十九支，輕機一挺，擲彈筒二個，通譯一名（盧），密探六個，另「文雅」有密探二名，派出白沙灣哨位，撤哨北圍及大涌口崗位，日間分二班：①上午五點半至十二時。②下午十二時到五時半。晚上另設一班，每班五名，全副武裝。
3. 大環住犬兵二名，中犬二名，印犬二名，密探二名，步槍二支，短槍四支。
4. 十二時餘，九龍凹到有犬兵四名（步槍四支）、密探二人，犬查一人，施行戒嚴停止行人來往，一時解嚴，二時餘回九龍。
5. 西貢區調查戶口，縣派出調查員四十名（鄰保班長負責）、監察員二十名（區所職員負責），由二十七日起派調查表給各村填寫，至下月十二日開始調查。是日並派犬查三十名協同調查，禁止交通來往，限四點鐘內調查完成，如多一人或少一人戶口，將停止配給。

6. 敵人放出聲氣要燒光六湖山。
7. 井頭警備隊十二名，長槍十二支，隊長伍長、薛岳（老鼠仔）天天和小孩喜喜笑笑、做遊戲、出操，藉以了解我隊秘密。
8. 官坑犬兵三名，犬查十四名，共十七名，輕機一挺，步槍十六支，七九二支。
9. 烏龜沙住犬兵三名，中犬九名，印犬五名共十七名，紅毛瑟八支，七九二支。
10. 沙田小文園警備隊十七名，經常偷掘鄉民的番薯。

（二）大埔方面：

上午犬兵六名、便裝一名，乘船仔由余仁生上岸，沿大路而回。

茲將此次敵行動兵力統計如下：是根據已經發覺而收到的，其他在行動中未發覺的或準備出發的不計在內：

1. 警備隊（步兵）

隊名	人數	配備	指揮官	搜索地區	備註
南區警備隊（8135）	40 餘	輕機二挺、擲彈筒兩個、餘長短槍備	富塚中尉（田口，遠田）	西貢區、坑口區	
西貢警備隊	19	輕機一挺擲彈兩個，紅毛瑟十五支，左輪六支	沼田	西貢區	屬南區
東區警備隊（134）	40 餘	輕機一挺、餘步槍		西貢區、沙田區	
沙田警備隊	12	輕機一挺、步槍十二支	福田	沙田區、西貢區	
沙頭角警備隊	30	輕機二挺、餘步槍	太平	沙頭角區	
粉嶺警備隊	40 餘			粉嶺上水一帶	
元朗警備隊（左地區）	50		諏訪	元朗八鄉、十八鄉	
筲箕灣警備隊	19			坑口區	
共約 280 名，在西貢區搜索者約 150 名					

2. 犬兵

隊名	人數				配備	指揮官	搜索地區	備註
	犬兵	印犬	中犬	合共				
北地區犬兵隊	8	20	60	88	犬兵短槍，犬查徒手	奧野吉高	西貢區	
深水埗派遣隊	6	15	40	61	同上		西貢區、沙田區	
旺角派遣隊	4	8	16	28	同上		西貢區	
紅磡派遣隊	5	6	20	31	同上		西貢區	
九龍城派遣隊	5	8	24	37	同上	（平尾）	西貢區	
沙頭角派遣隊	8	19	56	83	輕機 1 機 1 手提機 1 步槍 1	桑木	西貢區、沙頭角區	
大埔派遣隊	6	35	47	88	輕機二挺，紅毛瑟 72 支	水馬	西貢區、沙田、大埔	
粉嶺派遣隊	5	8	27	40			粉嶺	
元朗派遣隊	8	16	60	84		古田	元朗、八鄉、十八鄉	
香港西地區派遣隊	10	15	35	60	犬兵短槍犬查徒手		西貢區	
香港東地區派遣隊	10	15	35	60	同上		西貢區、坑口	
共犬兵 75 名，印犬 160 名，中犬 42 名，合共約 630 名 在西貢區搜索者約 450 名								

3. 密探

附屬機關	人數	配備	隊長	搜索地區	備注
北區犬兵隊密探	15	短槍	黃球	西貢	
九龍城派遣隊密探	28	左輪一支，子彈十八粒，餘為鈎輪	劉池	西貢	
南區警備密探	10 餘	短槍	馮端	西貢	
東區警備密探	10	短槍	霍森	西貢區	
大埔犬兵派遣隊特務犬查	9	短槍	楊煥	西貢區、大埔	
沙頭角犬兵派遣隊特務犬查	6	短槍		沙頭角	
元朗警備密探	10 餘	短槍	黃福洲	元朗、八鄉、十八鄉	
香港大兵部	14	左輪一支，子彈六粘，二支曲尺，餘為 ×××	黃鎏	西貢	
共約百餘名，出動到西貢者約 80 名					

警備隊、犬兵、犬查、密探等共約千名以上，在西貢區搜索者約在七百名之間（另有粉嶺警備隊可能出動到西貢約五十餘名，因材料未收到，暫不列入）。

4. 海上

地點	船類	隻數	每隻人數	每隻號數	配備	用途	備注
西貢海面	電扒	5	7–8	(1)(2)(3)(4)(9)	機一挺，小鋼炮一門，步槍六支，左輪一支，劍一把，子彈三箱	警戒、封鎖	
	木船	10				裝運	
筲箕灣	電扒	1	9		機一挺，小鋼炮一門，步槍五支，曲尺一支，劍一把	運兵到坑口	
大埔海面	電扒	2	9	「20」		警戒、封鎖	
	武裝木船	7	6–9		步槍	警戒、封鎖	
	木船	5				裝運兵員活動	
沙頭角海面	電扒	2	9	「21」	機一挺，小鋼炮一門，步槍五支，曲尺一支，劍一把	警戒、封鎖	
	木船	5				裝運兵員活動	
共電扒九隻，武裝木船九隻，木船 20 隻，都是包圍着西貢區沿海							

三、敵人行動的企圖與特點

（一）兩個企圖：

1. 企圖發現我力量，加以撲滅，擴大其戰果。由其行動可以看出，以十數兵力到處包圍搜索，遠途奔襲或中央突破一點，奇兵突擊都是為了達到其這企圖。
2. 用威力驅逐我隊離開港九，藉口找飛機師，到處反覆搜索，捉民眾放出謠言，使民眾疑神疑鬼，風聲鶴唳，貌合神離，對我害怕，經濟完全中斷，使我無法立足。

這兩個企圖是互相聯繫的，不達到第一個就達到第二個目的，都是針對我隊的特點，同時也是針對我隊優點，就是說，不僅是針對游擊戰術的特點，同時也是針對我隊本身的特點。

（二）敵人這次行動中充分表現出好幾個特點：

1. 乘機藉口，事實上敵對我掃蕩的決心老早已打定好算盤。西貢警備隊長遠田〔香〕港開會二星期未回，而且十日大埔已增兵，觀其來龍去脈，都是外冷內熱的準備着。而乘盟機來炸，即借端啟衅，如發現我之力量，便可加罪於民眾，再得寸入尺，其實為了轉移我之視線，疏懈我之精神，笑裏藏刀，秘密中卻監視偽區所及愛護團人員，這也是說明了今後敵人可以隨時借題發揮。
2. 迅速與相當嚴密。同一個時間同各區同時出動，同時包圍，立即實行戒嚴，使我交通斷絕。沿交通線設立站崗，分駐許多小據點，海面嚴密封鎖，木船多遭扣留，反反覆覆，日夜不怕痲煩。
3. 長期的全面的分區掃蕩，再分小區搜索，配備長期糧食，充足彈藥，長住各村，築工事，這比以前任何次所不同，決心特別大。
4. 虛詐詭計。全區都出找飛機師，行動非常偽秘，主力不被發覺，在大埔仔大部分掩蔽在山上，使無槍偽軍先行，用木槍來掩人耳目，遠道奔襲，如十四日由九龍步行趕來西貢，又如二十五日更由西貢連夜到土瓜坪，再經大埔回九龍，廣放謠言，用疑兵計弄到滿城風雨，風聲鶴唳，做成你之錯覺。如二十餘人來大浪騙民眾，言尚有百餘人在後就來，煮飯故意兩餐齊煮，這都是其戰術上虛則實之，實則虛之的詭計。
5. 連夜搜索。以前夜間包圍，拂曉搜索是其中慣技，但這次晚上包圍了茅坪梅子林，打蠔墩、北港以及坑口一帶隨即入村搜索，用迅雷不及掩耳的手段，使我防不勝防，亦是前所未有。
6. 犬兵配合。據這次兵力統計，犬兵是佔了主要成分，西貢指揮反為九龍犬兵隊長興野吉高。
7. 不斷轉變其辦法。初時主力設在西貢，前頭部隊在觀音山搜索，其後主力也向該方轉移，指揮機關為便利其指揮，仍設在西貢，其後備隊則掩蔽在大埔仔，可以靈活看情況變化而增援。找飛機師的藉口弄不到結果，再變本加厲，調查戶口，而至捉鄉民搜索材料。

8. 政治懷柔收買。隨便舉幾個例子都清楚的看到這點。

（1）副統（警察隊長）召開鄉長會議，叫全區民眾幫助其找飛機師，大講特講大東亞精神。

（2）對大浪民眾說：「皇軍最愛護民眾，並無損害民眾的東西，故大家不要怕，中日原是一家人，共同打倒英美，現在皇軍發六兩四米，本來是不夠食，但是沒有辦法呀！」一篇鬼話。

（3）老鼠仔（煙台副隊長）在十四鄉和小孩子講講笑笑，引誘小孩，贈送煙仔給民眾。文鋼仔敵人買糖仔給兒童吃。

（4）某鄰保班長拍其馬屁，請其吃飯，而敵人對其大讚特讚，並叫其他人應向其學習。

（5）明知 ×× 開民眾大會，卻說得似乎很大量，並說你們米穀夠食，有游擊隊幫助等語，並無威脅語氣，且全區都很少打人，絕對不講捉游伯。

9. 預先佈置特務內奸。［略］

10. 經濟封鎖。從敵人掃蕩之日始，我們收入即行中斷，實行嚴密封鎖，弄到經濟無辦法，致難於支持，如敵探在煙台說：「不須打 ×× ，只在這裏住半月，自然餓死矣」，其用心可謂辣矣！

11. 不斷蚕食我活動地區，分駐許多小據點，設立許多站崗，步步深入，使我無法活動。

（三）敵人之弱點：

主要是由於其太平洋戰爭，基本上就是非正義的，再加以兵力不足，因此，也有其主觀所不能避免的許多弱點：

1. 西線日軍佔極少數，犬查為主要成分，而且每路搜索兵力最多六五十人，情緒非常低落，毫無戰鬥力，多對敵不滿，怨聲載道，易為我伏擊。

2. 疲勞。經常遊來遊去，各處雖然到過，但多同是那一股人而已，不過是虛張聲勢。
3. 這次掃蕩雖然是全區性的，但其兵力不足分配，分區再分區，使我易於應付，運用大塊與小塊的鬥爭。
4. 對我害怕，特別犬查更甚，如說：「碰到亞游伯就大吉利市」「一支爛槍幾粒子彈怎麼碰得劉黑仔二十聲駁殼，去搜亞游伯等於去送死」等。另如敵人在 ×× ，其驚慌失措更難形容，敵隊長云：「後邊還有幾百人，一剎那就會來！」實僅二十餘人而已。
5. 不敢深入搜索山頭，初時兵力集中則無山不搜，甚至燒山頭，但後來兵力分散，卻連接近山頭的地方也不敢住了。
6. 兵力抽空，其內部有空隙可乘，便利我們展開包圍與反包圍的鬥爭。
7. 補給困難。雖然敵人企圖長期掃蕩，但各方面的給養都很差，偽軍多吃不飽，使其戰鬥力日益消滅。
8. 不能掩其獸性。雖然是滿裝假仁假義，百般心懷柔，但卻獸性難除，幾次發生強姦婦女的事件。其言論行動雖是詭秘，但很容易漏出破綻。

四、我們的檢討

（一）領導上，這次反掃蕩基本上是勝利的，這個是依靠當時情況判〔斷〕的正確與適時爭取時間做軍事工作佈置，以便主動的有力的堅持，而粉碎了敵人這次殘酷的掃蕩。但是毫無疑問，在戰鬥上也有其嚴重的弱點存在，這是須要檢討出來的，使大家同志來接受與克服過來的。

1. 這次勝利的粉碎敵的掃蕩，我們應該指出，不是主動的、有力的去粉碎，而且〔是〕在被動的、劣勢的、依靠同志的堅持去創造敵人的弱點而粉碎其企圖的。這裏所說的被動，不是兵力佔優勢的被動，而是說我們在工作中犯了很大的毛病，這個毛病一天不克服，我們的被動與劣勢的地位〔就〕

一天不會去掉的，而且很危險的，防不勝防的。這個毛病是甚麼呢？很簡單，就是「卜路」〔暴露〕兩個字（工作與力量）。在今天港九鬥爭的尖銳發展中，敵人企圖是想要發現我們的力量，加以殲滅，而我們的企圖是創造新的力量與指導戰爭向自己的企圖上發展。假使我們「卜路」〔暴露〕了，這無疑如把自己力量向敵人告密，使敵人有了進攻目標與作充分的佈置。這是軍事上處於最不利的地位，這須要大家同志反省與堅定克服的。

2. 在組織機構上，我們尚欠機動與靈活，這表現着在敵人掃蕩中，個別的非戰鬥單位還要令〔戰〕鬥機關去關照與督促，或個別單位停止了工作，尚未能獨立的、自動的依照工作原則去爭取時間、去進行工作；另方面在交通聯絡上，個別的單位是斷絕了聯絡，或與潼關斷絕了聯絡，這都是須改善的。

3. 爭取時間去佈置工作仍做得不夠，如新年工作尚無及時去總結出克服部分同志及民眾的樂觀、太平觀念的現象，準備反掃蕩的工作，而且局限於軍事工作的個別佈置或軍事大會本決定五天結束，結果延長了三天，雖然同志多得了經驗，但在我區鬥爭的環境中也是不適合的。

4. 檢查與督促、幫助工作做得不夠，以致很多單位臨時慌張，或仍粗心大意的太平觀念。

（二）各單位表現［略］

五、今後工作［略］

六、情報工作決定（三月一號於大新）［略］

（節錄自《廣東革命歷史文件彙集 1941−1944》，

第 45 冊，1988 年，頁 285−332）

鎮南[3]：一九四四年上半年軍事工作總結（節錄）（1944年）

半年來的敵友我情勢

甲、敵人方面

一、 港敵最高領導機關系統[略]

二、 敵兵力、兵種、駐地、長官姓名及其分佈情形

（一）香港佔領地警備隊（波字集團），全隊約2,000名（似是由竹立少將所統轄）

1. 香港地區警備隊約八百名，分駐於摩天嶺（佔大部分）、跑馬地、筲箕灣、赤柱、香港仔（隊長何上少佐）

陸續有部分兵力調走，六月更大批調走，港方防務，抽調在港在鄉軍人200名協助防務，現全港約400名。

2. 九龍地區警備隊約八百名（八一一五），隊長（前杜部美邦中佐）古田中佐（屬波8138竹立部隊）

（1）中區警備隊高橋大尉

窩打老道培正校內，約160餘名。

（2）南區警備隊富塚中尉

① 海防道兵房，50餘名。

② 西貢（漁田、遠田、田口森）報坊14名，配輕機二挺，步槍12支，短槍2支。

（3）北區警備隊安原中尉

① 旺角警察學堂，50名。

② 馬頭涌集中營，30名。

3 原文標題為「南鎮」並註「疑是東江縱隊港九大隊的代號」。根據《港九獨立大隊史》，大隊代號為「鎮南」，以此修正。

③ 沙田，12 名，輕機一挺，步槍 11 支，短槍 2 支，小畸軍曹。

（4）東區警備隊，檜森大尉

① 九龍城民生書院四十名（八一一三），隊長賽方井口，配輕機一挺，小鋼炮一門，鈎仔 34 支，紅毛瑟 15。

② 九龍塘。

③ 啟德機場 40 餘。

3. 新界地區警備隊（八一三九）川口中佐

（1）川口本人於去年十二月進攻廣九線，帶隊進駐樟木頭等一帶，餘下少數隊伍留守該地。

粉嶺 80 名

元朗 50 名

（2）不斷由港方調出或由各地調來之壯丁加以補充，隊長從本中佐

金錢圍：130 餘，輕機 3，餘馬槍

粉嶺村：380，鋼砲 4，輕機 8，步槍 180（內印兵 72 及大部新兵）

安樂村：273（茅根），砲 4，馬 27

元朗：150（中滿）

（3）四月二十八日開始調動進攻惠州方面，大部分調走，餘下：

金錢圍：（八一三九）130 名，輕重機三，步槍七十餘

安樂村：96 名，砲 4 門，平射砲 1，隊長茅根

粉嶺村：12 名

沙頭角：30 名，吉田中尉（前屬國境線警備隊管轄）

元朗洪水橋：23 名，石川

（4）六月二十日增加粉嶺村 220 名

增加粉嶺育嬰堂 60 名，配平射炮 1 門，手提機 4（屬八一一四）

4. 國境線關川八一一六（屬波八一三八，竹立部隊）

5. 工兵隊：

沙田濱田隊 23 人，濱田准尉，輕機二挺，步槍十支，短槍五支

6. 香港是敵對太平洋的補充站，補充來往很複雜，特別是五、六月份，難以得到正確數字。

7. 級別識別：

（1）二粒星上等兵

一條金線兵長：一粒星伍長，二粒星軍曹，三粒星曹長。

二條金線准尉：一粒星少尉，二粒星中尉，三粒星大尉。

三條金線准佐：一粒星少佐，二粒星中佐，三粒星大佐。

金底准將：一粒星少將，二粒星中將，三粒星大將。

（2）大町部隊 大町氏，副官秋山中尉，擔任南太平洋運輸部隊

① 在海防道兵房，深水埗兵房兩地訓練新兵（是從各地抽調來的壯丁）。逐期訓練完畢調走。

② 設有海員養成所，募集華人訓練，畢業生已有九期，共 410 餘名，在業中 153 名。

③ 有大小機動帆船百餘艘。

（3）犬兵部

① 犬兵本部（香港犬兵總隊部）

隊長：野間賢之助大佐，溺於色，住寶珊道宿舍，日間在上海銀行對面樓上辦公

警務課長：市川，頗黑而矮，領導特務工作

特高課長：班長久田中尉，班員 20 名。

經理課長：

醫務課長：

② 西地區犬兵隊（西昭和通）犬兵 8，犬查 150，隊長中山韋南大尉放部下欺民。

大道西派遣隊　犬兵 3，犬查 14

醫院道派遣隊（高街）犬兵 6，犬查 55

薄扶林派遣隊　犬兵 3，犬查 15

鴨巴甸派遣隊　犬兵 6，犬查 55

山頂道派遣隊（歌賦 × 道 288）犬兵 4，犬查 30

③ 東地區犬兵隊（青葉峽、聖馬加利醫院）犬兵 8，犬查 80，隊長柴田中尉。

筲箕灣派遣隊（教堂），犬兵 7，犬查 55。隊長欽田敵曹長。

灣仔派遣隊，犬兵 4，犬查 30

赤柱派遣隊（赤柱村）犬兵 4，印犬 30。隊長坪井。

④ 北地區犬兵隊（加士居道）犬兵 8，印犬 20，犬查 60。隊長平尾好雄中尉。

旺角派遣隊，犬兵 4，犬查 15

紅磡派遣隊，犬兵 4，犬查 15

九龍城派遣隊（界限街），犬兵 8，印犬 39，犬查 59，隊長興野吉高。

深水埗派遣隊，犬兵 6，印犬 15，犬查 40

西貢派遣隊，犬兵 3，犬查 20。隊長外茵生夫。

荃灣派遣隊，犬兵 4，印犬 24，犬查 25。隊長石川。

大埔派遣隊（省躬草堂），犬兵 8，印犬 22，犬查 30，隊長小田規一部。

沙田派出所，犬兵 1，犬查 15

沙頭角派遣隊，犬兵 8，印犬 19，犬查 26。隊長桑本（記英文）。

上水村派遣隊，犬兵 6，犬查 86。隊長小澤。

崗下派出所，犬查 6

蓮麻坑派出所，犬兵 1，中犬 15

打鼓嶺派出所，犬兵 1，中犬 5。

元朗派遣隊（九龍公司），犬兵 11，印犬 33，中犬 68。隊長大屋。

青山派出所，中犬 24

屯門碼頭派出所，犬兵 1，中犬 6

⑤ 水上犬兵隊隊長市川中尉

香港（中佳吉通），犬兵 6 人，中犬 56 人

九龍（尖沙咀中間道），犬兵 4，中犬 25

⑥ 香港犬兵教習所

I、每期由各派遣隊中抽出中犬 40 名加以訓練。

II、徵募得來訓練者共舉行五期約 600 餘名。

合計全港犬兵約 150 名，最近部分調往他地，另由警備隊中調出補充。犬查 1400 名，加上募集訓練的 600 名，合共約 2000 名。其中印人與山東人佔十分之三，餘為廣東人。最近抽出一部分充任特別犬查或密探，五月中港方印犬大部調走，犬查等 300 名，全部穿敵服武裝，由蔡紹球率隊至平海，被 K 進攻，僅餘 27 各回港。現續捐募犬查。

各犬兵部有警務課、庶務課、特高課之組織。

各派遣隊隊長負責對外聯絡及對上級負責，另有犬兵伍長或兵長負責一切事務（包括審判）。另一名負責

書記之職（派出所不在此例）。

各隊犬查中，在三十名左右者有三粒花（一等）者二人，二粒花者四人（餘者依數量多少而增）。

犬查平時不發槍，值班時（守衛）或出動時始發給，子彈很少。

（4）南支派遣艦隊司令部（中佳吉通）司令：副島中將

參謀：首席參謀，近藤新一大佐——小煙大佐，副官：河合

① 海軍陸上警備隊約 500 名，分佈於各工業部門，擔任警戒之職

啟德機楊 50 餘，太古船塢 30 餘人，三門關 24 人，輕機 3，步槍 20 餘，短槍 24

② 港內戰艦。

③ 小炮艇：

「大」1—9 號，登陸艇、闊頭，專供運兵登陸用。

「小」1—9 號，同上。

「時」1—9 號，輕機 1，高射機關 1，步槍 4，巡邏港口用，7 11 人。

「為」1—9 號，輕機 1，高射機關 1，步槍 4，巡邏港內用，7—9 人。

「警」1—9 號，配備無定，專供巡邏港內用。

「20」、「21」，小鋼炮一，高射機關一，步槍 4，7—9 人，屬三門關。

「30」、「33」、「28」等數隻被炸沉。

［士兵情緒、敵人掃蕩情形等略］

乙、K 方面［略］

半年戰鬥總結

一、 戰鬥方面：

	項類	數目	備考
	大小戰鬥	23	對敵戰鬥 21 次，對 K 戰鬥 2 次
	斃日軍	6 人	內軍曹一人
	斃傷偽軍	14 人	內偽軍隊長一人，副隊長一人，偽軍三名，印犬 6 名，中犬一名，密探 2 名
	俘偽軍	27 人	內犬查名，密探 12 名
	斃 K 軍	1 人	連長
(一)	我軍傷亡	4 人	一服務員、二交通船員，一班副
	被俘	3 人	交通事件
	我參戰人數	235 人	
	敵參戰人數	3000 人	直接參加戰鬥的 847 人，二・一二掃蕩 1200 人，連同半年來向我掃蕩的人數共 2500 人—5000 人
	K 參戰人數	180 人	直接同我交戰的，其他不計 敵我傷亡對比為 67:1
	繳獲紅毛瑟	13 支	內有 2 支是瓦解印軍獲得的
	左輪	3 支	
	勾輪	1 支	
	七九	5 支	
	雀槍	7 支	
	刺刀	3 把	是瓦解印軍獲得的
(二)	單車	3 輛	
	子彈	1500 發	
	大艘船	2 艘	一被敵搶回
	毀橋樑	一座	
	物資		計：船索三條，牛骨十七件，瓦器 156 籮，金連幣 367 件，白鹽六百擔，柴炭十擔，衣服 200 件，白米五擔，魷魚一擔，日旗、章二面，三板仔一隻

	項類	數目	備考
（二）	我方損失		
	紅毛瑟	1 支	
	交通船	1 隻	
	其他		
	瓦解印軍	17 人	
	營救盟國機師	1 人	Donald W. Kerr 克爾中尉 中 × 高空軍事第三十二飛行大隊，為中美聯合 ×× 這次飛行指揮官
	散發傳單 6 次	7000 份	
	拯救被敵 ×× 捉來的壯丁	90 名	

二、 戰鬥經過情形（這裏只把大的戰鬥列入）

（一）新世界於一月三十一日伏擊敵偽的總 ×（新世界即明華之舊名）

1. 情報分析

（1）上午九時接到報告，有四個犬查化裝，身穿大褸並一剪髮婦女，和一擔夫並些行李，直向本區路線前進，已到牛凹排，欲找船去紅石門方向

（2）在當時的估計並根據一月二十二日敵擾紅石門之事件及敵人經常對稅站、海面騷擾搜索以及對本區之注意下是有很大的可能，敵派出化裝偵察與便衣 ××× 我們必然的襲擊狀態

2. 佈置

（1）根據當時情況之判斷和我們戰略戰術的原則下就此而下決心進行埋伏襲擊

① 派出聯防隊 × 人先登上山頂警戒，監視紅石門之方向，以備敵之配合行動

② 派出沿來路之偵察

③ 集中 ×× 武裝，解釋情報和規定戰鬥任務後，即在沿海岸邊埋伏，候船登上頂時繳械俘虜 × 工作

④ 加派一船偽在海邊捕魚，以便騙之搭船

（2）當時處理

① 到正午已全部捉獲繳械，隨即檢查登記物件，搬落船駛往別處掩蔽，並作簡單的問話

② 進行調查是否事實私逃

③ 進行諮問及研究工作

④ 決定釋放交還財物，××× 進行請餐與政治宣傳工作

（3）檢討

優點：①能掌握情況與決心 ②佈置慎重與迅速 ③埋伏得宜 ④情報聯絡迅速

缺點：

① 與前頭（橫嶺背領導處）聯絡不夠，沒有及時派出通知前頭領導處，致使何不了解我處之佈置

② 看守警戒鬆懈，不加注意警惕。如對婦女沒有嚴格掩蔽，使 ×× 認識地方，×××× 散漫

（二）反掃蕩鬥爭中明華隊對檢元下敵軍的出擊（二月十五日）

1. 十一日敵人借找尋機師之口實下，公開對我大搜索包圍戰，對大埔區只用少數部隊活動，到處搜查，加派電扒在海面封鎖。在這情況下，我們為了積極配合作戰，粉碎敵人掃蕩的陰謀，牽制敵人一部分兵力。根據我部下對執行作戰決心，進行戰鬥上的佈置，決定對檢元下據點之敵進行夜襲。

2. 兵力組織：命令部隊 × 人，配衝鋒機一挺，紅毛瑟一支，其餘短槍、手榴彈，分二組，由莫浩波同志指揮，於是晚七時出發。

是夜天氣微墨黑，伸手不見五指，於八時在石樓近敵方即佔領敵營背後之小高山，與敵炮台哨位對峙，同時派出短槍一組，摸敵哨位，但摸到哨位時，不見哨兵，搜索四周也不見，大約當時天[下]雨，可能撤哨回營房門口，我突擊隊接近營前十米遠之處，仍不發覺哨兵，當即用駁殼向敵營口射擊，而背後衝鋒機主力即向敵營後面瓦面掃射，敵營內不動聲色，也不敢出來應戰，我射擊後隨即撤退。

3. 戰鬥統計：

敵人方面：檢元下據點住有 50 餘人，住圍村學校，後山設有炮台及配備機槍。

我們方面：消耗駁殼子彈三發，紅毛瑟子彈七發，衝鋒機子彈 36 發，安全退回。

4. 經驗教訓：

（1）優點：

① 在行動上能迅速和秘密，對命令執行堅決

② 同志們士氣及精神表現非常勇敢

③ × 敵時警惕性很高，派出尖兵搜索

④ 退卻時秘密迅速，沒有失連絡

（2）缺點：

① 出發前沒有把周圍情況向隊員傳達

② 民兵在行進中沒有做斥候動作

③ 太平觀念，登山及過馬路未派出搜索。

（三）大華隊、海上隊與敵偽船遭遇戰鬥

1. 戰鬥前敵情與 K 情：

（1）當前 K 軍是駐於澳頭，三門關敵鐵拖經常游弋海面，隨時可能增援大埔，沙頭角之電扒亦隨時出動之可能。

（2）當時我二艘武裝船出發吉凹，中途遇風，折回黑岩角停船，是晚十二時，追一艘可疑之船消耗子彈 200 發，無所獲得。在追擊中，自己駛斷探竹二枝，一船使回南凹修理，餘一船在黑岩角停舶。翌晨八時發現大炮船七艘，六艘先行，餘一船尾隨，距離很遠。

（3）我們為維持海面治安，鞏固經濟來源，防海上走私及緝私的任務，對敵船的武裝力量下正確的估計，決定進攻。

2. 戰鬥開始和經過：接近時敵展開火網防我衝上，當時同志非常勇敢。重機班副受傷仍堅持戰鬥，消耗子彈數百發，仍不能擊沉敵船，因無風難以駛近，且相持過久，恐為電扒增援，故決定退卻。

3. 經驗教訓：

（1）加強海面情報工作

（2）加強調查研究各種船隻航行時間、日期，那些是走私、做生意的

（3）調查敵偽船隻的武裝力量、人數及防禦力

（4）要有周密的佈置和準備，指揮者的位置要適當

（5）了解海上戰鬥的特性及偽裝，同時要一致行動的配合

（6）先發制人，爭取主動是勝利的條件

（四）大華隊俘獲敵偽船隻的戰鬥（三月二十二日）[略]

（五）楊桃灣的防禦戰（四月七日）[略]

（六）牛房戰鬥（四月十三日）

1. 敵人加緊搜括在港的殘餘力量，作失敗的準備，宣佈四月十五日停止配給制度，市區民心騷動，我決定進行騷擾，佈置逮捕特務郭森及日敵探長田奇，使敵人統治動搖，但該敵探是日不來，我隊回來時，經敵牛房之站崗，敵兩年來對我之戒備疏忽，

太平觀念，把武器放架上，敵則臥地睡覺，全無防擊準備，我遂下決心予以突襲。

2. 利用化裝農民擔子在園前購些青菜放在籃內先行，後面兩個同志用傘藏槍，隨之以迅雷不及掩耳之姿態控制檢查站崗之敵偽，突擊隊即突入營內繳槍，當衝入時，敵臥地上，犬查亦同樣毫無準備，我向敵射擊，中兩槍後仍頑強撲來，結果給劉隊副解決，偽軍亦隨着投降，經我解釋後釋放，計斃敵曹長一名，中、印犬各一名，全部武器繳獲。

3. 經驗教訓：

（1）領導上沒有嚴密的軍事動員，對於具體情況不了解，從單純的軍事觀點出發，對敵人的反撲估計及關照全面安全問題的工作不注意。

（2）個人英雄，一時高興、衝動，這容易使幹部人員犧牲，對革命是不利的。

（3）佈置工作不周密，領導機關沒有通知各單位配合及時準備，使敵人乘隙向我弱點進攻，招致了不需要的損失。

（七）吉凹襲擊（四月十五日）

1. 吉凹新到 ×××× 開到之偽一十師 12 人，目的在該地建立據點，封鎖和威脅我隊活動，敵偽軍生活散漫，吹大煙、賭錢、飲酒，完全疏忽警戒，我隊決予以襲擊。

2. 以隊員 12 人由鄧同志、盧同志分任指揮，由突擊隊二人衝入屋中，偽隊長頑強抵抗，中槍，我突擊隊張立△同志（服務員）亦受傷退出，其他隊員在門外猶豫不前，給敵人以頑抗的機會，經林沖中隊長再三督促，始炸了五個手榴彈和射擊十小時後，才能衝入，但敵已爬牆走脫，只能繳獲部分槍支。

3. 敵死一人，黎拱北，前番禺第二區聯防分局特務中隊長，重傷副隊長和隊員三名，聽說回沙頭角時已死了二名（副隊長在內）。

4. 檢討意見：

（1）優點：

① 地方人面熟悉 ②主動突擊 ③兵力佔優勢且有組織的襲擊 ④能堅持到戰鬥解決

（2）缺點：

① 對偽軍戰鬥力作過低的估計以致臨事輕敵的毛病

② 突擊時不果敢衝近，使敵有充分時間頑抗，得以退走，減少戰鬥的成效

③ 對命令不能嚴格執行，經再三督促才敢衝入，且胡亂發槍，不待射擊命令

（八）明華隊沙頭角夜襲（四月十四日）

配合了四月份各方面的出擊，特別牽制敵人向吉凹方面的增援，明華隊下達決心向沙頭角敵兵營進行猛襲，突擊隊 20 人向敵據點挺進，直至距離 50 米遠時，我開始射擊，敵立即把所有燈火熄滅，向海旁碼頭警戒，防我主力由海面配合，戰鬥十分鐘後，我全部安全退回。

（九）大埔元洲碼頭敵站崗的消滅（四月廿六日）

1. 這是我隊 C 工作的成績，由於內線的配合，突擊隊能接近碼頭，以一分鐘的短速時間解決戰鬥，犬查五名連同紅毛瑟五支，子彈 64 發全部繳獲。在俘敵中，因防衛疏忽給二印犬跳水逃走，我同志發槍射之，當場擊斃印犬班長一名，二粒花的，餘一名逃脫。我無損失，安全退回。

2. 這次大的經驗教訓是同志們把握 C 工作的政策仍不緊，×××於戒備，由他逃脫好了，擊斃了反給敵人宣傳口實，使 C 工作開展受到阻礙。

（十）大華隊第二次的捕獲（四月廿七日）

1. 武裝船兩隻於黑岩海面巡邏，發現敵木船一條，由汕經港，同出發者一共五條，因濃霧不能再近同駛，當時我即向之窮追，至七時追到深圳對上才捕獲，經說服後即驅逐。

2. 計繳獲：

（1）日旗二面

（2）偽人員連同船家十五名

（3）白鹽六百擔，白米五擔，魷魚一擔，炭十擔

（4）軍票 200 冊，偽幣 1075 元

（十一）五月反頑鬥爭中之坝光戰鬥[略]

（十二）平洲海面戰鬥

1. 上午八時，敵機帆一艘向平洲駛來，企圖配合 K 軍對我進攻，我武裝船二艘奉命出擊，敵距離百餘公尺時，開砲及輕機向我船射擊，我隊則以平射砲及重機猛烈還擊，命中敵船多處，使他鋼砲發生障礙，敵不支而退，由飛機兩架掩護退卻，我隊安全返防。

2. 戰鬥結果：

敵人方面：配備鋼砲二門，輕機一挺，其餘步槍，消耗子彈千餘發，鋼炮彈二十餘發，人數死傷不詳，估計敵炮手可能給我殺傷。

我隊方面：配重機一挺，平射砲一門，步槍七支，消耗子彈 500 餘發，平射砲子彈 14 發，無死傷。

3. 成績和經驗教訓：

擊退敵之進攻企圖，揭發 K 軍與偽敵之勾結，也教育了海上戰鬥須要有周密的佈置，密切聯絡，以組織火網。同時射擊應該選擇目標，如船體與水相連之處。

（十三）南安圍襲擊戰（五月十九日）[略]

（十四）葵涌襲擊（五月三十日）[略]

（十五）其他活動：散發工作和爆炸工作（四月份）

1. 敵人自四月十五日停止配米，這表示了它在港九的統治政策起了一個大轉變，說明它已經到了崩潰的末路。設法維持它兩年來統治港九的一個法寶，也是說明了它為了作最後決戰，不惜驅使我港九同胞到死亡的道路。這個措施宣佈了以後，民眾一方表示了對敵人非常憤恨，一方面卻更加徬徨無措、悲觀失望，而敵人的統治辦法更加殘酷和嚴密起來。但民眾走投無路，只有更悲慘的為他服務，慢慢地流出最後剩餘的血。為了在政治上打擊敵人，使他的統治動搖起來，為了警告在敵偽機關職員、密探、走狗，使他們知道自己沒落，指示他們一條光明的道路，為了鼓起民眾憤怒，建立起我東江縱隊鮮明旗幟，使他們更加靠近我們，反對敵人的剝削統治。我們決定在港九地區進行廣泛的散發[傳單]工作，以配合其他軍事行動。

2. 第一次的散發是十三日，藉敵人燈火管制的掩護下在香港的筲箕灣太古船廠一帶，九龍則由油麻地的阿士甸道至深水埗的欽洲街，在各橫直街道上普遍的散發，香港方面佔 1000 份，九龍方面佔 2000 份，三分之一是派入住戶商店，三份之二只散發在每家的門口或街道上（因敵警衛嚴密，時間緊逼，未有進行張貼），所散發的是告同胞書。

   第二次是十五日在中環街市的閘門口，張貼了十張（該處為敵人向民眾宣傳的集中點，所有敵偽傳單都在該處張貼），其次在荷里活道與上環街市一帶所散發的是《告港九同胞書》。

第三次是在二十一日，配合第四號鐵橋的轟炸，在土瓜環紅磡一帶散發（傳單是我襲擊牛房的捷報），同時油麻地深水埗一帶也散發（約千餘份）。

統計我隊三次所發出之傳單約四千份左右，散發的地點遍港九各區，除了比較僻靜的地方，如香港仔、西環等。

3. 二十一晚深夜，用十四斤炸藥，配計時炸彈於九龍市區旺角窩打老道的四號火車鐵橋，該處貼近警備隊的總部培正中學學校，十二時隆然一聲，比五百磅的炸彈還響，結果橋給我們炸壞了，橋籬粉碎，橋身向上傾斜。

4. 敵偽的處置和表現：

（1）第一次散發後，敵人張惶失措，立即戒嚴，太古船廠敵增兵進駐。至十五晚，筲區犬兵派遣隊想戒嚴，但沒有兵力，只能派三、二人在街上檢查（因牛房戰鬥、坑口事件，敵人的派遣隊都調到該處掃蕩）。

（2）火車橋的爆炸，敵人探查三時許調動，香港那邊的犬查全部集中九龍市區一帶，通街口皆有中、印犬查數名警戒，犬兵到處監視，警備隊據守交通要道，如西貢道、大埔道、青山道、太了道，高架機槍，如臨人敵，交通全部停頓。二十二日晨在深水埗一帶，每街道逐戶搜查，三時許深水埗才解嚴，然後開到油麻地各地繼續搜查，直至二十二日下午六時才都解嚴，但仍在街道上巡邏，至二十[三]日才止。

（3）犬查於二十一號晚動員時，表示非常慌張，以為游擊隊到了市面，多不願出動。

5. 民眾反映：

（1）散發工作以中環街市區的張貼影響最大，全港震動，老幼皆知，原因在夜間張貼了，翌晨民眾不大注意，九時許行人一多，就有人駐足來看，最初以為蘿白頭的東西，後來愈看愈奇，愈看愈興奮，原來是游擊隊的《告港九同胞書》，圍觀的人擁塞街市的門口，至十一時敵才發覺，把人打走，派人把傳單用水潑濕剷去，會說的通譯譯成日文研究，這事已是眾所周知了。民眾皆說：「老游是神出鬼沒的」。

（2）最初有些人聽炸火車橋，以為老英的把戲，後來都了解這是游擊隊的手段了，且有更傳說紅軍三千到港反攻。以前民眾只能看到老英的力量，然而現在曉得將來首先拯救他們於水深火熱中的是紅軍了。

6. 經驗教訓：

（1）我們的鬥爭經驗是貧乏的，尤其是軍事學識不夠，但只要有決心、有毅力克服一切困難，結果是會成功的，同時同志們是堅定的、勇敢的。

（2）敵人的統治成問題了，同時從它這次對住戶的搜索，充分表現到他兵力的不足，以至搜索不能各區同時進行，只得將交通完全封鎖，在一區先行搜索檢查，然後逐步推進其他各區去。

（3）造彈和爆炸工作配合進行，我隊的威信今後提高，我們的旗幟建立起來，因此在民眾方面才會普遍的傳出「紅軍」入來的消息，雖然他們的認識也有錯誤，但也證明了他們會知道我隊的行動消息，不致給老 K 和老英所混淆。

（4）同志們和民眾情緒也提高了，我們的政治影響一定能更擴大。

三、 在一九四四年上半年的軍事鬥爭中，以四月的攻勢為我隊全面出擊，主動向敵人進攻，在軍事上、政治上、經濟上都獲得偉大收穫的一個月，也就半年中鬥爭的中心，因此在這攻勢中，所運用戰略戰術和各種鬥爭的方式、方法的經驗教訓，是我隊今後下半年對敵鬥爭中應接受的。

下附四月攻勢總結：[略]

半年來建軍工作

一、 擴員情形（附表）

（一）年初的總人數 EMM，現在人數 IUI，發展的百分比 96%。

半年人員增減表

月份	原有人數	增員		減員					現有人數
		擴員	調來	逃亡	調動	疏散	病亡	犧牲	
1月	EMM	EB			N			S	
2月		CN							
3月		SH	S			T			
4月		TB			N			C	
5月		ST			S	B		S	
6月		CS		S	C				
總計		CSM	S	S	SU	SB		I	IUI

（二）在擴展武器上（附表）附註：另有受訓中的民兵二名，因受不起訓練之苦，挾款二千元逃跑，不計在內。

半年來槍械增減表

槍類	原有數量	減槍			槍械增加							總計
		戰鬥損失	調走	其他	繳獲	購置	反正	動員	調來	借來	其他	
步槍	R	S	U		SS		E	SM				TU
重機	S					S						E
輕機	E											E
手提機	R											R
駁殼	EN					C		C				dc
	ER				R	R		E				CU
什步槍					I				SE			SN
手榴彈	SU	I				CE		R				CM
刺刀	E						C					I
雀槍					N			E				M
子彈												
備考												

（三）在擴軍工作上的經驗教訓：

1. 擴軍應作有步驟有計劃的發展，主要的辦法是要有規律的從民兵中提到更高的質素，然後給吸收到部隊來。
2. 擴軍工作中，不單只要求人員擴大，而且還須要把武器擴大起來，人數發展的不平衡，部隊的戰鬥力也是提不高的。
3. 擴軍過程中必須加強管理教育工作，不得鬆懈，進行深入的核查及將反映新同志的優缺點幫助其克服向壞發展的傾向，才能使部隊鞏固起來。
4. 擴軍工作不要馬虎，老幼咸宜，各色均備，動員一班會吃飯不做事的人參加是失了擴軍的意義，特別要加強審查工作，預防特務分子的侵入。

5. 擴軍中動員民眾武裝、後備隊參加，這是好的辦法。但要提防把地方的青年骨幹抽去，使地方工作搞不起來。

6. 擴軍工作中，經濟的發展也應配合的。

二、 管理制度

（一）在隊內建立了甚麼制度，執行情形如何。

1. 建立了行政會議、匯報制度，值星、值日制度。

2. 各種條例：行政條件，情報工作獎罰條例，衞生條例，爆炸工作秘密條例，情報員的秘密條例，情報員的條例，交通工作條例，經濟工作條例，秘密工作條例。

3. 執行情形：

① 行動會議匯報，值星、值日制度由於地區的分散，人員在獨立活動比較多，而且敵人經常掃蕩，隨時可到，這些都影響結會議、匯報、值星、值日不能圓滿的進行，自四月部分集中內地整訓後，各項制度都逐漸健全起來，特別反頑鬥爭後，整個散漫、不深入下層、沒有調查統計、游擊主義的作風已經克服過來，嚴格地執行各種制度，對各種條例執行也非常認真。如衞生條例，我們曾處罰過不尊重衞生員勸告而吃生青瓜的同志，以教育同志尊重制度、尊重紀律、尊重命令的優良作風的養成。

（二）物資被服的補充情形與管理情形：

1. 對服裝登記未切實執行前，多數是按該單位所需要甚麼東西，則隨時設法補充，如衣服車縫趕不及時會推遲一些時日，但未覺得有甚麼困難，棉氈較為缺乏，由於採購困難，執行服裝登記後，對衣服補充較有系統，能及早準備。

2. 糧食發給是按照該單位每月所需米多少而發給之。如十一區、十五區多數是由該單位負責去購買，至代買米數量及價值到每月結算清結，其餘如手巾、牙刷、膠底鞋、口盅、彈藥等則由先施按該單位所需，隨時到來領取。總來說，物資補充由先施負責隨時補充之。

3. 未發給的服裝及日常用品是由服裝保管人詳細登記保管之，經常檢查以防損壞。各單位寄回來保管的寒衣也是由該保管人登記保管。

4. 糧食管理：一部分是分給忠厚民眾家裏貯藏，大部分由糧食保管人貯藏 B 內，損失甚少，只是在搬運及稱頭上損失。十五區曾損失米一批共 2000 餘斤。另油 100 餘斤，糖 100 斤，是由別處購回的，中途碰着敵人鐵拖，連船拖到沙頭角去，全部損失。

5. 子彈以前是藏於地下，以鐵礦藏之，無專人負責的，後自建設 B 洞時有專人負責了，全部移放 B 內，在藏於地下時的大部分是被水浸濕了，除擦乾之外，加以穀殼藏之，使能長期不致壞，每月檢查二次，下雨時特別檢查一次。

6. 藥品保管雖有人專責，但不識藥性，常有沉澱的注射疫及藥片等損壞，主要還是置放地方燥濕又極大關係，還有許多藥是不知名及不知用法，放年餘有之。

（三）財政給養的領發手續及改進情形：

1. 各單位財政領發先將該單位的預算交來核準後，一次或分二次發給各單位。到領經費時，由該單位首長來信證明，存款或不敷，於月底決算時結清，存即收回，不敷則補足之。

2. 各單位除菜餸及零碎用品自購外，一切給養如米、油、鹽、文具、宣傳用品、藥品等及一切服裝，均由先施發給。以前一切物資、糧食等領發零亂，全無系統，且準備不齊，時感無以應急，特別是氈的缺乏。自執行服裝登記及各單位預用東西應先做預算，交到先施及早設法購備以來，對物資給養較有系統，不致一時無應付，但有時為着採買及運輸困難，也是設法應急。

三、財政經濟：

（一）每月收入及半年總收入（另附）。

（二）每月支出及半年總支出（另附）。

（三）預算結算執行：

1. 初時對預算執行非常馬虎，全不執行者有之，就是做預算也不能按時（本月二十五日）交到的，甚多到下月中連決算一齊交來，當預算要不要都不成問題的不正確了解。

2. 決算能按時（下月三、四日）交到的甚少，多數要到下月中或月尾交到，甚至二、三個月始能結數（大華隊）。經嚴格執行預決算後，這種毛病大部分已克服，但還有做不夠的。

3. 預算不能按時交來，延遲交來，主要是特務長對理帳原理及重要性了解不夠，且各單位負責人幫助督促不夠。如光華、大華特務長每月還要和他結帳，非催他數次不能結帳。

（四）經驗教訓：

1. 糧食給養、保管及經濟政策問題：

① 糧食給養對建軍問題是站在主要的一環，特別是敵人統治及 K 的封鎖最嚴密地的港九，在此半年長期糧荒中能克服困難而度過，這是對給養上事先有了注意及準備，除向國內採買米外，是利用敵人配給民眾多餘米糧及各區民眾多餘穀，大量買進以貯藏之仍能度過糧荒。做不夠的，是不能在米穀收獲時大量購置準備擴軍或糧荒，不致感到糧食缺乏的遠大眼光去打算。

② 保管物資的責任心是有，重要性還是握不緊，不是從長期打算，去切實處理。雖有專人負責登記，建立B洞，經常檢查，但對地形了解只於當時的環境而去佈置，如B洞瀉水及山坑淺溢不流消大量山水，致使所有物資大部損失。檢查物資不深入，只從表面，在表面看起來沒有壞，而實際上已壞了一部分。這是失了調查研究的經驗，如十一區對糧食保管因過去沒有專人負責，竟發現去年放於民眾家的米於今年才調查出來，但是一部壞了。如十五區曾在某地買到了一批米、油等，運回時中途碰着敵人鐵拖，致全部損失，這因是情況不明之誤。十二區曾放於民眾家裏米200餘斤，給鄉民私自取了成百斤吃了，這是證明了對檢查工作馬虎。

③ 敵人為着決戰的前夜各地統治加強，特別對港九民眾所依賴之六兩四米竟於四月十五號宣佈停配，港九民眾及各地客商均受到莫大打擊，香港各行生意受了大的影響，竟有不願把物資沽出，大部分則以存貨勝於有軍票，只有每日沽出貨物多少，是以維持生活以待來機，故則進一步將各公司存於貨倉內如棉紗等，以低價沒收。港九形勢整個改變了，我隊早已發出饑餓死亡鬥爭，去號召民眾加強開荒外，在敵人停配前發動新經濟政策，發動各區民眾加強糧食貯蓄，由大眾公司廣泛採辦糧食度過長期饑餓死亡，除擴大糧食購入外，還幫助抗屬養豬仔，並指出敵人臨死前的統治毒辣，陰謀作經濟上的鬥爭。但是民眾開荒無切實幫助，推動不切實，使民眾對饑亡的危機了解不夠，所以開荒很馬虎，麥無收成。稻禾收穫不豐，大眾公司及各合作社擴大糧食雖有進行，因執行任務不徹底，且經濟周轉

困難，兼之 K 在東江發動內戰，影響糧食輸入。敵人為着統治港九地區治安關係及放出一部存米安定市區。總來說，本區的糧食雖在長期饑荒中，經我隊及早指出糧食危機及多方設法，無論隊的與民眾的不致陷於極嚴重的饑荒而餓殍。這是上級對經濟政策掌握和執行有了相當成績。

為預算和結算之延期，今後希望各單位負責人應加強對特務長幫助和督促之，使得依期如 ×× ，特務長提高他責任心，這是教育上與訓練是不可少的。如在可能內開辦經濟訓練班，訓練各特務長處理經濟辦法，掌握數目原理，提高意識與觀念，則可以防止貪污腐化的發展，這也是最重要的一環。物資的管理也是要經常督促，負責愛惜公物，保存革命的力量，使經常檢查物資，不致變壞時才發覺，這也是要注意的。

四、 執行紀律上

（一）對上級命令的執行 —— 本隊是有其光榮傳統的，半年以來，本隊在任何困難環境下都能對上級任務堅決完成，且表現極大的成績。

（二）在作戰紀律上 —— 整個部隊來看，那是非常堅決的，每一個命令，同志們都能夠勇敢的執行，這表現在四月攻勢勝利和五月的反頑鬥爭，勝利中作戰任務總能夠完成的，但是個別同志在執行命令方面還未徹底，有槍殺俘虜，在鬥爭中動搖害怕，俘獲了物資擅自分配，甚至放哨打瞌睡等不尊重紀律的現象。

（三）民眾紀律上 —— 在民眾紀律方面，我隊在港九區的執行有了很重大的收穫，民眾對部隊非常愛護。在四月起，本隊在內地整訓，民眾對部隊紀律都非常讚許，特別在油草棚，民眾工作已有重大的展開，雜務人員與對民眾借東西[不]立即歸還的壞作風已堅決克服過來。但個別獨立活動的單位對民眾紀律也有些忽視的，楓木浪土洋的民眾都有反映，在楓木浪土洋賠償損壞民眾的東西，費了部隊 2000 餘元。

五、 軍事教育上

（一）上半年度主要教育為新兵教育，除了二月敵人掃蕩之外，都能加強向這個方面努力，就是在敵軍進攻中也沒有放鬆執行，屬下各單位完成五月進度表的鋼鐵隊、威力隊，光華和大華陸上隊亦大部分完成。

（二）爆炸員教育，因為 A 戰術是我隊對敵頑鬥爭的新武器，它對敵人的殺傷威力，對敵士氣的打擊是非常有力的。半年來本隊對這戰術的研究與訓練未曾荒廢，每小隊建立了爆炸班，特別訓練，現在班級以上三分之一幹部基本上是懂得及能夠實施的，同時一部分高級堅定之民兵負責人也個別進行教育。

（三）其它：根據 K 軍進攻中的戰術特點，進行各種鍛煉，增強體力的鍛煉，如爬山、跑步等。

六、 幹部訓練

（一）我們開辦下面幾個訓練班：

1. 新刀 —— 地方幹部訓練班（一月至二月）
2. 整訓班 ——（四月至現在）
3. 衞生員訓練班
4. 特務長訓練班
5. 班級訓練班

（二）對在職幹部的教育：

1. 整風活動： —— 中小隊級幹部參加，以 ×× 到班級幹部，以《紅四軍古田決議案》、《生產愛民》、《軍隊中的黨》為學習中心。
2. 基本戰術：中小隊級幹部參加，把握主要的中心，抽出來教育。

3. 業務學習：

① 小隊級的業務學習（分軍事、政治方面）

② 特務長的業務學習

（三）由於大量提拔新幹部，特別是小隊級的，所以經驗比較貧乏，工作能力比較薄弱，然而經過反頑鬥爭的鍛鍊和整訓班的教育，各方面能力已逐漸提高了。

七、 情報工作

（一）情報網的組織及分佈情形：

1. 三月一日重新宣佈情報工作的決定，規定了情報工作的機構、各級負責人應付主要責任，每個隊員都是情報員，各單位建立情報組，設一組長負責收集，其它依地區需要設立情報小組及設置情報員，各單位負責如下：

光華負責：十二、十三、十一、五

明華負責：十四、十五、十六、十八、十七、二十、二十一、二十二、二十三、二十四

新華負責：一、二、三、四、六、七、八、九、十

大華負責海面

（二）搜集情報的方法、對象與傳遞方法：

1. 搜集情報的方法、對象：

① 派出的情報員收集來的

② 由地方之工作同志收集來的

③ 由民眾收集來的（佈置他們在各種可能中去收集敵情）

④ 由敵偽關係得來的（包括派入敵偽機關工作者）

⑤ 由捕獲敵偽人員的口供中研究出來的

⑥ 由敵人報章中研究出來的

1. 傳遞方法：

① 書面的

② 口頭的

（三）對情報工作的領導：

1. 重新規定情報工作各種制度。（另詳情報工作的決定）

2. 訂出情報工作賞罰條例，情報員的條例、情報員秘密條例

3. 發出情報內容提綱，幫助各單位了解收集些甚麼？

4. 發出敵駐地調查表，幫助各單位對敵駐地的調查，並個別幫助如何劃製圖則（需要些甚麼）。並把收到的訂正後付回各單位研究或補充。

5. 把各單位交來的材料分別匯集研究判斷後，把需要發出的，印發各單位，把不完全、有疑問、不正確的等詳細指出，交回各單位再作調查與研究，有關其他單位的轉與其它單位注意或調查。

6. 和各單位負責人研究，了解他們對情報工作的佈置，調查的情形及對敵了解的情形，如何配合當時當地敵況佈置，繼續收集未完整的材料。

7. 每月的情況綜合後發給各單位，幫助各單位對情況的了解。

（四）情報工作的經驗教訓：

1. 只有各級負責人要有決心對敵作詳細的調查與研究，才會有好的情報網的佈置。

2. 要有計劃有系統（有組織）的作全面的佈置去收集（敵人的）材料，才會有更正確的情況判斷及能迅速及時的傳達。

3. 要多作深入的了解，才能順利的應付或出擊敵人，獲取全面的主動權。

4. 抓緊有利時期，利用各種關係打入敵偽中去了解敵情，是獲得重要情報的主要因素。

5. 有計劃的把民眾組織起來和予以好好的教育，是我們最好的情報員。

6. 情報工作定要成為隊員工作項目（任何工作人員都應有負起情報工作的任務），才不致錯失很好的機會。

7. 要經常的檢查、督促和幫助情報工作人員，才能得到更大的收穫。

八、 交通工作

（一）交通站的組織及分佈情形：

1. 為了聯絡以及敵後作鬥爭的需要，新頒發交通聯絡工作決定，規定了交通聯絡工作的組織系統：

① 各單位（地方性）設交通站長一名，服務員或政治戰士一名，副站長一名（兼理伙食），交通員若干（近海者附有交通船），並於需要地點設分站；分站長一名，交通員一名至三名（各依其需要而增減）。

② 秘密交通站，於適當地點設立秘密人員，以免於必要時影響交通聯絡工作。

2. 新華方面因環境的需要而建立內外秘密交通線與交通員。

（二）信件遞送方法及速度：

1. 各單位信件發出時交給附近交通站或分站轉送（特殊者例外），如屬本區者該由站轉送，如他區者交給該區聯絡站轉送（逐漸接送，不直接交到）。

2. 必要時動用民眾力量逐村轉送。

3. 新華方面逐段轉送，保持絕對秘密性。

4. 平時本區者每日聯絡一次，他區者每五天互相來往各一次，急者例外。

5. 兩區聯絡有的要經水路，有的要經長距離交通線，最快要三時以上，經常會碰到敵人或被封鎖而被延阻。

（三）交通聯絡上三次失事經過如下：

1. 五月十二日晚大華隊交通船由十七至十二取聯絡，出發時已知十二被敵封鎖，出發後又不警惕，或準備應付辦法，以致遭遇電扒而[不能]應付，結果文件全落敵手，人員四名被俘，被毒打。後因徐帶之承認為游擊隊，其他三名幸得尋機脫險。

2. 五月一日明華隊派中興隊同志護送俘得之犬查到三十七，後因到十二地時，民眾告已有敵人到了該地，他們置之不理，煲飯吃後，敵到時，曾春同志拔槍應敵，最後犧牲，其他三位同志藉機脫險。

3. 五月一日晚，大華隊交通部到十五取聯絡，運有軍需品回大華，竟抛留半海休息，直至次日五月二日中午十一時餘還停留吃飯，敵電扒到時還不發覺，物資等全部損失，人員二名被擊斃，船被焚毀。

（四）對交通領導有甚麼優缺點：

1. 優點：

① 提高各單位對交通聯絡工作的重視與關心。

② 重新建立交通聯絡工作系統並加強領導工作與健全機構。

③ 規定學習制度，提高交通員學習精神。

④ 規訂各站敵情符號。

⑤ 重新宣佈交通符號的應用。

⑥ 嚴格執行簽發信件、物品、收條，輔助檢查來往信件。

⑦ 建立鄉村交通聯絡組，協助戰時交通。

⑧ 規定各站要和民眾取得密切聯繫，才能更好去使用民眾力量。

⑨　發出交通事件的檢討，教育全體同志。

2. 缺點：

①　供給各站對交通員的教育材料太少。

②　各單位的負責同志對交通站的督促與幫助過少，特別在教育上，以致太平觀念，麻木不仁。半年來的交通事件是由此而生的。

九、 衛生工作

（一）我們建立了衛生機構，由三月二十八日起更強化整理。四月起開始訓練衛生人員，由各小隊派出同志接受訓練。現每小隊已有它自己的衛生員。

（二）半年來的衛生工作是有成績的，保證了部隊同志的健康，由於履行衛生條例，注意清潔，增加給養，同志們的體力都比以前好。

（三）主要流行的疾病是發冷和感冒。據最近兩個月的發冷症，五月中 12 人，六月達 41 人，感冒病五月 23 人，六月達 34 人。這說明了雨季中疾病增加的威脅。我們進行了防疫注射的人數為 332 人。

（四）我們在醫藥的運用，是盡量用中藥，以補救西藥之不足。

（五）經驗教訓：

1. 要健全衛生制度，規定衛生條例，嚴格督促執行，才能減少疾病。

2. 對各種可能引起疾病的原因，應及早防備，如雨季的來臨應及時督促同志注意，使疾病不易發生。

3. 增加給養，但應注意調節，不可使同志暴飲暴食，以免引起肚痾、肚痛等。

4. 長途行軍後，應注意同志們清潔，如能在裝備上增加腳縛時，爛腳是可避免的。

5. 增加運動是減少疾病的最好方法。

6. 政治上鼓動、說服、慰問，是能使病同志獲得極大的安慰，加速其疾病的痊癒。

經驗教訓總結[略]

（節錄自《廣東革命歷史文件彙集 1941–1944》，
第 45 冊，1988 年，頁 523–604）

「沙頭角抗戰文物徑計劃」簡介

為推動歷史教育，嶺南大學香港與華南歷史研究部與香港廣州社團總會、東江縱隊歷史研究會、原東江縱隊港九獨立大隊老游擊戰士聯誼會、新界鄉議局等團體合作提出沙頭角抗戰文物徑計劃，該計劃在社會引起不少迴響。2023 年，香港歷史博物館委託嶺南大學香港與華南歷史研究部進行沙頭角抗戰文物徑的可行性研究，研究報告已於 2024 年 6 月提交。

計劃中的沙頭角抗戰文物徑分為 A 、B 兩段，長度分別為約 5 公里及 2 公里。A 段起點為香港沙頭角抗戰紀念館（即羅家大屋），終點為鹿頸村，全程約需 2 小時。B 段以烏蛟騰抗日英烈士紀念碑為起點，途經烏蛟騰村，以九擔租村為終點，所需時間約為 1.5 小時。

兩段路線串連了許多與抗戰相關的歷史遺址，見證了香港淪陷期間東江縱隊港九獨立大隊與香港民眾奮起抗日、保家衛國的英勇事跡。除了具歷史價值的遺址和紀念設施外，兩段路線的四周亦毗連各種珍貴的自然生態環境，如淡水沼澤、溪流、紅樹林等，可讓公眾在了解香港淪陷期間的抗戰歷史之餘，一同欣賞鄉村的自然風光，是兼具人文及自然景觀的特色文物徑。

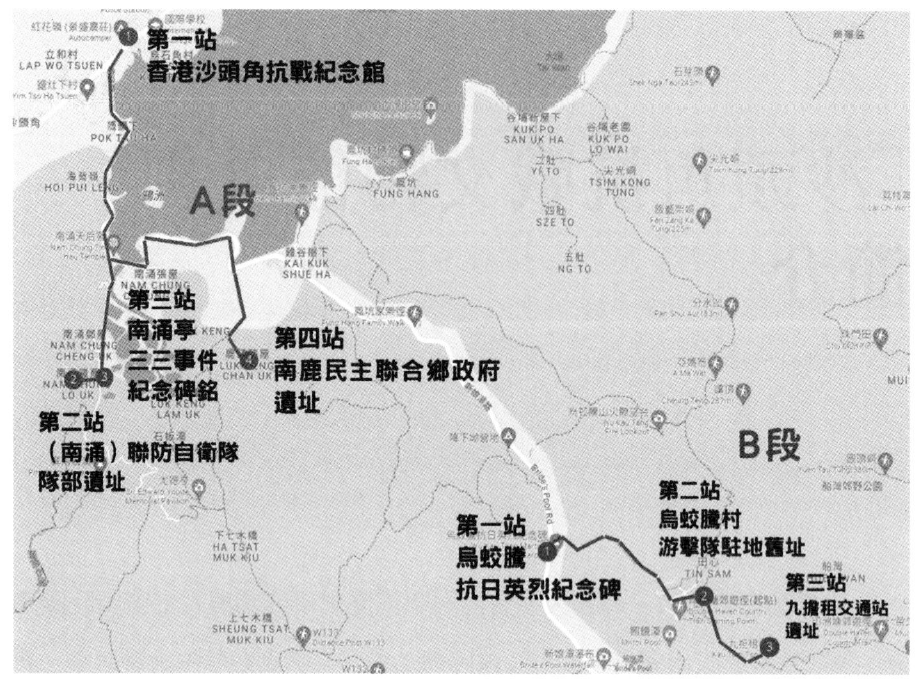

A段第一站：香港沙頭角抗戰紀念館（羅家大屋）

沙頭角石涌凹羅家大屋是「香港抗日一家人」羅氏族人的祖業，由巴拿馬華僑羅奕輝於 1930 年興建。該大屋由五間並排相連的房屋組成，面積 6,000 多平方呎，具建築、歷史、文化、社會等多方面價值。2010 年，羅家大屋獲古物諮詢委員會評為香港三級歷史建築。日佔時期，它是港九大隊的活動基地及交通站，是本地現存少數能見證香港抗戰歷程的建築物，意義重大。同時，大屋附近一帶亦是港九大隊沙頭角中隊和海上中隊主要的活動地區，在抗日活動中舉足輕重。

經羅氏族人同意，大屋現已改建為「香港沙頭角抗戰紀念館」。紀念館於 2022 年 9 月啟用，館內的常設展覽內容分兩部分，第一部分為東江縱隊與港九大隊的抗戰歷史，第二部分為「香港抗日一家人」羅家的抗日事跡。該館是香港第一間抗戰紀念館，香港第一間集中介紹中共在香港歷史貢獻的紀念館，也是香港首個長期展示港九大隊歷史的國民教育基地，有助於公眾了解香港淪陷期間的抗戰歷史，特別是東江縱隊港九大隊和香港民眾對抗戰的貢獻。

A 段第二站：(南涌)聯防自衛隊隊部遺址

南涌有羅、楊、鄭、李、張共五姓，各姓氏於南涌各據一方。南涌羅屋村為羅氏族人聚居的客家村落，曾住有約 20 多戶人家，至上世紀 20 年代有一戶李氏遷入。羅屋村不但是「香港抗日一家人」羅氏族人的原居地，更是(南涌)聯防自衛隊的成立地。1941 年 12 月 10 日，廣東人民抗日游擊隊武工隊進駐南涌羅屋村，並以羅家祖屋為立足點，積極開展抗日及剿匪活動。及後，羅汝澄、羅雨中等人以羅屋村為核心，發動南涌五個村莊，組織武裝力量，成立由港人組成的首支抗日民兵隊伍——聯防自衛隊，該隊共有 50 多名隊員。羅雨中為聯防自衛隊的第一任隊長。自成立以後，聯防自衛隊一直積極配合游擊隊的工作，維持地區治安，有力地制衡了日軍及土匪的力量。

A 段第三站：南涌亭三三事件紀念碑銘(策劃中)

1943 年 3 月 3 日下午，日軍出動近百人包圍港九大隊政訓室在南涌附近老龍田晏台山的駐地，當時駐地只有 11 名非武裝人員，他們與日軍展開激戰，多位戰士犧牲，史稱「三三事件」。事件中，曾福、邱國璋、符志光三人在激戰中以身殉國；彭泰農、陳冠時、陳坤賢受傷被俘，後被殺害，慘烈犧牲。

2015 年 8 月 24 日，國家民政部公佈將彭泰農列入第二批著名抗日英烈名錄。2020 年 9 月 2 日，國家退役軍人事務部公佈將曾福列入第三批著名抗日英烈名錄。由於三三事件的發生地老龍田位於山上，一般人較難前往，現計劃在山下的南涌亭設立三三事件紀念碑銘，作為文物徑的參觀點。

A段第四站：南鹿民主聯合鄉政府遺址

鹿頸村是新界首個抗日民主鄉政權的成立地。1945年初，在羅汝澄、陳海推動下，沙頭角地區內南涌、鹿頸共12條村組成南鹿民主聯合鄉政府。黃馬發為鄉長，陳秉琅、張才為副鄉長，下設文書、財務、民政、文教、衞生、武裝等幹事，分管各部門工作。

鄉政府的辦事處設立在鹿頸村上圍陳氏族人的住宅。自成立後，鄉政府積極配合游擊隊的工作，不單組織民兵站崗放哨，建立交通站和情報網，嚴密監察日本警備隊和憲兵隊的行動，更從事採購糧食及添置被服等後勤工作。鄉長黃馬發任內盡心盡力，奔波勞碌，最終積勞成疾逝世，後被列入港九大隊115位抗日烈士名單。

B段第一站：烏蛟騰抗日英烈紀念碑

香港淪陷期間，日本曾對烏蛟騰及鄰近的村莊發動十餘次掃蕩，有的村民為保障游擊隊的安全，遭受嚴刑，但守口如瓶，甚至犧牲了寶貴的生命。抗戰期間，烏蛟騰村英勇犧牲的烈士有村長李世藩、李憲新，以及村民李天生、李志宏、李官盛、李偉文、王官保、王志英等。

為紀念這些抗日志士，烏蛟騰村村民於1951年10月自資建造一座烈士紀念碑，每年農曆八月十六日舉行謁碑儀式。1984年，在旅英「烏蛟騰海外聯誼會」支持下，烏蛟騰村村民重修紀念碑，並由原東江縱隊司令員曾生題字，命名為「抗日英烈紀念碑」。該紀念碑始建於烏蛟騰一處山坡下，至2009年特區政府出資180萬重建並遷至現址。2015年8月，國務院將該紀念碑列入第二批100處國家級抗日紀念設施遺址名錄。

B段第二站：烏蛟騰村游擊隊駐地舊址

烏蛟騰村是港九大隊的重要據點之一。在港九大隊的影響下，烏蛟騰全村500多人中，九成人參與了抗日羣眾組織，協助宣傳發動羣眾抗日、增加生產、維持治安、為部隊提供情報、送信及運輸等。村內有 39 位青年更直接投身於游擊隊，英勇殺敵。

位於烏蛟騰村第三段 25 號的村屋是港九大隊在烏蛟騰村的其中一個駐地，對游擊隊有很大作用。該建築樓高兩層，上層是港九大隊民運人員活動的地方；下層則為游擊隊推動村民組織的合作社。港九大隊民運人員陳海、蔡松英曾長駐這裏，開展工作。

B 段第三站：九擔租交通站遺址

位處新界東北的九擔租村是一條深山古村，位置偏僻，不通公路，亦無交通車直達，但可經毗鄰的烏蛟騰村沿山路步行而至。據港九大隊老戰士蔡松英、烏蛟騰兒童團團長李漢回憶和指認，九擔租村設有港九大隊交通站和稅站。廣東人民抗日游擊隊負責人尹林平曾在此村居住。九擔租交通站站長為符志光，於三三事件中當場犧牲。

「港九大隊行軍圖」辨誤

圖 01

圖 02

圖 03

圖 04

過去 20 多年，有一張歷史照片（圖 03），被當作港九大隊行軍圖，被傳媒、歷史著作或展覽會廣泛使用。這實際是對照片拍攝時間的誤判。

籌建香港沙頭角抗戰紀念館期間，嶺南大學香港與華南歷史研究部獲得羅家後人提供一批珍貴歷史照片。照片由原港九大隊海上中隊中隊長羅歐鋒拍攝。解放戰爭期間，他曾任中國人民解放軍粵贛湘邊縱隊的副團長和團長。

經仔細整理及對比後，劉蜀永教授發現，那張流傳甚廣的「港九大隊行軍圖」，實際上是一組行軍圖其中一張。行軍圍繞稻田環繞的幾間大屋展開。羅歐鋒前輩在圖 02 標明為「邊縱行軍之一角 1948 年於坪山行軍之情形」。圖 04 和圖 01 戰士的笠帽上，可見「中國人民解放軍」及「解放軍」的字樣。由此判斷，這不是抗日戰爭時期港九大隊的行軍圖，而是解放戰爭時期中國人民解放軍粵贛湘邊縱隊的行軍圖。

主要參考資料

檔案

1. 南山：《一九四三年軍事工作總結（附一九四四軍事工作建議書）》。
2. 鎮南：《（一九四三年）軍事補充報告》。
3. 鎮南：《一九四四上半年軍事總結》，載《廣東革命歷史文件彙集：中共香港市委、廣東人民抗日游擊隊文件 1941－1944》，第 45 冊，1988 年，頁 523－604。
4. Papers by John Barrow, D, N.T. on the Services of New Territories Villagers and Boat People During the Japanese Occupation, 14.04.1947, HKMS178-1-5.
5. Personal Papers of Sir Lindsay Tasman Ride.
6. W.O.235.

書籍

4. 《東江縱隊志》編輯委員會：《東江縱隊志》（北京：解放軍出版社，2003）。
5. 《港九獨立大隊史》編寫組：《港九獨立大隊史》（廣州：廣東人民出版社，1989）。
6. 中共深圳市委黨史辦公室東縱港九大隊隊史徵編組：《東江縱隊港九大隊六個中隊隊史》（深圳：深圳市印刷廠，1986）。
7. 中共廣東省委黨史研究室、廣州地區老游擊戰士聯誼會、廣州地區老游擊戰士聯誼會東江縱隊分會、廣州市東江縱隊研究會：《東江縱隊英烈集》（廣州：廣州地區老游擊戰士聯誼會東江縱隊分會，2013）。
8. 中共廣東省委黨史研究室：《長空英魂—紀念黃作梅烈士文集》（香港：香港榮譽出版有限公司，2002）。
9. 邱逸、葉德平：《戰鬥在香港：抗日老兵的口述故事》（香港：中華書局〔香港〕有限公司，2014）。

10. 原東江縱隊港九獨立大隊老游擊戰士聯誼會：《永誌難忘的一頁》（原東江縱隊港九獨立大隊老游擊戰士聯誼會編輯組，2004）。
11. 唐納德・克爾著，李海明、韓邦凱譯，東江縱隊歷史研究會、深圳海德文化傳播有限公司合編：《克爾日記：香港淪陷時期東江縱隊營救美國飛行員紀實》（香港：香港科技大學華南研究中心，2015）。
12. 徐月清：《活躍在香江 —— 港九大隊西貢地區抗日實錄》（香港：三聯書店〔香港〕有限公司，1993）。
13. 徐月清編：《戰鬥在香江》（香港：《新界鄉情系列》編輯委員會，1997）。
14. 深圳市寶安區人民武裝部、深圳市寶安區檔案局（館）、深圳市寶安區史志辦公室：《寶安軍事人物》（北京：中國文史出版社，2007）。
15. 陳敬堂、邱小金、陳家亮等編：《香港抗戰：東江縱隊港九獨立大隊論文集》（香港：康樂及文化事務署，2004）。
16. 陳敬堂：《香港抗戰英雄譜》（香港：中華書局〔香港〕有限公司，2014）。
17. 陳瑞璋：《東江縱隊：抗戰前後的香港游擊隊》（香港：香港大學出版社，2012）。
18. 陳達明：《香港大嶼山抗日游擊隊》（廣州：廣州出版社，2015）。
19. 陳達明：《香港抗日游擊隊》（香港：環球〔國際〕出版有限公司，2000）。
20. 曾生：《曾生回憶錄》（北京：解放軍出版社，1992）。
21. 楊奇：《香港淪陷大營救》（香港：三聯書店〔香港〕有限公司，2014）。
22. 何小林、郭際編：《勝利大營救》（北京：解放軍出版社，1999）。
23. 劉智鵬、丁新豹：《日軍在港戰爭罪行：戰犯審判紀錄及其研究（上冊）》（香港：中華書局〔香港〕有限公司，2015）。
24. 廣東青運史研究委員會研究室、東縱港九大隊史徵編組：《回顧港九大隊（上集）》（廣東：廣東省委辦公廳勞動服務公司印刷廠，1987）。
25. 廣東青運史研究委員會研究室、東縱港九大隊史徵編組：《回顧港九大隊（下集）》（廣東：廣東省委辦公廳勞動服務公司印刷廠，1987）。
26. 廣東省婦女運動歷史資料編纂委員會東江組：《南粵紅棉：東縱女戰士》（廣州：廣東省婦女運動歷史資料編纂委員會東江組，1983）。
27. Chan Sui Jeung. (2009). *East River Column Hong Kong Guerrillas in the Second World War and After*. Hong Kong: Hong Kong University Press.
28. Edwin Ride. (1981). *BAAG: Hong Kong Resistance 1942–1945*. Hong Kong: Oxford University Press.

後記

港九大隊的歷史是香港抗戰史極其重要的組成部分。本書初版是我們祝賀港九大隊成立八十周年的獻禮，藉以表達我們對為國家、為民族浴血奮戰的抗戰前輩的崇高敬意。本書增訂版則是我們紀念抗日戰爭勝利八十周年的獻禮。

從 2017 年開始，嶺南大學香港與華南歷史研究部與香港廣州社團總會、東江縱隊歷史研究會、新界鄉議局和原東江縱隊港九獨立大隊老游擊戰士聯誼會等愛國團體合作，在中聯辦和特區政府的支持下，籌建香港沙頭角抗戰紀念館和劉春祥抗日英雄羣體紀念碑。工作過程中，我們感到有必要進一步收集、整理港九大隊的歷史資料，編修一本《港九大隊志》。計劃得到港九大隊後人黃俊康先生的熱情支持，本書的研究經費就是他個人捐款給香港廣州社團總會慈善基金會，再以基金會的名義資助的。

編修《港九大隊志》最大的困難是缺乏檔案資料。文字檔案缺乏，圖片資料的缺乏更為嚴重。常看到的一幅題為「港九大隊行軍圖」的照片，實際是解放戰爭時期中國人民解放軍粵贛湘邊縱隊行軍圖。1980 年代，港九大隊老戰士編輯出版了《港九獨立大隊史》、《港九大隊六個中隊隊史》和《回顧港九大隊》。這些無疑是研究港九大隊十分重要的參考書籍。但這些書籍主要依據老戰士的口述歷史，而且是四十多年後的回憶，部分細節（包括事發時間等）未必準確。對港九大隊抗戰遺址的考證，也極少有人去做。

為確保志書的質素，我們做了大量細緻、深入的研究工作。我們認真研讀港九大隊大隊部的軍事報告，與英文檔案、英文書籍對照進行比較研究。同時多次前往新界鄉村、山林實地調查。歷時四年多方完成編修工作。

港九大隊後人王玉珍女士對本書編修貢獻甚大。她慷慨提供她收藏的有關港九大隊的所有書籍、文章和圖片資料，並多次對編修工作提出建設性的意見。陳敬堂博士也慷慨地將他收藏的大量有關書籍和其他資料贈予我們參考。西貢北約鄉事委員會主席李耀斌先生、西貢鄉事委員會前副主席何觀順校長等利用他們廣泛的人脈關係為我們安排田野調查，並多次陪同考察。中共廣東省委黨史研究室原副巡視員、《廣東黨史》雜誌主編劉子健先生和陳敬堂博士審閱過本書部分書稿。惠州市地方志辦公室主任張世開先生為我們提供寶貴的人物志資料。林珍、劉業強、尹素明、尹小平、石中英、黃文莊、林鳴、蘇萬興、王水生、劉球、曾庚喜、李錫容、江世英、何連生、范房生、李國良、何紹基、黃秋萍、陳長弟、李業興、鄧捷明、曾玉安、葉偉彰、葉玉安等朋友曾給予我們鼓勵、支持和幫助。對於他們為本書所作的奉獻，我們謹此致以誠摯的謝意。

本書增訂版增加了 10 個人物小傳，補充修訂了 22 個人物小傳；增加了 5 個抗戰遺址和紀念設施，補充修訂了 15 個抗戰遺址和紀念設施。特別是糾正了初版對石麟閣和不夜天茶社兩座遺址的誤判。增訂版第二次印刷時，又做了一些局部修改。

嶺南大學香港與華南歷史研究部的同事嚴柔媛、曾曉琳對本書增訂版編修貢獻良多。港九大隊後人黃俊康、王玉珍對增訂版予以多方面的支持。香港沙頭角抗戰紀念館提供了畫家陳挺通的 9 幅作品。商務印書館（香港）有限公司總編輯毛永波、責任編輯韓心雨為本書能在短時間內問世，付出了辛勤的勞動。我們對有關同事、朋友和團體表示衷心的感謝。

劉智鵬　劉蜀永

2025 年 7 月 7 日於嶺南大學

1941 年 12 月 8 日清晨，日軍越過深圳河進攻香港。

日軍搜查被俘的英軍

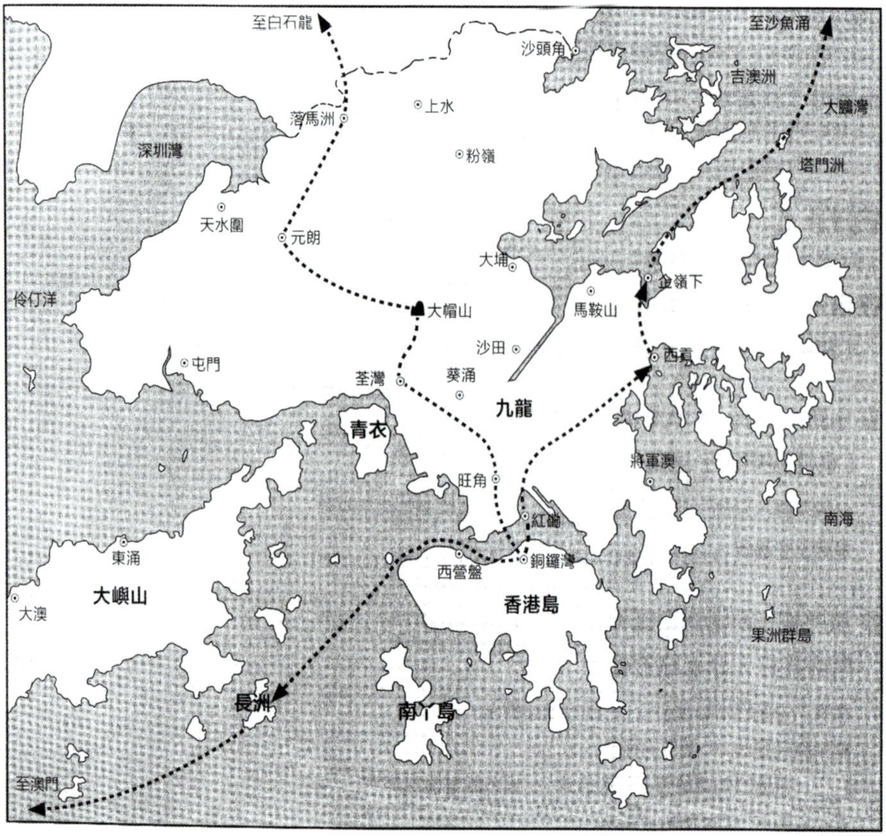

秘密大營救主要路線示意圖

西貢企嶺下海灣，1942 年元旦為秘密大營救開路而先行撤離的廖承志、連貫和喬冠華在這裏登船渡海前往沙魚涌。

元朗十八鄉楊家村的適廬曾是秘密大營救的中轉站，也曾是港九大隊元朗中隊的活動據點。業主楊竹南大力支持游擊隊的活動。

畫家蔡迪支、許欽松 1981 年創作的版畫作品《曉風殘月》，刻畫 1942 年 1 月秘密大營救西線行進途中的情景。前面揹包袱者是茅盾，稍後戴眼鏡者是鄒韜奮。

秘密大營救中獲救的部分知名抗日文化人

何香凝　政治活動家

胡繩　哲學家、近代史專家

茅盾　作家、文學評論家

范長江　記者、社會活動家

沙千里　民主人士

鄒韜奮　記者、出版家

柳亞子　詩人

夏衍　劇作家

司徒慧敏　導演

張友漁　法學家

梁漱溟　哲學家

張文　民主人士

蔡楚生　導演

胡風　文藝理論家

黃藥眠　文藝理論家

戈寶權　文學翻譯家

葉淺予　畫家

丁聰　漫畫家

1942 年 2 月 3 日，港九大隊在西貢黃毛應村宣告成立。圖為今日西貢黃毛應村玫瑰小堂，有說港九大隊在此宣告成立。

陳達明（左）和蔡國樑（中）、黃高陽（右）三人在黃毛應村的山坡上開會，宣告成立港九大隊。（陳挺通作品）

港九大隊領導

第一任大隊長蔡國樑

第二任大隊長魯風

第三任大隊長黃冠芳

第一任政委陳達明

第二任政委黃高陽

第三任政委黃雲鵬

第三任副大隊長羅汝澄

港九大隊部份中層幹部

國際小組組長

黃作梅

軍需處副官

歐　連（歐偉明）

交通情報幹事

蔡仲敏

陳　亮

沙頭角中隊

隊長　莫浩波

隊長　鄧　華

指導員
陳　海（羅廣志）

民運區委
葉文秋

西貢短槍隊

隊長　江　水

西貢中隊

指導員
劉志明

指導員
梁　超（梁　華）

元朗中隊

指導員
楊　江（楊　慶）

副隊長　何國良

副隊長　何錦祥

大隊交通站長

坤

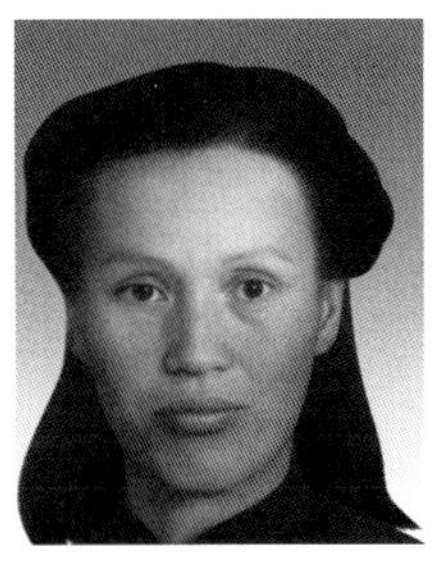
羅許月

衛生所負責人

麥雅貞

歐　堅

市區中隊

長兼指導員
蘭

海上中隊

隊長　陳志賢

隊長　羅歐鋒

隊長　王　錦

指導員
林　伍（吳　展）

大嶼山中隊

長　陳　滿

指導員
陳亮明

指導員
王江濤（王　鳴）

中華隊

指導員　李漢清

1987 年 9 月，羅歐鋒（後排左二）與歐堅（前排中間）聯同莊岐洲（後排左三）、梁超（後排左四）、林苑明（後排左六）、蔡松英（前排左一）、黃雲鵬（前排左二）、方蘭（前排左三）、袁卓峰（前排左五）等港九大隊老戰士考察烈士碑選址，在原烏蛟騰烈士紀念碑前合影。

1987 年 12 月，蔡松英、林苑明、方蘭、羅歐鋒、陳達明、黃雲鵬、梁超、莊岐洲、袁卓峰、歐堅等港九大隊老戰士（由左至右）重訪港九大隊大隊部駐地西貢赤徑聖家小堂。

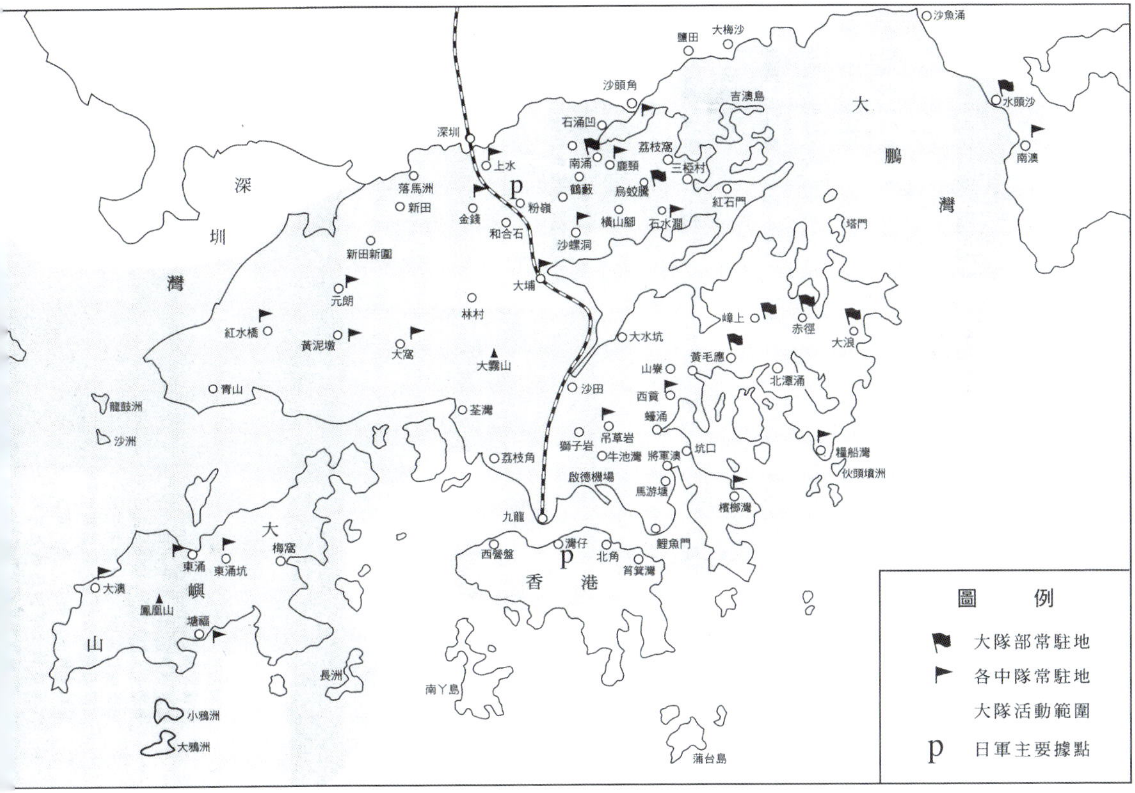

圖例

- 大隊部常駐地
- 各中隊常駐地
- 大隊活動範圍
- p 日軍主要據點

港九大隊活動地區示意圖

1944 年冬，西貢中隊全殲官坑七聖古廟營房內的日軍。圖為七聖古廟。

劉黑仔是港九大隊中帶有傳奇色彩的抗戰英雄。1944 年 2 月，黃冠芳和他帶短槍隊潛入機場，刺死值班的日軍後，炸毀飛機一架。（陳挺通作品）

1945 年 5 月 6 日，大嶼山中隊夜襲牛牯塱日軍駐地，擊斃 6 名日軍（包括一名中尉軍官），繳槍 6 支。圖為今日牛牯塱村。

海上中隊作戰使用的木船（羅歐鋒攝）

1944 年 10 月，港九大隊大嶼山中隊襲擊大澳偽警察局，俘虜 30 多名警察，繳槍 39 支。（陳挺通作品）

1945 年 8 月初，海上中隊在大浪口攻擊一艘日軍大木船，殲滅 40 多名日軍，繳獲六支三八式步槍、一門九二式山炮。（陳挺通作品）

為牽制日軍，1944 年 4 月 21 日深夜，市區中隊爆破窩打老道四號火車橋。原本開到新界和寶安掃蕩的日軍馬上撤回市區。（陳挺通作品）

1942 年 1 月，從集中營出逃的英軍賴濂士中校（Lindsay Tasman Ride）（前排中）一行四人在港九大隊前身的武工隊護送下，順利脫險抵達大後方。此事促成英軍服務團和廣東人民抗日游擊總隊的情報合作。

1942 年秋冬間，沙田短槍隊黃冠芳等冒險掩護英軍服務團到獅子山、觀音山，拍攝啟德機場、軍火倉庫、炮台、兵營等軍事設施。（陳挺通作品）

赤徑「天水流芳」大屋曾是英軍服務團在港九大隊協助下設立的交通站 Y 站所在地。

1942 年—1943 年，為配合英軍服務團收集情報，港九大隊國際工作小組黃作梅在九龍砵蘭街開設一間雜貨店，作為地下交通站。

1944 年 2 月，中美空軍混合團克爾中尉（Lt. Donald W. Kerr）戰機在香港被日軍擊中，他跳傘逃生。港九大隊克服重重困難將他護送到大後方。此事促成美軍和東江縱隊的情報合作。

坪山人民贈予克爾（當時譯為柯爾）的錦旗

1944 年 3 月 18 日，東江縱隊司令員曾生（左二）安排克爾中尉坐轎離開司令部所在地土洋村。（東江縱隊歷史研究會提供）

1944 年，港九大隊市區中隊在香港中環半山儒林臺設立觀察點，24 小時監視維港日軍艦艇動向和軍事設施。圖為今日的儒林臺。右下角為當年的情報人員之一文淑筠。

西貢昂窩村客家婦女凌娘曾借出自家房屋供港九大隊軍需處辦公，又支持兩個兒子參加游擊隊工作，還曾救治過病危的游擊隊員，被譽為「游擊隊的母親」。圖為凌娘（中坐者）一家合影。（攝於 1967 年）

1945 年 1 月，元朗山下村村民全力救護在戰鬥中負傷的民運區委陳瑞，村民張金福甚至被日軍嚴刑折磨致死。1997 年 7 月 1 日，陳瑞（左）重返山下村，向當年救護她的村民致謝。

為掩護港九大隊副大隊長魯風，面對日軍架在脖子上的屠刀，寶蓮寺住持筏可大師臨危不懼。（陳挺通作品）

2019 年 1 月 25 日，本書編者和港九大隊後人拜會寶蓮寺住持，討論為抗日烈士和筏可大師立碑事宜。圖中有釋智慧法師（前左三）、淨因法師（前右三）和魯風之子魯慧（前左一）等。

2025 年 5 月 19 日，港九大隊交通總站舊址紀念碑揭幕典禮在深涌李家大屋前舉行。圖為主禮嘉賓劉業強、李慧琼、王卉、梁宏正等合影。（香港地方志中心照片）

1943 年春天，港九大隊的領導機關曾在此隱蔽的螺灣海蝕岩洞內，避過日軍掃蕩，大浪村村民冒險在黑夜中為他們送去糧食。（香港地方志中心照片）

1943 年 2 月，東江縱隊發展史上具有重要意義的烏蛟騰會議在沙頭角烏蛟騰村附近上下苗田的山坡舉行。港九大隊承擔會議的後勤和保衛工作。圖為今日的烏蛟騰村。

1942 年 4 月 — 1943 年 3 月，中共廣東黨組織和抗日游擊隊與延安黨中央聯繫的唯一一部電台，設在烏蛟騰附近的石水澗。港九大隊承擔電台的選址和保衛工作。（陳挺通作品）

位於檳榔灣五塊田的港九大隊市區中隊隊部舊址。（攝於 1987 年）

1987 年，原市區中隊中隊長方蘭重訪市區中隊舊址，與當年的交通員劉炳安重逢。

在西貢北約鄉事委員會主席李耀斌（左一）等協助下，本書編寫組劉蜀永等成員和港九大隊後人在西貢昂窩村的山林中，找到港九大隊軍需處的岩洞倉庫。（2018 年 12 月 10 日）

1943 年 3 月 3 日下午，日軍出動近百人包圍港九大隊政訓室在沙頭角老龍田宴台山的駐地，敵我雙方展開激戰，史稱「三三事件」。圖為老龍田今貌。

「三三事件」中，曾福、邱國璋、符志光在激戰中殉難。彭泰農、陳冠時、陳坤賢等受傷被俘，後被殺害，壯烈犧牲。圖為陳冠時烈士遺像。

1943 年 5 月，港九大隊大嶼山中隊中隊長劉春祥帶領 6 名班排骨幹，乘坐帆船到大嶼山對岸開展工作，在海上突遭兩艘日軍炮艇伏擊。經過激烈的戰鬥，他們和船家梁克一家五口壯烈犧牲。（陳挺通作品）

2023 年 5 月 9 日，位於屯門龍鼓灘的劉春祥抗日英雄羣體紀念碑舉行揭幕典禮，劉業強、麥美娟、李蔚怡、孫青野、潘雲東、孫居順等新界鄉議局、中央駐港機構和特區政府代表出席。

市區中隊隊長方蘭的母親、義務交通員馮芝運送情報途中被捕，獄中多番遭酷刑折磨，卻始終守口如瓶。1944 年 6 月 22 日，她和市區中隊情報員張詠賢在香港加路連山英勇就義。（陳挺通作品）

1944 年 11 月，海上中隊模範班長曾佛新在黑岩角海戰中英勇犧牲，遺體安葬於寶安縣大鵬半島南澳村和水頭沙村之間，中隊長羅歐鋒為其題寫墓碑。

1945 年 9 月，東江縱隊駐港辦事處在九龍彌敦道 172 號 2 樓成立。1946 年 6 月東江縱隊北撤後，辦事處改為新華社香港分社，1947 年 5 月 1 日成立，7 月掛牌，實際是中共在香港的辦事機構。東縱辦事處和早期新華社香港分社許多工作人員都來自港九大隊。黃作梅曾任新華社香港分社第二任社長。圖為 1948 年的新華社香港分社。（Jack Birns 攝）

1997 年 9 月 16 日（中秋節），行政長官董建華接見原港九大隊老戰士，並與歐堅握手。羅歐鋒等也在場。

1998 年 10 月 28 日（重陽節），原東江縱隊港九獨立大隊老游擊戰士聯誼會會長羅歐鋒把港九獨立大隊陣亡戰士名單，交由行政長官董建華安放在中環大會堂紀念龕內。（政府新聞處攝）

國家級抗戰紀念設施烏蛟騰抗日英烈紀念碑（劉蜀永攝）

國家級抗戰紀念設施斬竹灣抗日英烈紀念碑（劉蜀永攝）

2021 年 5 月 22 日，中聯辦副主任陳冬和新界工作部部長李薊貽到訪沙頭角石涌凹羅家大屋，與港九大隊後人和學者座談，了解香港沙頭角抗戰紀念館籌備情況。左起為李薊貽、尹小平、劉蜀永、陳冬、黃俊康、羅凱嬰。

2022 年 9 月 3 日抗戰勝利紀念日，香港沙頭角抗戰紀念館舉辦隆重開幕。特首李家超、中聯辦副主任何靖、政務司司長陳國基、財政司司長陳茂波及多位其他政府官員和立法會議員出席。

原東江纵隊港九大隊隊員纪念

港九大隊老戰士合影

建軍節大会留念 一九八六年、七月廿九日.

年春節联欢会 一九八九年二月二十四日 艳芳摄

1997 年 6 月 30 日，身居內地的港九大隊老戰士啟程赴香港參加香港回歸慶祝活動。

東江縱隊港九獨立大隊

撤退港九新界宣言

全世界反法西斯戰爭和中國抗戰勝利結束了，我港九人民已經在日寇鐵蹄下解放出來了！

回溯我隊在港九淪陷後成立，我們的目的就是打倒日本侵略者。三年又八個月，我們在中國共產黨領導下，冒出生入死之險，不惜重大犧牲，救護盟邦人士，肅清土匪活動，破壞敵偽統治，保衛人民利益，確實盡了我們應有的努力並做出了許多成績。鬥爭的事實又說明，我港九人民對於祖國是無限忠誠的，對於敵人是極端仇恨的。三年多的日子，他們雖飽受日寇的屠殺與迫害十分慘重，但他們對我隊的幫助與支持卻有加無已，他們的鬥爭實在是可歌可泣的。

今天，全世界和全中國，和平建設的時期來臨了。在這新情況下，我隊奉司令部命令從港九新界地區撤退。在此以前，我們已經發現過不少反動份子、地痞流氓，假冒東江縱隊名義，到處招搖撞騙，搶劫勒索，無所不為，實施挑撥陰謀，破壞我隊威信。在此以後，我港九人民要更加提高警惕，加強自衛力量，消滅與防止土匪流氓及反動份子的破壞活動，我隊特再鄭重声明：在宣言之日起，一星期內，撤退完畢。

別了！親愛的港九新界同胞們！今天，我們離開港九了，但我們關心你們的自由幸福仍和從前一樣。經過了長期困苦的鬥爭之後，我們希望你們能獲得香港政府的救濟，重建家業，改善生活。我們希望你們光榮的鬥爭能引起國際人士應有的尊敬，獲得應有的自由、和平與幸福的生活。

今天，我們撤退了，但我們的心卻是永遠不會離開你們的。

大隊長 黃冠芳

政治委員 黃雲鵬

中華民國三十四年九月二十八日

《東江縱隊港九獨立大隊撤退港九新界宣言》（廣東革命歷史博物館提供）